Georg Brütting / Alexander Willberg

Die berühmtesten Segelflugzeuge der Welt

Die berühmtesten Segelflugzeuge der Welt

Georg Brütting
Alexander Willberg

Motor buch Verlag

Einbandgestaltung:
schreiberVIS, Joachim Schreiber, Seeheim

Bildnachweis:
Titelfoto oben und Rückseite: Archiv Willberg
Titelfoto unten: Lars Reinhold

Sofern nicht anders angegeben, stammen
die Abbildungen aus den Archiven der Verfasser.

ISBN 978-3-613-04569-9

Postfach 103743, 70032 Stuttgart.
Ein Unternehmen der Paul Pietsch Verlage GmbH & Co. KG
1. Auflage 2023

Sie finden uns im Internet unter www.motorbuch-verlag.de

Layout, Satz und Prepress: schreiberVIS, Seeheim
Druck und Bindung: Conzella Verlagsbuchbinderei,
85609 Aschheim-Dornach
Printed in Germany

Inhalt

Vorwort

Die Anfänge des ursprünglich von Georg Brütting geschrieben Buchs reichen bis in die Mitte der dreißiger Jahre des vorigen Jahrhunderts zurück. Bereits damals fasste er die Entwicklungen im Segelflug als Chronist zusammen. Nach dem zweiten Weltkrieg gehörte er neben Wolf Hirth zu dem Mitbegründern des Deutschen Aero Clubs (DAeC) und war von 1977 bis 1983 auch Präsident des Verbands.

Das vorliegende Buch basiert daher auf seinem von ihm ursprünglich geschriebenen Werk. Die letzten in der ursprünglichen Ausgabe enthaltenen Segelflugzeuge enden Anfang der achtziger Jahre. Nun, mehr als 40 Jahre später, gibt es einiges neu zu berichten. Frühere Schilderungen mussten teilweise überarbeitet werden.

Weitgehend habe ich versucht, vollkommen neue Abbildungen zu finden. Bei zahlreichen schlechten Fotos kam KI-gestützte Software zum Einsatz. Allein der zeitliche Umfang für die Bildbearbeitung machte mehr als die Hälfte der Arbeit aus. Mein großer Dank geht an Alexander Gilles für seine hervorragenden Fotografien historischer Segelflugzeuge. Auch Peter Dresen steuerte einige wunderschöne Fotos bei. Denjenigen, die ich bei dieser Aufzählung jetzt unterschlagen habe, danke ich natürlich auch.

Ohne die Unterstützung der wichtigen Hersteller von Segelflugzeugen wäre dieses Buch nicht möglich gewesen. Tilo Holighaus (Schempp-Hirth), Holger Back (DG Aviation), Axel Lange (Lange Aviation), Christian Streifender und Wolfgang Binz (Streifly), Oliver und Walter Binder (Binder Flugmotoren- und Flugzeugbau), Konstanze Hager (Allstar PZL Glider), Patrick Wenzeck (Alexander Schleicher) und Katrin Senne (Jonker) halfen bereitwillig mit Unterlagen. Mit vielen durfte ich in der Vorbereitung lange Interviews führen. Matthias Dubbick machte sich die Mühe und korrigierte alle meine zahlreichen geschriebenen Fehler. Sollten Sie, liebe Leser, noch Überbleibsel finden, wäre dies der Beweis, dass Fehler hartnäckig sind. Weil ich mich bewusst für einen flüssig lesbaren Text entschieden habe, werden Sie eine gendergerechte Sprache vermissen.

Doch auch Georg Brütting soll zu Wort kommen:
Die Dreiheit von Mensch, Maschine und Meteorologie in ihrer Wechselwirkung, ihre gegenseitige Befruchtung, waren verantwortlich für den Fortschritt im Segelflug. Für die Menschen in doppelter Hinsicht. Einmal mit ihrem Können und Mut, mit ihrem Geschick und ihrer Einsatzbereitschaft als Pilot. Zum anderen als Wissenschaftler und Techniker, die Erkenntnisse aus Flugerfahrung und neuen meteorologischen Einsichten in Konstruktion und Bauweise neuer Segelflugzeuge umzusetzen verstanden. Mit dem Erschließen des Hangsegelfluges war das Entwurfsziel eine geringe Sinkgeschwindigkeit. Diese Forderung bestimmte lange Jahre den Flugzeugbau. Mit dem Streckenflug begann eine neue Epoche des Segelfluges. Die Verbesserung des Gleitwinkels trat nunmehr in den Vordergrund. Die Entdeckung des thermischen Segelfluges führte zum Bau von Segelflugzeugen mit großen Flügelstreckungen. Der Bau war nunmehr ein aerodynamisches und ein Fertigungsproblem. Je länger die Streckenflüge wurden, desto notwendiger wurde ein hohe Geschwindigkeit.

Die späten dreißiger Jahre brachten dann eine ganze Reihe grundsätzlicher Neuentwicklungen in der aerodynamischen Formgebung, in konstruktiver Gestaltung und in der Ausrüstung. Die Flächenbelastung stieg von 12 kg/m² bis zu 28 kg/m², der Gleitwinkel von 1:20 wurde bis zu 1:35 verbessert. Die Sinkgeschwindigkeit wurde deutlich verringert.

Anfang der 60er Jahre wurde der Segelflugzeugbau revolutioniert. Es ist das unbestrittene Verdienst von Prof. Dr. Eppler und Dipl.-Ing. Nägele, aus ihrer Erfahrung im Modellbau, nach vielen Untersuchungen und Versuchen die GFK-Bauweise, glasfaserverstärkten Kunststoff, kurz die Kunststoffbauweise im Segelflug erprobt und eingeführt zu haben. Der Forscherdrang der Akademischen Fliegergruppen veränderte Konstruktion und Bauweise.

1967 gab es mit dem Phoebus die erste Serie eines Kunststoff-Segelflugzeuges. Seit 1974 gab es eine weitere Verbesserung in der Verarbeitung mit der Einführung des kohlefaserverstärkten Kunststoff in den tragenden Teilen bis hin zum kompletten Segelflugzeug. Etwa 1981 überholte die Zahl der „Kunststoffvögel" die Zahl der zugelassenen Konstruktionen in Holz- und Metallbauweisen. Damit ging eine technische Entwicklungslinie, die über Jahrzehnte die Segelfluggeschichte getragen hat, ihrem Ende entgegen. Gleichzeitig stieß der Segelflug in neue Leistungsregionen vor. Gleitzahlen von 70 sind heute Realität. Diesen Weg vom Tasten und Wagen um 1920 bis zu den Supervögeln unserer Zeit in all jenen Phasen, die Einfluss auf die Entwicklung genommen haben, soll dieses Buch aufzeigen.

Es galt eine neue Struktur für das Buch zu finden. So wurden die vorgestellten Segelflugzeuge nach Jahren geordnet. Einige Lücken wurden geschlossen, aber auf der anderen Seite räume ich ein, dass die Auswahl der Segelflugzeuge durchaus eine gewisse Willkür besitzt. Was sind berühmte Segelflugzeuge? Wer definiert das? Fließen in diese Bewertung Konstruktionsmerkmale, Stückzahlen und/oder sportliche Erfolge ein? Auf jeden Fall fehlen sehr viele Flugzeuge. Allein die wegweisenden Entwicklungen der akademischen Fliegergruppen können nur angerissen werden. Manche Länder sind nicht vertreten, obwohl sie wichtige Beiträge geliefert haben.

Seit dem letzten Erscheinen des „Brütting" hat sich die Segelflugwelt geändert. Zum einen reduzierte sich die Zahl der Hersteller (bekannte Firmen gingen in anderen auf) und die heutigen Wettbewerbsklassen passten sich den neuen Rahmenbedingungen an. Die Unterschiede zwischen Ein- und Doppelsitzern sind in der offenen Klasse beinahe aufgehoben, Flugzeuge dieser Klasse sind Technologieträger.

Zunehmend werden Segelflugzeuge motorisiert. Es begann mit Heimkehrhilfen, so konnten durchaus mit Risiken verbundene Außenlandungen reduziert werden. Der Propeller wurde und wird meist hinter dem Flügelanschluss nach oben ausgefahren und von einem Verbrennungs- oder Elektromotor angetrieben. Als 2009 die slowenische Firma LZ Design zum ersten Mal einen Elektromotor mit anklappbaren Propellerblättern in eine LAK 17 einbaute, fand der FES (Front Electric Sustainer / Selflaunch) großes Interesse bei den Herstellern von Segelflugzeugen. So überzeugend und einfach diese Hilfe ist, sollte hierbei nicht übersehen werden, dass neben den im Segelflug anliegenden Blättern der Spalt zwischen Spinner und Rumpf zu einer turbulenten Strömung entlang des gesamten Rumpfes bis ins Leitwerk führt. Dies kann den hohen Aufwand für möglichst spaltfreie eingestrakte Hauben (für eine lange laminare Laufstrecke am Rumpf) zunichtemachen. Physik verteilt keine Geschenke.

Die meisten Motorträger sind heute aerodynamisch günstig und schlank ausgeführt, wird der Motor eingefahren, sind die Störungen der Strömung verschwunden. Ohnehin geht die laminare Laufstrecke entlang des Rumpfes maximal nur bis zu seiner dicksten Stelle, Klapptriebwerke sitzen dahinter. Ein FES ist bequem, leider laut aufgrund hoher Umlaufgeschwindigkeit der Blattspitzen, aber für alle Bereiche geeignet, bei denen es nicht auf das letzte Quäntchen Leistung ankommt. Dem Elektroantrieb wird zunehmend eine wichtige Bedeutung zukommen, hier werden Segelflug und Motorflug verschmelzen.

Um den Umfang des Buches nicht zu sprengen, blieb nichts anderes übrig als den alten Text zu kürzen. Herausgekommen ist dabei ein vollkommen neues Buch. Trotzdem sind in ihm von etwa 1000 weltweit gebauten Typen immerhin etwas über 160 enthalten.

Alexander Willberg
Giesensdorf im August 2023

Otto Lilienthal beim Absprung mit dem Flugapparat 93 von der Fliegestation Maihöhe (1893).

Hans Gutermuth führte bereits 1912 mit der F.S.V. X (Flugsportvereinigung Darmstadt) einen ersten Rekordflug über eine Strecke von 840 Metern auf der Wasserkuppe durch. Es waren Oberschüler aus Darmstadt, die die Wasserkuppe für den Segelflug entdeckten.

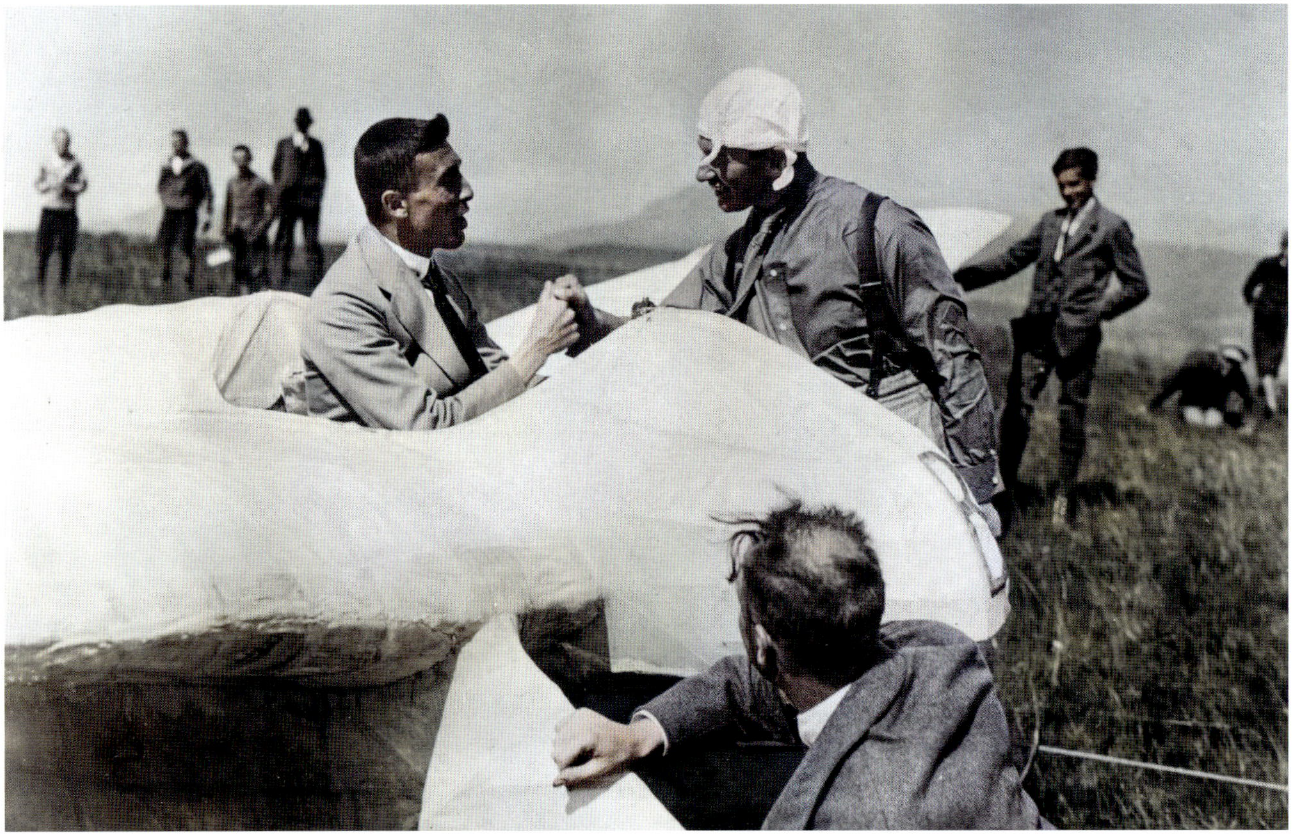

Mit der „Blauen Maus“ gelang 1921 der erste Streckenflug in der Geschichte des Segelflugs. Auf dem Foto gratuliert Anthony Fokker dem gerade gelandeten Wolfgang Klemperer.

Das Segelflugzeug „Charlotte II“ der Akademischen Fliegergruppe Berlin 1922.

Friedrich Hentzen startete 1922 mit dem „Vampyr“ zum Flug über drei Stunden und sechs Minuten auf der Wasserkuppe. Damit überbot er den Flug von Martens wenige Tage zuvor auf dem gleichen Flugzeug um mehr als zwei Stunden.

Natürlich ging auch einiges schief. Hier verlief es glimpflich, als die FVA 10 der Flugwissenschaftlichen Vereinigung Aachen in einem abschüssigen Feld landete.

Schwarzer Teufel

In den Augusttagen 1920 waren Flieger aus allen Teilen Deutschlands mit großer Begeisterung dem Aufruf zum 1. Rhön-Segelflug-Wettbewerb auf der Wasserkuppe gefolgt. Vier Wochen vergingen und es blieb viel Kleinholz übrig. Der Wettbewerb näherte sich seinem Ende ohne die Hoffnungen und Erwartungen erfüllt zu haben. Nach einer abenteuerlichen durch drei Besatzungszonen Anreise kamen die Studenten der im gleichen Jahr gegründeten Flugwissenschaftlichen Vereinigung Aachen (FVA) mit Klemperer und einem Junkers-Typ mit freitragender Fläche verspätet auf der Wasserkuppe an. Sie erstaunten die anderen Studenten mit Probestarts ihres „schwarzen Teufels" am Gummiseil. Nicht zuletzt wegen des Erscheinens dieses Flugzeuges wurde der Wettbewerb bis Mitte September verlängert. Am 4. September flog Klemperer vom Westhang der Wasserkuppe bis in das Dorf Tränkhof, legte dabei 1830 m zurück und blieb zwei Minuten 22 Sekunden in der Luft. Der Höhenunterschied zwischen Start und Landung betrug 33 m. Als andere Studenten aus Aachen ebenfalls das Flugzeug steuern wollten, ging es zu Bruch und konnte auf der Wasserkuppe nicht mehr instandgesetzt werden. Der Gewinn des Wettbewerbs in Höhe von 11.500 Reichsmark ließ dies aber verschmerzen.

Viele Jahre später schrieb Klemperer an Brütting aus Amerika: *„Als ich nach Kriegsende kaum Gelegenheit zum Fliegen mehr hatte und sah, dass es vielen Kameraden, die mit Leib und Seele Flieger waren, ähnlich ging, wurde mir bewusst, dass eine Wiederaufnahme des fast vergessenen Gleitflugsportes, den ich von den Flügen von Euler, Reichelt und den Darmstädter Studenten vor dem*

Im Vordergrund die FVA-1 „Schwatzer Düvel". Weiter hinten die „Blaue Maus" FVA-2 in der Halle in Aachen.

Kriege her kannte, eine willkommene Möglichkeit bieten würde ‚weiterzufliegen', und zwar ohne das damals unerschwingliche Benzin und ohne Gefahr, seitens der Alliierten wegen verkappter kriegerischer Handlungen behindert zu werden.

Vom wissenschaftlichen Standpunkt erwachte das Interesse an Flugversuchen ohne Propellerbeeinflussung. Auch lockte die Hoffnung, dass Anwendung der Kriegsflugerfahrungen auf motorlosen Flugzeugen die Lösung. der menschlichen Nachahmung des Segelfluges der Vögel bringen möchte. In all diesen Gedanken traf ich mich mit mehreren Gleichgesinnten, insbesondere mit Oskar Ursinus und Professor Linke, Frankfurt, und Erich Meyer, Dresden. Zusammen gaben wir den Anstoß zum ersten Besichtigungsausflug zur Wasserkuppe nach dem Kriege, Pfingsten 1920, an dem auch Eugen von Loeßl und Professor Hoff teilnahmen und sich für die Idee begeisterten.

Als ich unmittelbar darauf als Assistent von Professor von Karman an die Technische Hochschule Aachen kam, fand ich dort die erste studentische Fliegergruppe unter Führung von Dipl.-Ing. Paul Stock und Dr. Ing. Carl Fromm im Entstehen. Man übertrug mir die technische Leitung, und so entstand in fieberhafter Arbeit unter großen Hindernissen und den misstrauenden Augen der belgischen Besatzungsbehörde mit tatkräftiger Unterstützung von Professor von Kármán der Schwarze Teufel, der erste freitragende motorlose Eindecker, in Anlehnung an Junkers'sche Prinzipien. Wir kamen spät zur Wasserkuppe und die Kiste wurde erst dort fertig. Wir waren die ersten, die (zum Schrecken der anderen) ein Gummistartseil verwendeten, bzw. ausprobierten. Von einem ›Sieg‹ kann man kaum reden. Ich machte den längsten Rutsch, einen Talflug von 2 Minuten 22 Sekunden und einen ‚Segelflug' von etwa einer Minute über Starthöhe, mit Landung oben. Es war eben genug, um zu beweisen, dass man weitermachen müsse, und dass die Idee wert ist, weiter verfolgt zu werden. Dass man mal von Berg zu Berg oder Wolke zu Wolke segeln würde, prophezeiten wir wohl, dass man aber schon so wenige Jahre später viele Stunden und Hunderte von Kilometern segeln würde, ahnten wir nicht."

Der Schwarze Teufel war ein Tiefdecker mit freitragendem dickem Flügel, der sich – allerdings in Holzkonstruktion – eng an die Formgebung und auch an den konstruktiven Aufbau der Junkers-Flugzeuge anlehnte, die damals am Anfang ihrer Erfolge standen. Die Maschine, die an einen Saurier der Urzeit erinnerte, verriet aerodynamisches Wissen und konstruktives Können ihrer Erbauer. Bemerkenswert vor allem die Tragflächenkonstruktion. Sie bestand aus drei durchlaufenden Holmen, die aus einem Fourniersteg mit je zwei aufgeleimten Gurtleisten gebildet waren.

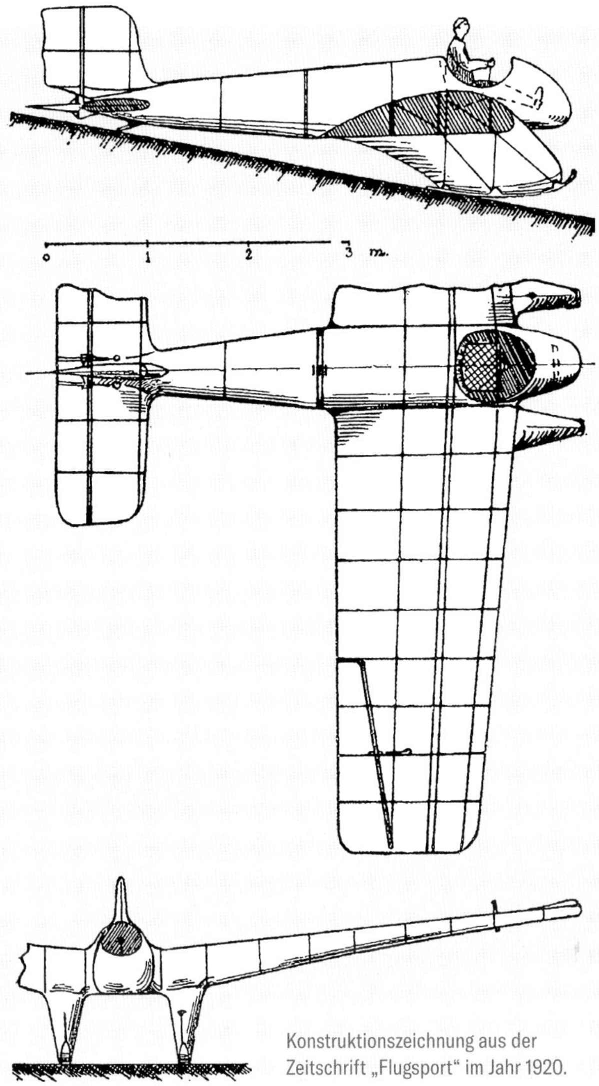

Konstruktionszeichnung aus der Zeitschrift „Flugsport" im Jahr 1920.

Der Steg war zur Gewichtserleichterung dreieckig ausgespart. Die Spanten bestanden ebenfalls aus einem durchbrochenen Fourniersteg und ganz dünnen Gurten. Die Flügeldicke betrug in der Mitte 42 cm. Eine leichte, aus Stäben und Stoff gebildete Karosserie verminderte den Luftwiderstand des Piloten. Das Kufenuntergestell wuchs organisch aus den Flächen hervor und war vollkommen verkleidet. Die Maschine besaß Klappenverwindung, Höhen- und Seitensteuer am Rumpfende. Das Seitensteuer war etwas zu klein und wirkte nur unzureichend.

Der Schwarze Teufel war das erste Segelflugzeug mit einem dreiholmigen, freitragenden Flügel und einer Spannweite von 9,3 m. Auffallend waren die Tiefdeckerbauweise und die Anordnung von zwei verkleideten Kufenträgern. Zum verhältnismäßig einfachen Bau fanden noch weitgehend Pappe und Bambus Verwendung. Das spezifische Flügelgewicht betrug für dieses Flugzeug 1,6 kg/m², eine Zahl, die mit unseren heutigen Festigkeits- und Steifigkeitsforderungen unerreichbar erscheint.

Der Schwarze Teufel wurde für die Geschichte des Segelfluges von größter Bedeutung. Deshalb seien die Gedanken, die zur Konstruktion und zum Bau dieses historischen Flugzeuges führten, mit dem Wortlaut und den Ideen der damaligen Zeit für die Geschichte der berühmtesten Segelflugzeuge der Welt festgehalten. Wolfgang Klemperer schrieb kurz nach dem 1. Rhöntreffen im Herbst 1920: *„Für den Entwurf des ersten Seglers der Flugwissenschaftlichen Vereinigung Aachen, mit welchem beim Rhön-Segelflug die besten Erfolge erzielt wurden, waren im Wesentlichen die Überlegungen leitend gewesen, dass auch für den motorlosen Flug die möglichste Heraufsetzung des Verhältnisses von Auftrieb zu Gesamtwiderstand mehr noch als die Beschränkung mit der spezifischen Flächenbelastung von grundlegendem Nutzen ist. Daher die ungewöhnliche Dicke der Fläche von 42 cm. Sämtliche Rippen wiegen zusammen 3,74 kg. Sie sind in kunstvoller Weise durch die Aussparungen der Holme hindurchgesteckt, und ihre Stege sind mit besonderen Leistchen mit den Holmstegen verleimt. Den Stirndruck nimmt eine Diagonalstrebenkonstruktion auf, und ein besonderes System raumdiagonal gespannter Bänder verleiht dem Gerüst eine ausgezeichnete Steifigkeit gegen Torsion. Anstelle einer Nasenleiste ist der Teil der Flügel vor dem Vorderholm mit Karton umkleidet. Von vorn gesehen zeigen die Flügel V-Form, sie sind nach Art der Vogelflügel etwas durchgebogen. Der Grundriss der Fläche ist trapezförmig. An einem Hilfsholm sind 0,75 qm große Querruder angelenkt, die außen eine leichte Aufbiegung zeigen. Eine Querruderklappe wiegt 870 g! Dabei ist sie ohne Verspannung formstarr. Der ganze fertig bespannte Flügel hat mit ca. 15 qm Flächeninhalt ein Gewicht von 24 kg. Zur Bespannung diente ein besonders feiner schwarzer Voilestoff, der mit einem besonderen, hier erstmalig verwendeten kollodiumhaltigen Mittel imprägniert, bei 6 kg/cm Reißfestigkeit knapp 90 g/m² wog. Die Imprägnierung hat sich bei dem nassen Wetter in der Rhön vorzüglich bewährt. Der Führersitz ist zwischen Haupt- und Vorderholm eingebaut und lastet im Wesentlichen auf letzterem. Der Knüppel aus Duraluminiumrohr von 130 g Gewicht ist mit einer hohlen Stahlkugel von 46 g Gewicht in einem aus Aluminiumlegierung herausgearbeiteten Hohlkugelschalenring von 32 g allseitig beweglich gelagert. Das Gelenk ist an einem pyramidenartigen Sperrholzträger am Vorderholm befestigt. Der Fußhebel für die Seitensteuerbetätigung ist hohl zusammengebaut und wiegt bei großer Festigkeit 150 g incl. Aluminiumblechfußrasten. Die Rumpfspitze, welche so stark gebaut war, dass sie auch beim Kopfstand den Führer zu schützen imstande war, trägt eine verkleidete Karosserie aus Bambusgerippe. Der aus den Flächen herauswachsende Rumpfvorderteil endigt hinter der Flächenhinterkante in dem Sperrholztrennspant. In etwas eigenartiger Weise sind die Landungsgestellkörper, ohne seitliche Verstützung aus den Holmen der Fläche herauswachsend, ausgebildet. Sie haben sich von vorzüglicher Festigkeit gezeigt und gestatteten auf den allseitig gummigefederten eschenen Kufen ein überaus angenehmes Landen. Ihre völlige stromlinienförmige Verkleidung sichert ihnen den denkbar geringsten Luftwiderstand. Ein ungünstiger Einfluss derselben auf die Richtungsstabilität hat sich nicht gezeigt. Der Schwanz wird von einem aus zusammengebundenen Rohrstöcken gebildeten niedrigen Sporn gestützt. Das durchgehende Höhenruder von 1400 g Gewicht und das 600 g schwere Seitenruder sind auf Duraluminbolzen in Duraluminbüchsen gelagert und leicht demontierbar. Die Steuerseile können an eigenartigen, sehr sicheren Karabinerhaken getrennt und mit sicherheitsnadelartigen stählernen Zapfen an den Steuerschwingen gelöst werden, ohne dass die mit Stahldraht ausgeführte Spannschlosssicherung gelöst zu werden braucht. Die Demontage oder Montage des ganzen Schwanzes, der übrigens komplett nur 11 kg wiegt, kann in zwei Minuten von drei Männern bewirkt werden. Zum Straßentransport konnte der Hauptteil des Apparats querschiffs auf einem eigens dazu gebauten zweirädrigen Wagen gefahren werden. Der Start*

Baumuster	Schwatze Düvel (FVA-1)	Blaue Maus (FVA2)
Spannweite	9,30 m	9,70 m
Länge	6 m	6 m
Flügelfläche	15 m²	15,50 m²
Seitenverhältnis	5,6	6
Rüstgewicht	62 kg	53 kg
Zuladung	75 kg	75 kg
Fluggewicht	137 kg	128 kg
Flächenbelastung	8,5 – 9 kg/m²	8,30 kg/m²
Profil	Gö 422	Gö 422

erfolgte durch Anziehen an einer Gummischnur, die um Haken an den hinteren Kufenenden geschlungen wurde und die die Hilfsmannschaft nach dem Start in den Händen behielt. Die Maschine startete, trotzdem sie mit 62 kg Leergewicht ca. 8,5 bis 9 kg Flächenbelastung mit Führer besitzt, bereits glatt bei 4 m/sec Wind, andererseits hielt sie sich auch in den starken Böen der letzten Rhönflugtage sehr stabil. Die vorzügliche Sicht, die richtige Lage des Schwerpunktes, die gute Steuerempfindlichkeit und Wendigkeit sowie die guten Eigenschaften des dicken Profils beim schnellen und beim Langsamen Fluge machen sie zu einem Typ von überaus angenehmen Flugeigenschaften, und zu Segelversuchen durch Ausnutzung von Böenenergie ebenso geeignet wie zum Schulen." ◂

Blaue Maus

1921

Übers Jahr brachten die Aachener Studenten 1921 nach dem Schwarzen Teufel als Weiterentwicklung die Blaue Maus mit zum Wettbewerb auf der Rhön. Mit dem Vorläufer FVA-1 wies die FVA-2 eine ganze Reihe Ähnlichkeiten auf. Allerdings saß der Pilot nun tiefer, so verringerte sich der Stirnwiderstand. Die Spannweite war vergrößert, während die Flächenbelastung sich auf 8,26 kg/m2 reduzierte. Tatsächlich unterlag Klemperer mit dieser Konstruktion auf beim Rhönwettbewerb 1921 Arthur Martens mit dem Vampyr, doch überbot er dessen Rekord nach dem Ende des Treffens. Am 30. August blieb er nicht mehr am Hang, sondern flog mit der Blauen Maus in 13 Minuten bis nach Gersfeld. Dies war der erste Streckenflug in der Geschichte des Segelflugs und er führte über eine Distanz von 4,6 Kilometer. Damit war bewiesen, dass der motorlose Flug keine verrückte Idee war, sondern tatsächlich Zukunft besaß. ◂

Mit der „Blauen Maus“ schaffte es Klemperer 1921 von der Wasserkuppe bis nach Gersfeld.

Vampyr

1921

Im Rhön-Wettbewerb 1921 erschienen die Studenten der Akademischen Fliegergruppe Hannover mit dem Vampyr, der – so urteilt kein geringerer als der erfolgreiche Konstrukteur Hans Jacob – „mit einem Schlag dem Leistungssegelflugzeug die Entwicklungsrichtung zeigte, und zwar in aerodynamischer wie auch konstruktiver Weise. Von dem Gedanken ausgehend, ein Flugzeug mit möglichst geringer Sinkgeschwindigkeit zu schaffen, wurde ein möglichst geringer Luftwiderstand angestrebt. Die sonst üblichen Doppeldecker, verspannte Flugzeuge, Bootsmaschinen oder ähnliche Bauweisen wurden verlassen, es entstand, vielleicht angeregt durch den Schwarzen Teufel, ein freitragender Hochdecker von 12,6 m Spannweite, bei dem der Pilot unter dem Flügel sitzt. Der Führerraumausschnitt wurde durch ein Leder verkleidet, so dass nur noch der Kopf des Flugzeugführers im Luftstrom lag.

Von großer Bedeutung für die Entwicklungsmöglichkeiten des Segelflugzeuges war weiter die beim Vampyr gezeigte einholmige Flügelbauweise mit drehsteifer, sperrholzbeplankter Flügelnase. Dies war richtungweisend um leichte Flügel von großer Spannweite mit genügender Steifigkeit gegen Drehung und Biegung zu entwerfen und auszuführen. Wie groß die Bedeutung dieser Bauweise ist, kann man aus der Tatsache ersehen, dass noch fast sämtliche heute fliegenden Leistungssegelflugzeuge einholmige Flügel mit torsionssteifer Flügelvorder-

Vampyr – Vater aller Segelflugzeuge, Friedrich Hentzen in dem freitragenden Hochdecker.

kante aufweisen. Die Quersteuerung des Flugzeuges wurde mittels Querruder erzielt. Der Flügel war dreiteilig, eine Bauweise, die durch Montage und aus Transportgründen einerseits und durch statische Gründe andererseits bedingt und für lange Zeit im Segelflugzeugbau vorherrschend war. Der Flügel war auf dem Rumpf an drei Punkten gelagert und zusätzlich durch kurze Streben zwischen Rumpf und Flügelhauptholm abgestrebt. Der Rumpf war eckig mit stark heruntergezogener Rumpfschnauze, eine Formgebung, wie sie später noch bei vielen Segelflugzeugen wiederkehrte. Ursprünglich wurde diese Form aus aerodynamischen Gründen gewählt. Heute wird der Rumpf nach vorne flacher entworfen, da sich eine Verbesserung der Sicht ergibt. Für die Landung des Vampyr wurden drei drehbar gelagerte Lederbälle vorgesehen. Diese Bälle waren widerstandsmäßig damals ein Fortschritt gegenüber den Fahrgestellen mit Rädern oder Doppelkufen.

Ohne eine Entwicklungsreihe, ohne Vorbilder, zeigte der Vampyr den Weg, der beschritten werden musste. Bis in unsere Zeit wurde allen Leistungsflugzeugen die Flügelkonstruktion des Vampyr zu Grunde gelegt. Die Hauptmerkmale waren das gute Seitenverhältnis bei freitragendem Flügel, die Anordnung nur eines Holmes an der höchsten Stelle des Profils zur Aufnahme der Biegekräfte und die sperrholzbeplankte Flügelnase zur Aufnahme der Drehkräfte, sowie die konsequent durchgeführte Verringerung des Luftwiderstandes durch die erstmalig aerodynamisch günstige Anordnung des Führersitzes. Der geistige Vater dieser wesentlichen Charakteristiken des Flugzeugs war Dr. Georg Madelung.

Über die Entwicklungsgeschichte des Vampyr berichtete F. H. Hentzen, der am Bau und an den Flugerfolgen hauptsächlich beteiligt war: „Der Entwurf des Segelflugzeuges Vampyr stammt von Herrn Dr. Madelung und ganz sicher auch der Gedanke des freitragenden, einholmigen Flügels mit großem Seitenverhältnis. Der sperrholzbeplankte Rumpf besaß für die damalige Zeit eine erstaunliche Oberflächenglätte. Die Bespannung des Vampyr bestand aus Voile, der mit Spannlack gespannt wurde.

Baumuster	Vampyr
Spannweite	12,60 m
Länge	5 m
Flügelfläche	16 m^2
Seitenverhältnis	10
Fluggewicht	210,04 kg
Flächenbelastung	13,10 kg/m^2
Mindestgeschwindigkeit	39 km/h
Sinkgeschwindigkeit	0,80 m/sec
Gleitzahl	16
Profil	Gö 441

Das angewendete Profil erhielt die Bezeichnung Göttingen 441. Von den Daten interessieren noch: Anstellwinkel zur Rumpfoberkante 0°, Profildicke am Rumpf 25 cm; das große Höhensteuer hatte eine Fläche von 1,875 m².

Madelung erkannte im Windkanal die der Interferenz zwischen Flügel und Rumpf, besonders bei hoher Auftriebszahl. Hieraus leitete er ab, dass Vorderkante und die Oberseite des Flügels völlig ungestört zu belassen sind.

Schwierig war die Verbindung zwischen Flügel und Rumpf. In aerodynamischer Hinsicht sollte die Flügelvorderkante und Oberseite völlig ungestört bleiben. Die Festigkeitsaufgabe löste er mit Hilfe zweier tragender Rippen im Flügel, welche alle Kräfte von der vor ihnen liegenden Flügelröhre auf den unter ihnen liegenden Rumpfverband übertrugen.

Gegen Ende des Rhön-Wettbewerbs 1921 kamen die Hannoveraner Martens und Blume mit dem Vampyr zur Wasserkuppe. Am 5. September segelte Martens von der Wasserkuppe nach Batten bei Hilders in 15 Minuten und 40 Sekunden und legte dabei eine Strecke von 7,5 km zurück. Beide Leistungen bedeuteten neue Rekorde. Ferner gelang Martens in diesen Tagen der erste Kreisflug im Segelflug. Mit 21 000 Reichsmark holten sich die Hannoveraner mit Abstand die größte Summe der Geldpreise, was ebenfalls ihre Erfolge unterstreicht. So erhielt der Vampyr u. a. die Preise für die geringste „Fallgeschwindigkeit" (gemeint ist die Sinkgeschwindigkeit) und für die höchste Gleitzahl. Ursinus schrieb in seinem „Flugsport": *„Die vortrefflichen Leistungen des Hannover-Flugzeuges haben wohl alles bisherige überboten."*

Übers Jahr kam der Vampyr mit geringen Veränderungen wieder zum Rhön-Segelflug-Wettbewerb. Martens hatte sich in der Winterzeit überlegt, wie es ihm gelänge, mit dem Vampyr in der schmalen Aufwindzone des Hangaufwindes am Westhang bleiben zu können. Er kam dabei auf den Gedanken, in einer langen Acht vor dem Hang zu segeln. Das war die Lösung. Martens selbst gelang am 18. August 1922 der erste Stundenflug im motorlosen Flug. Es war die Geburtsstunde des eigentlichen Segelfluges. Nach einer Stunde und 6 Minuten landete er 8,9 km von der Wasserkuppe entfernt bei Hilders. Er hatte seinen Startplatz um 108 Meter überhöht. Drei neue Weltbestleistungen!

Nachdem mit diesem Flug das Problem des Segelfluges im Hangaufwind gelöst war, steigerten sich die Leistungen von Flug zu Flug. Am nächsten Tage, am 19. August 1922, segelte F. H. Hentzen 2 Stunden und 1 Minute, landete nach 9 km und erreichte eine Startüberhöhung von 200 m, am 24. August blieb Hentzen 3 Stunden und 6 Minuten in der Luft und schwebte 350 m über dem Westhang – neue Weltrekorde. An diesen Tagen gab es auf der Wasserkuppe Freudenfeuer. Die Flugleistungen des Vampyr ließen die Welt aufhorchen. Das Flugzeug fand Aufnahme im Deutschen Museum in München. ◂

Der Vampyr im Deutschen Segelflugmuseum Wasserkuppe.

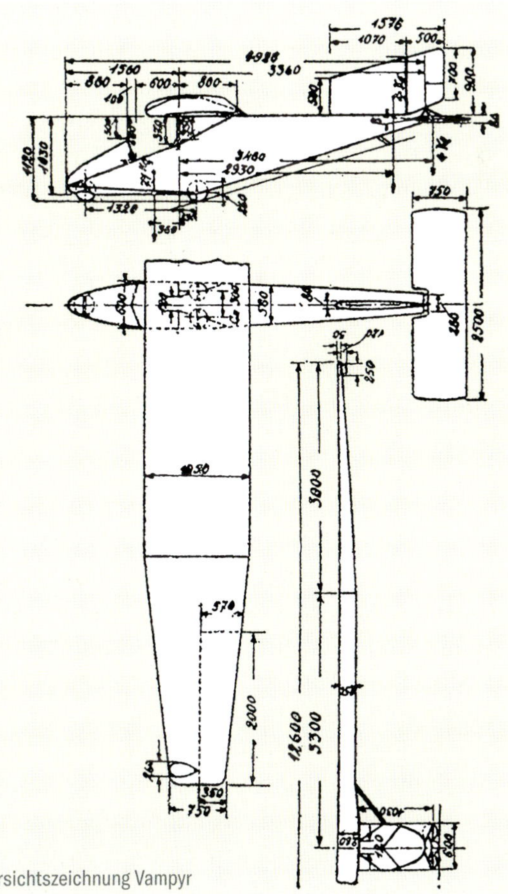

Übersichtszeichnung Vampyr

F.S.3 – Besenstiel

Eine Sonderstellung in der Segelfluggeschichte nimmt die F.S.3 des ostpreußischen Volksschullehrers Ferdinand Schulz (* 18. Dezember 1892, † 16. Juni 1929) ein. Er kehrte als Flugzeugführer aus dem Ersten Weltkrieg zurück, begann sofort mit dem Bau von Segelflugzeugen. Bis 1924 schuf er sich unter größten Opfern zehn Segelflugzeuge, von denen F.S.3 zu Weltruhm kam. Mit dem Doppeldecker F.S.1 mit einer Spannweite von 6,40 m kam Ferdinand Schulz zum Rhön-Segelflug-Wettbewerb 1921 auf die Wasserkuppe und erflog sich am 13. August mit sechs Prüfungsflügen den Segelfliegerausweis. Seine Bestzeit betrug 46 Sekunden bei 365 m Flugstrecke. F.S.2 war ein Hängegleiter von 12,5 m Spannweite und 4,5 m Länge. 1922 kam er mit dem Eindecker wieder zur Wasserkuppe. Das Flugzeug fiel durch seine beiden Steuerknüppel auf, die über dem Führersitz angeordnet waren. Die „Teko", die Technische Kommission, ließ diese Konstruktion wegen mangelnder Baufestigkeit nicht zum Flug zu. Der stille Mensch Ferdinand Schulz war darüber sehr erbost und kehrte in seine ostpreußische Heimat zurück. Böse Zungen hatten behauptet, das Flugzeug sei aus Besenstielen und Bettlaken seiner Mutter entstanden. Dieser Spottname „Besenstiel" sollte jedoch zu einem Ruhmesblatt des deutschen Segelfluges werden. Über die F.S.3 schreibt Ferdinand Schulz Ende 1922: *„Mein diesjähriges Segelflugzeug ist ein einkufiger, normal verspannter Eindecker mit zweiholmigem, offenen Gitterträger. Es musste bei seiner Konstruktion auf größte Einfachheit und Billigkeit gesehen werden, da nur äußerst beschränkte Zeit zur Verfügung stand und kein Gönner das Werk unterstützte. Trotzdem sollte die notwendige Festigkeit gewahrt bleiben. In der Hauptsache war das Flugzeug ein Versuchstyp, um die neue Steuerung auszuprobieren. Sie bestand aus einem normalen Höhensteuer und je einer an den äußeren Flügelenden, unabhängig von der jeweiligen anderen zu betätigender Klappe unter Fortfall des Seitensteuers. Die Maschine gehorchte ihr in jeder Lage, und bei fast jedem Flug wurden Kurvenflüge ausgeführt."*

So saß und steuerte Ferdinand Schulz im Besenstiel – er flog 8 Stunden 42 Minuten, eine unglaubliche körperliche Leistung.

Die Verspannung war in normaler Weise durchgebildet. 2,5 und 2 mm Stahldrähte hielten die Flächen. Die Holme waren Doppel-T-Träger von 7 cm Höhe und lagen ca. gleichweit vom Druckmittel. Das Flächenprofil wurde nach eigenen Überlegungen konstruiert und erwies sich trotz der zusätzlichen Widerstände durch Drähte und Körper des Piloten als recht leistungsfähig. Der Rumpf bestand aus zwei übereinander liegenden Holmen, die nach dem ersten Innenverspannknotenpunkt verspannt waren. Da sie, um Start und Landung zu ermöglichen, stark gebogen werden mussten, kam nur gewachsenes Rundholz in Frage.

Wieder hatte die TeKo der Rhön Beanstandungen. Die Segeleigenschaften wurden nicht erkundet. So führte er

Baumuster	F.S.3
Spannweite	12 m
Länge	5,20 m
Flügellänge	17 m^2
Seitenverhältnis	8,46
Rüstgewicht	65 kg
Zuladung	80 kg
Fluggewicht	145 kg
Flächenbelastung	8,53 kg/m^2
Profil	Joukowski abgeändert

in der Heimat bei starkem Wind 12 Flüge aus, bei denen die Maschine längere Zeit den Abflugpunkt bedeutend überhöhte. Plötzliche Flauten verhinderten jedoch längere Flüge. Deshalb wurden die Versuche in günstigerem Gelände fortgesetzt. Bereits im Mai 1923 segelte Ferdinand Schulz im 1. Küsten-Segelflug-Wettbewerb auf seinem „Besenstiel" 5,2 km an den Dünen. Man lachte nicht mehr über den „schnellen Ferdinand".

Es kam der 2. Küsten-Segelflug-Wettbewerb vom 10. bis 16. Mai 1924. Am 18. Mai endlich blies in früher Morgenstunde ein ordentlicher Wind gegen die Dünen. Schulz startete früh um 7 Uhr, ohne Frühstück. Bei empfindlicher Kälte, ohne Handschuhe und Wollzeug, dem Wind frei ausgesetzt, beide Arme zu den Steuerstangen erhoben, auf einem Sitz in der Größe eines Zigarrenkistendeckels, die Beine Fuß vor Fuß auf die schmale Kufe gestellt, hielt er in dem „flugzeugähnlichen Instrument" 8 Stunden 42 Minuten und 9 Sekunden aus. Die Nachricht ging durch die Weltpresse. Damit hatte Schulz den seit zwei Jahren von den Franzosen gehaltenen Dauerweltrekord wieder nach Deutschland gebracht. So wurde er weltberühmt und untermauerte diesen Ruhm durch viele weitere Rekorde. Seine Besenstielkiste, die F.S.3, erhielt einen Ehrenplatz im Deutschen Museum. Sie blieb ohne Einfluss auf die konstruktive Entwicklung, wurde aber durch die Leistung zu einem der berühmtesten Flugzeuge in der Geschichte des Segelfluges. ◂

D-9 Konsul

Nach den Erfolgen im Rhön-Wettbewerb 1922 erschienen Darmstädter Studenten zum Rhön-Wettbewerb 1923 mit dem Einsitzer D-9 Konsul (genannt nach Konsul Dr. Kotzenberg). Rückschauend war der freitragende Schulterdecker D-9 für die damaligen Begriffe das Maximum in aerodynamischer und konstruktiver Hinsicht. Konstruiert von Albert Botsch und Rudolf Spies war die D9 das beste Segelflugzeug seiner Zeit und beeinflusste entscheidend die weitere Entwicklung aller Segelflugzeuge. Es zeigte bereits alle Merkmale heutiger Konstruktionen.

Dem Konzept lagen zwei verschiedene Gedankengänge zu Grunde: Das Flugzeug sollte sich möglichst weitgehend die kleinen Schwankungen der Windrichtung zunutze machen, darüber hinaus das Augenmerk auf den Streckenflug richten. Erforderlich dazu war vor allem ein Profil, das in einem großen Bereich von Anstellwinkeln eine gute Gleitzahl aufwies. Die aerodynamische Forderung für den Dauer- und Höhenflug war eine kleine Sinkgeschwindigkeit, für den Streckenflug aber eine möglichst gute Gleitzahl über einen möglichst großen Geschwindigkeitsbereich. Deshalb kam die Akaflieg in ihrer Konstruktion auf die große Spannweite. Man wagte 18,7 Meter!

Besondere Sorgfalt legte die Gruppe auf den Bau und auf die Betätigung der Steuerorgane. So besaß der Konsul erstmals ein Quer-Seitensteuerdifferential. Die mit dem Seitensteuerausschlag veränderliche Differenzierung der Querruder wurde erstmalig beim Konsul zur Verbesserung der Wendigkeit benutzt. Der elliptische Rumpfquerschnitt, der genügend feste und steife Flügel großer Schlankheit, die hohe Streckung, das Profil Göttingen 535 und ein Seitenleitwerk mit gutem Seitenverhältnis wurden durch den Konsul in den Segelflugzeugbau eingeführt. Ebenso neuartig war die Führerunterbringung in dem eleganten Rumpf.

Nach Espenlaub bauten die Darmstädter Studenten mit dem Konsul ebenfalls ein Flugzeug mit großer Spannweite. Der Konsul wurde das erste Leistungssegelflugzeug. Das Bild zeigt den Konsul mit Botsch am Steuer:

Baumuster	Konsul
Spannweite	18,70 m
Länge	6,35 m
Flügelfläche	21 m²
Seitenverhältnis	18
Rüstgewicht	185 kg
Zuladung	85 kg
Fluggewicht	270 kg
Flächenbelastung	9,10 kg/m²
Gleitzahl	21,4 bei 53 km/h
Profil	Gö 535

In einer zeitgenössischen Darstellung berichtet Fritz Hoppe von der Akaflieg Darmstadt weiter über die neue Konstruktion: „*Die Konstruktion ging Hand in Hand mit der Untersuchung der wichtigsten Bauteile, so der drehungsfesten Sperrholznase, der Holmstege usw. Bei einholmiger Bauart wurde der dreiteilige Flügel sowohl in sich wie auch mit dem Rumpf dreipunktig verbunden. Die Hauptholmstücke sind mittels Überwurfmutter miteinander verschraubt, die Stirnholme mit Konusbolzen verbunden. In dem 8 Meter langen Mittelstück ist der Holm kastenförmig, in den Außenstücken L-förmig. Das Profil nimmt außen stark ab und wird unter Verkleinerung des Anstellwinkels symmetrisch, um eine einwandfreie Verwindungswirkung und gleichzeitig günstigere Auftriebsverteilung zu erreichen. Der fischförmige Sperrholzrumpf hat oben und unten scharfe Kanten, die für die nötige Kielwirkung sorgen. Die mit Stoff verkleidete Landekufe ist durch Gummiwicklung sorgfältig gefedert und ermöglicht auch auf dem Boden Höhensteuerwirkung. Die unbeabsichtigt hohe Geschwindigkeit, die der Konsul gezeigt hat, erklärt sich teils durch das etwas zu groß ausgefallene Gewicht, andererseits durch die genügende Glätte der Bespannung – die Strömung reißt infolge der Dicke und starken Wölbung des Profils offenbar schon bei verhältnismäßig geringen ca-Werten ab.*“

Schon nach wenigen Erprobungsstarts und einigen Änderungen erzielte Albert Botsch am 29. September 1923 in der Rhön mit 18,7 km einen neuen Streckenweltrekord. Noch einmal wurde dieser Rekord mit dem Konsul überboten, als Bubi Nehring am 9. Oktober 1925 über der Krim 24,4 km zurücklegte. 1927 ging der Konsul restlos zu Bruch. ◂

1927 D-17 Darmstadt / D-19 Darmstadt II

Nach dem Bruch der D-9 benötigten die Studenten der Akademischen Fliegergruppe Darmstadt zum Rhön-Segelflug-Wettbewerb 1927 ein neues Flugzeug. Kurt Völker entwarf den freitragenden Hochdecker Darmstadt mit 18 m Spannweite. Die bereits beim Konsul bewährten konstruktiven Neuheiten des elliptischen Rumpfquerschnittes, des festen Flügels großer Schlankheit mit dem Profil Göttingen 535, des Seitenleitwerkes mit gutem Seitenverhältnis wurden auch bei der Darmstadt mit Erfolg angewandt - technische Tatsachen, die sich seitdem im Segelflugzeugbau bewährt haben. Die D-17 wurde in der Hauptsache für die Erfordernisse der Hangfliegerei konstruiert, war doch Johannes Nehring, von seinen Kameraden Bubi“ genannt, der Meister des Hangfluges, der diese Flugart mit geradezu wissenschaftlicher Genauigkeit ausführte. Deshalb achtete Völker bei der Darmstadt im Wesentlichen auf besten Gleitwinkel bei geringer Sinkge-

Darmstadt II beim Gummiseilstart auf der Wasserkuppe. Rechts unten das Fliegerdenkmal.

schwindigkeit. Von Hang zu Hang mussten aufwindlose oder auch Abwindgebiete überbrückt werden, wofür weniger die Sinkgeschwindigkeit maßgebend war als der beste Gleitwinkel mit höherer Geschwindigkeit. Die Absicht hat sich voll erfüllt. Schon nach wenigen Starts wurde Bubi Nehring im August 1927 Sieger im Rhön-Wettbewerb, erflog sich mit 51,8 km an den Bergen und Hängen des Thüringer Waldes den Streckenpreis und schaffte als erster den Flug zum Heidelstein und zurück, die berühmte Heidelsteinumrundung, die damit der erste Zielflug mit Rückkehr war.

1928 ging Hesselbach mit der Darmstadt nach Amerika, erregte dort mit mehreren Dauerflügen großes Aufsehen. Bei einer harten Landung ging das Flugzeug zu Bruch, wurde von den Amerikanern gekauft, wieder aufgebaut und flog noch Jahre in den Vereinigten Staaten. Für die Akademische Fliegergruppe Darmstadt aber wurde ein neues Flugzeug notwendig, um im Rhön-Wettbewerb 1928 starten zu können. Auf Grund dar gemachten Erfahrungen entwarf Franz Gross eine besserte Darmstadt, die als Darmstadt II in die Geschichte des Segelfluges einging. In zwei Monaten war sie gebaut. Auch diese Darmstadt, nunmehr D-19, war ein freitragender Hochdecker in Holzbauweise mit einer vergrößerten Spannweite von 18 m und einem Joukowsky-Profil. Es gelang, die Darmstadt II trotz der vergrößerten Spannweite mit geringerem Gewicht zu bauen als die erste Darmstadt.

Im Juli 1928 gehörte Nehring mit der Darmstadt zu den deutschen Teilnehmern des internationalen Wettbewerbs von Vauville in Frankreich. Er holte sich dort den zweiten Höhenpreis, den zweiten Streckenpreis, den dritten Preis im Wettbewerb um die Gesamthöhe und um die Gesamtflugdauer. Ein leichter Bruch wurde in vier Tagen behoben und dann ging es zum Wettbewerb In die Rhön. Am 8. August verbesserte dort Johannes Nehring den Streckenweitrekord mit einem Flug von der Wasserkuppe nach Treffurt auf 71,2 km und gewann gleichzeitig den Preis in der Streckenleistung. Am 24. April 1929 steigerte er diesen Rekord bei seinen Forschungsflügen entlang der Bergstraße von Matchen nach Upstadt auf 72,3 km – sein letzter großer Flug.

Im Rhön-Wettbewerb 1929 startete Neininger auf Darmstadt II, gewann mit 24 Stunden und 13 Minuten den ersten Preis für die größte Gesamtflugdauer, mit 2724 Metern den dritten Preis für die größte Höhensumme und die Rekordprämie für die Überbietung des Rhön-Dauerrekords auf 7 Stunden und 54 Minuten. Jahr um Jahr startete die Darmstadt im Rhön-Segelflug-Wettbewerb, 1934 zum achten Male. Ihr letzter großer Meister war Fritz Utech, der mit ihr 1934 trotz der großen Zahl modernster Maschinen den 2. Preis in der Streckensumme erflog, der 1934 allein 1088 km auf der Darmstadt zurücklegte. Ihr letzter großer Erfolg war die Teilnahme an der Segelflug-Expedition 1934 nach Finnland, ehe sie durch Absturz zerstört wurde. ◂

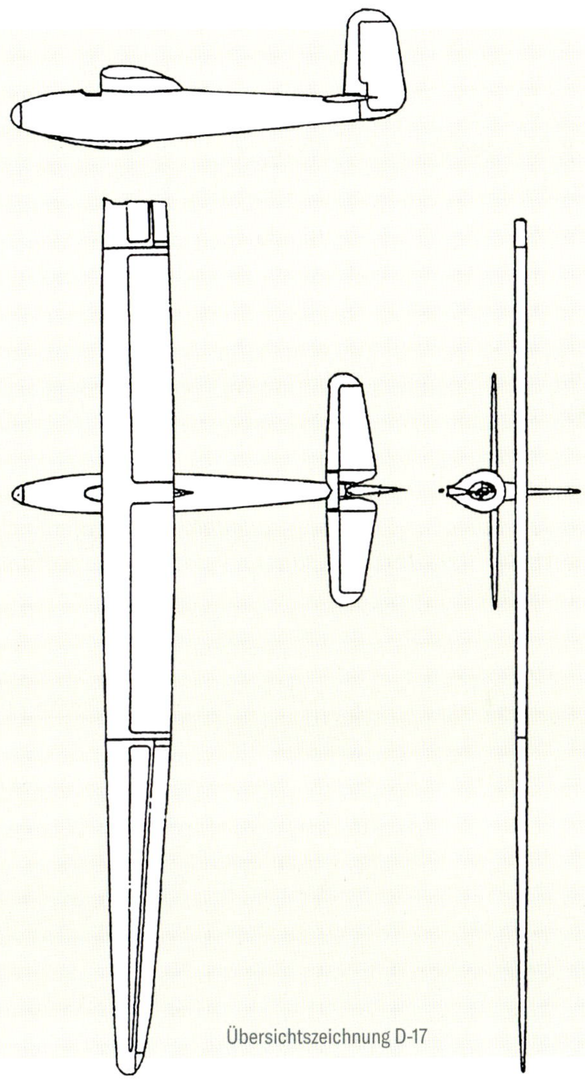

Übersichtszeichnung D-17

Baumuster Darmstadt	D-17	D-19
Spannweite	16 m	18 m
Flügelfläche	16,60 m^2	16,90 m^2
Seitenverhältnis	19,40	19,40
Rüstgewicht	155 kg	162 kg
Zuladung	95 kg	90 kg
Fluggewicht	250 kg	252 kg
Profil	GÖ 535	Joukowsky mittelstark

Professor und Wien

Nach den Erfolgen des Segelfluges in den Jahren 1926/27 entstand der Wunsch nach einem Leistungssegelflugzeug mit einfadem Aufbau. Alexander Lippisch löste die Aufgabe mit dem Professor, den er 1928 bei der Rhön-Rossitten-Gesellschaft baute. Es war ein abgestrebter Hochdecker mit 16 m Spannweite. Die Fläche war dreiteilig gebaut, einholmig und mit drehsteifer Flügelnase. Der Rumpf hatte einen sechseckigen Querschnitt. Mit dem Professor „Rhöngeist" wurde Robert Kronfeld im Rhön-Wettbewerb 1928 Gesamtsieger mit 41 km Strecke, 660 m Höhengewinn und einen Dauerflug von 7 Stunden 54 Minuten. Kronfeld war in diesem Wettbewerb der erste Segelflieger, der ein Variometer mitführte. Bislang hatten die Segelflugzeuge höchstens Fahrtmesser und Höhenmesser eingebaut. Kronfeld war es auch, der den Segelflug vom Hangflug zur Ausnützung des Wolkenfluges führte. Dabei war er wiederum der erste Flugzeugführer, der im Segelflug den Fallschirm benützte. Um die Leistungen weiter zu steigern, entwickelte Alexander Lippisch 1929 aus dem Professor für Robert Kronfeld eine Sonderkonstruktion, die Wien, die vor allem aerodynamisch wesentlich besser durchkonstruiert war und sich durch sehr niedrige Sinkgeschwindigkeit auszeichnete. Aus 16 m wurden 19 m Spannweite und das Seitenverhältnis wurde von 1:14 auf 1:20 erhöht. Lippisch benützte das Profil Gö 549 mit verdickter Nase und etwas stärker gewölbt. Der Rumpf wurde rund und konnte im Querschnitt möglichst klein gehalten werden, da Kronfeld von kleiner Statur war. Um die schwächsten Aufwinde zum Segeln ausnützen zu können, waren geringste Sinkgeschwindigkeit und geringe Flächenbelastung nach wie vor das Ziel der Konstruktion. Wenn alles „absoff", blieb Kronfeld noch immer über dem Westhang. „Meine Wien stellt eine Hochzüchtung des so bewährten Professor-Typs der Rhön-Rossitten-Gesellschaft dar", urteilte Kronfeld selbst über diese Einzelkonstruktion von Lippisch.

Die Wien startet mit Robert Kronfeld am Westhang der Wasserkuppe. Der Kopf des Flugzeugführers ragt sehr weit frei aus dem Rumpf.

Mit der Wien wurde Robert Kronfeld der erfolgreichste Segelflieger der Jahre 1929 und 1930. Am 15. Mai 1929 gelang ihm noch im Hangaufwind des Teutoburger Waldes der erste Segelflug der Geschichte mit über 100 km. Die 102,2 km waren neuer Weltrekord, den er für zwei Jahre nicht mehr abgab. Am 20. Juli 1929 stellte er im Rhön-Wettbewerb bei einem Gewitterflug nach Hermsdorf mit 143 km Strecke und 2025 m Höhe zwei neue Weltrekorde auf. Zehn Tage später, am 30. Juli, verbesserte er diese Leistung mit einem Gewitterflug von der Wasserkuppe nach Sienlas auf 150 km und 2560 m Höhe, und am 24. August 1930 landete er nach erneutem Weltrekord bei Marktredwitz, 164 km von der Wasserkuppe entfernt. Im Juli 1931 überquerte er als erster den Kanal zwischen Calais und Dover in beiden Richtungen mit dem Segelflugzeug und gewann den 1000-Pfund-Preis der „Daily Mail". *„Nach meiner Landung in der Nähe der alten Burg von Dover haben mir viele Autofahrer ihre Unterstützung und Betriebsstoff angeboten. Sie waren fast enttäuscht, als ich ihnen erklärte, dass das Flugzeug motorlos sei."* Seinen letzten großen Flug mit der Wien flog Robert Kronfeld in der „12. Rhön" mit 156 km am 5. August 1931 von der Wasserkuppe nach Arnsberg/Westfalen. Dies war zugleich sein längster Thermikflug. ◂

Baumuster	Professor	Wien
Spannweite	16,10 m	19,10 m
Länge	7 m	6,50 m
Flügelfläche	18,60 m^2	18,60 m^2
Seitenverhältnis	14	20
Fluggewicht	246 kg	248 kg
Flächenbelastung	13 kg/m^2	13,80 kg/m^2
Profil	Gö 549	Gö 549 geändert

Austria

Wer sagt, dass enorme Spannweite (wie bei SB 10 und Eta) nur mit modernsten Werkstoffen möglich sei? Bereits die Austria brachte es 1930 auf 30 Meter von Flügelspitze zu Flügelspitze und war das größte Segelflugzeug der damaligen Welt! So gehört sie zu den berühmtesten Flugzeugen in der Segelfluggeschichte. Berühmt vor allem durch ihren Besitzer, dem vielfachen Rekordflieger Robert Kronfeld, berühmt durch ihr unvergessliches Aussehen und durch ihren extremen Entwurf. Im Auftrag von Robert Kronfeld konstruierte August Kupper (1905 bis 1937) von der AKAFLIEG München das Muster Ku 4, genannt Austria.

Im Prinzip war es eine Fortentwicklung des Musters Mü 3 (Ku 1) Kakadu der Akademischen Fliegergruppe München aus dem Jahre 1928. Beide waren freitragende Hochdecker mit großer, nach außen zunehmender Wölbung und starker Zuspitzung des Tragwerks. Gebaut wurde die Austria 1930 bei der Firma Kegel-Flugzeugbau in Kassel. Für den Wettbewerb 1931 war sie gemeldet, aber nicht erschienen. Sie flog insgesamt wenig. Nach einigen Erprobungsflügen war die einzige nennenswerte Leistung Kronfelds 6-Stunden-Flug am 19. Juli 1932 von der Wasserkuppe in die Nähe von Meiningen mit 41,16 km.

Als Forschungsaufgabe aber muss die Austria in der Geschichte der Segelflugzeuge festgehalten werden. Denn durch die große Spannweite von 30 m sollte ein besonders guter Gleitwinkel und eine geringe Sinkgeschwindigkeit ohne Rücksicht auf Kurvengeschwindigkeit und Transportmöglichkeit des Flugzeuges erreicht werden. Die Austria fiel mit der geringen Flächenbelastung von 13,8 kg/m² in jene Zeit der konstruktiven Oberlegung, als die geringste Sinkgeschwindigkeit noch der überwiegend angewandte Maßstab für die Leistungsforderung war. Die große Spannweite erforderte konstruktiv besonders Maßnahmen zur Hochlage des Flügels und damit zu einer etwas merkwürdigen Form des Rumpfes mit einer recht kühnen Lösung des Leitwerksträgers. Aus dem zweiteiligen Flügel des Kakadus entstand die Vierteilung der Austria-Fläche mit Rücksicht auf den Landtransport. Ein Mittelstück von nur 0,40 m Breite war in den Rumpfaufbau unlösbar eingezogen, um auf diese Weise die Verbindung von Flügel und Rumpf strömungstechnisch einwandfrei ausführen zu können. Die 9,3 m langen Innenflügel hatten einen trapezförmigen Grundriss, die etwa 5,5 m langen Außenflügel schlossen mit etwas geringerer Zuspitzung und einem Knick in Verwindung und Aufriss daran an. Die über die gesamte Hinterkante der Fläche laufenden Querruder mit sechs Querruderklappen waren mit der Höhensteuerung direkt gekoppelt. Sie konnten zur wahlweisen Wölbungsänderung (was für einen geplanten Schnellflug besonders günstig war) durch Handrasten verstellt werden. Dies an einem Hebel, der neben der Steuersäule angebracht war. Die Steuersäule selbst trug ein Handrad.

Als Fahrwerk diente ausschließlich eine Kufe, während der Leitwerksträger keine Spornkräfte übernahm. Die Größe der Spannweite, die negative V-Stellung, der Außen-

Austria, genannt der Elefant, im Fluge mit Robert Kronfeld.

Baumuster	Austria
Spannweite	30 m
Länge	9 m
Flügelfläche	34,97 m²
Seitenverhältnis	25,7
Rüstgewicht	402,40 kg
Zuladung	80 kg
Fluggewicht	482,40 kg
Flächenbelastung	13,80 kg/m²
Gleitwinkel	besser als 25
Profil	Gö 652

Das 1:2 Modell von Markus Frey im Segelflugmuseum Wasserkuppe

flügel und die Biegungsweichheit des ganzen Tragwerks verlangten eine beträchtliche Höhe der Flügelwurzel über dem Boden. Aus dieser Forderung ergab sich der neuartige und für die Austria so charakteristische Rumpfaufbau. Der Flugzeugführer saß dicht über dem Boden in einem Boot von 0,55 m größter Breite. Dieses Boot ging in einen Turm von stromlinienförmigem Querschnitt über, der oben mit dem erwähnten Flügelstummel von 0,4 m Breite abschloss. Aus diesem Stummel wuchs die Fläche von 30 Meter Spannweite und nach hinten als Rumpf eine das Leitwerk tragende Röhre. Die Höhenflosse trug als Endscheiben zwei Seitenflossen. Diese großen Endscheiben, die Unhandlichkeit des fliegenden Riesen und die graue Farbe seiner Lackierung mögen wohl der Grund gewesen sein, dass die Austria sofort nach ihrem Erscheinen auf der Wasserkuppe im Fliegerlager den Spottnamen „Elefant" erhielt.

Nachdem Kronfeld am 19.7.1932 sechs Stunden mit der Austria geflogen war, brach bei einem Wolkenflug drei Tage später eine Tragfläche. Er selbst konnte sich mit dem Fallschirm unverletzt retten, das Segelflugzeug beim Aufschlag jedoch komplett zerstört. ◂

1930 Fafnir

Mit dem Jahre 1930 begannen im deutschen Segelflug die Konstruktionen für große Gleitzahlen, für größere Flächenbelastung und höhere Reisegeschwindigkeit. Höhepunkte dieser Entwicklung stellen die Einzelkonstruktionen Fafnir II, Austria und die D30 Cirrus dar. Urvater war der Fafnir aus dem Jahre 1930. Mit dem Knickflügel und dem aerodynamisch neuartig gelösten Rumpf-Flächenübergang ging Lippisch neue Wege und schuf zwei Merkmale der „Wasserkuppen-Schule", die dann in vielen späteren Typen wieder zu finden waren.

Um die Forderung nach höchster Festigkeit bei großer Spannweite zu erfüllen, wählte Lippisch einen geknickten und stark verwundenen Flügel. Die Verwindung des Flügels wurde im Wesentlichen durch Änderung der Profilform erreicht. Am Rumpfanschluss, der erst beim Fafnir II wesentlich besser gelöst werden konnte, wurde auf das Profil Gö 652, am Flügelknick auf das bewährte Segelflugprofil Gö 535 und nach außen auf das amerikanische Clark-Y-Profil gestrakt. In der drehsteifen Nase wurde vor dem Hauptholm noch ein Stützholm eingezogen, um eine möglichst große Biegesteifigkeit des Flügels zu erreichen. Der Flügel war zweiteilig und an einem kurzen Mittelstück, das fest mit dem Rumpf zusammengebaut war, an drei Punkten angeschlossen. Durch den Flügelknick erhielt der freitragende Schulterdecker von 19 m Spannwei-

Beim Fafnir wurde zum ersten Mal der Flugzeugführer vollkommen im Rumpf untergebracht. Für Günther Groenhoff blieb bei dieser ersten Bauausführung nur wenig Möglichkeit zur Sicht.

Das formschönste Flugzeug seiner Zeit: Fafnir mit Günther Groenhoff beim Start auf der Wasserkuppe.

te eine gute Kursstabilität und an den Flügelenden genügend Bodenfreiheit.

Der Rumpf zeigte den bereits damals üblichen eiförmigen Querschnitt. Das Höhenleitwerk war, wie beim Professor und der Wien, ein auf einer auf dem Rumpf gelagerten Achse aufgestecktes Pendelruder. Die Kufenfederung war weitgehend in den Rumpf eingebaut. Erstmalig in der Geschichte der Segelflugzeugkonstruktionen war beim Fafnir der Pilot vollkommen im Rumpf untergebracht, um den schädlichen Widerstandsquerschnitt weiterhin zu vermindern. Der Kopf des Flugzeugführers war durch eine aerodynamisch geschwungene Verkleidung, die in den Flügelzusammenstoß hineinwuchs, geschützt. Diese erste Form der Verkleidung gab dem Vogel sein gespenstisches Aussehen und damit den Namen Fafnir. Sie bewährte sich nicht, da die seitlichen Schaulöcher in der Kopfverkleidung und die ungünstige Flügelausrundung im Mittelflügel die Strömung abreißen ließen. Durch eine Änderung wurde dieser Fehler dann behoben. Trotzdem blieben die Sichtverhältnisse, wie die Aufnahme aus dem Jahre 1932 deutlich zeigt, sehr schlecht. Man muss Groenhoff bewundern, wie er unter solchen Umständen seine großartigen Leistungen erflog.

Gleich beim zweiten Start gelang ihm am 17. August 1930 als zweitem Segelflieger nach Kronfeld die Umrundung des Kreuzbergs mit Rückkehr zur Wasserkuppe. Im Herbst 1930 galten die Flüge von Günther Groenhoff der Forschungsarbeit zur Erprobung des Flugzeugschlepps. Am 13. April 1931 führte er die neue Startmethode zum ersten großen Erfolg. Nach einem Flugzeugschlepp segelte er von Darmstadt entlang der Bergstraße 138 km nach Bühl. Seine großartigste Leistung gelang ihm wenige Wochen darauf, als er am 4. Mai bei einem Münchner Flugtag die neue Schleppmethode demonstrieren wollte, ausklinkte und mit einer Gewitterwand nach Nordosten weiterflog.

Nach dem Absturz von Günther Groenhoff am 23. Juli 1932 wurde beim Umbau des Fafnir vor allem die Verkleidung des Führersitzes und der Flügel-Rumpf-Zusammen-

Baumuster	Fafnir	Fafnir II
Spannweite	19 m	19 m
Länge	7,76 m	7,91 m
Flügelfläche	18,60 m^2	19 m^2
Seitenverhältnis	20	19
Rüstgewicht	200 kg	270 kg
Zuladung	115 kg	80 kg
Fluggewicht	315 kg	350 kg
Flächenbelastung	16,9 kg/m^2	18,4 kg/m^2
Mindestgeschwindigkeit	50 km/h	
Höchstgeschwindigkeit	220 km/h	180 km/h
Sinkgeschwindigkeit	0,76 m/sec	0,65 m/sec
Höchstgeschw. im Flugzeugschlepp	125 km/h	
Gleitzahl	27	27
Profil	Gö 652/535	DFS

schluss geändert. Damit aber verlor der Fafnir sein für ihn typisches Aussehen. Die Entwicklungsreihe Professor, Wien und Fafnir zeigte gegenüber den früheren Konstruktionen einen wesentlich längeren Rumpf. Dieses neue Konstruktionsmerkmal diente zur Erzielung besserer Flugeigenschaften um die Hoch- und Querachse.

Nach Groenhoffs Tod übernahm sein Freund Peter Riedel den Fafnir und gehörte in den Rhön Wettbewerben 1933 und 1934 zur Spitzengruppe. Riedels größter Erfolg war ein Streckenflug am 7. Juni 1933, als er von Darmstadt aus mit 229 km die offizielle Bestleistung von Günther Groenhoff mit einem Flug nach Frankreich übertraf. Und mit Hanna Reitsch endet die Reihe berühmter Flieger auf dem Fafnir. Sie stellte im März 1934 mit einem Flug von Darmstadt nach Reutlingen mit 160 km einen Streckenweitrekord für Frauen auf. ◂

1931

Spyr I – V

Ein weiter bekannter Schweizer Segelflug-Konstrukteur in der Zeit von 1930 bis 1950 war Ing. August Hug aus Luzern mit seiner Spyr-Serie I bis V. 1931 wurde Spyr I bei Fritz Obrecht in Zürich fertig gestellt und noch im gleichen Sommer gelang Willi Farner, der erste Streckenflug vom Jungfraujoch nach Stans. Farner stellte auch die ersten nationalen Rekorde auf. Spyr II folgte 1933 und ein Jahr später Spyr III. Es war das erste Leistungsflugzeug, dessen Bau vom Eidgenössischen Luftamt gefördert wurde. Das Flugbild war an den dreiecksförmigen Flügeln sofort zu erkennen. Der 16 m-Vogel flog langsam, dafür aber konnte man noch die schwächsten Aufwinde ausnützen. Im gleichen Jahr wurde mit dem Spyr III der erste 10-Stundenflug in der Schweiz durchgeführt. Den größten Erfolg auf Spyr III erzielte Sandmeier im Internationalen Rhön-Segelflug-Wettbewerb 1937 auf der Wasserkuppe, als er sich zur allgemeinen Überraschung mit dem 4. Platz in der Spitzengruppe der Welt behaupten und sich inmitten der führenden deutschen Mannschaft mit deren Einzelkonstruktionen placieren konnte. 1938 gelang auf Spyr III der erste Zielflug mit Rückkehr in der Schweiz, wurde Spyr III das Siegerflugzeug im Nationalen Wettbewerb und erzielte beim ISTUS-Fliegen in Bern die einzige Wertung eines Schweizer Piloten. Noch 1953 erwarb die deutsche Segelfluggruppe von Spaichingen den Spyr III HB-109.

Der doppelsitzige Prototyp Spyr V HB-369 im Anflug. Diese vorletzte Konstruktion von August Hug wurde 1942/43 bei der Segelflugzeugbau Zürich e. G. gebaut.

Die Empfindlichkeit der Spyr III, besonders im Wolkenflug, führte bei der Spyr IV zur Wahl einer neuartigen Flügelform, die hohe Querstabilität mit guter Wendigkeit verband. Der 16,4 m-Flügel hatte eine recht auffällige Form mit großer Flügeltiefe in Rumpfnähe und stark zugespitzten Flügelenden. Durch die höhere Geschwindigkeit eignete sich der Spyr IV für Streckenflüge.

Typische Merkmale der Spyr-Muster waren die Flügelbefestigung in so genannter Dreipunktlagerung, sowie Ausnutzung der ganzen Profilhöhe für den Holmquerschnitt durch Unterteilung der Flügelrippen in Nasen- und Endstück.

1942 entstand der Doppelsitzer Spyr V, der bereits 1939 im Entwurf und Rohbau fertig war. August Hug, der sich seit 1912 mit Flugzeug-Konstruktionen beschäftigt, entwickelte aus Spyr V in den Jahren von 1943 bis 1946 mit zahlreichen Änderungen den Doppelsitzer Spyr V a mit 18,4 m Spannweite. Er wurde von 1946 bis 1949 bei den Pilatus-Werken und von der Segelfluggruppe Nidwalden gebaut. Bei den Weltmeisterschaften 1954 in England begann der spätere mehrfache Schweizer Meister und vielfache Rekordflieger Dr. Hans Nietlispach auf diesem Spyr V a mit dem 4. Platz in der Doppelsitzerklasse seine große Laufbahn. Zwei Muster der Doppelsitzer Spyr V und Spyr V a waren noch 1970 im Einsatz.◂

Baumuster	Spyr III	Spyr V a
Spannweite	16,99 m	18,40 m
Länge	6 m	8,90 m
Flügelfläche	13,55 m^2	20,20 m^2
Seitenverhältnis	19	17
Rüstgewicht	198 kg	265 kg
Zuladung	75 kg	160 kg
Fluggewicht	183 kg	425 kg
Flächenbelastung	13,50 kg/m^2	21 kg/m^2
Mindestgeschwindigkeit	50 km/h	50 km/h
Sinkgeschwindigkeit	0,55 m/s	0,75 m/sec
Gleitzahl	27	24
Profil	Gö 535	Gö 535

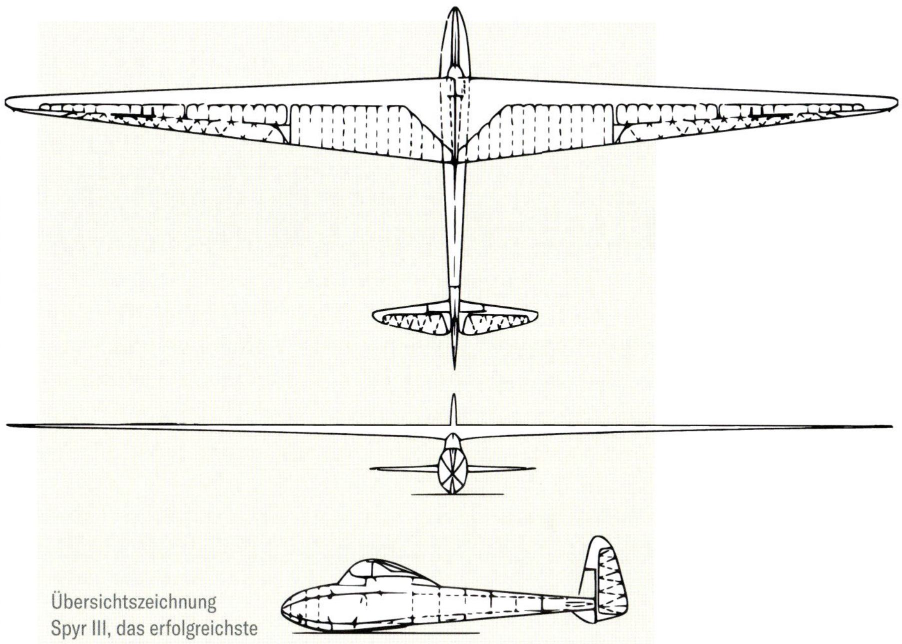

Übersichtszeichnung Spyr III, das erfolgreichste Muster der Spyr-Serie.

Grunau Baby

1932

Von den Segelflugzeugen „Hol's der Teufel“ führte der folgerichtige Weg über den „Roland“ und die „Bremen“ zum „Prüfling“, den 1926 Alexander Lippisch für Fortgeschrittene entwarf und schließlich 1929 zum Übungsflugzeug „Falke“, ebenfalls von Lippisch. Mit dem Jahr 1930 erlebte der Segelflugsport eine starke Ausbreitung mit gleichzeitigem Beginn des Leistungssegelfluges. So schuf im gleichen Jahr die ISTUS das internationale Leistungsabzeichen, die so genannte „Silber C“. So entstand allgemein der Bedarf nach einem billigen, einfachen Übungsflugzeug, das auch für die ersten Leistungsflüge eingesetzt werden konnte. Der Flugzeugbau Schneider Grunau stellte sich diese Aufgabe. Wolf Hirth wurden 1931 in Grunau die Wünsche Schneiders schnell bekannt. Über die „Wiesenbaude II“, die „ESG 31“ bis hin zur „Stanavo“ entwickelten Hirth und Schneider das Grunau Baby im Winter 1931/32. Der abgestrebte Hochdecker, an dem auch Hugo H. Kromer mitgearbeitet hatte, besaß bei nur 98 kg Leergewicht eine Spannweite von 12,87 m und 14 m² Flügelfläche. Das Flügelprofil wurde aus dem bekannten Profil Göttingen 535 abgeleitet. Im mittleren Teil war die Flügelfläche einheitlich und nahm bei veränderten Profilformen von den Querrudern aus nach außen hin bis auf 60 cm ab. Der Rumpf, vollständig mit Sperrholz beplankt, hatte ei-

Der Autor kommt mit einem frisch restauriertes Baby IIb nach dem erneuten Erstflug zur Landung.

nen sechseckigen Querschnitt. Die Flosse des Höhenruders ist vor der Kielflosse auf die Rumpfoberseite aufgelegt und beiderseits durch je eine kurze Stahlrohrstrebe zur Rumpfunterkante hin abgefangen.

Das Grunau Baby bewährte sich und wurde unter Verwendung der gesammelten Erfahrungen 1933 vollkommen neu als Grunau Baby II konstruiert. Eine vergrößerte Spannweite sowie weitere Änderungen führten zur Verbesserung der Flugeigenschaften. Mit dem neuen Dauerweltrekord von Kurt Schmidt in Ostpreußen, der am 3. und 4. August die bestehende Weltbestleistung von 21 Stunden und 55 Minuten auf 36 Stunden und 36 Minuten steigerte, begann der große Siegeszug dieses Segelflugzeuges. 1934/35 war das Grunau Baby das am meisten geflogene Segelflugzeug der Welt. Obwohl das Baumuster nur für den Übungsflug entwickelt worden war, wurden beachtliche Leistungen erzielt. Viele Inhaber der Silber C aus der Vorkriegszeit erflogen Leistungen mit dem Grunau Baby, es gelangen Streckenflüge über 100 und 200 km.

Baumuster	Grunau Baby II a	Grunau Baby II b
Spannweite	13,50 m	13,50 m
Länge	6,15 m	6,15 m
Flügelfläche	14,20 m^2	14,20 m^2
Seitenverhältnis	13	13
Rüstgewicht	137 kg	160
Zuladung	90 kg	90 kg
Fluggewicht	227 kg	250 kg
Flächenbelastung	15,20 kg/m^2	17,60 kg/m^2
Mindestgeschwindigkeit	40 km/h	45 km/h
Höchstgeschwindigkeit	200 km/h	150 km/h
Sinkgeschwindigkeit	0,85 m/sec bei 45 km/h	0,85 m/sec
Gleitzahl	1:17 bei 55 km/h	1:17 bei 60 km/h
Profil	Gö 535 abgeleitet	Gö 535 abgeleitet

Von Baby I wurden etwa 80 Stück, vom Baby II und II a und II b etwa 700 Stück gebaut. Dazu kamen der Bau bei Espenlaub und Schweyer, im Naumburger Flugzeugbau sowie im Schwarzwaldflugzeugbau. Weiterhin bei den Flugvereinen und über Deutschland hinaus wie in Holland, Spanien, Rumänien, Bulgarien und vor allem in Schweden. Insgesamt dürften etwa 5000 Grunau Baby so entstanden sein. Damit ist das Grunau Baby in der Geschichte des Segelfluges das am meisten gebaute Segelflugzeug der Welt. Nach der Wiederzulassung des Segelfluges in Deutschland wurde auch das Grunau Baby neu aufgelegt, erhielt einige Verbesserungen, vor allem eine Haube über den bisher offenen Führersitz und diente als Grunau Baby IIb noch lange Jahre. Nach dem zweiten Weltkrieg (1951) wurde das Baby III (nun besaß es statt einer Kufe ein Rad) bei Alexander Schleicher gebaut. In Gotha (später dann Lommaztsch) entstanden Baby IIb, weitere in Großbritannien und Polen.

Das Grunau Baby II a war ein abgestrebter Hochdecker in Holzbauweise. Der zweiteilige (stoffbespannte) Flügel mit drehsteifer Nase besaß bis zu den Querrudern eine gleichbleibende Tiefe und verjüngte sich ab da elliptisch. Getragen wurde jeder Flügel von einem Kastenholm, er war mit je einer Stahlrohrstrebe (wie später in der Rhönlerche) abgestützt. An der Wurzel übertrug ein Torsionskasten die Kräfte auf den Rumpf. Der sperrholzbeplankte Rumpf besaß einen rechteckigen Querschnitt; sein vorderer Teil erhielt eine doppelte Beplankung mit Diagonalauskreuzung als Sicherheit bei eventuellen Bruchlandungen. Der Führerraum war durch abwerfbaren Haubendeckel halb geschlossen. Die Kufe hatte Gummipuffer, der Sporn eine Blattfeder. ◂

Ein schönes Baby III beim Oldtimertreffen in Aalen-Elchingen 2019.

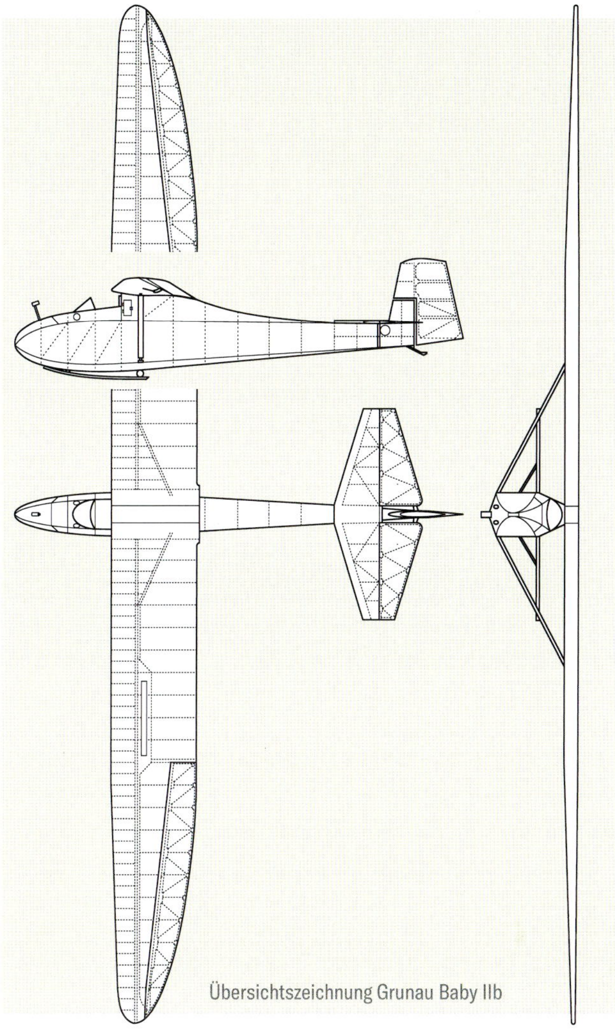

Übersichtszeichnung Grunau Baby IIb

Rhönadler

1932

Das erste Segelflugzeug mit einer weiten Verbreitung wurde der 1932 von Hans Jacobs konstruierte Rhönadler. Durch den Flugzeugschlepp war der Segelflug frei vom Hang und nunmehr auch in der Ebene möglich. 1930 entstanden mehr und mehr Gruppen und mit der Breitenarbeit begann eine Steigerung des Leistungsfluges. in dieser Situation des deutschen Segelfluges erschien der Rhönadler.

Hans Jacobs war 1927 als Konstrukteur bei Alexander Lippisch zur technischen Abteilung der Rhön-Rossitten-Gesellschaft zur Wasserkuppe gekommen und machte sich 1931 erstmals einen Namen durch sein weit verbreitetes Buch „Werkstattpraxis für den Bau von Gleit- und Segelflugzeugen“ (wird wohl in keiner Werkstatt für Segelflugzeuge in Holz- und Gemischtbausweise fehlen). Im Rhönadler wurden die Erfahrungen des Leistungssegelflugzeugs Fafnir verwertet, der Bau aber so einfach wie möglich gehalten. Erstmals startete dar Rhönadler im Rhönwettbewerb 1932. Peter Riedel war mit den Flugeigenschaften und mit den Flugleistungen des 18 m-Flugzeuges sehr zufrieden. Hans Jacobs machte sich diese Erfahrungen zunutze und konstruierte den Rhönadler 1933 noch einmal durch. Diese Überarbeitung (mit weiteren späteren Modifikationen) wurde dann bis 1937 das meistgeflogene Leistungsflugzeug des deutschen Segelflugs. Gebaut wurde der Rhönadler beim Flugzeugbau Schleicher in Poppenhausen/Rhön. In den Rhön-Wettbewerben dieser Jahre stand er mit Abstand an der Spitze der eingesetzten Flugzeugtypen.

Der Rhönadler im Museum Wasserkuppe. Es handelt sich um einen Nachbau aus den Jahren 1983 bis 1986. Ein flugfähiges Original ist nicht mehr erhalten.

Das Segelflugzeug war ein freitragender Hochdecker mit zweiteiligem Flügel, die geradlinig, stark trapezförmig nach außen verjüngt waren, mit sehr großem Querruder. Die Spannweite war auf 17,40 m etwas verkleinert worden, der Rumpfquerschnitt wurde für eine bessere Pilotenunterbringung vergrößert. Das Pendelhöhenruder wurde etwas nach oben gesetzt und in einem Kugellager gelagert. Ebenfalls das Seitenruder wurde vergrößert. Als Profil kam ein abgeändertes Gö 652 mit geringerer Wölbung zur Anwendung. Zahlreiche Leistungsflüge in den Jahren von 1933 bis 1939 wurden auf dem Rhönadler zurückgelegt. Mit dieser Konstruktion begann Jacobs seinen Weg zu einem der erfolgreichsten Konstrukteure in der Segelfluggeschichte.

Der Rhönadler diente als Grundlage für die Slingby Petrel (Sturmvogel) die 1938 ihren Erstflug hatte. ◂

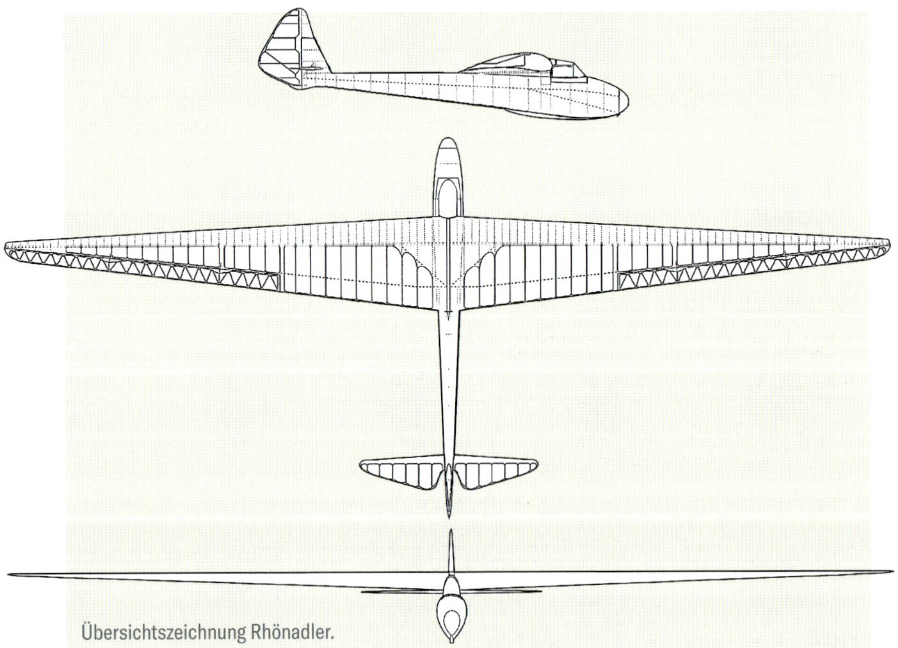

Übersichtszeichnung Rhönadler.

Baumuster	Rhönadler
Spannweite	17,40 m
Länge	7,20 m
Flügelfläche	18 m²
Seitenverhältnis	16,80
Rüstgewicht	170 kg
Zuladung	80 kg
Fluggewicht	250 kg
Flächenbelastung	13,60 kg/m²
Mindestgeschwindigkeit	50 km/h
Höchstgeschwindigkeit	130 km/h
Sinkgeschwindigkeit	0,75 m/sec
Höchstgeschw. im Windenschlepp	80 km/h
Höchstgeschw. im Flugzeugschlepp	120 km/h
Gleitzahl	20
Profil	Entwicklung aus Gö 652

D-28 Windspiel

Eine der interessantesten Konstruktionen in der Geschichte des Segelfluges zwischen den beiden Weltkriegen war das (damalige) Leistungssegelflugzeug D-28 der Akaflieg Darmstadt, genannt Windspiel. Es war das 25. Flugzeug, das in der Akademischen Fliegergruppe Darmstadt gebaut wurde und war gleichzeitig das Beste, was die Gruppe bis dahin hervorgebracht hatte. Besonderes Aufsehen erregte das geringe Gewicht von 54 kg bei 12 m Spannweite, die saubere Ausführung und die überraschenden Flugeigenschaften. Selbst verglichen mit heutigen Ultraleichtsegelflugzeugen war diese Konstruktion einzigartig. So war der hintere Rumpf zum Beispiel ohne Holme gebaut und der gesamte Rumpf nur mit 1mm Sperrholz beplankt.

Man wollte ein Flugzeug für die Ausnützung kleinster Aufwinde. Hierfür war ein Flugzeug mit besonders hoher Wendigkeit erforderlich. Die gleiche Eigenschaft musste ein Flugzeug für den damals noch immer vorherrschenden Segelflug am Hang besitzen.

Der Erstflug des freitragenden Hochdeckers fand am 8. Juli 1933 unter Leitung von Hans Fischer statt. In der Rhön 1933 zeigte sich, dass die kurze Übungszeit vor dem Wettbewerb nicht ausreichte, bei Landungen wurde der Rumpf durch Steine zweimal beschädigt. Gleichwohl erhielt das Segelflugzeug den Preis für die beste Konstruktion. Am 16. Juni 1934 erregte Hans Fischer mit einem Flug von Griesheim nach Thonne-les-Près bei Montmédy über 240 km in 6,5 Stunden großes Aufsehen. Im Rhön-Wettbewerb 1934 wurde Hans Fischer Sieger der Gesamtflugstrecke und holte sich den 3. Preis in der Wertung der Gesamtflugdauer. Im Jahr 1934 flog Fischer auf dem Windspiel 240 Flugstunden und 2350 Überlandkilometer. Pfingsten 1935 gehörte Fischer mit dem Windspiel zu den Teilnehmen der deutschen Segelflugexpedition nach Portugal.

1936 baute die Akaflieg Darmstadt eine zweite Version des Windspiel, etwas geändert und mit 72 kg auch schwerer. Im Jahr zuvor war die erste Version des Windspiel im Juli unmittelbar nach der Landung auf dem Griesheimer Sand von einer landenden Motormaschine gerammt und vollständig zerstört worden. Mit der neuen Version wurden 1937 die Alpen in einem 240 km-Flug überquert. 1939 nahm die D-28b an der Deutschen Sahara-Expedition teil. Im Herbst 1943 wurden in Prien/Chiemsee unter Leitung von Dipl.-Ing. Hans Zacher genaue Leistungsmessungen und Prüfungsflüge der Flugeigenschaften unternommen, die eine erstaunliche Übereinstimmung mit den Daten der Entwurfsrechnung ergaben.

Die Wahl der Flächengröße bezog sich auf die geringste Sinkgeschwindigkeit, da sich die kleine Spannweite in erster Linie auf die Sinkgeschwindigkeit, weniger auf den Gleitwinkel auswirkte. Der Aufbau des freitragenden ungeteilten Flügels war einholmig mit Torsionsnase. Sie war von innen bis außen mit 1 mm-Diagonalsperrholz beplankt. Der Holm hatte einen I-Querschnitt. Der Flügel wurde an drei Punkten durch Leichtmetallbeschläge mit dem Rumpf verbunden. Auf der ganzen Hinterkante des

Baumuster	Windspiel D-28
Spannweite	12 m
Länge	5,978 m
Flügelfläche	11,40 m^2
Seitenverhältnis	12,60
Rüstgewicht	54 kg
Zuladung	88 kg
Fluggewicht	144 kg
Flächenbelastung	12,60 kg/m^2
Mindestgeschwindigkeit	45 km/h
Höchstgeschwindigkeit	180 km/h
Sinkgeschwindigkeit	0,58 m/sec bei 48 km/h
Gleitzahl	23 bei 56 km/h
Profil	Gö 535

Nur 54 Kilo Leermasse, recht eindrücklich demonstriert

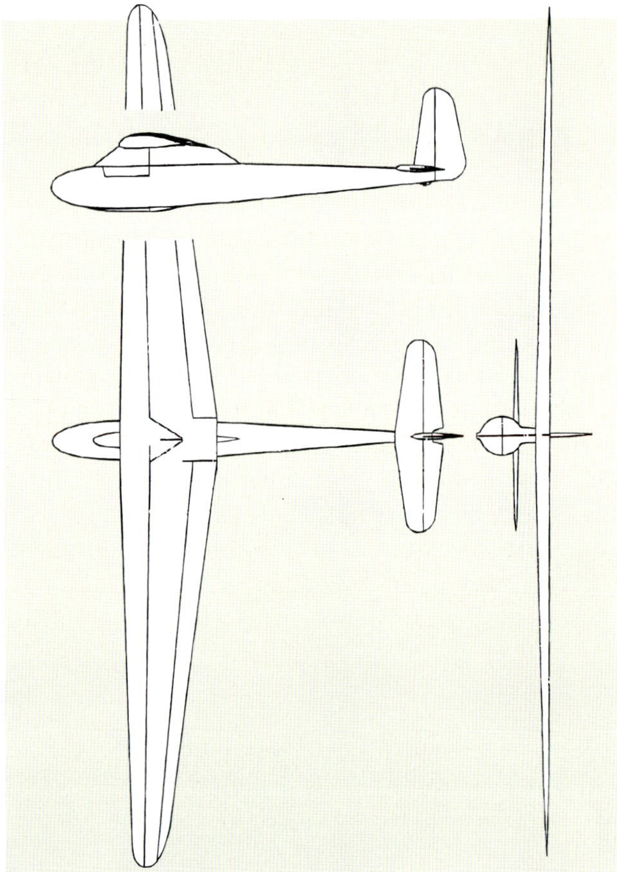

Übersichtszeichnung D-28 Windspiel

Flügels waren Querruder angeordnet, die zwischen Langsam- und Schnellflug vom Pilot während des Fluges getrimmt werden konnten. Seiten- und Querruder waren durch ein Differential untereinander gekoppelt, so dass automatisch bei Seitenruderausschlag das Querruder mitging, eine Konstruktion, wie sie schon mit Erfolg beim Konsul angewandt wurde. Die durchgehenden Querruderklappen konnten zur Änderung der Profilwölbung gleichsinnig betätigt werden.

Der Rumpf der Maschine wurde aus Gründen der Steuerfähigkeit, Längsstabilität und Verkleinerung der Leitwerksflächen mit 5,98 m ungewöhnlich lang gestaltet. Das Cockpit besaß eine geschlossene Cellonkabine, deren obere Hälfte zur Erleichterung des Fallschirmabsprungs abwerfbar war. Der Flugzeugführer hatte eine halbliegende Stellung. Die große Rumpflänge ermöglichte ein kleines Leitwerk, die Ruder wurden gedämpft ausgeführt.

Nur durch genaue Berechnungen, eine aufwändige Konstruktion jeden Bauteils, ohne Rücksicht auf Arbeitszeit und Baustoffkosten und durch die Verwendung von nur erstklassigen Baustoffen ließ sich so viel Gewicht einsparen. Für sämtliche Holzbauteile wurde nur Spruce (Rottanne) verwendet, ein Holz von größter Feinfaserigkeit, welches 15 Jahresringe pro 1 cm aufweist. Der Rumpf wog 17 kg, der ganze Flügel 27 kg, das Leitwerk 6 kg. Hinzu kam dann die wettbewerbsmäßige Ausrüstung. ◂

1933 Grunau 7 Moazagotl

Die konstruktiven Überraschungen des 14. Rhön-Segelflug-Wettbewerbs 1933 waren Windspiel der Akaflieg Darmstadt und das Moazagotl (kostete damals 5000 RM), mit dem Wolf Hirth von der Segelflugschule Hornberg gekommen war. Moazagotl bezieht sich auf eine „stehende Wolke“ zwischen Riesengebirge und Hirschberg, die schon lange diesen Namen führte.

Der damaligen Erkenntnis folgend entwarf Wolf Hirth ein Leistungssegelflugzeug mit 20 Meter Spannweite. Zweifellos verwendete Hirth weiterhin die mit dem von Lippisch eingeführten Fafnir-Knickflügel gemachten Erfahrungen. Typisch für seine Bauweise war hierbei die Verwendung eines einzelnen Holms in Verbindung mit einem starken Torsionsverband im Flügelmittelstück. Durch den abgestrebten Knickflügel, die Pfeilform des Flügels und durch die nach hinten gezogenen Querruder erhielt das Moazagotl sein charakteristisches Aussehen. Diese Merkmale benutzte Hirth, um eine feste Kurvenlage und eine gute Kurs- und Längsstabilität zu erhalten. Eigenschaften, die man im damaligen Leistungsflug vor allem in dem dafür notwendigen und auch erlaubten Blindflug in den Wolken benötigte. Der Tatsache, dass durch diese konstruktiven Merkmale das Einleiten der Kurve länger dauerte, wirkte Hirth durch große Querruder, Zuspitzung des Flügels, starke negative Schränkung und symmetrisches Profil im Außenflügel entgegen. Durch Pfeilform und Schränkung wurde die gewünschte gute Längsstabilität erreicht. Bei dem zweiteiligen Flügel fand im Innenflügel das Profil Gö535 Verwendung, nach außen auf symmetrisch übergehend. Die Tragdeckenstrebenverkleidung hatte einen unsymmetrischen Querschnitt und konnte bis zu 12 ° verdreht werden. Durch das Querstellen der Strebenverkleidung ließ sich der Gleitwinkel und die Sinkgeschwindigkeit verringern.

Der Nachbau eines Modells im Deutschen Segelflugmuseum mit Modellflug auf der Wasserkuppe.

Um die Flügelbelastung und damit die Reisegeschwindigkeit bei Streckenflügen zu erhöhen, baute Hirth erstmalig in der Geschichte der Segelflugzeugkonstruktionen ein während des Fluges ablassbaren Wasserballast mit einem 50 kg-Wassertank ein. Die später oft übernommene Maßnahme erlaubte bei guten Wetterlagen eine geringe Vergrößerung der Sinkgeschwindigkeit, um eine wesentliche Verbesserung der Reisegeschwindigkeit zu erhalten.

Baumuster	Moazagotl
Spannweite	20 m
Länge	6,80 m
Flügelfläche	20 m^2
Seitenverhältnis	20
Rüstgewicht	178 kg
Zuladung	82 kg
Fluggewicht	260 kg (mit Wasserballast 310 kg)
Flächenbelastung	13,5 bzw. 15,5 kg/m^2
Mindestgeschwindigkeit	45 km/h
Höchstgeschwindigkeit	150 km/h
Sinkgeschwindigkeit	0,58 m/sec bei 48 km/h
Gleitzahl	23 bei 55 km/h
Profil	Gö 535 geändert

Als eines der ersten Segelflugzeuge besaß das Moazagotl für den Start ein abwerfbares Fahrwerk. Aus dem Moazagotl wurde 1935 für die Serienherstellung im Sportflugzeugbau Göppingen die Minimoa entwickelt. Moazagotl selbst wurde noch vor dem Zweiten Weltkrieg in Stuttgart bei einem Hallenbrand völlig zerstört. ◂

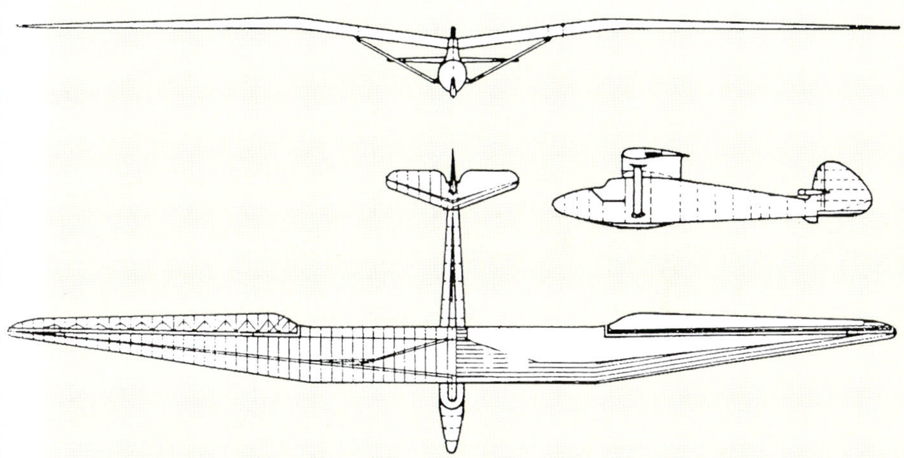

Übersichtszeichnung Grunau 7 – Moazagotl.

Rhönbussard

1933

Schon ein Jahr nach dem Rhönadler entwickelte Hans Jacobs 1933 für den Flugzeugbau Schleicher den Rhönbussard, der wie der Rhönadler durch sehr gute Flugleistungen und durch den einfachen Aufbau bei den Gruppen und für den Gruppennachbau weite Verbreitung gefunden hatte. Der Rhönbussard besaß, wie sein großer Bruder, der Rhönadler, einen freitragenden zweiteiligen Flügel mit Torsionsnase und langen großen Querrudern, aber nur eine Spannweite von 14,3 m. Maßgebend war bei dem Entwurf, bei verringerter Spannweite noch ausreichende Leistungen bei gleichzeitig sehr guter Wendigkeit zu ermöglichen.

Die beiden Flügelteile wurden ähnlich wie beim Rhönadler am Hauptholm durch zwei konische Bolzen am Hinterholm zusammengeschlossen. Und so wurde die gesamte Tragfläche als ein Teil auf dem Rumpf mit zwei Bolzen befestigt. Für die damalige Zeit ermöglichte diese Konstruktion eine schnelle Montage. Im Innenflügel wur-

Nachbau des Rhönbussard beim Oldtimertreffen 2021 in Ellwangen (Foto Peter Dresen).

de das Profil Gö 535 verwendet. Die Querruder waren mit Differentialantrieb versehen, ihr Antrieb erfolgte durch Stoßstangen.

Der ovale, sehr kräftig dimensionierte Rumpf mit kurzem Turm war am Führersitz genügend hoch ausgeführt, um ohne Führerverkleidung auszukommen und einen bequemen Instrumenteneinbau zu ermöglichen.

Das Höhenleitwerk war mit Dämpfungsfläche versehen, auf dem Rumpf gelagert. Das Seitenleitwerk besaß damals schon gegen Beschädigung beim Start oder bei einer Landung in schwierigem Gelände einen langen Schleifsporn.

Das kleine und auch für die damalige Zeit preiswerte Leistungsflugzeug hatte sich in den Gruppen gut bewährt und wurde mit Erfolg auch in Wettbewerben eingesetzt. Mit Streckenflügen von 200 und 300 km lag es oft sogar in der Spitzengruppe der Tageswertung. ◂

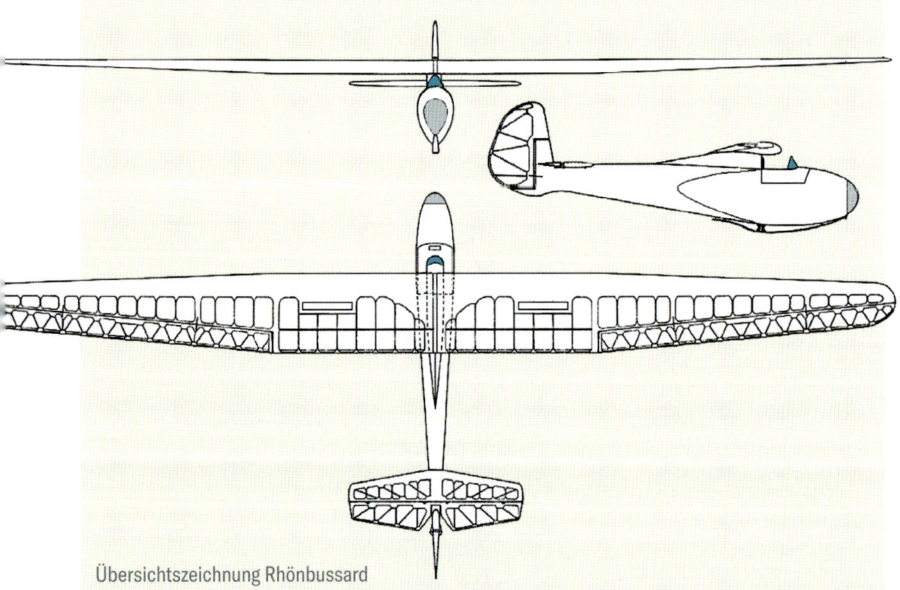

Übersichtszeichnung Rhönbussard

Baumuster	Rhönbussard
Spannweite	14,30 m
Länge	5,80 m
Flügelfläche	14,10 m^2
Seitenverhältnis	14,50
Rüstgewicht	150 kg
Zuladung	95 kg
Fluggewicht	245 kg
Flächenbelastung	17,40 kg/m^2
Mindestgeschwindigkeit	50 km/h
Höchstgeschwindigkeit	130 km/h
Sinkgeschwindigkeit	0,75 m/sec
Höchstgeschw. im Windenschlepp	80 km/h
Höchstgeschw. im Flugzeugschlepp	120 km/h
Profil	Gö 535

Mü 10 Milan

Der erste deutsche Leistungs-Doppelsitzer Mü 10 Milan, Sieger in der Rhön 1937, Sieger im ISTUS-Wettbewerb, Bezwinger der Alpen.in der Flugwerft des Deutschen Museums in Oberschleißheim.

Zu den aktivsten Akademischen Fliegergruppen gehörte schon in den frühesten Jahren des Segelfluges die Akaflieg München. 1927 kam sie mit ihrer ersten Konstruktion, dem Münchner Kindl heraus, 1928 folgte als weitere Entwicklung Kakadu, 1930/31 die Austria von August Kupper und 1931 Alexander der Kleine von Thoenes. Ein neuer Entwicklungsabschnitt begann, als Egon Scheibe die Leitung dieser Gruppe übernahm. Ein Kennzeichen seiner Konstruktionen war das damals noch wenig bekannte Rumpfgerüst aus geschweißten Stahlrohren.

Bereits 1932 konstruierte er den Doppelsitzer Mü 10 mit dem Namen Milan, der aus verschiedenen Gründen erst 1934 fertig gestellt werden konnte. Diese erste eigene Konstruktion des späteren Dipl.-Ing. Egon Scheibe war einer der ersten deutschen Leistungsdoppelsitzer, war eines der ersten Segelflugzeuge mit Stahlrohrrumpf und hatte erstmals ein eingebautes Rad.

Der freitragende Schulterdecker besaß einen einholmigen Flügel war zweiteilig ausgeführt. Beim Aufbau wurde zuerst der größere rechte Flügel an drei Punkten mit dem Rumpf verbunden; der linke Flügel dann nur noch am rechten Flügel angeschlossen. Die Skelettlinie war über den ganzen Flügel gleich. Das Profil wurde nach außen verdickt, um an den Enden größeren Höchstauftrieb zu erreichen. Die Querruder aus Stahlrohr waren in Rollen gelagert. Der Antrieb erfolgte mit Stoßstange. Der Rumpf wurde aus Stahlrohr gebaut, „um" – wie es Scheibe damals begründete – „vor allem den zweiten Mann im Rumpf ohne Schwächung des Rumpfverbandes bei guten Einsteigemöglichkeiten unterzubringen". Unten im Rumpf waren vor dem Schwerpunkt zwei Räder eingebaut zur Verkürzung der Startstrecke bei Schleppstarts und zur Erleichterung des Transportes im Gelände. Davor lag noch eine gummigefederte Hilfskufe. Das Leitwerk war ungedämpft; Höhen- und Seitenruder einfach und schnell zu montieren.

Am 21. Juli 1934 führte die Mü 10, die eine Einzelkonstruktion blieb, ihre ersten Flüge mit Egon Scheibe durch. „Gretchen", wie Rudolf Ziegler in Fliegerkreisen hieß, stellte dann bereits am 20. August 1934 einen großartigen Doppelsitzer-Streckenweltrekord auf, als er in 5½ Stunden 327 km vom Hesselberg bis Prcice bei Tabor-CSSR flog.

Die Akaflieg München überließ den Milan dem Deutschen Museum in München. Aber nach der Wiederzulassung des Segelfluges „liehen" sie ihn dort aus, und überholten ihn. Mit der Zulassungsnummer D-1001 wurde der Milan das erste in Bayern wieder zugelassene Flugzeug. 1957 segelte Karch in einem Dreiecksflug über 260 km von Unterwössen über Zell am Ziller, Zell am See zurück nach Unterwössen. Insgesamt flog der Doppelsitzer Mü 10 Milan über 2000 Flugstunden, ehe er 25 Jahre nach seinem Jungfernflug 1959 endgültig Aufnahme im Deutschen Museum fand. ◂

Baumuster	Mü 10 Milan
Spannweite	17,80 m
Länge	6,75 m
Flügelfläche	20 m²
Seitenverhältnis	15,85
Rüstgewicht	185 kg
Zuladung	180 kg
Fluggewicht	365 kg
Flächenbelastung	18,25 kg/m²
Mindestgeschwindigkeit	45 km/h
Höchstgeschwindigkeit	180 km/h
Sinkgeschwindigkeit	0,65 m/sec bei 50 km/h
Gleitzahl	22 bei 72 km/h
Profil	Münchner

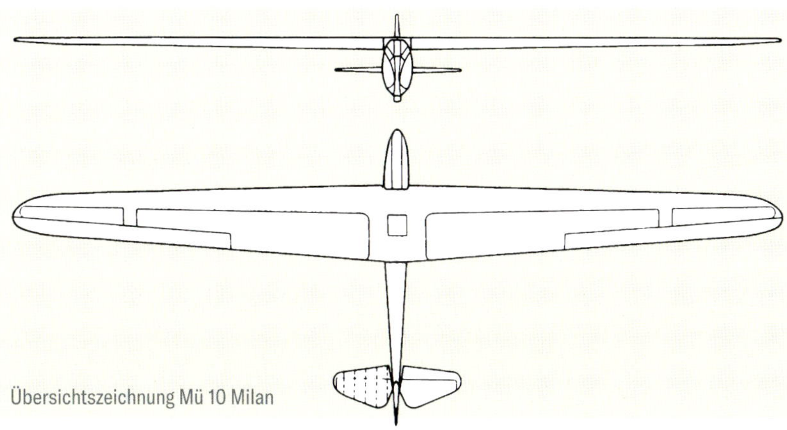

Übersichtszeichnung Mü 10 Milan

Nurflügel-Segelflugzeuge „Horten“

Die erfolgreichsten Erbauer von Nurflügelflugzeugen im Segelflug waren die Gebrüder Reimar und Walter Horten aus Bonn. Später sahen sie ihr Ziel im motorisierten Nurflügelflugzeug. Die Beschreibung dieser besonderen Segelflugzeuge bedarf einiger Ausführlichkeit.

Ihre ersten Anregungen erhielten die Gebrüder Horten 1929 und 1930 auf der Wasserkuppe durch die Versuche mit dem schwanzlosen Segelflugzeug Storch und dem schwanzlosen Motorflugzeug Delta II. Nach fünf Jahren eingehender Versuche an zahlreichen Modellen entwarfen die damaligen Oberrealschüler 1933 ihr erstes schwanzloses Segelflugzeug im heimischen Esszimmer. Das erste Segelflugzeug, die „Horten I“, entstand in der elterlichen Wohnung. Bei dieser ersten Konstruktion mit 12 m Spannweite und 21 m² Flügelfläche bestand die Hauptaufgabe in der Erforschung der Flugeigenschaften, während auf Flugleistungen weniger Rücksicht genommen wurde. Daher erreichte die Horten I „nur“ eine Gleitzahl von 21. Um den fertigen Flügel ins Freie schaffen zu können, mussten die Fensterrahmen des Elternhauses entfernt werden. Auf dem Flugplatz in Hangelar bei Bonn wurde die Horten I bespannt und ausgewogen. Die ersten Flugversuche erfolgten mit Hilfe des Gummiseilstarts. Es folgten Auto- und Windenschleppversuche und schließlich der damals noch recht problematische Flugzeugschlepp. 1934 wurde die Horten I dann von den beiden Brüdern im Flugzeugschlepp zur Wasserkuppe überführt, wo sie kurz vor Schluss des Wettbewerbes noch in einigen Flügen bis zu 20 Minuten Dauer gewaltiges Aufsehen hervorrief. Ein Konstruktionspreis in Höhe von 600 RM war der äußere Erfolg. Walter und Reimar Horten hatten in sieben Stunden Flugzeit ihre ersten Erfahrungen mit Nurflügelflugzeugen gesammelt. Da für den Rücktransport kein Schleppflugzeug zur Verfügung stand, verbrannten sie kurzerhand die Horten I nach Schluss des Wettbewerbes.

Schon auf der Wasserkuppe entstand in großen Zügen der Entwurf der Horten II mit 16,5 m Spannweite, die dann im Herbst und Winter 1934/35 ebenfalls noch in der elterlichen Wohnung gebaut wurde. Nach der Erprobung als Segelflugzeug erhielt sie 1935 einen HM 60-Motor. Von der

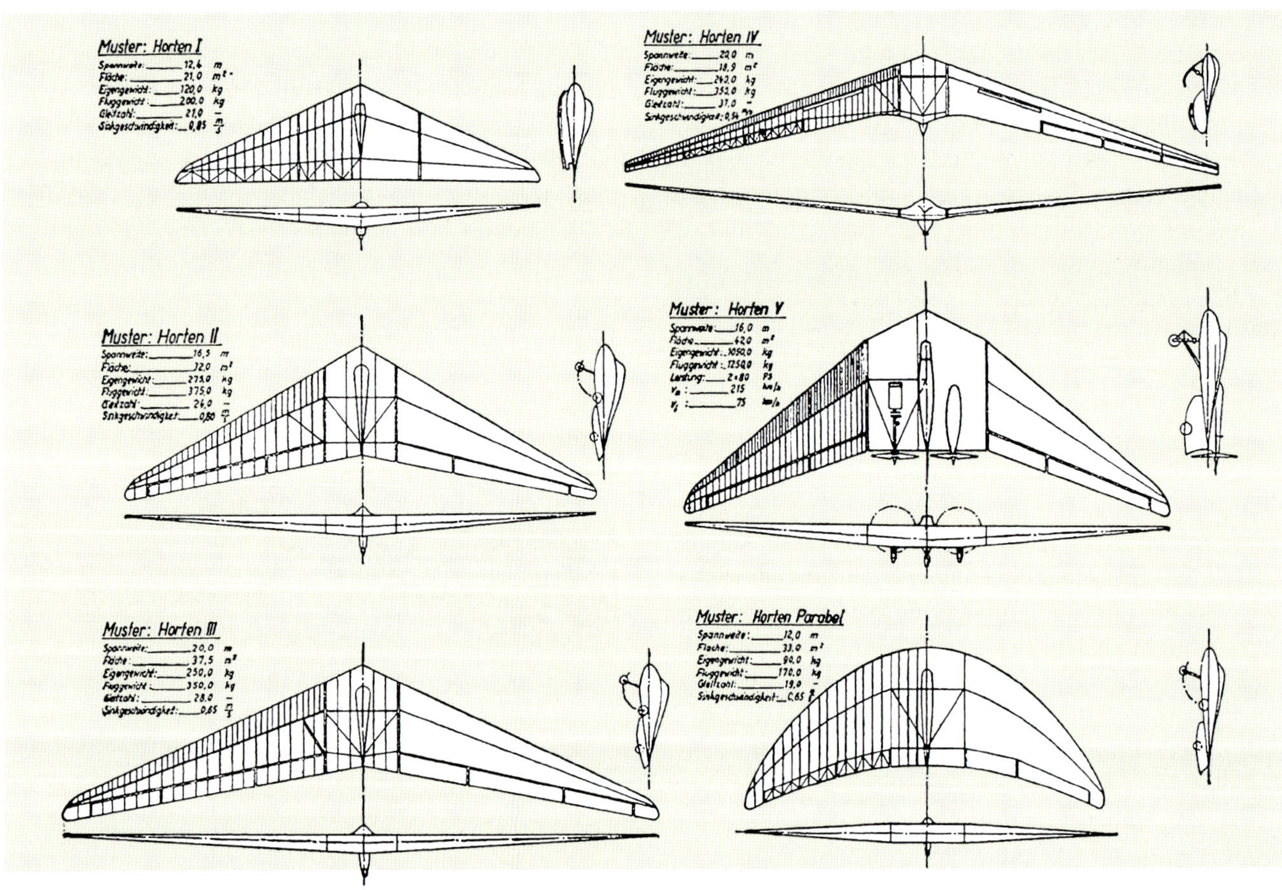

Vergleichende Darstellung der bis 1944 konstruierten Segelflugzeuge der Gebrüder Horten.

Horten II wurden 1936/37 drei weitere Muster als Segelflugzeuge gebaut, von denen zwei unter Führung der beiden Brüder im 18. Rhön-Segelflug-Wettbewerb 1937 auf der Wasserkuppe starteten und als die konstruktive Sensation ständig von Interessenten umlagert waren. Die Erfahrungen mit Nurflügelflugzeugen wurden auf diesen Mustern von über 100 verschiedenen Flugzeugführern mit einer Flugzeit von über 1000 Stunden ausgeweitet. 1938 erhielten die Gebrüder Horten als erste den Lilienthalpreis als Anerkennung für die Entwicklungsarbeit auf dem Gebiet der Nurflügelflugzeuge. Arbeiten, die beide ohne die Erkenntnisse eines Hochschulstudiums geleistet hatten!

Durch eine vergrößerte Spannweite auf 20 m entstand das Muster Horten III. Die beiden Prototypen starteten 1938 in der 19. Rhön auf der Wasserkuppe mit den Piloten Werner Blech und Heinz Scheidthauer. Blech holte sich mit 6380 m Höhe den 3. Höhenpreis und beide Leistungsflieger erreichten im Zielflug den 154 km entfernten Flugplatz Mannheim. Durch den Einsatz auf dem Zielstrecken- und Rhön-Segelflug-Wettbewerb erhielten die Gebrüder Horten sehr wichtige Erfahrungen über Flugeigenschaften, Kurvenwendigkeit und im Blindflug. Ferner ergaben sich aus der Praxis bei Höhenflügen mehrere Beispiele von Vereisung, bei denen die Flugeigenschaften absolut erhalten blieben. Bei der Erprobung im Kunstflug zeigte die Horten III selbst bei Geschwindigkeiten über 400 km/h normale Flugstabilität und keinerlei Überempfindlichkeit.

Bei der Horten III war der Führerkopf durch einen stromlinienförmigen Aufsatz auf dem Flügel verkleidet. Das Rumpfmittelstück, gleichzeitig das Flügelmittelstück, war in Stahlrohrbauweise ausgeführt, während die beiden Außenflügel eine normale Holzbauweise aufwiesen. Die Flügelhinterkante war in drei Klappen aufgeteilt, wovon die beiden äußeren als Querruder und Höhenruder dienten, die Seitensteuerung wurde durch Ausfahren von Bremsklappen auf der Ober- und Unterseite der Flügelnase am Außenflügel erreicht. Bei Ausfahren dieser Klappen gleichzeitig auf beiden Seiten diente sie als Gleitwinkelverschlechterung. Zur Verringerung der Landegeschwindigkeit wurde die innere Klappe zur Wölbungsvergrößerung nach unten ausgeschlagen. Ihre Leistungsfähigkeit konnten die Flugzeuge durch die wiederholten Höhenflüge, auch über 8000 m beweisen. Von der Horten III wurden fünfzehn Exemplare gebaut.

Nach den vielfachen Erfahrungen kamen die Gebrüder Horten zu der Erkenntnis, dass die Vorbedingung für eine weitere Steigerung des Gleitverhältnisses ein hohes Flügelseitenverhältnis ist. Durch Anwendung des liegenden Flugzeugführers ergaben sich so günstige Raumverhältnisse, dass die Gestaltung der Flügelstreckung lediglich durch die statischen Möglichkeiten begrenzt wurde. Für die „schnellflug- und gleitwinkelbetonte“ Entwicklung entstand 1935 die Horten IV. Bei dem Muster Horten IV wurde ein Gleitverhältnis von 37 erreicht, das bis dahin von keinem Normalflugzeug überboten werden konnte. Die Horten IV fiel durch den weitaus schlankeren Flügel und durch die neuartige Anordnung des knieendliegenden Flugzeugführers auf. Die Flugerfahrungen des Musterflugzeuges Horten IV bestätigten die Leistungsrechnungen und bewiesen seine Überlegenheit durch Vergleichsflüge mit den besten Normalflugzeugen. Instrumenten- und Dauerflüge bis zu neun Stunden bewiesen die absolute Möglichkeit der Führeranordnung. Von der Horten IV wurden fünf Exemplare gebaut und in mehr als 1000 Flugstunden erprobt. Vergleichsflüge ergaben, dass die Horten IV b mit 1:40 zu den Segelflugzeugen mit der besten Gleitzahl ihrer Zeit gehörte.

Die Horten IV in der Flugwerft des Deutschen Museums in Oberschleißheim.

Blick auf die Pilotenkanzel mit der liegend-hockenden Anordnung, die damals als besonders angenehm geschildert wurde (Bild Jürgen Adamek).

Alle Flugzeugmuster, außer dem ersten, sind in Gemischtbauweise hergestellt, d. h. sie hatten ein Flügelmittelstück aus Stahlrohr und Außenflügel in Holz. Die Muster Horten IV und VI wiesen außerdem eine Aufteilung der Außenflügel auf, um eine gute Transportmöglichkeit zu

Die Horten IV von unten

gewährleisten. Die Flügelaußenenden waren aus Dural. Die Trennstellen vom Mittelstück zu den Hauptflügeln waren mit konischen Bolzen versehen, die eine Abziehvorrichtung besaßen, so dass kein Spezialwerkzeug notwendig war. Das gleiche galt für die Flügelenden, die mittels Steckverbindung an den Hauptflügeln befestigt wurden. Alle Stoßstangen zur Betätigung der Steuerorgane besaßen Schnellverschlüsse. Für den praktischen Flugbetrieb und besonders bei Wettbewerben war und ist dies von großer Wichtigkeit. Das 1,60 m breite Mittelstück enthielt die Liegewanne für den Piloten und trug das Fahrwerk, welches aus zwei hintereinander angeordneten Kufen bestand, von denen die vordere einziehbar und die hintere feststehend war. Letztere war durch Gummikabel und eine Hebelanordnung derart gefedert, dass durch eine starke Progressivität eine angenehm weiche Federungscharakteristik entstand. Bei der vorderen Kufe fand ein ölgedämpftes Luftfederbein Verwendung. Das Einziehen geschah durch einen Hebel von Hand über ein Drahtseil, das Ausfahren durch die Schwerkraft und eine Feder, die zusätzlich die Knickstrebe in gestrecktem Zustande verriegelte. Für den Winden- oder Flugzeugschleppstart wurde das Seil beidseitig am Rumpf eingeklinkt (Y-Seil).

Die Liegewanne war aus Elektronblech gefertigt und mit einer 2 cm dicken, lederbezogenen Schaumgummilage gepolstert. Sie war durch Unterteilungen (am Boden) auf die Körpergröße des Flugzeugführers einstellbar und konnte ohne Schwierigkeit bei einem eventuellen Rettungsschirmabsprung verlassen werden. Durch einen Handgriff wurde für diesen Fall die Führerraumüberdachung abgeworfen und gleichzeitig die Anschnallung gelöst (eine Behinderung durch Flugzeugbauteile brauchte nicht befürchtet zu werden). Der automatische Fallschirm wurde in eine Metalltasche der Oberdachung lose eingesteckt; wahlweise Verwendung manueller Fallschirme war möglich. Die Betätigung des Höhen- und Querruders erfolgte durch eine Handrad-Schiebesteuerung über kugelgelagerte Stoßstangen; die kleinen Seitenruder-Bremsklappen in den Flügelenden wurden von Fußpedalen bewegt. Reichlich bemessene Sturzflugbremsen erlaubten Bahnneigungen bis zu 60 Grad.

Das Flugzeugmuster Horten VI war ein Forschungsobjekt und hatte ein außerordentlich hohes Flügelseitenverhältnis (32,3). In zwei Exemplaren, im Jahre 1943 gebaut, zeigte es die gleichen Merkmale wie sein Vorgänger Ho IV und erzielte bei seiner Erprobung im September 1944 außerordentliche Flugleistungen.

Beide Flugzeugmuster (fünf Exemplare Horten IV und zwei der Horten VI) bewährten sich während der Erpro-

Baumuster	Horten I	Horten II	Horten III	Horten IVa	Horten IVb	Horten VI	Horten XIV	Horten Parabel
Baujahr	1932/33	1934	1935	1941	1943	1943	1944	1938
Spannweite	12,4 m	16,5 m	20,4 m	20,3 m	20,24 m	24,2 m	16 m	12 m
Flügelfläche	21,2 m²	32 m²	36 m²	18,9 m²	18,5 m²	17,8 m²	15,76 m²	33 m²
Streckung	7,3	8,5	11,56	21,8	21,8	32,4	16,2	10,66
Fluggewicht	210 kg	330 kg	300 kg	330 kg	350 kg	410 kg	230 kg	170 kg
Flächenbelastung	9,9 kg/m²	10,3 kg/m²	18,6 kg/m²	17,5 kg/m²	18,51 kg/m²	23 kg/m²	14,6 kg/m²	5,15 kg/m²
Beste Gleitzahl	21 bei 72 km/h	24 bei 72 km/h	28 bei 60 km/h	37 bei 73 km/h	40 bei 73 km/h	45 bei 83,5 km/h	30 bei 70 km/h	24 bei 75 km/h
Min. Sinken	0,8 m/s bei 60 km/h	0,7 m/s bei 60 km/h	0,48 m/s bei 45 km/h	0,5 m/s bei 60 km/h	0,45 m/s bei 70 km/h	0,45 m/s bei 70 km/h	0,55 m/s bei 55 km/h	0,65 m/s bei 60 km/h

bung in über 1000 Flugstunden und bewiesen in Messflügen, dass sie die errechneten Werte erfüllten. Für die in Nordeuropa vorherrschenden meteorologischen Verhältnisse war das Muster Horten IV als ideal anzusprechen. Bei einer Flächenbelastung von 17 kg/m² war es auch noch in eng begrenzter Thermik sehr gut möglich, innerhalb der Aufwindfelder zu kurven. Auf Grund seiner geringen Sinkgeschwindigkeit und zugleich großen Wendigkeit (trotz einer Spannweite von 20 m) versprach das Muster einen guten Höhengewinn.

Nach 1945 emigrierte Dr. Reimar Horten nach Argentinien, baute beim Instituto Aerotecnico (IA) in Cordoba noch mehrere Segelflugzeuge, darunter die erfolgreiche Horten XIV mit der Scheidthauer die Anden überquerte und schließlich motorisierte Nurflügelflugzeuge bis zu viermotorigen Transportflugzeugen. Mit der Horten XIV gewann der bekannte deutsche Leistungsflieger Rudolf Opitz mehrere Wettbewerbe in den Vereinigten Staaten. Bei der Weltmeisterschaft 1952 in Madrid startete für Argentinien die Horten XV (erzielt aber nur Platz 32). ◂

Rhönsperber

1934

Die hervorragende Wetterlage im Rhön-Wettbewerb 1934, in dem erstmals die Thermik ausgenützt wurde, zeigte den großen Vorteil eines schnellen Flugzeuges. Aus dieser Erkenntnis heraus entwickelte Hans Jacobs im Herbst 1934 aus dem Rhönbussard den Rhönsperber.

Er wollte Gleitwinkel und Sinkgeschwindigkeit verbessern. So wandelte sich der Hochdecker Rhönbussard zum zweiteiligen Mitteldecker mit Knickflügel, etwas vergrößerter Spannweite, gleichem Flügelquerschnitten und ähnlicher Grundrissform. Die Spannweite vergrößerte er von 14,3 m auf 15,2 m. Jeder Flügel konnte für sich montiert werden. Ein aerodynamisch guter Übergang vom Rumpf zum Flügel wurde durch eine feste Sperrholzverkleidung erreicht.

Der Rhönsperber (ein Nachbau von Otto Grau) im Landeanflug (Foto Peter Dresen)

Baumuster	Rhönsperber
Spannweite	15,30 m
Länge	6,05 m
Flügelfläche	15,10 m^2
Seitenverhältnis	15,30
Rüstgewicht	162 kg
Zuladung	93 kg
Fluggewicht	255 kg
Flächenbelastung	16,90 kg/m^2
Mindestgeschwindigkeit	60 km/h
Höchstgeschwindigkeit	200 km/h
Sinkgeschwindigkeit	0,72 m/sec
Gleitzahl	20
Profil	Gö 535

Bei der Konstruktion legte Jacobs besonderen Wert auf die Pilotenkanzel und denkbar beste Sichtverhältnisse. So wurde die Haube als getrennter Stromlinienkörper aus Plexiglas auf die Rumpfluke aufgesetzt. Der Pilot besaß freie Sicht nach hinten, vor allem im Wettbewerb beim Thermikkreisen ein großer Vorteil! Die Seitenruderpedale waren für jede Größe eines Piloten anpassbar, der Sitz konnte während des Fluges verstellt werden. Steuerung und deren Antriebe lagen unter einem festen Sperrholzboden. Das Instrumentenbrett wurde erstmals so weit vom Flugzeugführer entfernt eingebaut, dass er alle Instrumente mit einem Blick übersehen konnte, alles Punkte, die bei der Durchführung von langen Leistungsflügen von großer Bedeutung waren. Besonders aber muss man erwähnen, dass beim Rhönsperber zur Erhöhung der Sinkgeschwindigkeit – vor allem für die Landung – zum ersten Mal in der Geschichte des Segelflugzeugbaus Störklappen auf der Flächenoberseite eingebaut waren. Diese Störklappen

14
MINIMOA
1480

Eine Minimoa bei Vintage Glider Treffen 2019 in Großbritannien (Tibenham Airfield).
Foto Alexander Gilles

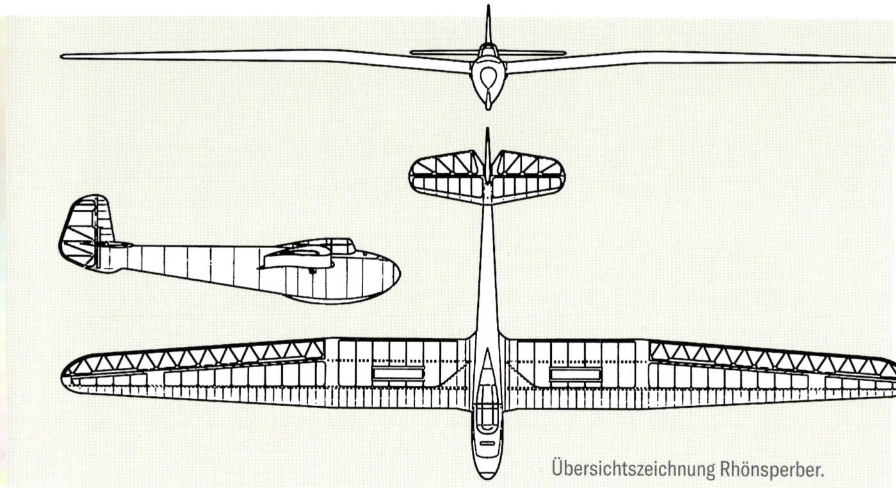

Übersichtszeichnung Rhönsperber.

ergaben eine wesentliche Widerstandserhöhung. Sie waren der Vorläufer der daraus von Jacobs entwickelten DFS-Sturzflugbremsen, eine der größten Errungenschaften im modernen Segelflugzeugbau. Diese Landehilfen wurden seitdem in allen Typen der Welt eingebaut.

Das Flugzeug wurde von Ludwig Hofmann, Hanna Reitsch, Heini Dittmar, Erich Wiegmeyer und Hans Fischer eingeflogen.

Der Rhönsperber wurde in Konstruktion und Bauweise das Ausgangsmuster für eine Reihe weiterer Entwürfe von Hans Jacobs, vor allem der Doppelsitzer Kranich und das erste vollkunstflugtaugliche Segelflugzeug Habicht. Die Erfahrungen aus dem Sperber-Junior fanden dann beim Reiher Anwendung. ◂

1935 Condor

Beeinflusst vom Entwurf und von den Leistungen des Fafnir, beraten von Alexander Lippisch und unterstützt von Dipl.-Ing. Fritz Krämer, konstruierte der noch junge Heini Dittmar 1931/32 das Leistungssegelflugzeug Condor. In vielen Abend- und Nachtstunden baute sich Heini Dittmar in der Werkstatt der Wasserkuppe diesen abgestrebten Hochdecker selbst und hatte so für den Rhön-Wettbewerb 1932 ein eigenes Flugzeug. Damit begann seine große Laufbahn als Segelflieger. Der Condor erregte allgemeines Aufsehen. Es war ein Hochdecker mit starkem Flügelknick, einholmiger Bauweise mit drehsteifer Nase und einem hochgewölbten, dicken Flügelprofil, und die Flügel mit V-Strebe zum Rumpf abgefangen. Rumpf und Leitwerk waren mit entsprechender Umkonstruktion vom Fafnir übernommen. Dieser Condor wurde vom Flugzeugbau Bley in Serie hergestellt.

Condor	I	II	III	IV
Baujahr	1932	1935	1938	1953
Spannweite	17,26	17,24	17,24 m	18
Länge	7,65	7,70	7,60 m	8,44
Flügelfläche	16,20m^2	16,20m^2	16,20 m^2	21,2 m^2
Seitenverhältnis	18,40	18,40	15	15,3
Rüstgewicht	230 kg	240 kg	230 kg	358 kg
Zuladung	80 kg	90 kg	85 kg	202 kg
Fluggewicht	310 kg	330 kg	325 kg	560 kg
Flächenbelastung	19,12 kg/m^2	19,75 kg/m^2	10,82 kg/m^2	24,5 kg/m^2
Mindestgeschwindigkeit	50 km/h	50 km/h	50 km/h	60 km/h
Höchstgeschwindigkeit	180 km/h	180 km/h	180 km/h	170 km/h
Sinkgeschwindigkeit	0,65 m/sec	0,60 m/sec	0,60 m/sec	0,70 m/sec
Gleitzahl	26	26	28	31
Profil	Gö 532	Gö 532	Gö 532	Gö 532 und NACA 0012

Die Hauptänderung war 1935 eine neue Tragfläche mit äußerst dünnem Profil, um den Gleitwinkel und die Sinkgeschwindigkeit bei höheren Geschwindigkeiten zu verbessern. Die größte Profilhöhe des Profils Göttingen 532 betrug 180 mm. Die Flügelschränkung wurde so klein gehalten, dass erst bei einer Fluggeschwindigkeit von 180 km/h eine Durchbiegung der Außenfläche nach unten eintrat. Der Rumpfquerschnitt wurde etwas größer gewählt, um auch stärkeren Piloten Platz zu geben.

In den Rhön-Wettbewerben dieser Jahre war der Condor ein beliebtes Leistungsflugzeug. Den größten Erfolg erzielte Heinz Huth, der 1937 den Zielstrecken-Wettbewerb Wasserkuppe-Berlin-Wasserkuppe gewann und damit seine über 30-jährige große Laufbahn begann.

1938 erfuhr der Condor noch einmal eine grundsätzliche Verbesserung. Durch systematische Weiterentwicklung entstand nunmehr Condor III als ein freitragender Hochdecker in Holzbauweise. Er wurde durch eine günstigere Verbindung von Rumpf und Flügel verbessert, der Flügelzusammenschluss wurde vereinfacht. Der einholmige Tragflügel mit leichtem Knick, nunmehr verstärkt, blieb, wurde aber jetzt mit DFS-Sturzflugbremsen versehen. Durch Änderungen am Querruder erhöhte sich die Wendigkeit. Der Rumpf wurde um 50 mm schmaler und um 70 mm niedriger. Je nach Wunsch konnte ein gedämpftes und ungedämpftes Höhenleitwerk aufgesetzt werden.

Den Bau des Prototyps und der Serie übernahm der Flugzeugbau Schleicher in Poppenhausen am Fuße der Wasserkuppe. Nach Wiederzulassung des Segelfluges in Deutschland 1951 entwickelte Heini Dittmar aus der einsitzigen Konstruktion dieser „Condor"-Serie den Doppelsitzer Condor IV, der gesondert beschrieben wird. ◂

In den dreißiger Jahren war es noch erlaubt: Ein Condor II 1936 über Berlin. Man erkennt unten das Gleisdreieck, am rechten Rand hinten befindet sich der Anhalter Bahnhof.

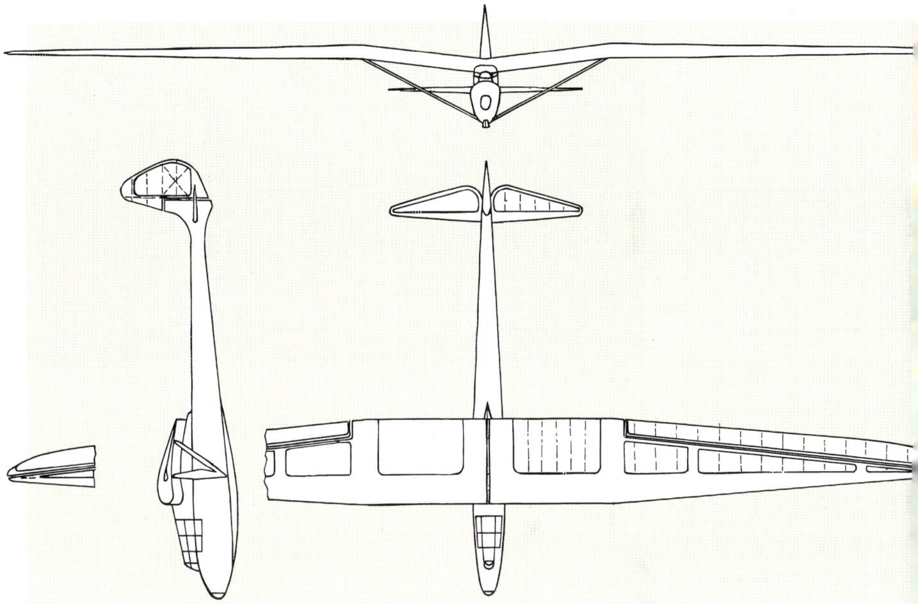

Dreiseitenansicht des Condor II

Kranich II

Das doppelsitzige Leistungssegelflugzeug Kranich ist schon in seinem Aussehen ein vergrößerter Rhönsperber. Entworfen wurde er von Hans Jacobs und unter Mitarbeit von Ing. Lück konstruiert. Der Prototyp flog Ende 1935, die spätere Serie wurde bei Schweyer in Mannheim gebaut. Mit dem Kranich begann die große Zeit der Doppelsitzer. Sie brachten eine vollkommen neue Schulmethode, denn von da an wurden die meisten Segelflieger – ähnlich wie im Motorflug – am Doppelsteuer ausgebildet. Sei es für Überprüfungs- und Trainingsflüge von Segelflugpiloten, die Anfängerschulung, die Einweisung in Thermik- und Streckenflug oder um in der Flugpraxis eingeschlichene Fehler zu beheben. Der Kranich II war aber ein so gut gelungener Wurf, dass er sich zugleich als Leistungsflugzeug vielfach bewährte.

Der Unterschied zwischen Kranich I und dem in großer Serie gebauten Kranich II bestand in einigen Verstärkungen, in einer bequemeren Anordnung der Sitze und im Einbau der Bremsklappen.

Das Segelflugzeug war ein ganz in Holz ausgeführter freitragender Mitteldecker mit zweiteiligem Knickflügel, der sich nach außen stark verjüngte. Der Flügel besaß zwei Holme, die Flügelnase war mit Sperrholz beplankt, ab der größten Flügeldicke war dieser mit Stoff bespannt. Der Flügel mit einer Spannweite von 18 m hatte leichte Pfeilform, um den hinteren Sitz im Schwerpunkt anord-

Kranich II beim Vintage Glider Treffen. (Bild Alexander Gilles)

nen zu können. Das Höhenruder besitzt eine steuerbare Trimmklappe. Der Rumpf ist wie üblich als Sperrholzröhre ausgebildet und hinten fliegende Piloten oder Lehrer verfügen nach oben und hinten über eine gute Sicht. Um den hinteren Rumpfausschnitt für den Führersitz zu versteifen, wurde ein kräftiger Stringer eingezogen, der nach vorne in eine Stoßdiagonale ausläuft. Zur weiteren Versteifung der Führerräume sind diese mit einer durchgehenden Innenbeplankung und einem kräftigen Fußboden versehen. Die hintereinander angeordneten Sitze sind durch eine gemeinsame abwerfbare Plexiglashaube verkleidet. Das Flugzeug hat eine Eschenholzkufe und ein

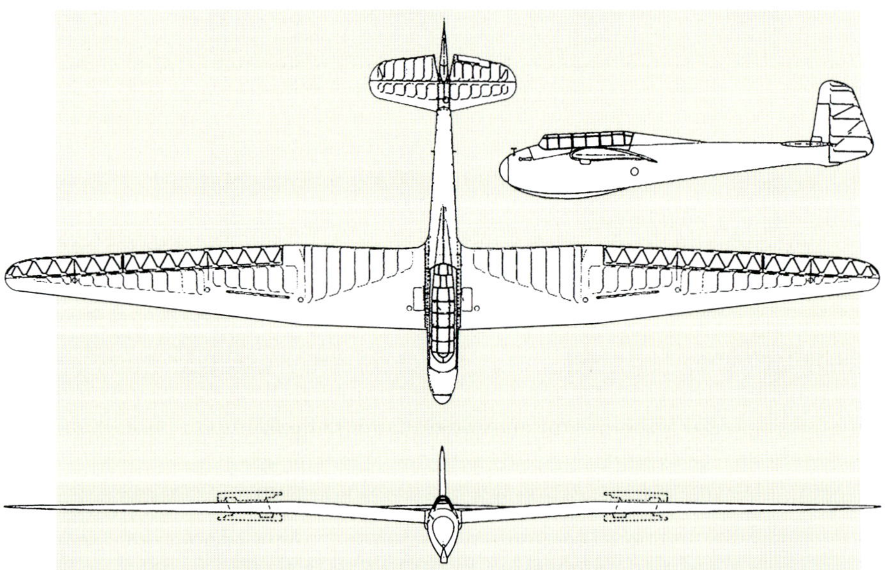

Übersichtszeichnung Doppelsitzer Kranich

Baumuster	Kranich
Spannweite	18 m
Länge	7,70 m
Flügelfläche	22,70 m^2
Seitenverhältnis	14,3
Rüstgewicht	255 kg
Zuladung	180 kg
Fluggewicht	435 kg
Flächenbelastung	15,30 kg/m^2
Mindestgeschwindigkeit	70 km/h
Höchstgeschwindigkeit	215 km/h
Sinkgeschwindigkeit	0,69 m/sec
Gleitzahl	23,6
Profil	Gö 525

abwerfbares zweirädriges Fahrwerk. Die zuerst vorgesehenen Störklappen wurden durch eine Sturzflugbremse ersetzt.

Als Leistungsflugzeug erzielte der Kranich eine großartige Rekordserie. Als deutscher Rekord wurden die 397 km von Ludwig Hofmann/Wilcken vom 31. Mai 1938 erst 30 Jahre später überboten. Ebenso der Zielflugrekord von Otto Braeutigam/Hannes Meyer mit 363,798 km, die beide am 21.4.1939 von Großrückerswalde nach Wien zurücklegten. Der Pole Pakilewicz stellte am 19. Juli 1951 mit 511,5 km einen Weltrekord für Doppelsitzer im Zielflug auf.

Am 10. August 1938 gelang Heinz Huth mit dem Fluggast Brandt auf der Strecke Hamburg-Hannover und zurück mit 258,8 km ein neuer Weltrekord im Zielflug mit Rückkehr zum Startplatz. Eine Sensation war der absolute Höhenrekord von Erich Klöckner am 11. Oktober 1940 über Airing mit 11410 Meter.

Im Rhön-Segelflug-Wettbewerb 1937 erflogen sich Otto Braeutigam/Steinert den 2. Platz in der Gesamtwertung, während 1938 und 1939 die Doppelsitzer in einer eigenen Klasse geführt wurden, wobei ausschließlich Kraniche zum Einsatz kamen. ◂

Minimoa

1935

Im Jahre 1935 gründeten zwei der ersten Leistungssegelflieger der Welt, der damalige Schulleiter der Segelflugschule Hornberg, Wolf Hirth (Silber-C Nr. 1) und der aus den Vereinigten Staaten zurückgekehrte Martin Schempp (Silber-C Nr. 8) in Göppingen, später Kirchheim/Teck den Sportflugzeugbau Schempp-Hirth. Im Frühjahr 1935 entstand das Leistungssegelflugzeug Minimoa als Göppingen III. Es war die Serienentwicklung aus der Einzelkonstruktion Moazagotl, ein verkleinertes, freitragendes Moazagotl. Aus 20 m Spannweite wurden 17 m Spannweite. Daher der Name Mini-Moa = Miniatur-Moazagotl.

Minimoa im Flug. Sie gehört sicher zu den eindrucksvollsten Bildern, ist sie am Himmel auszumachen. (Foto Alexander Gilles)

Konstruiert wurde sie von Wolf Hirth und Dipl.-Ing. Wolfgang Hütter. Idee war ein Segelflugzeug zu bauen, welches seriell gefertigt nicht schlechter als bisherige Spezialkonstruktionen sein sollte. Dass dies geglückt war, bewies bereits das V-Muster „Göppinger Industrie", mit dem Wolf Hirth im Rhön-Segelflug-Wettbewerb 1935 gleich im ersten Start am 24. Juli 1935 den 35 km entfernt liegenden Öchsen umrundete und zur Wasserkuppe zurückkehrte. Diese erste Minimoa war noch ein Schulterdecker und wurde 1935 und 1936 in vielen Punkten geändert und verbessert. 1936 wurde mit dem Abschluss der Musterprüfung eine dreijährige Entwicklungsarbeit beendet, die von der Einzelkonstruktion Moazagotl mit 20 m Spannweite über die Minimoa als Schulterdecker mit Hängeknüppel und Pendelruder zum Hochleistungsflugzeug als Mitteldecker führte. 1938 gelang es, das Rüstgewicht zu verringern und für den Flügel ein Profil mit größerer Wölbung einzubauen und damit die Sinkgeschwindigkeit weiter zu reduzieren. So war die Minimoa war das erste Hochleistungssegelflugzeug der Welt im Serienbau. Insgesamt entstanden von Juli 1935 bis August 1939 110 Flugzeuge dieses Typs. Mit Wiederzulassung des Segelfluges in Deutschland kamen noch sieben Exemplare dieses Type aus ihren Verstecken.

Die Minimoa war ein Mitteldecker in Holzbauweise, mit sperrholzbeplanktem Rumpf und stoffbespannten Flächen. Der Rumpf besitzt ein fest eingebautes Einradfahrwerk mit Handbremse. Der Führersitz ist sehr geräumig. Die vollständig geschlossene Haube (damals noch eine Seltenheit) in aerodynamisch gut gelöster Form kann nach der Seite aufgeklappt und nach vorne abgeworfen werden. Für die Lüftung sorgen vorn im Rumpf und hinter dem Kopf des Führers angebrachte Entlüftungsklappen. Die Sicht ist nur nach vorne befriedigend. Sturzflugbremsen im Flügel begrenzen die Endgeschwindigkeit auf 200 km/h und erleichtern das Landen auf kleinen Plätzen. Das Einradfahrwerk vereinfacht den Transport, erleichtert den Start und schont das Flugzeug bei der Landung. Das ebenfalls freitragende Höhenruder ist gedämpft, hoch gelagert und dadurch vor Beschädigungen bei der Landung oder beim Transport geschützt.

Wie beim Moazagotl sollte durch leichte Pfeilform der Tragflächen, starkem Knick und Schränkungssprung im Bereich des Knicks feste Kurvenlage, gute Kurs- und Längsstabilität erreicht werden. So wunderschön ihr Flugbild ist, stellt sie doch an ihre Piloten einige Herausforderungen. Gemessen an heutigen Konstruktionen kann man ihr keine große Wendigkeit bescheinigen. Durch den Knick und durch die Verbreiterung am Querruderansatz erhielt die Minimoa eine einmalig charakteristische Form und gleichzeitig eines der schönsten Flugbilder. Die Querruder sind im Innenbereich nicht in der normalen Weise aus dem Flügelumriss herausgeschnitten, sondern laufen aus der Flügelhinterkante mit einem starken Schwung auf volle Querrudertiefe heraus. Durch diese Querruderanordnung, die einen Spalt beim ausgeschlagenen Querruder vermeidet, wird die Flügeltiefe ohne Übergang wesentlich erhöht. Der Außenflügel wird gegenüber dem Innenflügel, um einen Auftriebssprung zu vermeiden, im Bereich des Knicks um 2° negativ geschränkt, eine Konstruktionseinzelheit, die auf Dr. Wenk zurückgeht. ◂

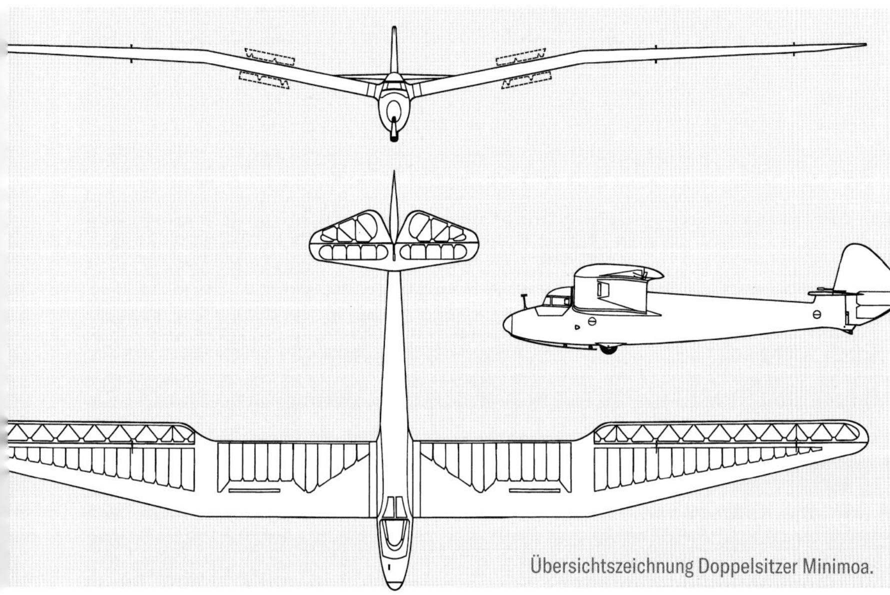

Übersichtszeichnung Doppelsitzer Minimoa.

Baumuster	Minimoa
Spannweite	17 m
Länge	7 m
Flügelfläche	19 m^2
Seitenverhältnis	15,21
Rüstgewicht	216 kg
Zuladung	134 kg
Fluggewicht	350 kg
Flächenbelastung	18,42 kg/m^2
Mindestgeschwindigkeit	60 km/h
Höchstgeschwindigkeit	220 km/h
Sinkgeschwindigkeit	0,65 m/sec bei 63 km/h
Gleitzahl	26 bei 85 km/h
Profil	Gö 681 verdünnt

Mü 13

Das einzige Flugzeug der „Münchner Schule“, das in der Zeit zwischen den beiden Weltkriegen in Serie gebaut wurde, war der freitragende Schulterdecker Mü 13. Dieses Leistungsflugzeug war eine einsitzige Weiterentwicklung des Doppelsitzers Mü 10 Milan der Münchner Akaflieg unter Leitung von Egon Scheibe. Mit dem Milan waren eine Reihe von günstigen Erfahrungen gesammelt worden, vor allem in der Stahlbauweise, in der Leitwerksanordnung, in der Profilierung, die bei der Ausarbeitung der Mü 13 als Grundlagen dienten. Vom Typ Mü 13 wurden 1935/36 gleichzeitig zwei Flugzeuge gebaut. Das erste war der Merlin, der im Frühjahr 1936 eingeflogen wurde. Wiesenhöfer von der Akaflieg München gehörte mit dem Merlin im Juni 1936 zu den vier Bewerbern, die den ersten Zielflug rund um Süddeutschland erfolgreich beenden konnten.

Eine zweite Ausführung der Mü 13 wurde mit kleinen Änderungen unter dem Namen Atalante von Kurt Schmidt gebaut, der maßgeblich an der Konstruktion der Mü 13 beteiligt war. Kurt Schmidt, der 1933 durch einen Aufsehen erregenden Weltrekord im Dauerflug bekannt wurde, hatte 1935/36 fast allein seine Atalante gebaut, flog sie kurz vor dem Rhön-Wettbewerb ein und siegte schließlich mit großem Vorsprung in der „17. Rhön“. Er stellte mit 13,40 Stunden einen neuen Rhön-Dauerrekord auf, flog im Zielflug nach Würzburg und vollbrachte mit seinem 250 km-Zielflug nach Trier die Bestleistung des Wettbewerbs. Mit einem Schlage war die Mü 13 bekannt, wurde beim Schwarzwald-Flugzeugbau in Donaueschingen als Mü 13d in Serie gebaut und gehörte bis 1939 zu den beliebtesten Segelflugzeugen. Die drei auffallendsten Konstruktionsmerkmale waren der Stahlrohrrumpf, die Trapez-

Eine Mü 13d in Aalen-Elchingen.

flügel ohne Knick und die ausgezeichnete Lösung des Führersitzes.

Die Mü 13 war ein Schulterdecker in Gemischtbauweise mit zweiteiligem freitragendem Flügel, einholmig mit drehsteifer Flügelnase. Die Klappen waren aus Stahlrohr, um bei der geringen verfügbaren Bauhöhe gute Steifigkeit zu erzielen. Flügel und Leitwerk waren aus Holz, Rumpf und Querruder wurden in Stahlrohr mit Stoff bespannt ausgeführt. Der Stahlrohrgitterrumpf hatte einen viereckigen Querschnitt. Durch Verlegung des Führerkopfes in die Flügelnase wurde ein kleiner Rumpfquerschnitt von 540 mm und gleichzeitig eine gute Sicht nach vorne und oben für den Führer erreicht. Die Anordnung der abwerfbaren Haube erregte 1936 allgemeine Beachtung. Die Sicht wurde noch verbessert, vor allem nach vorne und unten, durch den Einbau von Cellonfenstern in beide Seiten des Rumpfes. Das Profil wurde aus dem Milan-Profil entwickelt, mit dem Ziel, die Verdrehkräfte des Flügels und damit das Gewicht der dadurch beanspruchten Teile zu verringern. Die Profildicke betrug 13 % bis 15 %. Der Flügel hatte durchlaufende Klappen– Querruder und Innenklappen – die zur Auftriebserhöhung insgesamt verstellt werden konnten. Die dadurch erzielte geringere Fluggeschwindigkeit erleichterte besonders das Ausfliegen von kleinen Thermikschläuchen oder schmalen Aufwindgebieten. Kurt Schmidt demonstrierte diese Flugart meisterhaft. Großer Wert wurde auf schnelle und einfache Montage gelegt. Die Flächenbolzen besaßen einen Kupplungsautomaten. Höhen- und Seitensteuer waren mit einem Bolzen festzumachen, ohne dass die Sicherheit gefährdet war. Zur Starterleichterung war ein vom Piloten ein- und ausfahrbares Fahrgestell vorgesehen.

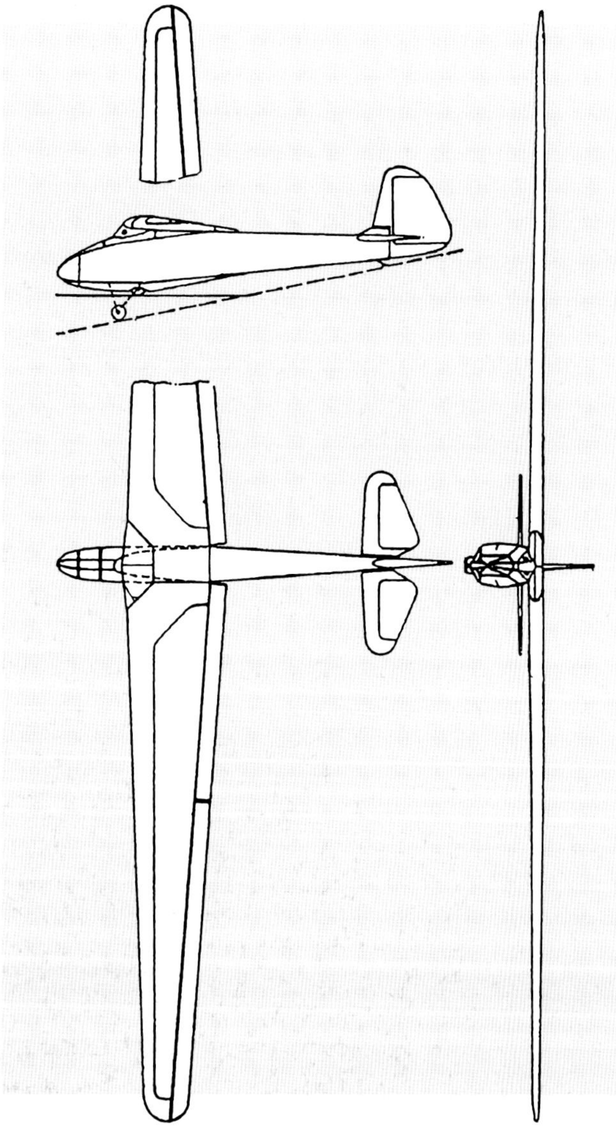

Übersichtszeichnung Mü13 „Atalante“.

Nach seinem Sieg im Rhön-Wettbewerb 1936 belegte Kurt Schmidt im 1. Internationalen Wettbewerb 1937 auf der Wasserkuppe den 5. Platz, lieferte Erwin Kraft im Rhön-Wettbewerb 1938 über 14 Tage einen Kampf auf Biegen und Brechen und musste sich nur mit wenigen Punkten Unterschied mit dem zweiten Platz begnügen. Auch im Zielstrecken-Wettbewerb dieses Jahres von Sylt nach Breslau belegte er unter 23 Teilnehmern knapp hinter Hanna Reitsch den 2. Platz, um 1939 im Zielstrecken-Wettbewerb Freiburg-Stettin überlegener Sieger zu werden. Am 24. Mai 1939 hatte er von Trebbin nach Holzkirchen, seiner bayerischen Wahlheimat, mit 482 km einen deutschen Zielflugrekord aufgestellt. Kein Wunder, dass Kurt

Baumuster	Mü 13 d „Atalante“
Spannweite	16 m
Länge	6,02 m
Flügelfläche	16,16 m^2
Seitenverhältnis	15,85
Rüstgewicht	170 kg
Zuladung	100 kg
Fluggewicht	270 kg
Flächenbelastung	16,71 kg/m^2
Mindestgeschwindigkeit	50,0 km/h
Höchstgeschwindigkeit	200 km/h
Sinkgeschwindigkeit	0,60 m/sec bei 55 km/h
Gleitzahl	28 bei 66 km/h
Profil	eigener Entwurf

Schmidt, der 1943 bei der Erprobung der Me 163 tödlich abstürzte, 1940 mit dem „Ehrenpreis für Segelflug" ausgezeichnet worden ist.

D-Merlin und D-Atalante unterschieden sich z. B. in der Steuerung und im Rumpfaufbau. Nach den guten Leistungen in den Rhön-Wettbewerben erwarb der Schwarzwald-Flugzeugbau Wilhelm Jehle die Lizenz und entwickelte zusammen mit dem Konstrukteur aus der D-Atalante die serienmäßige Ausführung Mü 13 d, die zu den beliebtesten Segelflugzeugen vor dem Zweiten Weltkrieg zählte. Allein im letzten Rhön-Segelflug-Wettbewerb 1939 war sie mit 15 Flugzeugen der am stärksten vertretene Typ.

Besondere Mühe gab sich Kurt Schmidt mit der Ausarbeitung des Cockpits. Als erster schuf er mit Fenstern im Rumpf und in den Flächen auch Sichtmöglichkeiten nach unten und nach oben. ◂

Seeadler – das erste Wasser-Segelflugzeug

1935

Entwurf und Konstruktion dieses Flugbootes wurde 1935 von Hans Jacobs ausgeführt. Der Bau des Flugzeugs wurde nach den Zeichnungen des DFS (Deutsches Forschungsinstitut für Segelflug Darmstadt) von Flugzeugbau Schleicher in Poppenhausen/Rhön vor-genommen.

Beides sollte verwirklicht werden: Starten und Landen auf Wasser und auf Land und gleichzeitig für Thermik- und Streckensegelflüge einsetzbar. Die Flügelkonstruktion des Seeadlers wurde vom Rhönadler übernommen, nur entsprechend dem größeren Rumpfquerschnitt verstärkt (einholmige Bauweise mit schwachem Leitholm und drehsteifer Flügelnase). Die Hauptholme beider Flächen wurden miteinander in der Rumpfmitte zusammengeschlossen. Im Bereich des Flügelknicks waren an verstärkten Rippen die Anschluss-punkte für die vier Stützschwimmerstreben. Die Flügelnase war in einzelne Schotten und

Hanna Reitsch steigt nach der Landung aus dem Seeadler aus.

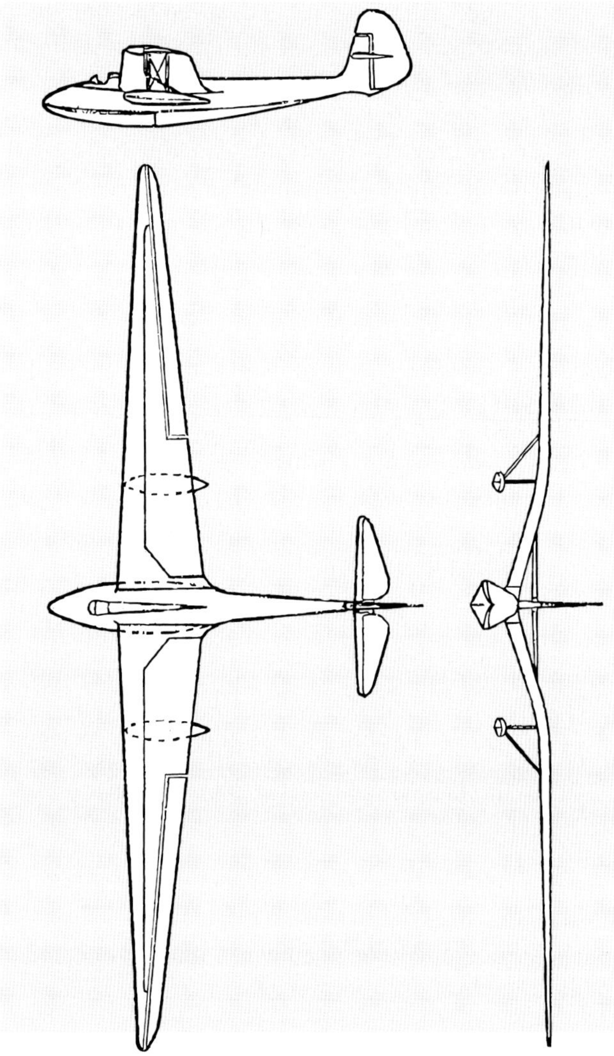

Übersichtszeichnung DFS-Seeadler

wasserdichte Räume geteilt, um eine möglichst große Schwimmfähigkeit bei Bruchlandungen zu gewährleisten. Die Formgebung wurde in Ober- und Unterwasserschiff getrennt. Das Unterwasserschiff war auf die erforderlichen Start- und Landeeigenschaften abgestellt.

Bei der Formgebung des Oberwasserschiffes war auf geringsten Widerstand geachtet worden. Der Schwanz war hochgezogen, um einerseits ein Festsaugen beim Rollen zu verhindern und andererseits das Höhenleitwerk aus dem Spritzwasser herauszubekommen. Der Übergang zwischen Rumpf und Flügel war aerodynamisch hochwertig ausgebildet, um Abreißerscheinungen auf ein Mindestmaß herabzusetzen.

Das Cockpit war durch die breite Rumpfform geräumig. Der geteilte Lukendeckel konnte durch einen Griff geöffnet werden, was im Hinblick auf Bruchlandungen auf dem Wasser erforderlich war, denn Wasserlandungen sind kritisch. Von einer geschlossenen Führerkopfverkleidung wurde abgesehen, da durch das Spritzwasser die Sicht nicht ausgereicht hätte. Die Wasserdichtigkeit und der Schutz der Außenhaut des Unterwasserschiffes wurde durch mit Klebelack aufgezogenen Stoff erreicht, der dann mit mehreren Spannlackanstrichen lackiert wurde. Das Boot hatte während der ganzen Versuche nur sehr gering Wasser gesogen, obwohl es teilweise nachts auf dem Wasser liegen blieb. Durch eine unter dem Boden aufgesetzte Kufe konnten auch Landungen auf dem Lande vorgenommen werden. Die Schwimmer waren ähnlich wie ein Segelflugzeugrumpf aufgebaut. Sie hatten einen Inhalt von 80 Litern. Bei der Formgebung wurde auf geringen Luftwiderstand geachtet, jedoch so ausgeführt, dass beim Eintauchen der Schwimmer während des Rollens genügend dynamischer Auftrieb erzeugt wurde; am Flügel wurden die Schwimmer mit vier Streben aus Profilrohr aufgehängt. Interessant war das Ergebnis der mit dem Seeadler erzielten Wendigkeit, da befürchtet wurde, dass diese durch den übertriebenen starken Knick leiden würde. Die Flugerprobung wurde in Darmstadt mit Kufe vorgenommen. Das Flugboot wurde von den Piloten Erich Wiegmeyer, Hanna Reitsch und Ludwig Hofmann geflogen. Übereinstimmend wurde die gute Wendigkeit, besonders bei dem Kurvenwechsel, hervorgehoben. Die durch die Schwimmer erwartete Beeinflussung der Kurveneigenschaften trat nicht ein. Es konnte mit der vollständigen Ausrüstung das normale Kunstflugprogramm durchgeflogen werden. ◂

Baumuster	Seeadler
Spannweite	17,36 m
Länge	7,42 m
Flügelfläche	18,40 m^2
Seitenverhältnis	16,50
Rüstgewicht	240 kg
Zuladung	90 kg
Fluggewicht	330 kg
Flächenbelastung	18 kg/m^2
Mindestgeschwindigkeit	50 km/h
Höchstgeschwindigkeit	140 km/h
Sinkgeschwindigkeit	0,80 m/sec
Gleitzahl	20
Profil	Entwicklung aus Gö 652

Der Nachbau eines Habicht mit Christoph Zahn im Kunstflug. Anlass war der Tag des offenen Denkmals 2018 auf der Wasserkuppe. (Foto Alexander Willberg)

Habicht

1936

Mit dem Habicht konstruierte Hans Jacobs 1936 das erste vollkunstflugtaugliche Segelflugzeug. Sämtliche Ruder waren statisch und aerodynamisch ausgeglichen, Geschwindigkeiten bis zu 420 km/h sollten ausgeführt werden. Um die angenommenen auftretenden Lastvielfache im Kunstflug bei einem Segelflugzeug zu erzielen, waren umfangreiche Festigkeitsberechnungen und auch Bruchtests notwendig. Dies alles wurde ohne Computer geleistet, Hans Jacobs reichten Rechenschieber und Rechnungen auf dem Papier. Leistungsmäßig kam der Habicht mit einem Gleitwinkel von 21 und einer Sinkgeschwindigkeit von 0,80 m/sec fast an den Rhönbussard heran, war aber nicht für den Leistungsflug geplant. Die Flugzeuge wurden bei Hirth in Kirchheim gebaut.

Der Habicht von Hans Jacobs war bis zum Erscheinen der Lo 100 im Jahr 1952 das einzige vollkunstflugtaugliche Segelflugzeug der Welt. Die Farbenfächerung auf der Fläche sollte dem Beschauer die Lage des Flugzeuges in der Luft besser erkenntlich machen.

Es wurde die Mitteldeckerbauweise gewählt, da diese besonders für den statischen Aufbau gegenüber dem Hochdecker große Vorteile aufweist. Der Flügelrumpfanschluss wurde ähnlich wie beim Rhönsperber durchgebildet. Der Flügel mit einer Spannweite von 13,6 m ist stark trapezförmig, der Knick wurde verhältnismäßig kurz ausgeführt, um die Rollwendigkeit nicht zu stark zu beeinträchtigen. Die Unterkante des Außenflügels liegt horizontal, so dass der Flügel in der Rückenlage eine leichte V-Form besitzt. Das Flügelprofil sollte geringe Dreh- und Nickmomente, aber genügend große Auftriebsbeiwerte für den Segelflug und auch gute Auftriebs- und Widerstandsverhältnisse für den Rückenflug liefern. Im Außenflügel wurde das Profil M 6 verwedet.

Der Flügel war einholmig mit drehsteifer Flügelnase. Rumpf und Leitwerksaufbau waren normal. Das Seitenruder war statisch ausgeglichen und das Höhenleitwerk abgestrebt. Die Rumpfform erhielt zur Erzielung der erforderlichen Steifigkeit besonders im hinteren Bereich einen großen Querschnitt. Hinter einer abnehmbaren Schutzabdeckung befindet sich der Pilotensitz.

Als Baustoff wurde für das Flugzeugmuster Sperrholz, Kiefer, Fichte, und für die Beschläge Stahl, Dural und weit-

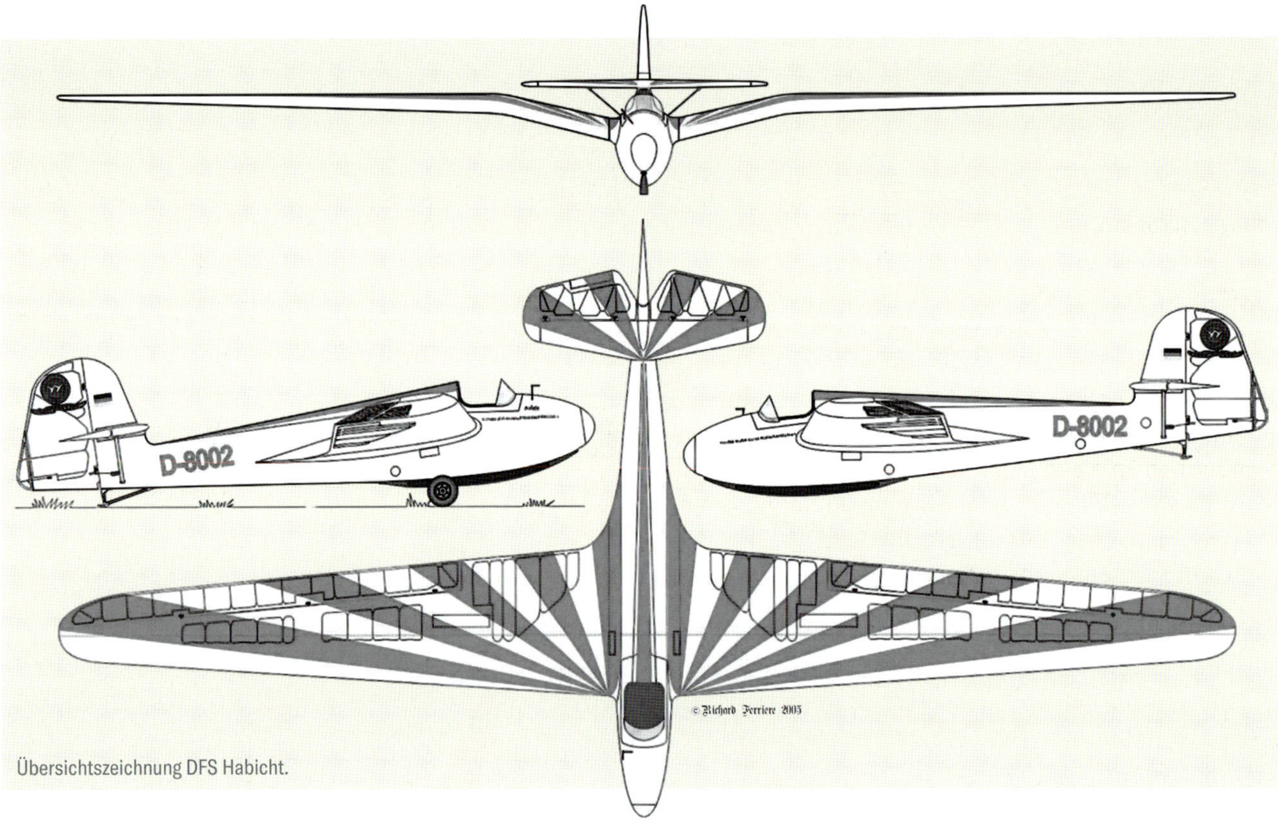

Übersichtszeichnung DFS Habicht.

gehend eine Aluminium-Magnesium-Legierung verwendet.

Mit dem Habicht begeisterte die Spitze der deutschen Segelflieger – vor allem Hanna Reitsc – vor dem Zweiten Weltkrieg auf zahlreichen Flugtagen. Sie war auch die Versuchspilotin bei der Erprobung der einmaligen Flugzeugkonstruktion.

Mittlerweile sind drei Nachbauten entstanden, der erste entstand auf der Wasserkuppe. Ein vierter ist in Osnabrück in der Vorbereitung (Stand Juli 2023). ◂

Beim Tag des offenen Denkmals waren im September 2018 alle drei Nachbauten des Habicht auf der Wasserkuppe versammelt.

Baumuster	Habicht
Spannweite	13,60 m
Länge	6,58 m
Flügelfläche	15,82 m²
Seitenverhältnis	11,70
Rüstgewicht	250 kg
Zuladung	100 kg
Fluggewicht	350 kg
Flächenbelastung	22,15 kg/m²
Mindestgeschwindigkeit	60 km/h
Höchstgeschwindigkeit	250 km/h, Sturz 430 km/h
Sinkgeschwindigkeit	0,80 m/sec bei 65 km/h
Gleitzahl	21 bei 75 km/h
Lastvielfaches	+ 12 g und – 9 g
Profil	DFS-Entwicklung Gö 756/676

S 18

Die Geschichte der S 18 begann 1934 mit dem Auftrag des Eidgenössischen Luftamtes der Schweiz, ein Segelflugzeug zu konstruieren, das trudelsicher sein sollte. Spalinger konstruierte auf der Basis der S 17, die bei der Schreinerei Bau AG Wynau hergestellt wurde, die erste S 18-I mit 13,3 m Spannweite und ovalem Sperrholzrumpf. Den Erstflug führte Jakob Spalinger als Konstrukteur, Bau- und Flugprüfer am 24. Mai 1936, wiederum auf dem Flugplatz Langenthal, selbst durch. Die ersten beiden S 18-I nahmen anschließend am „Tag der Segelflieger" der Olympischen Spiele in Berlin 1936 teil, wozu übrigens die Schweizer Segelflieger in der gleichen Kleidung kamen wie die olympischen Wettkämpfer der Schweiz. Die S 18-I zeigte in Berlin-Staaken ein vollständiges Kunstflugprogramm. Mit einer Spannweite von 14,3 m entstand S 18-II. Den Prototyp baute sich Spalinger selbst, machte am 13. Juni 1937 den Erstflug und gewann mit diesem Flugzeug im Herbst 1937 die erste Segelflugmeisterschaft der Schweiz.

Insgesamt wurden 56 Stück gebaut. Dazu kamen noch mehrere Muster im Ausland. Die S 18-III zeigte gegenüber dem Erstlingsmuster eine wesentlich verbesserte Kabine, durch Hochziehen des Rumpfes wurde sie in die Linienführung des Rumpfes einbezogen. Mit den S 18-Flugzeugen gab es einen gewaltigen Aufschwung im Schweizer Segelflug. Es war das erste Flugzeug, das Leistungsflüge auf breiter Basis ermöglichte. Spalinger schreibt den Erfolg der Tatsache zu, dass der Rumpf ohne Helling gebaut werden konnte, und zwar infolge der Anordnung eines zentralen Kielspantes und den guten Flugeigenschaften, die es ermöglichten, direkt vom Zögling auf S 18 umzuschulen.

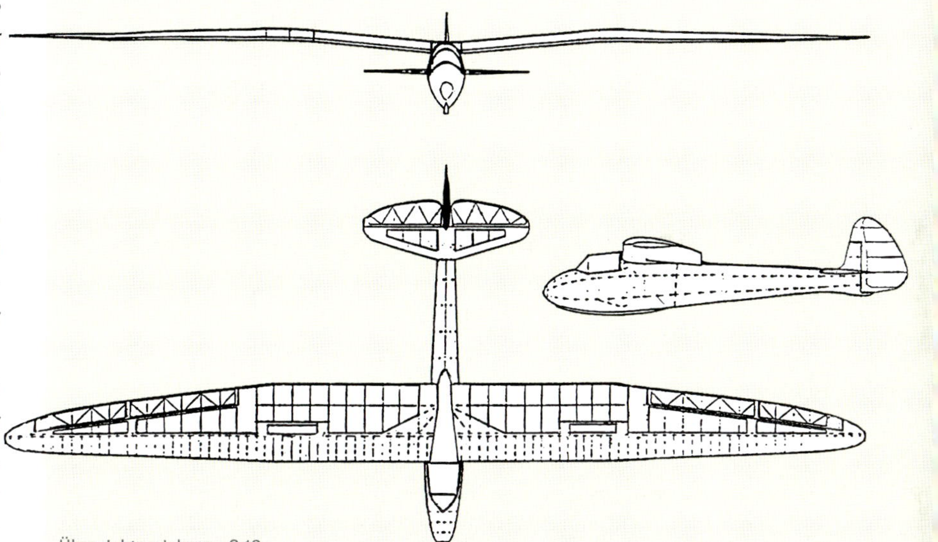

Übersichtszeichnung S 18

S 18 nach der Landung in der Schweiz 1937.

Baumuster	Spalinger S-18 II
Spannweite	14,3 m
Länge	6,35 m
Masse (leer)	174 kg
Flügelfläche	14,16 m^2
Flügelstreckung	14,44
Höchstgeschwindigkeit	120 km/h
Beste Gleitzahl	22
Geringstes Sinken	0.8 m/s

Die S 18 war weder einseitig auf Geschwindigkeit noch auf geringste Sinkgeschwindigkeit gezüchtet und hatte angenehme Flugeigenschaften. Ab 1946 entstand S 18 A, ein Leistungseinsitzer, der sowohl für Wolkenflug als auch für Kunstflug und für eine Höchstgeschwindigkeit von 240 km/h zugelassen war. S 18 A hatte keinen Knickflügel mehr, eine Spannweite von 13,8 m und eine Länge von 6,6 m. Alle Steuerorgane waren kugelgelagert, die Quersteuerung erfolgte durch Gestänge. Die S 18 A besaß eine geräumigere Kabine und vor allem eine verbesserte Reisegeschwindigkeit. ◂

1937

Reiher

Das eleganteste Flugzeug von Hans Jacobs, in dem er einmal all seine konstruktiven Wunschträume verwirklichet sah, war der DFS-Reiher. Erstflug war 1937. Jacobs hatte den Reiher mit den Erfahrungen aus dem Sperber-Junior ausschließlich zur Leistungssteigerung des Segelfluges entworfen, ohne dabei auf die Bedingungen einer großen Serienherstellung Rücksicht nehmen zu müssen.

Beim Entwurf des Reihers wurden die Leistungssteigerung durch Verwendung dünner Flügelquerschnitte, Verringerung der schädlichen Widerstände, einer glat-

Der Nachbau eines Reiher in Achmer. (Foto Alexander Gilles)

ten Außenhaut, einem innen liegenden Antrieb sämtlicher Ruder, scharfen Hinterkanten und einem geringen Rumpfquerschnitt erreicht.

Der Reiher, mit DFS-Bremsklappen ausgerüstet, war ein freitragender Mitteldecker in einholmiger Bauweise mit drehsteifer Flügelnase. Sämtliche Anschlüsse für den Antrieb der Querruder, der Wölbungsklappen und der Bremsklappen wurden beim Zusammenbau der Flügel mit dem Rumpf automatisch gekuppelt. Der Zusammenschluss der Flügel erfolgt durch drei Handgriffe. Auch die Montage des Höhenleitwerks ist mit wenigen Griffen durchzuführen. Das Höhenruder wurde mittels einer Flügelschraube festgesetzt. Beim Aufsetzen des Höhenleitwerks wurden das Höhenruder und das Trimmruder automatisch verbunden. Auf die schnelle und einfache Montage legte er besonderen Wert, da das Flugzeug im Wesentlichen für Wettbewerbseinsatz gedacht war.

Der dünne Hauptholm, mit einer Höhe von 18,8 cm am Rumpf, wurde als breiter Kastenträger mit Stegen in Rippenbauweise ausgebildet. Als Baustoff fand Kiefer Verwendung. Für das Profil wählte man Göttingen 549. Für den Außenbereich des Flügels fand ein Profil mit einem sehr breiten ca_{max}-Bereich Verwendung (Göttingen 676). Damit lag selbst im extremen Langsamflug noch eine Strömung an den Querrudern an. In Bezug auf Flugleistungen, Flugeigenschaften und besonders die Blindflugeigenschaften des Reiher wurden die gestellten Aufgaben voll erfüllt.

Baumuster	Reiher
Spannweite	19 m
Länge	7,27 m
Flügelfläche	19,36 m^2
Seitenverhältnis	18,85
Rüstgewicht	230 kg
Zuladung	85 kg
Fluggewicht	315 kg
Flächenbelastung	16,44 kg/m^2
Mindestgeschwindigkeit	60 km/h
Höchstgeschwindigkeit	200 km/h
Sinkgeschwindigkeit	0,50 m/sec
Gleitzahl	33
Profil	Gö 549/676

Kurz nach dem Jungfernflug bestritt Hanna Reitsch im Juli 1937 mit dem ersten Reiher den Internationalen Segelflug-Wettbewerb in der Rhön, belegte den 6. Platz und stellte am 4. Juli mit dem Flug nach Hamburg einen neuen deutschen Streckenrekord für Frauen mit 349 km auf, der erst 1968 überboten werden konnte. Übers Jahr siegte Hanna Reitsch im Zielflug-Wettbewerb Sylt-Breslau. Im Rhön-Wettbewerb 1938 siegte Wolfgang Späte auf Reiher, mit dem er auch in einem Gewitterturm eine Höhe von 7800 m erfliegen konnte. Im Sommer 1939 holte sich Hanna Reitsch die noch 1969 gültigen deutschen Frauenrekorde im Zielflug mit Rückkehr von Darmstadt zur Wasserkuppe und zurück über 280 km und im Zielflug von Hamburg nach Stettin von 200 km. Auf Grund der hervor-

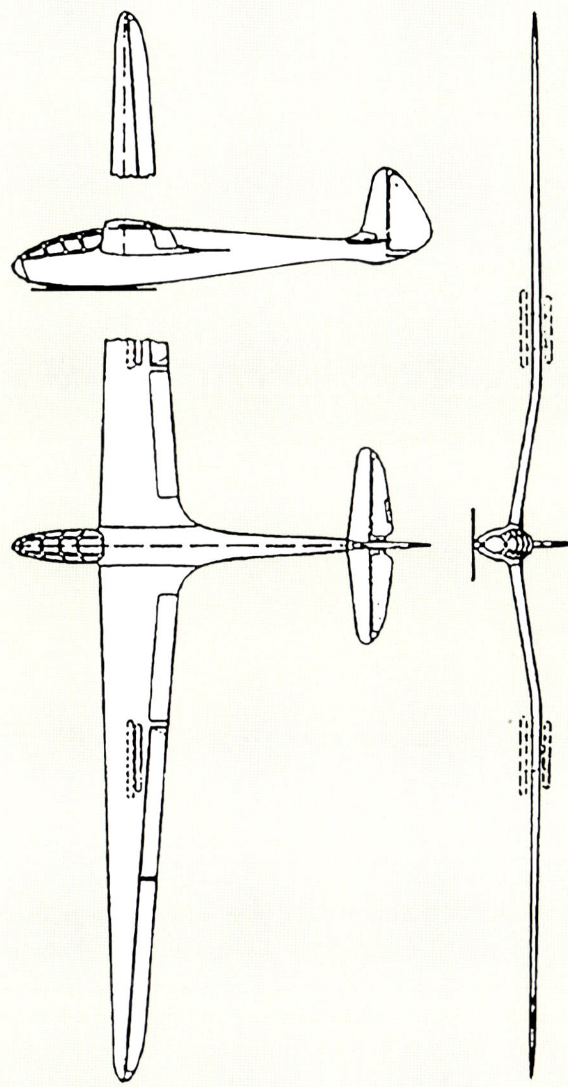

Übersichtszeichnung DFS Reiher

ragenden Erfolge wurde eine kleine Serie des Reiher aufgelegt, so dass im letzten großen Wettbewerb vor dem Krieg, in der 20. Rhön auf der Wasserkuppe sechs Reiher starten konnten. Sieger wurde Erwin Kraft auf Reiher. Werner Fick flog mit 351 km nach Görlitz die größte Zielstrecke und erreichte mit 5790 m die größte Höhe des Wettbewerb – eine stolze Siegesserie dieses wunderschönen Flugzeugmusters von 1937 bis 1939. ◂

1938

D 30 Cirrus

D-30 der Akaflieg Darmstadt – das wahrscheinlich teuerste Segelflugzeug vor dem Zweiten Weltkrieg.

Mit dem Entwurf der D 30 tasteten Studenten der Akaflieg Darmstadt die Grenzen des damals Möglichen ab. Vom Entwurf bis zum Bau im Jahre 1938 vergingen 5 Jahre. Die D 30 war ein einmaliger Forschungsbau in Gemischtbauweise, dessen Ziele ohne Rücksicht auf die entstehenden Entwicklungs- und Baukosten der beste Gleitwinkel und die geringste Sinkgeschwindigkeit waren. Es ist bekannt, dass sie einen Entwicklungsaufwand von 30 000 RM benötigte, was dem heutigen Wert von 70 000 bis 80 000 Euro entsprechen dürfte. Neu war die Verwendung von Leichtmetall, Duralumin für den Flügelholm, Elektron für den Leitwerksträger; ferner mit dem Tropfen Göttingen 600 ein „laminarisiertes“ Profil und der schlankste Flügel, der bislang gebaut worden war. Dazu war dieser Flügel mit einer für Erprobungszwecke im Fluge veränderlichen V-Stellung und mit Wölbungsklappen ausgestattet.

Der freitragende Hochdecker hatte einen Trapezflügel mit einem hohen Seitenverhältnis. Dieser Flügel war in ein 10 m langes Mittelstück und in zwei je 5 m lange, im Fluge V-förmig verstellbare Flügelspitzen unterteilt. Die Außenflügel konnten im Flug 10° nach oben und 2,5° nach unten verstellt werden – eine besonders auffällige technische Neuerung. Diese Ausführung wurde gewählt, um einerseits Stabilitäts- und Querruderwirkungsuntersuchungen bei verschiedenen V-Stellungen durchzuführen und andererseits in schlechtem Gelände bei der Landung für den durchfedernden Flügel genügend Bodenfreiheit zu gewährleisten. Die gesamte Hinterkante des Flügels, Querruder und Wölbungsklappen bis zum Rumpf konnten für Landungen und Langsamflug nach unten verstellt werden.

Bei starkem Ausschlag wurde die Landung erleichtert und bei kleineren Ausschlägen ein günstiger Langsamflug im Aufwind erzielt. Landeklappen hatte die D 30, die dreißigste Konstruktion der Akaflieg Darmstadt, als „Abreißklappen" nur auf der Oberseite des Flügels. An dem dreistegigen Duralkastenholm, der Biegung und Drehung aufnahm und dessen Gurte ein Stück der Flügelhaut darstellten, waren vorn und hinten zur Vervollständigung des Profils Sperrholzkästen mit Formrippen angenietet; hinten schlossen sich dann noch am Mittelstück die Wölbungsklappen, am Außenflügel, die mit einstellbarer Differentialsteuerung versehenen Querruder an. Die Querruder waren außerdem als Landehilfe gleichsinnig verstellbar. Der Antrieb der Querruder- und Landeklappen geschah durch Stoßstangen und Zahnantriebe, während die V-Verstellung der Außenflügel durch Seile, Spindeln und Füh-

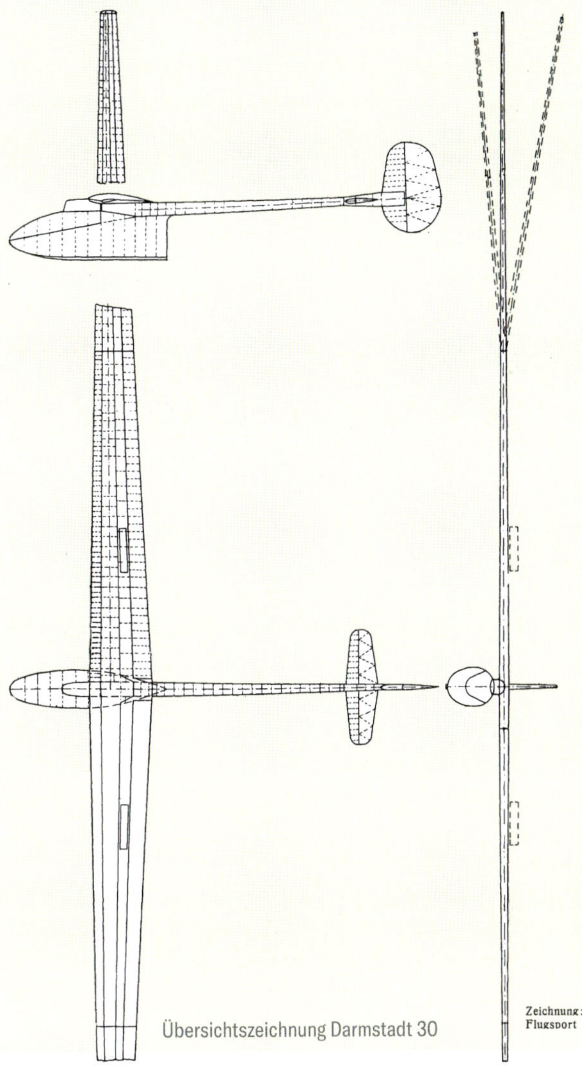

Übersichtszeichnung Darmstadt 30

Baumuster	D 30 Cirrus
Spannweite	20,10 m
Länge	6,87 m
Flügelfläche	12 m^2
Seitenverhältnis	33,6
Rüstgewicht	203 kg
Zuladung	85 kg
Fluggewicht	288 kg
Flächenbelastung	22,90 kg/m^2
Mindestgeschwindigkeit	53 km/h
Höchstgeschwindigkeit	300 km/h
Sinkgeschwindigkeit	0,55 m/sec bei 72 km/h
Gleitzahl	37,6 bei 77 km/h
Profil	NACA 24 mit Tropfen Gö 600

rungsklötzchen und die Bremsklappenbetätigung durch Seile allein erfolgte.

Der Rumpf wich in seiner Formgebung wesentlich von der üblichen Ausführung ab. Er erinnerte an die von Dr. Kupper 1930 konstruierte Austria. Wie diese war die D 30 ein freitragender Hochdecker mit Rumpfboot und einem Leitwerksträger mit ganz geringem Querschnitt. Der Rumpf bestand aus einem Sperrholzboot und einem Leitwerksträger, der als dünne, quer- und längsversteifte genietete Elektronröhre ausgebildet war. Aus Leistungsgründen sollte dabei ein Minimum an Oberfläche erzielt werden. Der Querschnitt betrug nur 0,36 m^2. Das Rumpfboot selbst war in normaler Spantausführung mit Sperrholzbeplankung und luftschlauchgefederter Kufe ausgeführt. Der Führersitz besaß einen abwerfbaren Führerraumdeckel mit Plexiglashaube, eine schmale Kufe, an der zwei ebenfalls abwerfbare Fahrwerke befestigt werden konnten.

Das freitragende Leitwerk mit sperrholzbeplankten Flossen und stoffbespannten Rudern war „halbgedämpft" ausgeführt (d. h. die Flossen schlugen mit dem Ruder im gleichen Sinne, aber um einen kleineren Winkel aus). Der Antrieb erfolgte durch Seile. Das nach den ersten Flügen vergrößerte Seitenruder wurde später während der Flugeigenschaftsprüfung wieder gegen das ursprüngliche ausgetauscht. Gleichzeitig wurde die Höhenflosse festgelegt.

Die D30 wurde Ende Mai 1938 fertig gestellt. Schon nach wenigen Erprobungsflügen konnte Bernhard Flinsch am 7. Juli 1938 einen jahrzehntelang bestehenden Weltrekord im Zielflug mit Rückkehr zum Start zwischen Bremen und Lübeck über eine Flugstrecke von 305 km aufstellen. Die Großartigkeit der Konstruktion bewies auch die Tatsache, dass eine genaue Leistungsmessung und Prüfung der Flugeigenschaften bessere Werte ergaben, als im Entwurf vorher berechnet waren. Mit einer Gleitzahl von 37,6 und einer besten Sinkgeschwindigkeit von 0,55 m/sec stand die Cirrus an der Spitze der Leistungssegelflugzeuge, die in dieser Zeit gebaut worden waren. Die Leistungen wurden erst Jahrzehnte später von Konstruktionen der Kunststoffbauweise überboten. Diese einmalige Konstruktion wurde im Krieg zerstört. ◂

1938

Das Olympia-Segelflugzeug DFS-Meise

Nachdem das Internationale Olympische Komitee in seiner Frühjahrstagung 1938 nach jahrelanger Vorbereitung den Segelflug als olympische Disziplin zuließ, war es eine selbstverständliche Voraussetzung, dass alle beteiligten Nationen vergleichbare Maschinen besaßen, so dass also in einem Einheitssegelflugzeug die gerechte Lösung ge-

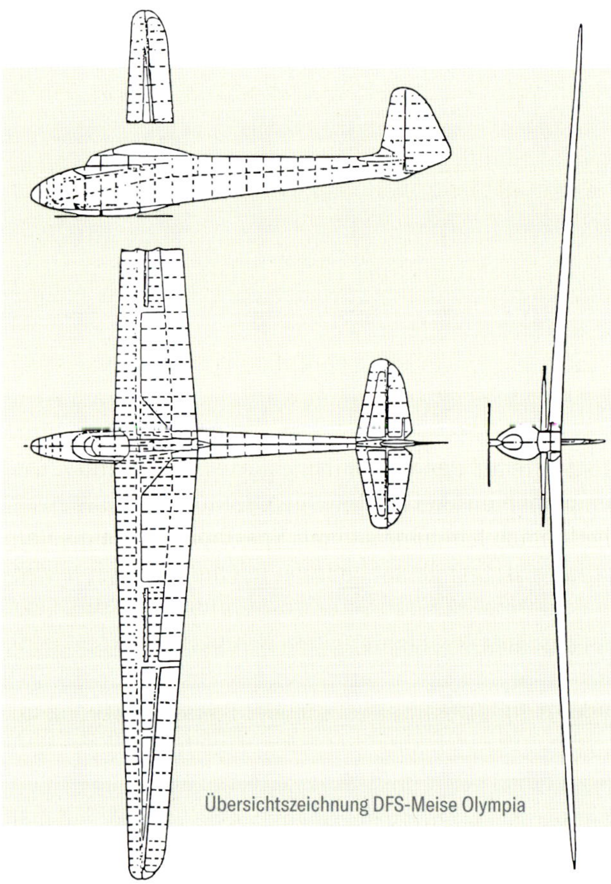

Übersichtszeichnung DFS-Meise Olympia

funden wurde. Zur Schaffung dieses „Olympischen Segelflugzeuges" wurde von der Fédération Aeronautique Internationale ein internationaler technischer Wettbewerb mit folgenden Vorgaben ausgeschrieben:

Spannweite: 15 m. Rüstgewicht: 160 kg. Zuladung im Cockpit 95 kg. Einheitlichkeit des Baumaterials: Stahl, Sperrholz, Kiefer. Einbau von Sturzflugbremsen, die die Maximalgeschwindigkeit im Sturzflug auf 200 km/h begrenzen. Pilotengröße 1,80 m. Äußere Cockpitbreite 600 mm. Anordnung des Pilotensitzes für Rückenfallschirm. Rumpf mit Kufe, ohne Fahrgestell.

Zu dem internationalen technischen Wettbewerb auf dem Flugplatz Sezze bei Rom vom 19. bis 25. Februar 1939 wurden zugelassen: Deutschland mit den Konstruktionen DFS-Meise (Konstrukteur Jacobs) und Mü 17-Merle (Karch, FFG-München), Italien mit den Segelflugzeugen AL 3 („Aeronautica Lombarda") und Pellicano (Segelflugversuchsabteilung des Polytechnikums Mailand), ferner Polen mit dem Baumuster Orlik (I. Rocjan). Weiter hatte die FAI sechs international bekannte Segelflieger für Erprobung eingeladen. Acht Tage erprobten sie die fünf Typen. Sie und die technische Kommission, zusammengesetzt von Vertretern aus Frankreich, Holland, Polen, Italien und Deutschland entschieden sich für die DFS-Meise, eine Konstruktion von Hans Jacobs – Darmstadt. Seitdem trägt dieses Flugzeug den Namen DFS-Olympia.

Das Baumuster DFS-Olympia ist ein freitragender Schulterdecker von 15 m Spannweite. Diese Bauart wurde gewählt, da sie bei kleiner Spannweite noch günstige Werte für Gleitwinkel, Sinkgeschwindigkeit sowie Lang-

Die Olympiameise des Verein zur Förderung des historischen Segelflugs in Anflug 2019.
Foto Peter Dresen

samflug ergibt und Kreise in Aufwindgebieten langsamer und flacher geflogen werden können. Das gesamte Flugzeug war in Holz ausgeführt; nur die Beschlags- und Steuerungsteile bestanden aus Stahl. Schwierige Schweißstellen wurden vollkommen ausgeschaltet. Außerdem wurde bei der Konstruktion auf eine einfache und schnelle Reparaturmöglichkeit aller Teile besonderer Wert gelegt. An sehr viele Aero-Clubs in der Welt wurden die pausfähigen Zeichnungen kostenlos vom Deutschen Aero-Klub gegeben. So wurde dieses Flugzeug hundertfach nachgebaut.

Für die Flugleistungen wurden die Erfahrungen beim Flügelentwurf der Segelflugzeugmuster DFS-Reiher und DFS-Weihe zugrunde gelegt und die gleiche Profilierung gewählt, die sich nach zahlreichen genauen Messungen für die hier gestellte Aufgabe als besonders geeignet erwies. Diese Ausführung ermöglichte einen sicheren Kurvenflug und vermied im überzogenen Flug ein seitliches Abkippen. Weiter wurde zur Erzielung guter Flugeigenschaften und Ruderwirksamkeit der Leitwerksabstand von der Flügelvorderkante bis zum Leitwerksdruckmittel sehr groß gewählt. Von der Verwendung eines Knickflügels wurde aus baulichen Gründen abgesehen. Trotzdem erzielte Jacobs durch ausreichende V-Stellung der Flügel und genügende Wirksamkeit der Seitenleitwerksfläche eine feste Kurvenlage für Blindflug und gute Richtungsstabilität.

Der zweiteilige, ungeknickte Flügel besitzt einen I-Holm, eine torsionsfeste Nase und zur Übertragung der Drehkräfte auf den Rumpf das übliche Schulterstück. Die Rumpfspanten sind aus I-Profilen gebaut; die Gurte zwei- bis dreifach laminiert und mit Sperrholzfahnen als Versteifung hergestellt. Im hinteren Teil des Rumpfes laufen die Spanten oben und unten spitz zu; diese Form bringt neben guten Flugeigenschaften den Vorteil einer vereinfachten Bauweise und ermöglicht ein müheloseres Aufbringen der Sperrholzbeplankung. Das Cockpit ist recht groß und bequem gehalten; die Fußsteuerung lässt sich im Flug um 15 cm verstellen. Hinter dem vorderen Hauptspant, also wenig hinter dem Flügelholm, ist ein bequem

Baumuster	Olympia-Meise
Spannweite	15 m
Länge	7,27 m
Flügelfläche	15 m^2
Seitenverhältnis	15
Rüstgewicht	160 kg
Zuladung	95 kg
Fluggewicht	255 kg
Flächenbelastung	17 kg/m^2
Mindestgeschwindigkeit	55 km/h
Höchstgeschwindigkeit	220 km/h
Sinkgeschwindigkeit	0,67 m/sec bei 59 km/h
Gleitzahl	25,5 bei 69 km/h
Profil	Gö 5491676

von außen zugänglicher Gepäckraum mit Unterbringungsmöglichkeit für Barographen vorhanden. Zum Ausgleich von Schwerpunktsverschiebungen dient ein Trimmruder. Die Eschen-Gleitkufe wird durch zwei Ring-Gummiklötze gefedert; sie ist unverkleidet und bei Bruch schnell auswechselbar. Zur Federung des Spornes dienten damals zwei Tennisbälle.

Die DFS-Meise war als ein Segelflugzeug für viele Nationen gedacht. Wenn auch nicht zu olympischen Ehren, so war sie beim Wiederaufbau des Segelfluges nach dem Zweiten Weltkrieg wichtig. In Spanien wurde sie in großer Serie nachgebaut, in Frankreich entstand sie neu als Nord 2000, in Großbritannien als Eon Olympia und in der Tschechoslowakei als Zlin-25-Sohaj. Die DDR baute die Meise in Lommatzsch, einzelne Vereine begannen nach der Wiederzulassung des Segelflugs mit dem Nachbau der DFS-Meise Olympia ihren Flugsport. Focke-Wulf in Bremen hatte die Meise ebenfalls in seinem Portfolio. ◂

1938

Goevier (Göppingen 4)

Wolf Hirth kam in der Segelflugausbildung als erster auf den Gedanken - ähnlich wie im Motorflug - Schüler am Doppelsteuer auszubilden. Das war schon bei der Grunau 8 der Fall und führte nach reicher Erfahrung zur Konstruktion des Doppelsitzers Goevier (Göppingen 4), den der Flugzeugbau Schempp-Hirth 1938 herausbrachte. Erst im Januar des Jahres erwarb Wolf Hirth 50 % der Sportflugzeugbau Göppingen. Martin Schempp und er waren schon länger befreundet, seit dieser Zeit führte die Firma den Namen Schempp-Hirth mit Sitz in Kirchheim/Teck.

Mit dieser Konstruktion von Dipl.-Ing. Wolf Hirth und Dipl.-Ing. Wolfgang Hütter unter Mitarbeit von Ulrich Hütter wurde erstmalig ein Doppelsitzer als Schul- und Übungsflugzeug mit nebeneinander liegenden Sitzen geschaffen. Vorläufer war die Gö 3 Minimoa, deren Konstruktion als Basis diente. Nach einer mehr als einjährigen Entwicklungsarbeit erfolgten die Musterprüfung und die Zulassung im Februar 1939. Daran schloss sich der Serienbau an.

Nach der Wiederzulassung des Segelfluges in Deutschland und vor allem des Segelflugzeugbaues am 19.6. 1951 galt es, möglichst rasch ein geeignetes Schul- und Übungsflugzeug zur Verfügung zu haben. Da bei den meisten Neukonstruktionen vom Entwurf über das erste Musterflugzeug bis zum Abschluss der Musterprüfung und Herstellung dieses Typs innerhalb eines durchdachten Serienbaues ein sehr weiter Weg ist, entschlossen sich Wolf Hirth und Martin Schempp zunächst nicht mit einer Neukonstruktion, sondern mit dem bereits bewährten und mustergeprüften Goevier ihre Fertigung zu beginnen.

Das Flugzeug ist ein freitragender Mitteldecker, Flächen und Rumpf ganz aus Sperrholz hergestellt. Das Seitenleitwerk ist freitragend. Die Höhenflosse ist zum Schutz gegen Beschädigungen hochgelegt, und nach unten verstrebt. Das Flugzeug besitzt ein Fahrwerk, das aus einem kleinen Rad mit Ballonbereifung besteht und sowohl den Start als auch den Transport erleichtert. Das Rad ist bremsbar. Die Verständigung zwischen Fluglehrer und Schüler ist bei den nebeneinander liegenden Sitzen sehr gut. Doch bedeutet diese Anordnung für viele Fluglehrer und Schüler eine Umstellung, da sie sich an das Sitzen und die Sichtverhältnisse außerhalb der Längsachse des Flugzeuges gewöhnen mussten. Die Nachteile des etwas größeren Rumpfquerschnitts werden durch einen günstig geformten Übergang vom Flügel zum Rumpf weitgehend ausgeglichen.

Ab der Baureihe III wurde durch günstige Anordnung von Sperrhölzern eine hohe Zuladungsfähigkeit erreicht. Außerdem wurde der Rumpf um 50 cm verkürzt und der Seitenruderumriss geändert. Erreicht wurden dadurch neben einem besseren Wirkungsgrad ein harmonischer Ausgleich

Doppelsitzer mit Sitzen nebeneinander: Die von der JuBi Ratzeburg restaurierte Goevier vorm Start in Aalen-Elchingen.

der Steuerkräfte und eine vorteilhaftere Schwerpunktlage. Mit den Konstruktionsänderungen wurde auch die Leistung gesteigert, die Gleitzahl von 1:19 auf 1:20 und die Sinkgeschwindigkeit von 1,0 m/sec auf 0,9 m/sec. Insgesamt wurden 120 Goevier gebaut, von denen allein aus der letzten Serie 20 in die Niederlande geliefert wurden.◂

Baumuster	Goevier (Göppingen 4)
Spannweite	14,80 m
Länge	6,24 m
Flügelfläche	19 m²
Seitenverhältnis	11,5
Rüstgewicht	225 kg
Zuladung	185 kg
Fluggewicht	410 kg
Flächenbelastung	21,50 kg/m²
Mindestgeschwindigkeit	70 km/h
Höchstgeschwindigkeit	200 km/h
Sinkgeschwindigkeit	0,90 m/sec
Gleitzahl	20
Profil	Joukowsky geändert

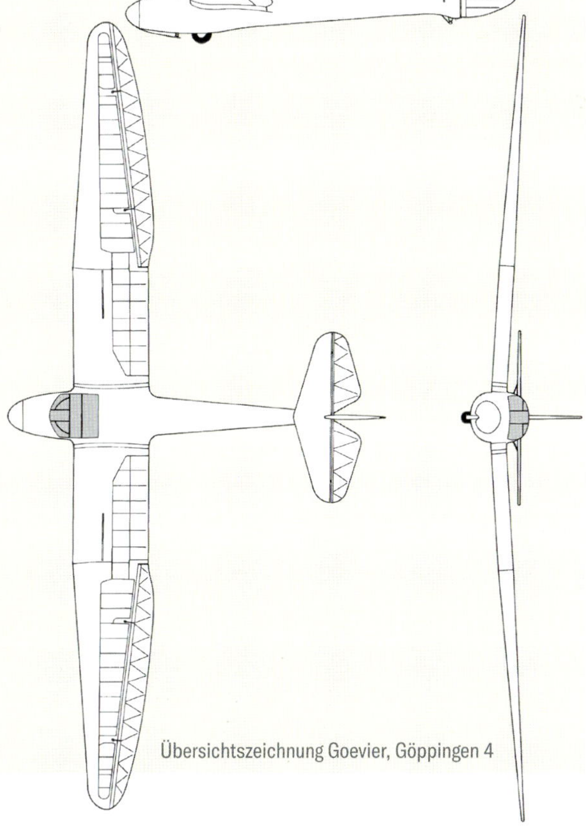

Übersichtszeichnung Goevier, Göppingen 4

Der SG 38 kommt zur Landung.

1938

Schulgleiter SG 38

Schon im 1. Rhön-Segelflug-Wettbewerb 1920 auf der Wasserkuppe schulten Flugbegeisterte, jung und alt den motorlosen Flug. Und dies ohne vorherige fliegerische Kenntnisse. Die Pioniere betätigten sich meist noch mit dem Hängegleiter. Daraus entwickelten sich die Doppeldecker-Sitzgleiter, von denen die „Frohe Welt" von Fritz Stamer aus den Jahren 1921/22 am bekanntesten geworden ist. In seinen Erinnerungen schreibt Starrer, dass in jener Zeit bei einem Bruch immer gleich vier Flächen zusammengeschlagen wurden. So drängte die Entwicklung schließlich zum Eindecker. Entscheidenden Einfluss bei dieser Entwicklung hatten die Erfahrungen aus den Eindecker-Konstruktionen von Harth-Messerschmitt.

Für die Ausbildung entwickelte Fritz Stamer 1922 das System der Alleinschulung, mit dem über zwei Jahrzehnte hinweg alle Segelflieger der Welt ihre Einführung in das Geheimnis des Segelfluges erleben sollten. Erst in der Mitte der dreißiger Jahre kamen die ersten Doppelsitzer für die Schulung auf, die aber noch lange nicht Allgemeingut wurden. Für die Alleinschulung verwendete man verspannte Eindecker mit offenem Gitterrumpf. Der Urtyp dieser Schulflugzeuge war der 1923 von Alexander Lippisch konstruierte Hol's der Teufel. Hol's der Teufel konnte sich mit späteren Verbesserungen bis in das Jahr 1937 als brauchbares Schulflugzeug behaupten und darf als „Vater der Schulgleiter" in aller Welt bezeichnet werden. Auch Espenlaub baute 1924 einen Schulgleiter, aus dem später die Grunau-Einheitsmaschine entwickelt wurde. Martens entwarf im gleichen Jahre den Eindecker Pegasus. Der offene Gitterrumpf führte sich allgemein ein, da außer der billigen Herstellungsweise auch die leichtere Überwachungsmöglichkeit dieser Bauart den Vorzug gab.

Aus dem ersten Zögling von Lippisch und Stamer, der im April 1926 konstruiert wurde, entstanden auf der ganzen Welt Schulgleiternachbauten. Einmal mit Stahlrohrrumpf, mit veränderter Kufe, mit größeren Flächen und jedes Mal mit einem anderen Namen. Wohl 50 Variationen kann man in USA, England, Frankreich, Südafrika, Japan und anderen Ländern zusammenbringen. Stamer berichtet über den ersten Zögling: „Wir wurden von Ursinus in einen Raum gesperrt. Er erklärte, uns nicht eher freizulassen, bis jeder von uns seine Maschine werkstattreif gezeichnet hätte. Er erklärte uns weiter, dass die Amerikaner das im Kriege auch so gemacht hätten und dabei den Liberty-Motor entwickelt hätten. Daher der Name „Liberty".

Aus Espenlaubs einfachem Schulflugzeug entstanden weitere Konstruktionen, die schließlich ihren Abschluss in der Grunau 9 fanden. Der große Unterschied zwischen dem Zögling und der Grunau 9 war die Strebe vor dem Führersitz, von der Tragfläche bis zur Kufe, die der Grunau 9 den Spottnamen „Schädelspalter" einbrachte.

Aus den Erfahrungen mit dem Zögling und der Grunau 9 entstand in der Zusammenarbeit mit der Erprobungsstelle, dem Segelflugzeugbau Schneider in Grunau und den Konstrukteuren und Segelfluglehrern Rehberg, Schneider und Hofmann im Jahre 1938 als Einheitstyp der Schulgleiter SG 38, der sich als Standard-Schulflugzeug bis in die Kriegstage und nach der Wiederzulassung des

SG 38 im Segelflugmuseum Wasserkuppe

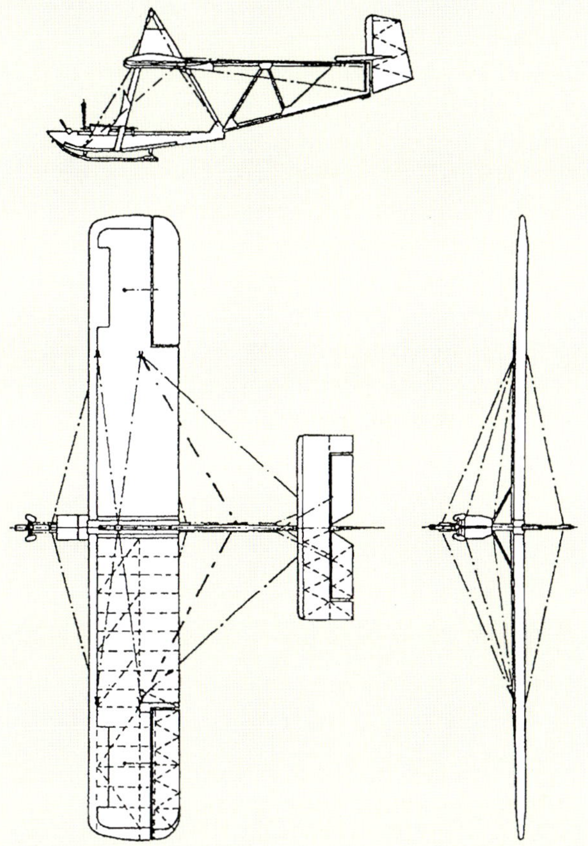

Übersichtszeichnung SG 38.

Segelfluges in Deutschland bis Mitte der fünfziger Jahre in vielen Gruppen bewährte. In dieser Zeit wurde er von vielen Gruppen in nächtelanger Werkstattarbeit selbst gebaut. Serienmäßig stellte ihn Alexander Schleicher in Poppenhausen/Rhön, Edmund Schneider in Grunau, Rathjens in Naumburg, Oberlerchner in Österreich und Pander en Zonen in Den Haag/Holland her. Insgesamt dürften etwa 5000 SG 38 in diesen Firmen und in Fliegergruppen gebaut worden sein.

Der Schulgleiter 38 ist ein verspannter Hochdecker in Holzbauweise. Der Rumpf (Spannturm und Gitterrumpf) ist als ebenes Holzfachwerk ausgebildet.

Der zweiteilige, rechteckige Flügel des SG 38 hatte zwei gleiche Holme mit I-Querschnitt, die durch je zwei Drahtlitzen oben und unten abgefangen und untereinander durch einfache Diagonal-Auskreuzung und Abstandsstreben aus Holz verbunden waren; die Verkleidung bestand aus Stoff bis auf einige Stellen in den äußeren Bereichen auf der Oberseite, die mit Sperrholz beplankt waren.

Baumuster	SG 38
Spannweite	10,41 m
Länge	6,28 m
Flügelfläche	16,70 m^2
Seitenverhältnis	6,5
Rüstgewicht	100 kg
Zuladung	100 kg
Fluggewicht	210 kg
Flächenbelastung	16 kg/m^2
Mindestgeschwindigkeit	50 km/h
Höchstgeschwindigkeit	115 km/h
Sinkgeschwindigkeit	1,30 m/sek
Höchstgeschw. im Windenschlepp	60 km/h
Höchstgeschw. im Flugzeugschlepp	nicht zugelassen
Gleitzahl	8,3
Profil	Weiterentwicklung des Profils vom Zögling 35

Das Abrüsten war durch eine Spannturmspindel und Einhängebeschläge am Rumpf erleichtert. An dem besonders stark ausgebildeten Spannturm war durch zwei Bolzen der Gitterrumpf als Leitwerksträger angeschlossen. Die aus Esche bestehende Kufe wurde durch zwei Faudi-Stoßdämpfer (Schraubenfeder mit Öldämpfung) in den Hauptstoßrichtungen abgefedert. Das Höhenleitwerk war sehr groß bemessen und in normaler Holzbauweise mit U-Holmen ausgeführt; die durch je zwei Stahlrohrstreben nach unten abgestützte Höhenflosse umschloss seitlich das Höhenruder. Der Drehpunkt des Steuerknüppels lag unterhalb der Steuerwelle; diese Maßnahme sicherte Piloten gegen Verletzungen bei Bruchlandungen.

Das Fußsteuer war mit Parallelführung der Stemmbretter versehen, um dem Fuß bei harten Landungen eine einwandfreie Auflagefläche zu geben und Fußverletzungen zu vermeiden. Die Quersteuerung war 1:1,6 differenziert. Die Trimmung zum Ausgleich der verschiedenen Führergewichte erfolgte durch Gewichte, die vorn bzw. hinten am Spannturm in einer Vorrichtung leicht anzubringen waren. Zur Verbesserung der Flugleistungen für die C-Prüfung, insbesondere auch für den Windenschlepp, war in der Ausführung Schulgleiter 38 A eine zusätzliche Führersitzverkleidung vorgesehen. Sie bestand aus zwei Halbschalen, die mit Verbindungsschrauben am Spannturm befestigt wurden. ◂

1938

Weihe

Die als bewegliches technisches Denkmal eingetragene Weihe D-3654 im Flugzeugschlepp. (Foto Peter Dresen)

Aus all den gesammelten Erfahrungen mit Rhönadler, Rhönbussard, Rhönsperber und vor allem aber mit dem Reiher entwickelte Hans Jacobs 1938 für den Serienbau das Leistungssegelflugzeug Weihe. Für zwei Jahrzehnte galt diese Konstruktion als das beste Serien-Segelflugzeug der Welt. Auf den ersten Blick glich die Weihe dem Rhönadler, den sie auch ersetzen sollte. Von der Weihe wurden über 300 Stück gebaut.

Bei der Entwicklung wurde außer auf Flugleistung und Flugeigenschaften besonderes Augenmerk auf schnelle Montage gerichtet. Die Weihe, ein freitragender Hochdecker in Holzbauweise, besaß eine Spannweite von 18 Metern. Um gute Leistungen zu erzielen, wurden für den Flügel dünne Profile verwendet und der Rumpfquerschnitt möglichst geringgehalten, jedoch ohne die Bequemlichkeit für Piloten zu beeinträchtigen. Vom Flügelknick wurde abgesehen, da der Bodenabstand der Flügelspitzen genügend groß war und außerdem die Herstellungskosten eines Flügels ohne Knick wesentlich geringer waren. Die normale Mitteldeckerbauweise wurde verlassen. Mit diesem Entwurf sollte, anders als beim Reiher, nicht das Letzte herausgeholt werden, waren doch die Herstellungskosten für den Serienbau entscheidend. Der zweiteilige, trapezförmige Flügel war als Einholmer mit Torsionsnase ausgeführt, und zwar so, dass die Drehkräfte des Flügels am Rumpf mittels des Nasenholms abgesetzt wurden. Auf diese Weise wurde das schwere übliche Schulterstück gespart. Sehr interessant war die Konstruktion des Flügelanschlusses. Bei der Montage konnten beide Flügel getrennt am Rumpf eingehängt werden. Die Flächen konnten, nachdem die Untergurte des Flügelholms am Rumpf angeschlossen waren, mit den Enden auf den Boden gelegt werden. Nach Anschluss der Steuerung wurden sie dann hochgehoben und die oberen Flügelbolzen durch eine Spindel eingekurbelt. Die DFS-Sturzflugbremse begrenzte die Geschwindigkeit auf 190 km/h. Das geräumige Cockpit war nach den Erfahrungen der letzten Konstruktionen vollständig verkleidet, die Haube aerodynamisch gut gelöst. Zur Erzielung guter Flugeigenschaften war der Rumpf lang gestreckt. Die Befestigung des Höhenleitwerks am Rumpf wurde ähnlich wie beim Reiher gelöst. Das Höhenruder besaß ein im Flug bedienbares Trimmruder.

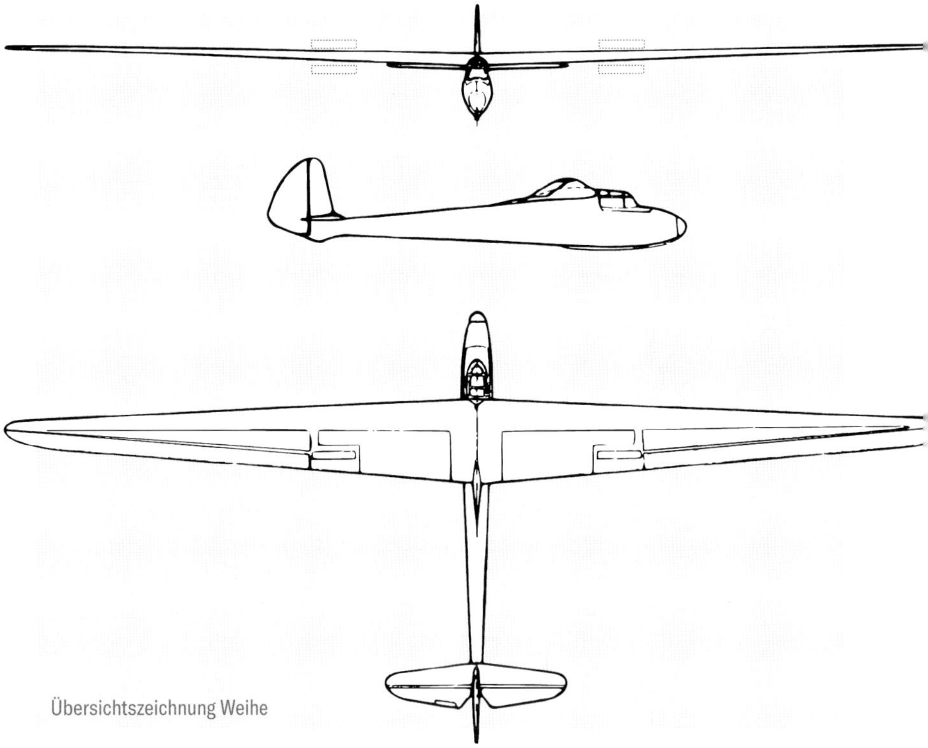

Übersichtszeichnung Weihe

Baumuster	Weihe
Spannweite	18 m
Länge	8,30 m
Flügelfläche	18,20 m^2
Seitenverhältnis	17,80
Rüstgewicht	190 kg
Zuladung	135 kg
Fluggewicht	325 kg
Flächenbelastung	18,40 kg/m^2
Mindestgeschwindigkeit	45 km/h
Höchstgeschwindigkeit	215 km/h
Sinkgeschwindigkeit	0,58 m/sec bei 50 km/h
Gleitzahl	31 bei 70 km/h
Profil	Gö 549/676

Die Weihe trat erstmals im Rhön-Segelflug-Wettbewerb 1938 in Erscheinung. Otto Braeutigam belegte damit den 4. Platz und erflog sich mit 429 km den 2. Streckenpreis. Nach dem Wiederbeginn des Segelfluges gehörte die Weihe in aller Welt zu den Flugzeugen der Spitzenkönner. Der Schwede Per Axel Persson erkletterte am 12. Juli 1947 über Örebro mit 8050 m neuen Höhenweltrekord und siegte 1948 im ersten internationalen Segelflug-Wettbewerb der Nachkriegszeit in Samedan in der Schweiz. Noch immer war den Deutschen der Segelflug verboten. Das Segelflugzeug Weihe aber wurde von den 29 internationalen Teilnehmern dreizehn Mal geflogen, war damit der am häufigsten vertretene Typ und belegte mit Ausnahme der großen Überraschung, der jugoslawischen Konstruktion Orao II, die auf den 3. Platz kam, die gesamte Spitzengruppe. Nach der Wiederzulassung des Segelfluges in Deutschland blieb sie noch für Jahre der Wunschtraum aller Leistungsflieger. Sie wurde bis 1956 bei Focke Wulf in Bremen als Weihe 50 bis 1956 weitergebaut. ◂

1947

WLM

Die Arbeitsgemeinschaft Weber-Landolf-Münch (WLM) entwickelte unmittelbar nach dem Kriege das Leistungssegelflugzeug WLM-1, das in der Laminar-Ausführung die Bezeichnung WLM-2 erhielt. Die Arbeitsgemeinschaft entstand 1942 als Ingenieurbüro für Flugzeugberechnungs- und Konstruktionsaufgaben, vor allem für Militärflugzeuge. Aus eigener Initiative und eigene Rechnung des Büros entstand während einer Arbeitsflaute das Segelflugzeug WLM-1.

Der einsitzige freitragende Schulterdecker zeichnete sich vor allem aus durch seinen großen Geschwindigkeitsbereich und durch höchste Baufestigkeit, so dass die WLM nach einer fast einjährigen amtlichen Musterprüfung auch zugelassen wurde für die Kunstflugschulung, für den Kunstflug und den Flug nach Instrumenten. Es war das erste Segelflugzeug der Schweiz, dessen Rumpf und Tragflächen in einer Holz-Schalenbauweise hergestellt wurden. Der Prototyp WLM-1 begann die Flugerprobung am 21. Juli 1947. Sieben Jahre später erhielt die WLM-1 in einer Sonderausfertigung für Edi Lauber ein Laminarflügelprofil und wurde in WLM-2 umbenannt. Leider verunglückte Edi Lauber noch vor der Fertigstellung der WLM-2 tödlich. Daraufhin setzte Adolf Gehriger die WLM-2 bei den Segelflug-Weltmeisterschaften in England 1954 ein. Gebaut wurden sie bei den Segelflugzeug-Werkstätten A. Isler u. Co in Wildegg, bei Saegesser in Langenthal (Flächen), bei den Flugzeugwerken Pilatus AG in Stans (Rumpf) und durch die Lehrlingsabteilung der eidgenössischen Flugzeugwerke in Emmen (Beschläge).

Die hohe Festigkeit des Flügels erzielte man durch zweiholmigen Aufbau sowie die Sperrholzbeplankung, die bis zum Hinterholm ging und diagonal angeordnet war. Diese komplette Sperrholzhaut wiederum war mit Stoff überzogen, so erhielt das Flugzeug eine hohe Widerstandsfähigkeit gegen Witterungseinflüsse. Die Bremsklappen aus Leichtmetall waren hinter dem Hinterholm sowohl jeweils oben und unten am Flügel angeordnet. Sie drehen sich als Ausgleich der Luftlast (DFS-Lagerung) gegensinnig. Zusätzlich besaß die WLM Spaltwölbungsklappen (mittels Handkurbel) und Spalt-Querruder. Die Querruder dienen zum Teil auch als Wölbungsklappen und bewegen sich anfänglich parallel mit diesen (bis fast 20° Ausschlag). Der größte Klappenausschlag betrug 40°. Der Flügel ist zweiteilig und mit vier Bolzen befestigt. ◂

Baumuster	WLM
Spannweite	14 m
Länge	7 m
Flügelfläche	14 m^2
Seitenverhältnis	14
Rüstgewicht	195 kg
Zuladung	115 kg
Fluggewicht	310 kg
Flächenbelastung	22 kg/m^2
Mindestgeschwindigkeit	47 km/h
Höchstgeschwindigkeit	300 km/h
Sinkgeschwindigkeit	0,80 m/sec bei 66 km/h
Gleitzahl	25
Profil	NACA 230

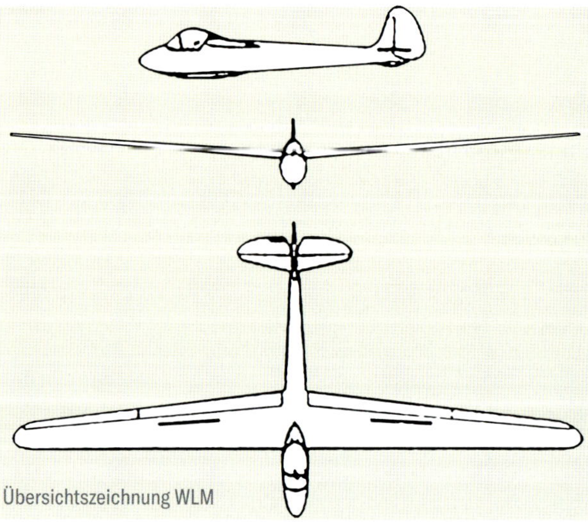

Übersichtszeichnung WLM

Elfe

Das Segelflugzeug Elfe I wurde 1938 von Dr. W. Pfenninger konstruiert und von R. Saegesser, F. Niederhauser und P. Schenkel im Frühjahr 1939 fertig gestellt. Diese Konstruktion war von vornherein als Versuchsflugzeug gedacht und ist mit 9 m Spannweite und 43 kg Leergewicht das kleinste und leichteste je gebaute Leistungssegelflugzeug der Welt. Interessant sind die eingestrakte Haube und der über die ganze Spannweite reichende Doppelflügel. Eine große Geschwindigkeitsspanne wurde erreicht, indem den Querrudern die Funktion von Wölbungsklappen überlagert wurde. Eine weitere Variante der Elfe I erhielt 10,60 m Spannweite, die unter dem Namen 11 m-Elfe bekannt wurde. Dieses Flugzeug erzielte mit dem von 12 auf 14,1 angewachsenen Seitenverhältnis eine beachtliche Leistungssteigerung.

In den Jahren 1946/47 entstand unter der technischen Leitung von Dr. W. Pfenninger im Flugzeugbau Husch in Stein am Rhein der Prototyp der Elfe II. Am 11. Februar 1948 startete dieses Flugzeug zum ersten Flug, bereits mit Laminarprofilen. Diese Laminarprofile wurden von Dr. W. Pfenninger 1943 speziell für die Elfe II entwickelt. Sie waren im Innenflügel 13,3 % und im Außenflügel 10,5 % dick. Die Wölbung der Profilmittellinie betrug 3 % der Tiefe. Längs der ganzen Flügelhinterkante war ein schmales Hinterkantenruder angelenkt, das gleichzeitig als Querruder und als Wölbungsklappe diente. Der Flügel war freitragend und dreiteilig gebaut, um das Gewicht der Rumpfanschlussbeschläge bei der zweiteiligen Flügelbauart zu sparen. Wie die jugoslawische Orao hatte die Elfe II hinter dem Flügel einen eingezogenen Rumpf. Dank sorgfältiger Bauausführung und guter Oberflächenglätte wurde eine Gleitzahl von 43 erreicht. Die Elfe II, die beste Konstruktion Pfenningers, verfügte über eine Spannweite von 15,4 m. Mit einer Flügelfläche von 11,7 m² ergab sich ein sehr hohes Seitenverhältnis von 20,3. Die beste Gleitzahl von 43 wurde bei 75 km/h erreicht.

1951 wurde mit dem Bau der Elfe III im Auftrag von Max Schachenmann begonnen. Elfe PM III, auch Super-Elfe genannt, war ein Gemeinschaftswerk von Dr. W. Pfenninger,

An Anlehnung an das bekannte Bild das Flugzeug D-28 der Akaflieg Darmstadt wurde 1939 eindrücklich demonstriert, dass die Elfe I deutlich leichter geworden war.

Nachbau einer Elfe II in der Landung anlässlich der Segelflugmesse 2017 in Schwabmünchen (südlich von Augsburg).

Elfe PM III
Baujahr 1954
Werknummer 1
auf der AERO
2017 in Friedrichshafen.

Elfe AN66 „Superelfe“ auf der AERO in Friedrichshafen.

A. Markwalder und Ing. W. Nicole. Sie entstand in über 8000 Arbeitsstunden durch den Segelflugzeugbau Rudolf Saegesser in Wildegg. Der seit Dezember 1948 in den USA lebende Dr. Ing. W. Pfenninger legte die aerodynamischen Daten fest, während A. Markwalder und Ing. W. Nicole die statischen Festigkeitsrechnungen und Detailkonstruktionen ausführten.

Die Spannweite wurde von 15,4 m auf 16 m vergrößert. Die Länge betrug 8,3 m, die Flügelfläche 12,0 m², das Seitenverhältnis 21,4, die Flächenbelastung aber 33,6 kg/m². Trotz der Sandwichkonstruktion war die Elfe PM III enttäuschend schwer. Dies veranlasste A. Markwalder, nochmals die Konstruktion und Berechnung auf sich zu nehmen. So entstand die Elfe-M. Albert Neukom begann im Januar 1954 mit dem Bau in normaler Bauweise. Konstruktionsarbeiten und der Bau erfolgten ausschließlich in der Freizeit. Bis Januar 1956 war in 2500 Stunden der Rumpf im Rohbau fertig, die Flügelholme waren roh abgerichtet und die Flügelrippen zum großen Teil ausgeführt. Als die Schweizer Segelflieger für die Weltmeisterschaft 1956 in St. Yan ein neues Flugzeug suchten, wurde mit Unterstützung der Segelflugkommission die Elfe-M in weiteren 2000 Arbeitsstunden fertiggestellt. Ihr Erstflug erfolgte am 14. Juni 1956. Wenige Wochen später belegte mit der Elfe M Dr. Hans Nietlispach bei den Weltmeisterschaften in St. Yan unter 45 Flugzeugführern den 8. Platz. Die Laminarprofile für Flügel und Leitwerk wurden von der

Baumuster	Elfe S3 Neukom
Spannweite	15 m
Länge	7,25 m
Flügelfläche	11,90 m²
Seitenverhältnis	19
Rüstgewicht	208 kg
Zuladung	112 kg
Fluggewicht	320 kg
Flächenbelastung	26,89 kg/m²
Mindestgeschwindigkeit	60 km/h
Höchstgeschwindigkeit	240 km/h
Sinkgeschwindigkeit	0,64 km/sec bei 74 km/h
Gleitzahl	36 bei 95 km/h
Profil	Wortmann Nr. 126 und 163

Elfe II und Elfe PM III auch für den freitragenden Schulterdecker Elfe M unverändert übernommen, waren also bereits 13 Jahre alt. Die Spannweite wurde auf Wunsch von Dr. Pfenninger auf 17,5 m vergrößert. Die Profiltiefen wurden beibehalten, so dass die Seitenverhältnisse von 21,4 auf 23,15 angewachsen sind. Der Grundriss des dreiteiligen Flügels hat elliptische Form. Die Rumpfform wurde etwas abgewandelt. Neuartig und formschön war das nach hinten geneigte Seitenleitwerk. Durch die sorgfältige Bauausführung wurde ein Rüstgewicht von 260 kg, trotz der vergrößerten Spannweite gegenüber 310 kg der Elfe PM III, erreicht. Die geringste Sinkgeschwindigkeit beträgt 0,54 m/s bei 70 km/h, der beste Gleitwinkel von 1:44 wurde bei 100 km/h erreicht. Für die Weltmeisterschaft 1965 in England entwickelte Albert Neukom die Standard-Elfe, mit der der Schweizer Flugkapitän Markus Ritzi Vizeweltmeister wurde. Mit der Elfe 3 gewann 1968 Urs Bloch die Schweizer Meisterschaft und ebenfalls 1968 der Amerikaner Andrew Smith den Weltmeistertitel. Diese Elfe S 3 wurde die erfolgreichste Version dieser langen Entwicklungsreihe. ◂

Schweizer Aircraft Corporation

1948

Das größte US-amerikanische Werk im Segelflugzeugbau war die Schweizer Aircraft Corporation. Sie wurde 2004 von Sikorsky übernommen. Der Segelflugzeugbau dort ging auf die Zeit zurück, als 1930/31 Wolf Hirth amerikanische Segelflugrekorde aufstellte. Ferner führten die Gebrüder Paul und Ernest Schweizer die Ganzmetallbauwelse im amerikanischen Segelflug ein und sind ihr über Jahrzehnte treu geblieben.

Aufgrund der Erfahrungen mit dem Leistungseinsitzer SGS 1-21 entwickelten die Gebrüder Schweizer das Leistungsflugzeug Schweizer 1-23. Es hatte wesentlich bessere Leistungen, aber kleinere Ausmaße und einfacheren Aufbau. Der Erstflug dieses freitragenden Mitteldeckers in Ganzmetallbauweise fand am 4. Juli 1948 statt. Die Tragfläche - ein rechteckiges Mittelstück und verjüngte Außenteile - war zweiholmig ausgeführt, wobei der Hauptholm vorwiegend auf Biegung beansprucht wurde, während der zweite Holm Schubkräfte in Flugrichtung und Torsionskräfte übertrug. Der Rumpf war in Halbschalenbauweise mit relativ dicker Beplankung und nur wenigen Formspanten ausgeführt. Die Querruder erstreckten sich über den ganzen verjüngten Außenteil des Flügels. 1950 ging dieser Typ in Serie, der die erfolgreichste Konstruktion der Schweizer Aircraft Corp. wurde und laufend Änderungen und Verbesserungen erfuhr.

Die 1-23 D erhielt eine 2 Meter größere Spannweite und sollte mit einer Flügelstreckung von 15,6 die Anforderungen für wettkampfmäßige Flüge verbessern. Die 1-23 B

Schweizer Ganzmetall-Leistungssegelflugzeug 1-23D. (Wikipedia 2008 Ahunt)

war eine Sonderausführung, die mit verlängerten Flächen die gleiche Flügelfläche wie die 1-23 D erhalten sollte. Die 1-23 C war das gleiche Flugzeug mit stärkerem Holm und stärkerer Beplankung. Die 1-23 E war das identische Flugzeug mit verlängerten Flügelspitzen, nunmehr aber mit 17,3 m Spannweite gegenüber 13,36 m des Prototyps. Erstmals waren bei diesem Typ Sturzflugbremsen eingebaut. Mit einer stärkeren Beplankung hieß der Typ 1-23 F. Bei den Flächen wie auch bei der Rumpfhaut, die beide in 0,4 mm-Leichtmetallblech gefertigt waren, fiel die ausgezeichnete Versenknietung auf, die auch an den Nietstellen keinerlei Unebenheit erkennen ließ. Mit der 1-23 E, deren Höchstgeschwindigkeit bei 210 km/h lag, belegte Paul MacCready bei der Weltmeisterschaft 1954 in England unter 33 Teilnehmern den 4. Platz. Die letzte Ausführung erhielt die Bezeichnung Schweizer 1-23 H, ein Leistungsflugzeug der offenen Klasse. Um allen Anforderungen gerecht zu werden, entwickelten die Gebrüder Schweizer daraus die Standardklasse-Ausführung der 1-23 H 15. Der einzige Unterschied bestand in der Verkürzung der Spannweite auf 15 m. Wie alle Schweizer Typen ein freitragender Mitteldecker in Ganzmetallbauweise, die für ihre Robustheit bekannt waren. Von der Schweizer 1-23 wurden fast 100 Muster gebaut, 10 % der in USA eingesetzten Segelflugzeuge. Paul Bikle belegte damals den Höhenweltrekord, der 2018 von der Perlan II mit 23,2 Kilometer (sie wurde allerdings auch auf 13 Kilometer Höhe geschleppt) überboten wurde. Auf der Version SGS 1-23 E erreichte er eine absolute Höhe von 14102 m und hält damit auch den Weltrekord im Höhengewinn mit 12894 m.

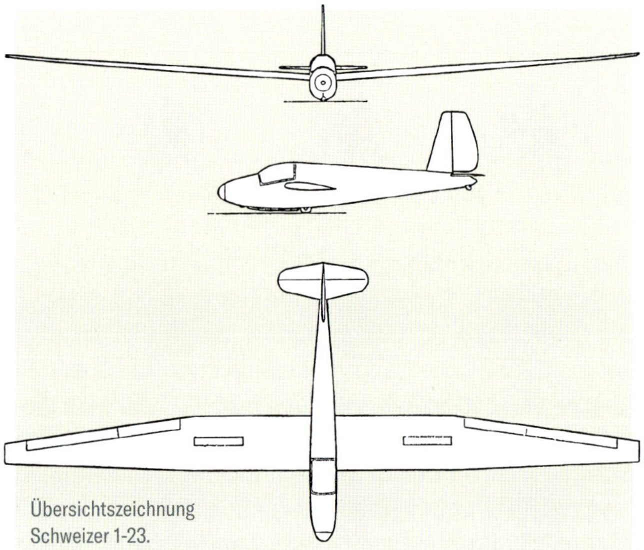

Übersichtszeichnung Schweizer 1-23.

Als letzte Einsitzerkonstruktion brachte Schweizer die 1-29 heraus. Unverändert blieb der Rumpf der 1-23. Zur Verbesserung der Richtungsstabilität wurde eine Flosse auf dem Oberteil des Rumpfes angebracht. Der Tragflügel ist rechteckig, um einen Laminarflügel ausführen zu können. Die Produktion des amerikanischen Werkes zeigt gleichzeitig den vielfach eingesetzten Doppelsitzer 2-22 auf. ◂

Baumuster	Einsitzer			Doppelsitzer	
	1948	1950	1955	1954	1962
	Prototyp	1-23 H	H 15	2-25	2-32
Spannweite	13,36 m	16,05 m	14,98 m	18,90 m	17,40 m
Länge m	6,20 m	6,32 m	6,23 m	6,95 m	8,15 m
Flügelfläche	13,84 m^2	15,32 m^2	14,81 m^2	20,50 m^2	16,70 m^2
Seitenverhältnis	12,88	16,90	15,20	17,35	18,05
Rüstgewicht	162 kg	218 kg	215 kg	290 kg	318 kg
Zuladung	110 kg	122 kg	125 kg	235 kg	172 kg
Fluggewicht	272 kg	340 kg	340 kg	525 kg	490 kg
Flächenbelastung	16,20 kg/m^2	22,20 kg/m^2	22,90 kg/m^2	24,90 kg/m^2	29,30 kg/m^2
Min.Geschwindigkeit	60 km/h	65 km/h	65 km/h	80 km/h	80 km/h
Max, Geschwindigkeit	177 km/h	225 km/h	225 km/h	230 km/h	252 km/h
Sinkgeschw.	0,79 m/sec	0,62 m/sec	0,67 m/sec	0,62 m/sec	0,63 m/sec
Gleitzahl	24,60	30,80	29,20	30	35
Profil	NACA 43 012 A			NACA 633-618	

Die kunstflugtaugliche Moswey 2. (Foto Peter Dresen)

Moswey 3 und 4

1950

Die erfolgreichste schweizer Konstruktion nach 1945 wurde das Leistungsflugzeug Moswey 4 von Georg Müller. Im früheren Wald-Flugzeugbau begann Georg Müller schon bald nach 1930 die durch geringe Spannweite gekennzeichnete Moswey-Serie. Moswey 1 war ein Übungssegler, ein abgestrebter Hochdecker von 13,25 m Spannweite, 13 m² Flügelfläche und einem Seitenverhältnis von 1:13,6. Die Weiterentwicklung Moswey 2 kam 1935 heraus und erwies sich für die damalige Zeit als hervorragendes Leistungssegelflugzeug. Es war ein freitragender Mitteldecker mit 13,8 m Spannweite. Es stellte die Siegermaschine bei den Schweizer Segelflugmeisterschaften 1941 und beim Forschungslager auf der Parsenn 1941. In Deutschland wurde die Moswey 2 durch ihre Teilnahme im Internationalen Rhön-Wettbewerb 1937 auf der Wasserkuppe bekannt. 1939 gründete Moswey sein eigenes Flugzeugwerk in Horgen am Züricher See. Bei der Moswey 2 A wurde die Spannweite von 13,80 m auf 15,50 m vergrößert. Die 1942 entwickelte Moswey 3 war vorwiegend für unbeschränkten Kunstflug bestimmt, besaß aber auch in der Thermik (z. B. wegen ihrer sehr geringen Mindestgeschwindigkeit) recht gute Flugeigenschaften.

Alle Erfahrungen verwertete Georg Müller 1949/50 in der Weiterentwicklung Moswey 4, in der er eine wesentliche Steigerung der zulässigen Höchstgeschwindigkeit und der allgemeinen Festigkeit anstrebte. Es wurde das Flugzeug, mit dem René Comte jahrelang seine großen Erfolge in der Schweiz, in Amerika und Südafrika erzielte. Er flog auch am 25. Juni 1950 den Prototyp ein und startete kurz darauf bei den Weltmeisterschaften in Schweden.

Das durch die vergrößerte Spannweite auf 14,4 m und die Forderung nach größerer Festigkeit bedingte Mehrgewicht hat sich auf Stabilität und Geschwindigkeit vorteil-

Moswey 3. (Foto Andi Brunner)

Zum Vergleich die Moswey 4. (Foto Alexander Gilles)

haft ausgewirkt. Die Tragfläche der Moswey 4 ist zweiteilig ausgeführt, wobei die beiden trapezförmigen Flügelhälften mit je drei Bolzen am Rumpfmittelstück angeschlossen werden. Der Rumpf, in der charakteristischen Mosweyform, ist in Sperrholzschalenbau ausgeführt. Die Kabine für die halbliegende Sitzanordnung ist größer und bequemer als bei der Moswey 3. Sonst ist der Aufbau seinem Vorgänger sehr ähnlich. Gleichzeitig entstanden eine Ausführung Moswey 5 und der Doppelsitzer Moswey B mit 19 m Spannweite, den Siegbert Maurer während der Weltmeisterschaft 1950 in Örebro einsitzig flog. Das Interessante an dieser Entwicklungsreihe war die Tatsache, dass viele Einzelteile unter sich ausgetauscht werden konnten, was bei Vereinen lebhaft begrüßt wurde.◂

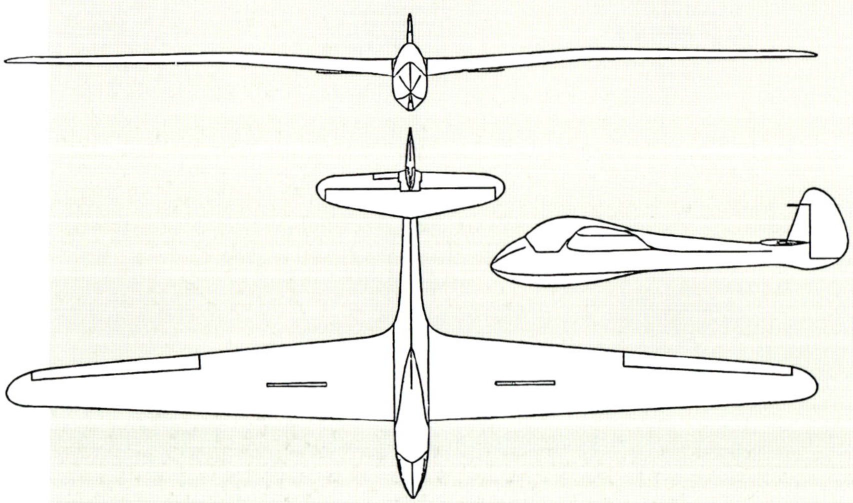

Übersichtszeichnung Moswey 4

Baumuster	Moswey 3	Moswey 4
Spannweite	14 m	14,40 m
Länge	6 m	6,35 m
Flügelfläche	13,1 m^2	13,90 m^2
Seitenverhältnis	15	15
Rüstgewicht	160 kg	180 kg
Zuladung	90 kg	100 kg
Fluggewicht	250 kg	280 kg
Mindestgeschwindigkeit	50 km/h	60 km/h
Höchstgeschwindigkeit	210 km/h	210 km/h
Sinkgeschwindigkeit	0,65 m/sec	0,67 m/sec
Gleitzahl	27,5	30
Profil	Gö 535	Gö 535

Orao II

Die Orao II war bei den Weltmeisterschaften 1950 in Schweden die große Überraschung. (Wikipedia Srđan Popović 2006, Luftfahrtmuseum Belgrad)

Die Orao war die Sensation der Weltmeisterschaften 1950 in Örebro/Schweden. Unter sieben „Weihen" belegte die Orao II mit M. Borisek den 3. Platz. Dieser jugoslawische „Adler" wurde von allen Teilnehmern aus elf Nationen begeistert im Anschluss getestet.

1929 begann der Flugzeugbau in Jugoslawien mit dem Nachbau eines Zöglings. Vor dem Zweiten Weltkrieg kamen die ersten eigenen Konstruktionen. Von 1947 an aber erlebte der Segelflug in Jugoslawien einen unglaublichen Aufstieg, der ihn für zehn Jahre leistungsmäßig, fliegerisch wie technisch in die Spitzenländer der Welt führte. 1947 entwarfen die drei Diplomingenieure Boris Cijan, Stanko Obad und Miha Mazovec mit dem Orao ein großartiges Hochleistungssegelflugzeug, einen freitragenden Mitteldecker von 19 m Spannweite. Von vornherein war bei dem Entwurf an keine Serienherstellung gedacht. Auf dieser Basis wurde für die Weltmeisterschaft 1950 wurde die Orao II in zwei Mustern entwickelt, die sich äußerlich nur in der V-Stellung des Höhenleitwerks unterschieden. Leider stürzte Borisek wenige Wochen nach seinem großen Erfolg bei der Weltmeisterschaft tödlich ab, wobei auch das erfolgreiche Flugzeug von Örebro vernichtet wurde.

Für den Entwurf des Querruders war die Möglichkeit eines schnellen Einleitens der Kurve maßgebend. Am Flügel waren drei verschiedene Querruderarten angeordnet. Anschließend an die Schlitzklappe folgte ein statisch ausgeglichenes Wölbungsquerruder, das mit der Schlitzklappe zwangsläufig gekoppelt wurde. Daher arbeitete es sowohl als Landeklappe wie auch als Querruder. Hieran folgte das Hauptquerruder (gewichtlich ausgeglichen) und schließlich ein kurzes Hilfsquerruder eigener Bauart. Der Flügel mit 19 m Spannweite und dünnen Flügelschnitten musste genügende Biege- und Torsionsfestigkeit besitzen, um Eigenschwingung zu vermeiden. Für diese Biegesteifigkeit wählte man einen Duralholm. Dies erlaubte wiederum einfache und leichte Holmbeschläge. Der Orao besaß also einen Hauptholm aus Leichtmetall, jedoch Holzrippen und eine Sperrholznase. Um die gewünschte

Bausmuster	Orao
Spannweite	19 m
Länge	7,75 m
Flügelfläche	18 m^2
Seitenverhältnis	20,30
Rüstgewicht	365 kg
Zuladung	90 kg
Fluggewicht	455 kg
Flächenbelastung	25 kg/m^2
Mindestgeschwindigkeit	55 km/h
Höchstgeschwindigkeit	210 km/h
Sinkgeschwindigkeit	0,6 m/sec bei 77 km/h
Gleitzahl	36,60
Profil	Gö 549 mod.

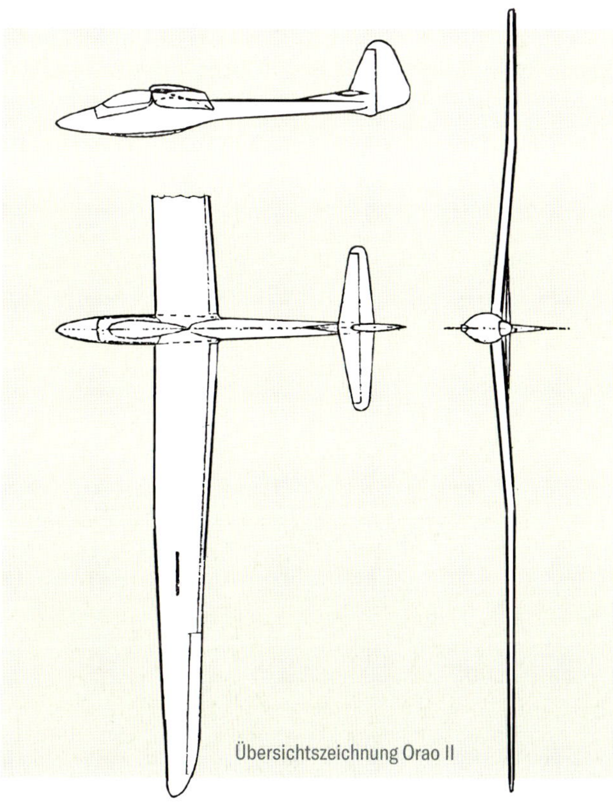

Übersichtszeichnung Orao II

Glätte der Flügelbeplankung zu erhalten, wurde die Sperrholzbeplankung etwas über den Holm hinausgezogen.

Für Höhenleitwerk und Seitenleitwerk fanden Laminarprofile eigenen Entwurfs Verwendung. Beim Rumpf wurde auf eine möglichst lange laminare Laufstrecke und aerodynamische Güte des Obergangs zum Tragflügel geachtet. Die Gesamtoberfläche des Rumpfes betrug 9,29 m^2 (beim Reiher etwa 12,5 m^2). Das Rumpfvorderteil wurde in normaler Bauart ausgeführt, dahinter mit einer Schale in Sandwich-Bauart. Damit die Höhe des Rumpfvorderteils gering gehalten werden konnte, wählten die Konstrukteure schon damals die halbliegende Sitzanordnung des Flugzeugführers mit einstellbarer Rückenlehne.

1954 entwickelte das Team als viertes Baumuster die Orao II c Version, die in vielen Einzelteilen verbessert wurde und dadurch vor allem ein wesentlich höheres Gewicht erhielt. Bis zum Erscheinen des Meteor blieb Orao im jugoslawischen Segelfluges führend. ◂

1950

Roß-Johnson 5 (RJ 5)

Im Winter 1947/48 wünschte sich der damals nur in den Vereinigten Staaten bekannte Leistungsflieger Richard Johnson ein Segelflugzeug für ganz besondere Leistungen mit einem Gleitwinkel möglichst nahe an der Traumgrenze von 1:40. Im Winter 1949/50 vollendete Harland die Holme und die Flügelnase, noch viel Arbeit blieb, aber bis zur Nationalen Meisterschaft 1950 wurde das Flugzeug fertig gestellt-

Die beiden Konstrukteure entwickelten statt des vorgesehenen Mitteldeckers aus der RJ-5 einen Schulterdecker. Dann verkleinerten sie den Anstellwinkel so, dass die Rumpfnase bei einer Fluggeschwindigkeit von 130 km/h genau in die Anströmrichtung zu liegen kam. Das ergibt teilweise ungünstigere Start- und Landeeigenschaften, dafür aber erhält man bei hohen Geschwindigkeiten flachere Gleitwinkel. Wie richtig der Gedanke war, bewiesen die späteren Flüge von Johnson, bei denen die günstigste Reisegeschwindigkeit selten unter 145 km/h lag. Besondere Sorgfalt legten Ross und Johnson auf die Lösung des Problems der Steuerung beim Kurvenwechsel. Der freitragende Schulterdecker war in Gemischtbauweise hergestellt. Der Trapezflügel wurde aus Metall gebaut, der Flügelholm bestand aus Aluminium. Ein senkvernietetes Metallgerüst hatte eine drehsteife Metallnase und war dahinter mit Stoff bespannt. Flügelvorderkante und Querruder waren mit Sperrholz beplankt.

Der Rumpf war ebenfalls eine Standard-Holzschalenkonstruktion. Sein Querschnitt war elliptisch. Die Cockpitverkleidung wurde mehrfach geändert. Auch die Kufe war anfänglich verkleidet, später einziehbar. Das Leitwerk in herkömmlicher Bauart war aus Tanne, Sperrholz und Stoff gefertigt. Hervorzuheben das gute Seitenverhältnis, das vom aerodynamischen Standpunkt von Vorteil ist in Stabilität, Steuerbarkeit und Widerstand.

1951 verbesserte Richard H. Johnson den seit 1939 bestehenden Streckenweltrekord mit der RJ-5 ganz beträchtlich auf 851 km. Kein Wunder, dass die europäischen Segelflieger auf den Wundervogel ganz besonders gespannt waren, als 1952 Johnson mit seiner RJ-5 zur Weltmeisterschaft in Madrid erschien. Interessant war vielen Beobachtern die Feststellung, dass die Oberfläche nicht hochglänzend poliert, sondern nach dem Schleifen mit feineren Schleifmitteln nicht nachbehandelt, sondern leicht stumpf blieb. Farbe und Form brachten der RJ-5 sehr schnell den Spitznamen „Mahagoni-Bomber" ein.

Dick Johnson und seine RJ-5. Das Segelflugzeug begann als Design von Harland Ross und wurde dann kontinuierlich von Johnson an der Mississippi State University weiterentwickelt. (Bild National Soaring Musuem Harris Hill, Elmira, NY)

Den Fachleuten war aber sehr bald klar, dass die RJ-5 in aerodynamischen Fragen und zur Erzielung einer hydraulischen glatten Oberfläche entscheidende Impulse gegeben hatte. Es steht heute außer Frage, dass das Segelflugzeug RJ-5 mit seinen konstruktiven und baulichen Maßnahmen und mit deren Auswirkung auf die Leistungen eines Segelflugzeuges eine neue Epoche im Segelflugzeugbau der Welt eingeleitet hat. ◂

Baumuster	Roß-Johnson 5
Spannweite	16,75 m
Länge	6,30 m
Flügelfläche	11,50 m^2
Seitenverhältnis	24,50
Rüstgewicht	223 kg
Zuladung	90 kg
Fluggewicht	313 kg
Flächenbelastung	26,40 kg/m^2
Mindestgeschwindigkeit	65 km/h
Höchstgeschwindigkeit	210 km/h
Sinkgeschwindigkeit	0,60 m/sec
Gleitzahl	35
Profil	NACA 632-615

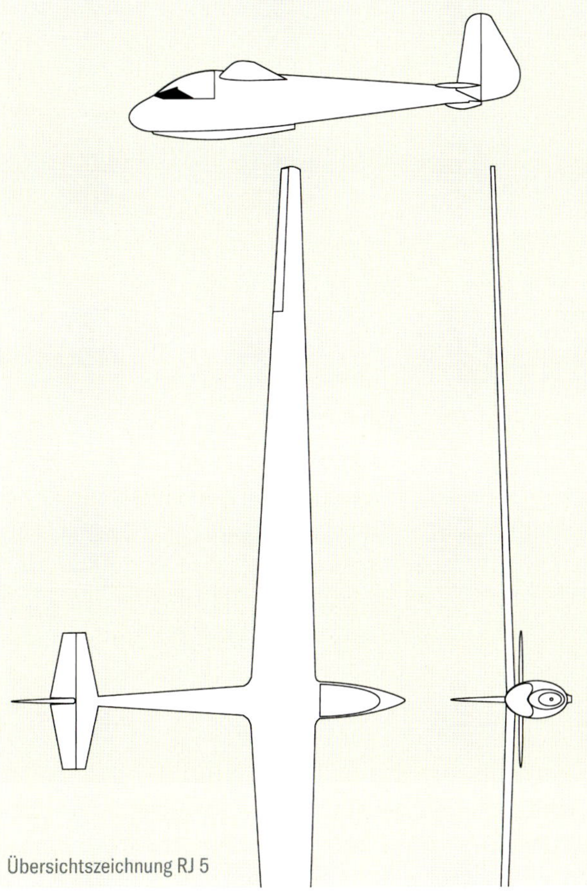

Übersichtszeichnung RJ 5

Slingsby Sky

Nach den ersten erfolgreichen Besuchen deutscher Segelflieger in England beschäftigte sich der Möbelfabrikant F. N. Slingsby ab 1930 mit dem Segelflugzeugbau. In den ersten Jahren war dies der Nachbau deutscher Typen. Dann aber entwickelte Slingsby eigene Flugzeuge, von denen Gull und King Kite durch ihre Teilnahme am 1. Internationalen Wettbewerb 1937 auf der Wasserkuppe über England hinaus bekannt wurden. Beide Typen entwickelte die Firma Slingsby nach 1945 weiter bis zu den Versionen Gull IV und Kite II. Aus diesen Erfahrungen konstruierte Slingsby in Kirbymoorside/York 1949/50 das Leistungssegelflugzeug Sky. Es wurde dies der erste große Erfolg einer nichtdeutschen Konstruktion in der Geschichte des Segelfluges. Bereits die beiden Prototypen belegten bei den englischen Meisterschaften 1951 in Great Hucklow/Derbyshire den 1. und 2. Platz. Bei den Weltmeisterschaften 1952 in Madrid siegte Philip Wills auf Sky. Neben der englischen Mannschaft flogen Holländer und Argentinier diese britische Konstruktion und belegten den neben dem ersten zahlreiche weitere Plätze. Alle englischen Meisterschaften und Rekorde der fünfziger Jahre wurden auf Sky erflogen, von dem über 200 Muster in alle Weit gingen.

Sky war eine Holzkonstruktion. Sie war eng an die Weihe angelehnt und besitzt Ähnlichkeiten. Immerhin war diese Ähnlichkeit sogar Grund für eine kurze Debatte im Britischen Parlament. Kein britisches Segelflugzeug wurde so erprobt wie Sky, allein über 100 Testflüge führten zur endgültigen Konstruktion. Der dünne Kastenflügel hatte ein Seitenverhältnis, welches vorher noch nie bei englischen Flugzeugen angewendet worden war. Rumpfnase und Kabine glichen sehr stark den Vorgängerflugzeugen Gull IV und Kite II. Die Kabine war doppelt beplankt und mit einer geblasenen Haube versehen. Der Rumpf hinter der Kabine war als Halbschale gebaut Die

Eine holländische Slingsby Sky.
(Foto Alexander Gilles)

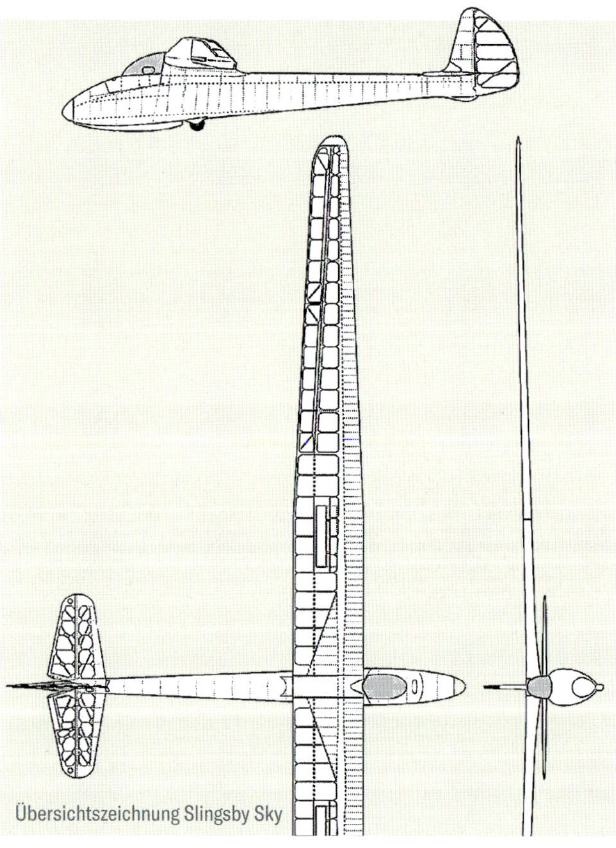

Übersichtszeichnung Slingsby Sky

Baumuster	Slingsby Sky
Spannweite	18 m
Länge	7,65 m
Flügelfläche	17,37 m^2
Seitenverhältnis .	18,70
Rüstgewicht	255 kg
Zuladung	108 kg
Fluggewicht	363 kg
Flächenbelastung	20,90 kg/m^2
Mindestgeschwindigkeit	54 km/h
Höchstgeschwindigkeit	182 km/h
Sinkgeschwindigkeit	0,66 m/sec bei 62 km/h
Gleitzahl	27,5
Profil	Gö 547

Fläche hatte eine 3 m längere Spannweite als Gull IV und war mit drei Bolzen mit dem Rumpf verbunden. Das Innenteil war rechteckig, die Außenflügel trapezförmig, mit einem runden Randbogen versehen. Die großen Querruder nahmen 54 % der Flügellänge ein. ◂

Condor IV

Um der Forderung der Segelflieger nach der Wiederzulassung ihres Sportes im Jahre 1951 nach einem Leistungsdoppelsitzer gerecht zu werden, entwickelte Heini Dittmar aus dem Leistungseinsitzer Condor III den Doppelsitzer Condor IV. Rein äußerlich unterschieden sich die beiden Typen kaum. Die Führersitze sind hintereinander angeordnet. Der zweite Führer sitzt genau im Schwerpunkt. Die Änderungen lagen in einer Vergrößerung der Spannweite von 17,25 m auf 18 m, ferner im veränderten Rumpfvorderteil für die Unterbringung des zweiten Sitzes, im vergrößerten hinteren Rumpfquerschnitt und in einem höher gelegten Höhenruder. Der Condor IV wurde als Hochdecker gebaut, um großen Bodenabstand an den Flächenenden zu erhalten. Wie alle Typen der Condor-Serie bestand das Tragwerk aus einem zweiteiligen freitragenden Knickflügel in Holzbauweise. Die Sperrholznasenbeplankung reichte etwa 25 cm hinter den Holm auf der Oberseite. Die Außenflügelbeplankung erhielt unter dem Sperrholz eine

Baumuster	Condor IV
Spannweite	18 m
Länge	8,30 m
Flügelfläche	21,30 m^2
Seitenverhältnis	15,2
Rüstgewicht	330 kg
Zuladung	180 kg
Fluggewicht	510 kg
Flächenbelastung	24,90 km/m^2
Mindestgeschwindigkeit	60 km/h
Höchstgeschwindigkeit	210 km/h
Sinkgeschwindigkeit	0,71 m/sec bei 70 km/h
Gleitzahl	30 bei 80 km/h
Profil	Gö 532

Condor IV des Osnabrücker Vereins für Luftfahrt e.V. (Foto Alexander Gilles)

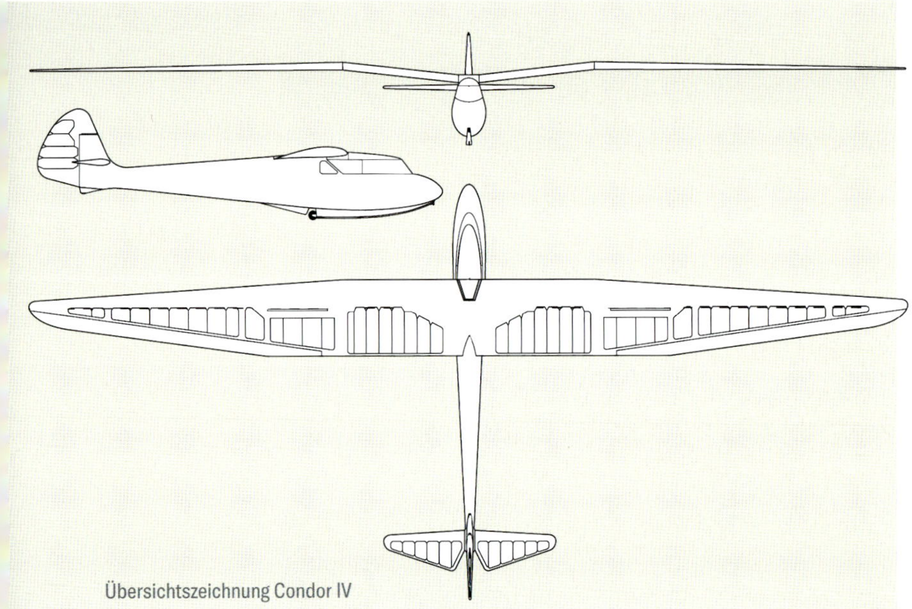

Übersichtszeichnung Condor IV

5 mm Balsaschicht. Der Rumpf war eine Holzkonstruktion mit durchgehender Beplankung. Die Plexiglashaube ging über beide Sitze. Der Condor IV wurde mit einer Serie bei Ferdinand Bernhard Schmetz in Herzogenrath bei Aachen und bei Schleicher in der Rhön gebaut. Sie unterschieden sich durch die Luftbremsen, während die Bauten aus Aachen mit DFS-Klappen ausgestattet waren, verwendete Schleicher Schempp-Hirth-Luftbremsen.

Er startete mit Erfolg in den Doppelsitzer-Wettbewerben der Deutschen Meisterschaft und der Weltmeisterschaft. Den größten Erfolg erzielte Ernst-Günther Haase im August 1952, als er vom Klippeneck aus den ersten Weltrekord Deutschlands nach der Wiederzulassung des Segelfluges aufstellte. Mit dem Argentinier Lombroni als Begleiter erzielte er auf einem 100 km-Dreieckskurs eine Geschwindigkeit von 80,90 km/h und verbesserte damit gleichzeitig den Weltrekord in der Einsitzer- sowie in der Doppelsitzerklasse. ◂

1951

Doppelraab

Eine der markantesten Konstruktionen nach der Wiederzulassung des Segelfluges in Deutschland war das von dem Münchner Gewerbeoberlehrer Fritz Raab konstruierte doppelsitzige Schul- und Übungsflugzeug Doppelraab. Eigenwillig war die Sitzanordnung für Lehrer und Schüler. Fritz Raab wollte im Wiederaufbau des Segelfluges in Deutschland ein Flugzeug schaffen, das vor allem im Eigenbau hergestellt werden konnte. Der Doppelraab erlebte laufende Verbesserungen und kam in sechs Baureihen heraus. Konstruiert in den Jahren 1949/50 baute Raab das erste Musterflugzeug, V-0 beim Aero-Club Dachau. Dieser erste Doppelraab erhob sich am 5. August 1951 erstmalig in die Luft und stand im Mittelpunkt des Interesses beim ersten Rhön-Treffen im August 1951 auf der Wasserkuppe. Die letzte Version wurde von der Firma Wolf Hirth serienmäßig im Lizenzbau hergestellt, wobei er auch als Baukasten die erhältlich war. Mehr als 300 Doppelraab wurden gebaut.

Der Doppelraab diente der Schulung, der Überprüfung und war für Passagierflüge beliebt. Der Rumpf war zweiteilig, von vorne und bis zum hinteren Flügelanschlusspunkt als Stahlrohrkonstruktion mit Stoffbespannung ausgebildet. Der dahinter liegende Leitwerksträger war aus Holz. Sitze schwerpunktnah hintereinander; der rückwärtige Sitz (für Fluglehrer oder Passagier) lag um 26 cm höher. Der Steuerknüppel hatte eine kleine Kröpfung und war somit auch vom Lehrer auf dem Rücksitz ohne weiteres zu erreichen. Man griff von oben über die Schulter der Schüler. Der vordere Sitz, der Schülersitz, war in der herkömmlichen Art aller Segelflugzeuge ausgebaut.

Das gesamte Tragwerk war ein durch Profilstahlrohrstreben abgestützter zweiteiliger Schulterdecker in Holzbauweise. Die einholmige Holzkonstruktion der Fläche besaß eine drehsteife Sperrholznase, der Rest mit Stoffbespannung. Der Rippenumriss änderte sich erst ab Querruderbeginn, so dass von den 62 Rippen eines Flügels 28 gleichen den Umriss hatten, was für den Gruppenbau von besonderem Vorteil war. Von Rippe 9 bis Rippe 20 war der Flügel auf ein symmetrisches Profil ausgestrakt. Umriss bis zum Strebenansatz rechteckig, von da ab verjüngt mit gerundeten Enden. Störklappen nur auf der Oberseite.

Der Leitwerksträger war eine Holzkonstruktion aus Holmen mit dreieckigem Querschnitt. Die Außenbeplankung von 1,5 mm machte den Träger drehsteif. Das Höhenleitwerk war gedämpft und zweiteilig. Beim Transport konnte das Höhenleitwerk hochgeklappt werden, das Ruder blieb angeschlossen.

Der Doppelraab ist eines der letzten Segelflugzeuge in Deutschland gewesen, das aus der handwerklichen Amateurflugzeugbauer-Tradition heraus konstruiert wurde. Der Eigenbau von Fluggerät wurde gerade mit dem Dop-

Doppelraab im Windenstart. Das Gabelseil ist links und rechts in die Seitenwandkupplung eingeklinkt. (Foto Alexander Gilles)

	Baureihe I-IV	Baureihe VI
Spannweite	12,76 m	13,40 m
Länge	6,90 m	6,90 m
Seitenverhältnis	9,74	10,25
Rüstgewicht	185 kg	192 kg
Zuladung	195 kg	220 kg
Fluggewicht	380 kg	412 kg
Flächenbelastung	22,60 kg/m²	24,40 kg/m²
Mindestgeschwindigkeit	50 km/h	
Höchstgeschwindigkeit	190 km/h	
Flügelfläche	18 m²	17,20 m²
Sinkgeschwindigkeit	0,85 m/s	
Gleitzahl	20	

pelraab nach dem Zweiten Weltkrieg wieder belebt. Die Nachbaulizenzen gingen auch nach Nord- und Südamerika, nach Afrika, in den vorderen Orient und in viele europäische Länder. Sogar im nördlichen Eismeer auf der Insel Spitzbergen war einmal ein Doppelraab. Der Doppelraab bildete auch die Basis für das Motorflugzeug Elster. ◂

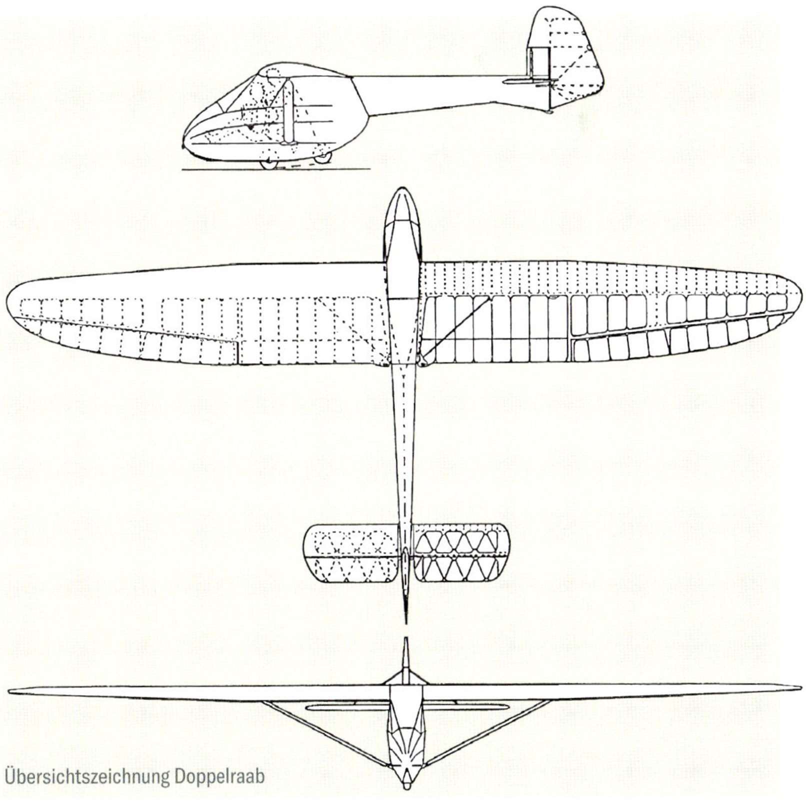

Übersichtszeichnung Doppelraab

SZD-8 Jaskólka

SZD-8 Jaskólka im Königlichen Aemeemuseum Brüssel. (Wikipedia Hawkeye UK)

Baumuster	SZD-8 Jaskólka
Spannweite	16 m
Länge	7,42 m
Flügelfläche	13,60 m^2
Seitenverhältnis	18,8
Rüstgewicht	270 kg
Zuladung	100 kg
Fluggewicht	370 kg
Flächenbelastung	27,20 kg/m^2
Mindestgeschwindigkeit	50 km/h
Höchstgeschwindigkeit	250 km/h
Sinkgeschwindigkeit	0,75 m/sec bei 74 km/h
Gleitzahl	28,5 bei 83 km/h
Profil	NACA 23012 A

Nach der Mucha gelang den polnischen Konstrukteuren mit dem Entwurf der Schwalbe, des Leistungseinsitzers Jaskólka, ein weiteres Flugzeug von internationaler Bedeutung. Der Prototyp von SZD-8 Jaskólka flog mit dem Kennzeichen SP-1222 erstmals am 21. September 1951, der zweite Prototyp SP-1223 am 3. Dezember 1951. Dann vergingen drei Jahre, ehe die verbesserte Jaskólka in Serie hergestellt wurde. Vor allem erfuhr der Rumpf immer wieder Verbesserungen. Unverändert blieb bei allen Versionen die Spannweite von 16 m. Jaskólka war ein freitragender Mitteldecker in der herkömmlichen Bauart aus Holz. Konstruktive Merkmale waren die eigenartig geformte Plexiglashaube und das halb einziehbare Rad.

Der Flügel ist zweiteilig, einholmig, trapezförmig, ganz mit Sperrholz beplankt, besitzt eine V-Stellung von 4°, Fowlerklappen, Sturzflugbremsen Typ Göppingen, automatische Koppelung der Steuerantriebe an allen Trennstellen. Die Wölbungsklappen können bei 0°, 12° und 25° gerastet werden. Die mit Endkeulen versehenen Flügel haben Positionslichter und Entlader für die statische Elektrizität. Ein großer Vorteil ist der am Rumpfheck eingebaute aber wegsteckbare Griff zum Heben und Transportieren des Rumpfes. Der vordere Teil der Führersitzverglasung ist fest eingebaut, die eigentliche Haube ist nach hinten aufschiebbar.

Von den Jaskólka-Typen wurden von 1953 bis 1961 insgesamt 80 Stück gebaut, viele für den Export, darunter in die DDR und China. Vom 15. Mai 1954 bis zum 16. Mai 1960 gelangen mit diesem Leistungsflugzeug 15 Weltrekorde. ◂

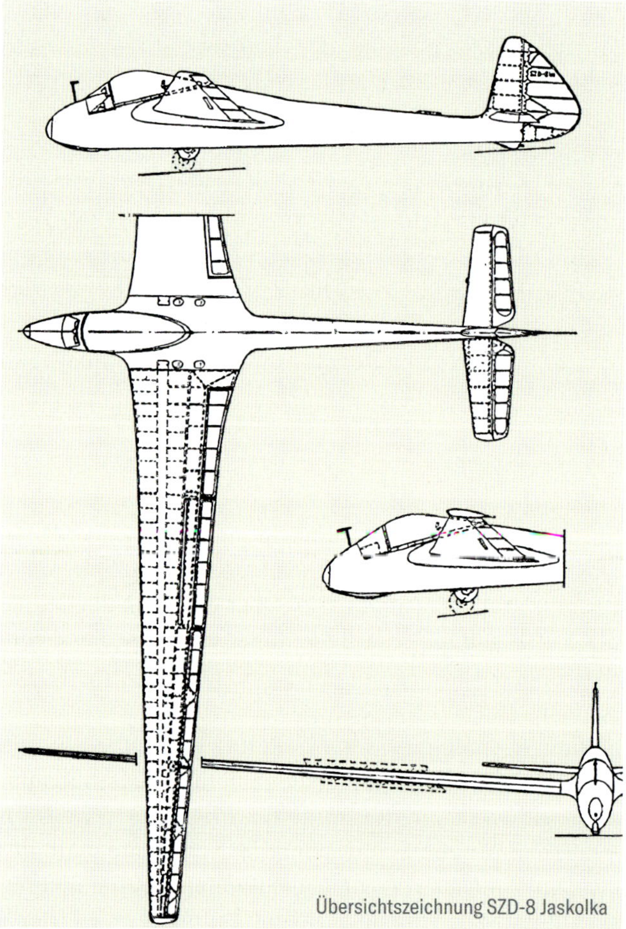

Übersichtszeichnung SZD-8 Jaskolka

Von der Mü 13 E bis zum Bergfalken IV

1951

Der Prototyp der Mü 13 E, noch mit dem österreichischen Kennzeichen, im Deutschen Segelflugmuseum Wasserkuppe.

Am 19. Juni 1951 wurde der Segelflug in Deutschland wieder zugelassen. Aus Freude über das lang ersehnte Ereignis rief der Deutsche Aero Club am 11. August zu einem Fest der Freundschaft auf den Berg der Flieger, die Wasserkuppe. 50.000 strömten aus ganz Deutschland dorthin. Unter den elf Flugzeugen, die aus ganz Mitteleuropa zur Wasserkuppe kamen, erregte der Doppelsitzer Mü 13 E das größte Aufsehen. Es handelte sich um die erste Konstruktion der 1951 von Dipl. Ing. Egon Scheibe in Dachau gegründeten Flugzeugbaufirma seines Namens. Der Prototyp des Doppelsitzers Mü 13 E entstand noch in Innsbruck und aus diesem Grund erschien er auf der Wasserkuppe auch mit österreichischem Kennzeichen, OE-0138.

Er griff auf seine Erfahrungen aus den Konstruktionen Mü 10 und Mü 13 zurück. Bald war der Doppelsitzer Mü 13 E unter dem Namen Bergfalke I bekannt. An der statischen Durcharbeitung des Musters war Prof. Krauß von der T. H. München maßgeblich beteiligt. Den Prototyp erbaute die Segelfliegergruppe Jenbach in Tirol unter Leitung von Dr. Konschegg, der auch am 5. August 1951 den Erstflug in Innsbruck im Windenschlepp durchführte. Beim Rhöntreffen war die Nachfrage derart groß, dass die Mü 13 E anschließend bei dem Flugzeugbau Scheibe in Dachau am 15. November 1951 in Serie ging. In den Jahren des Wiederaufbaus des Segelfluges in Deutschland wurden allein zwischen 1952 und 1953 insgesamt etwa 170 dieser Doppelsitzer gebaut.

Beim Bergfalken I waren die Mittelanschlüsse für Flügel und Rumpf zu kompliziert. Durch die Vereinfachung entstand der Bergfalke II mit den vorgepfeilten Tragflächen. Der Prototyp hob im Frühjahr 1953 zum ersten Mal ab. Durch weitere Verbesserungen entstand 1955 der Bergfalke II/55. Vom Bergfalken II in seinen beiden Ausführungen wurden zwischen 1953 und 1963 etwa 300 Flugzeuge hergestellt.

1963 entstand der Bergfalke III, in dem die Erfahrungen eines Jahrzehnts beim Bau und Betrieb von einigen hundert Segelflugzeugen dieses Musters ihren Niederschlag fanden. Der Bergfalke III wurde in erster Linie für Schulbetrieb und Übungsflüge verwendet. Die Bauweise als Mitteldecker gewährleistet von beiden Sitzen eine gute Sicht nach allen Seiten, was besonders für die Fluglehrer sehr angenehm war und so die Flugsicherheit durch die ungehinderte Beobachtungsmöglichkeit des Luftraums erheblich fördern sollte.

Baumuster	Mü 13 E	Bergfalke II 55	Bergfalke III	Bergfalke IV
Baujahr	1951	1955	1963	1969
Spannweite	17,20 m	16,60 m	16,60 m	17,20 m
Länge	7,90 m	8 m	8 m	8,05 m
Flügelfläche	18,60 m^2	17,70 m^2	17,70 m^2	17,45 m^2
Seitenverhältnis	15,8	15,6	15,6	16,95
Rüstgewicht	250 kg	260 kg	275 kg	300 kg
Zuladung kg	180 kg	180 kg	190 kg	205 kg
Flächenbelastung	23,10 km/m^2	24,80 km/m^2	26 km/m^2	28,94 km/m^2
Mindestgeschw.	50 km/h	53 km/h	58 km/h	70 km/h
Höchstgeschw.	160 km/h	160 km/h	180 km/h	200 km/h
Sinkgeschw.	0,73 m/sec	0,72 m/sec	0,72 m/sec	0,70 m/sec
Gleitzahl	26	28	28	32
Profil	Mü-Profil 14,5 %			Wortmann S02 + S0 2/1

Die vorletzte Version dieses Doppelsitzers von Egon Scheibe, Bergfalke III.

Vorgesehen für den Verwendungszweck als Schulflugzeug wurde die gesamte Konstruktion robust ausgeführt, so dass der Bergfalke III sehr gute Dauerbetriebseigenschaften aufweist. Flügel und Leitwerk des Bergfalke III sind aus Holz gebaut, der Rumpf ist ein stoffbespanntes Stahlrohrgerüst. Der zweiteilige Flügel wird in der Rumpfmitte verbunden; er besitzt einen Kastenholm. Das Flugzeug ist einfach zu fliegen, der Aus- und Einstieg für den hinteren Piloten erfordert wegen der hohen Bordwand sportlichen Einsatz.

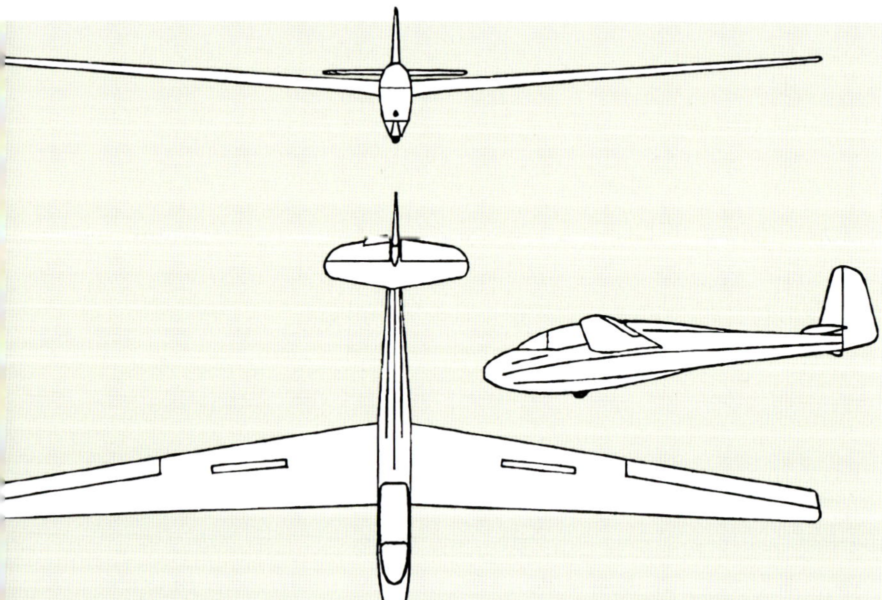

Übersichtszeichnung Bergfalke III

Die Bremsklappen aus Metall sind für Gleitwinkelsteuerung und als Sturzflugbremsen geeignet. Die Querruder sind aus Stahlrohr, stoffbespannt. Im Rumpf sind die beiden Sitze hintereinander angeordnet. Das Rumpfvorderteil ist mit einer Kunststoffschale verkleidet. Die Haube aus Plexiglas geht über beide Sitze und ist seitlich klappbar.

Das Fahrwerk besteht aus einer Kufe, in der das Rad fest eingebaut ist. Die Kufe ist gegen den Rumpf durch eine Schraubenfeder und eine Druckgummipackung gefedert. Das Rad liegt unter dem Schwerpunkt, so dass beim Start im Flugzeugschlepp die Kufe nicht bremst.

Das Leitwerk ist gedämpft. Das Höhenruder besitzt eine Flettnertrimmung. Die Steuerung für Querruder und Höhenruder erfolgt mit Stoßstangen; für das Seitenruder über Seile. Die Pedale im vorderen und hinteren Sitz können in ihrer Neigung verstellt werden. Bei der Konstruktion des Bergfalken III wurde Wert auf schnelle und einfache Montage gefegt. Die beiden Tragflügel werden auf vier rumpffeste Bolzen geschoben, der Holm in Rumpfmitte durch einen Hauptbolzen gekoppelt.

Der Bremsklappenantrieb wird dabei automatisch angeschlossen. Das Höhenleitwerk passt auf drei feste Bolzen und wird durch eine Flügelmutter am Rumpf festgehalten. Seit Frühjahr 1969 baute Scheibe bis 1978 eine Ausführung des Bergfalken mit 17,2 m Spannweite und Wortmann-Laminarprofilen als Bergfalke IV, mit einer Gleitzahl von ca. 33 und guten Schnellflugleistungen. ◂

Kosava

1952

Der jugoslawische Doppelsitzer Kosava im Luftfahrtmuseum Museum Belgrad. (Wikipedia Photo Archive Museum Belgrad)

Eine der interessantesten und erfolgreichsten Doppelsitzerkonstruktionen der Welt schufen die beiden jugoslawischen Konstrukteure Dipl.-Ing. Milos Ilic und Dipl.-Ing. Adrijan Kisovec mit dem Kosava (Nordwind). Das Segelflugzeug entstand 1952 im Auftrag der jugoslawischen Sportflugorganisation und sollte in erster Linie den deutschen Kranich ersetzen. Gleichzeitig sollte die Neukonstruktion günstige Schnellflugeigenschaften und geringe Sinkgeschwindigkeit im Langsamflug und im Thermikkreisen zeigen.

Die Flügel besaßen eine Vorpfeilung. Der zweite Pilot sitzt praktisch im Schwerpunkt. Die Sicht- und Raumverhältnisse der Kabine mit den hintereinander angeordneten Sitzen sind sehr günstig. Aus Fertigungsgründen wurde eine einfache Schränkung des Flügels gewählt, der einen leichten Knick aufweist. Für gute Flugleistungen trotz der geringen Flügelstreckung von 17,3 wählten die Konstrukteure dünne Profile. Der Flügelholm hat eine relative mittlere Höhe von nur 0,7 % im Verhältnis zur Spannweite. Um angenehme Flugeigenschaften zu erzielen und außerdem die Wirkung der Querruder auch bei hohen Geschwindigkeiten zu erhalten, wurde das Außenquerruder vollständig ausgewuchtet. Anstelle der bei dem Prototyp nur auf der Flügelunterseite angebrachten Sturzflugbremsen wurde bei dem zweiten Prototyp später die besser wirkende Schempp-Hirth-Bremse eingebaut.

Baumuster	Kosava
Spannweite	19,125 m
Länge	8,33 m
Flügelfläche	21,12 m^2
Seitenverhältnis	17,3
Rüstgewicht	370 kg
Zuladung	205 kg
Fluggewicht	575 kg
Flächenbelastung	27,20 kg/m^2
Mindestgeschwindigkeit	57 km/h
Höchstgeschwindigkeit	220 km/h
Profil	Gö 549-m an der Flügelspitze CAGI 731-M
Gleitzahl	33,5

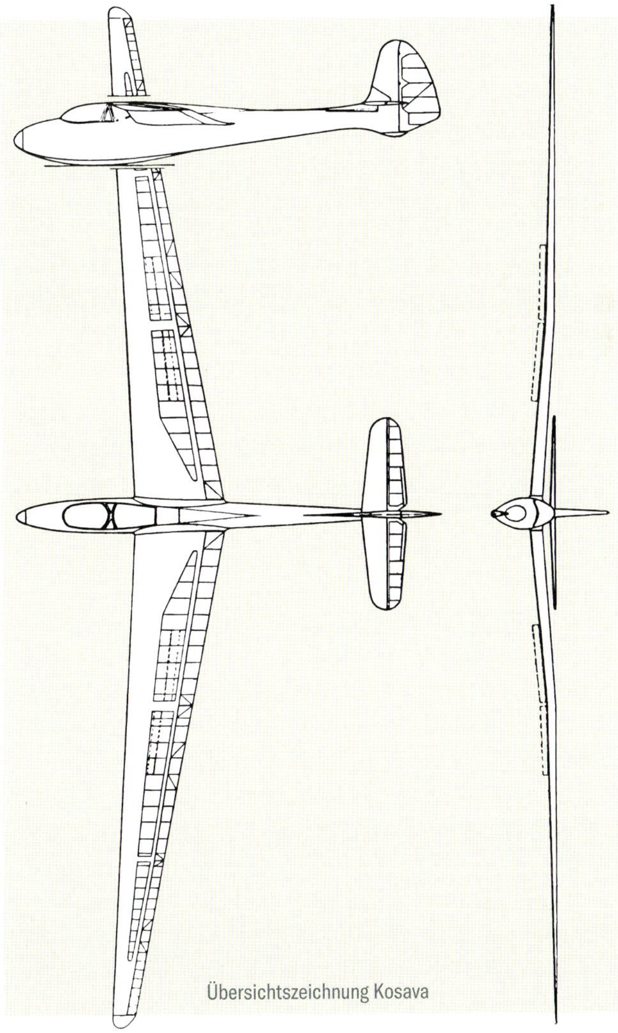

Übersichtszeichnung Kosava

Die Kosava verfügte über Wölbklappen und zusätzliche innere Querruder. Man verwendete zwei Ausschläge um 6° und 9° nach oben. Bei dem Ausschlag von 9° wird der Flügel praktisch autostabil und die Rollmomente werden fast null. Dies ist für Wolkenflug und für unerwünschte gefährliche Lagen von besonderer Bedeutung. Außerdem erreicht man mit diesem Ausschlag eine weitere Verbesserung der Flugleistungen bei Geschwindigkeiten von über 150 km/h.

Selbstverständlich wurden die Klappen auch für den Langsamflug verwendet. Eine positive Wölbung begann an den Wölbklappen, setzte ich reduziert am inneren Querruder fort und beeinflusste mit einem Drittelausschlag die äußeren Querruder.

Der Rumpf wurde in der üblichen Halbschalenbauweise ausgeführt und hat im Bereich des Cockpits eine doppelte Beplankung.

Der Prototyp wurde im März 1953 eingeflogen und eilte dann von Erfolg zu Erfolg. 1955 holte sich Komac mit dem Doppelsitzer erneut die Jugoslawische Meisterschaft im Wettbewerb mit den zwanzig besten jugoslawischen Piloten. Im Juni 1956 stellte Rain einen neuen Weltrekord auf der 300 km-Dreieckstrecke mit einer Durchschnittsgeschwindigkeit von 64,5 km/h auf und belegte wenige Wochen später in Saint Yan bei den zum letzten Male ausgetragenen Doppelsitzerflügen der Weltmeisterschaft den 2. Platz.

Bedauerlicherweise blieb es bei nur zwei Prototypen. ◂

1952

Kranich III – der letzte Entwurf von Hans Jacobs

Hans Jacobs, der 20 Jahre die erfolgreichsten deutschen Segelflugzeuge konstruierte, schuf 1951 als seinen letzten Entwurf den Schul- und Leistungsdoppelsitzer Kranich III. Der Name könnte irreführend sein, denn dieser freitragende Mitteldecker in Gemischtbauweise war keine Weiterentwicklung des Kranich II aus der Vorkriegszeit, sondern eine vollständige Neukonstruktion. Die Grundkonstruktion stammt von Jacobs, wurde aber von Focke-Wulf umgebaut und herausgebracht. Der Tragflächenaufbau hatte bei leichter V-Form einen einholmigen, zweiteiligen Trapezflügel mit dem bewährten Weihe-Profil. Um einwandfreie Flugeigenschaften zu gewährleisten, wurde für den Kranich III die um etwa 2 m² vergrößerte Weihe-Fläche verwandt. Der Flügel selbst lag bedeutend tiefer am Rumpf als bei den früheren Kranich-Mustern. Jacobs benützte die Bremsklappen nach dem System Schempp-Hirth. Die Flächen endeten mit Wirbelkeulen. Als einzige seiner Konstruktionen sah Jacobs beim Kranich III einen stoffbespannten Stahlrohrrumpf vor. Der Rumpf hatte vorne trapezförmigen Querschnitt, hinten ein auf der Spitze stehendes Rechteck. Die sehr geräumigen hintereinander liegenden Sitze (der hintere Pilot kann selbst mit ausgestrecktem Arm nicht den Vordermann erreichen) hatten eine gemeinsame Plexiglashaube mit Schiebefenster. Auf dem zweiten hinteren Sitz saß man etwa im Schwerpunkt.

In zahlreichen Details stecken höchst fortschrittliche Entwicklungen. So besitzt das Seitenruder nur eine kleine Dämpfungsflosse, das Ruder selbst ist eher ein Pendelruder. Durch die große Tiefe sind die Verwirbelungen gering. Ähnliches gilt für die (eigentlich übergroßen) Querruder. Solche Konstruktionsdetails finden erst im Segelflugzeugbau 70 Jahre später wieder Beachtung. Ob Zufall oder Absicht, der Kranich III ist eine tatsächlich prägende Konstruktion.

Den ersten Flug führte Hanna Reitsch am 1. Mai 1952 auf dem V-Muster D-3002 durch. Das Flugzeug trug die Werknummer 51. Sie bemängelte unter anderem ein zu kleines Seitenruder; folglich wurde es zügig vergrößert. Insgesamt wurden 40 Kranich III gebaut. Bereits die beiden ersten Muster belegten bei den Weltmeisterschaften 1952 in Madrid mit Dr. Ernst Frowein und Hanna Reitsch in der Klasse der Doppelsitzer den zweiten und dritten Platz. 1954 stellten die beiden Franzosen Bertrand Dauvin und Henri Couston mit einem Kranich III vom 6. April, 6.12 Uhr, bis 8. April, 15.22 Uhr, mit 57 Stunden und zehn Minuten den letzten von der FAI geführten Dauerweltrekord für Doppelsitzer auf. Die Musterbetreuung wird heute von der Firma Eichelsdörfer in Bamberg durchgeführt.

Für viele Jahre war der Kranich III zwar das Wunschflugzeug für Vereine, zu der damaligen Zeit aber ambitioniert teuer. Trotz seiner gewaltigen Ausmaße benötigt er nur geringe Ruderkräfte und zeigt ein sehr gutmütiges Flugverhalten bei auch noch heute vergleichbar guten Flugleistungen.

Der Deutsche AeroClub erhielt 2022 den als bewegliches technisches Denkmal anerkannten Kranich III D-5292. Seit 2023 verleiht er ihn an seine angeschlossenen Vereine, damit auch Jüngere an den Umgang mit historischer Technik und ihre Leistungen herangeführt werden. ◂

Der unter Denkmalschutz stehende Kranich III des Deutschen Aero Clubs e.V. Interessierte Vereine können das Segelflugzeug ausleihen und so jüngere Mitglieder an die Vorzüge historischer Technik heranführen.

Baumuster	Kranisch III
Spannweite	18,30 m
Länge	9,08 m
Flügelfläche	21 m^2
Seitenverhältnis	15,9
Rüstgewicht	320 kg
Zuladung	200 kg
Fluggewicht	520 kg
Flächenbelastung	25 kg/m^2
Mindestgeschwindigkeit	65 km/h
Höchstgeschwindigkeit	180 km/h
Sinkgeschwindigkeit	0,70 m/sec bei 80 km/h
Gleitzahl	31 bei 95 km/h

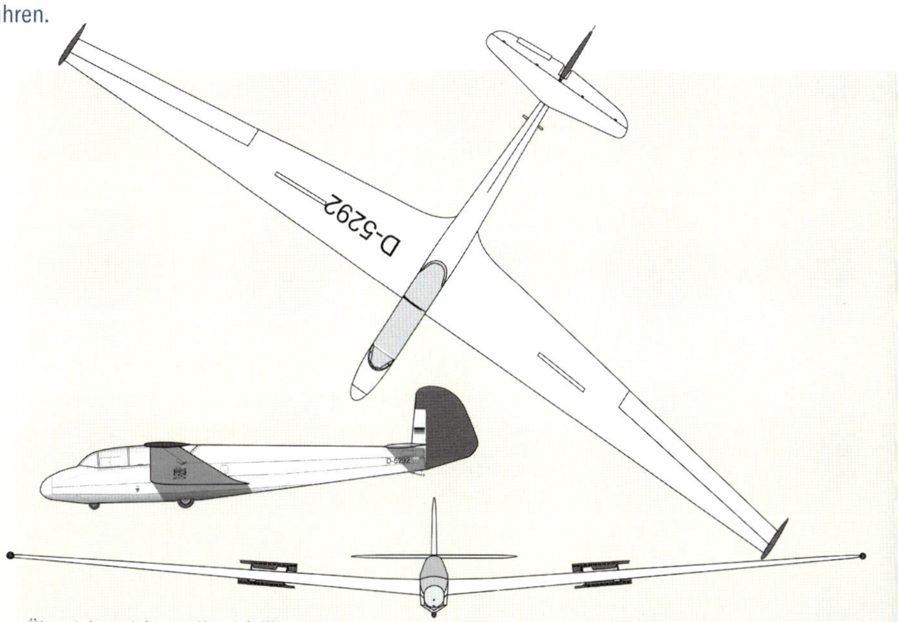

Übersichtszeichnung Kranich III

Die Lo 100 im Deutschen Segelflugmuseum mit Modellflug auf der Wasserkuppe

1952

Lo 100

Schon 1935 entwarf Ing. Alfred Vogt im Sudetenland den Kleinsegler Lo 105, der durch die Zeitereignisse erst 1943 fertiggestellt werden konnte (die Namensgebung bezieht sich auf seinen Bruder Lothar, der ihn damals unterstützte).

Aus der Flugerfahrung entstand nach dem Kriege die Lo 100. Er selbst nannte diese Neuentwicklung Zwergreiher. Das Flugzeug erregte 1952 bei seinem ersten Erscheinen beim Segelfliegertreffen auf dem Klippeneck großes Aufsehen. Von vornherein war diese Konstruktion auf Grund der geringen Abmessungen, vor allem eine Spannweite von nur 10 m, für den Kunstflug prädestiniert. Und in der Tat wurde die Lo 100 das einzige vollkunstflugtaugliche deutsche Segelflugzeug der Nachkriegszeit, ein würdiger Nachfolger des Habicht.

Der einteilige und einholmige Flügel besaß einen Holm aus Buchenschichtholz und eine sperrholzbeplankte Torsionsnase. Da mit den um 1950 verwendeten Profilen die aerodynamischen Leistungen nur Durchschnittswerte ergaben, wurde auf ein amerikanisches Profil mit 11,6 % Profildicke zurückgegriffen. Die Schränkung des Flügels betrug 3,4° und lag hauptsächlich im äußeren Drittel der Halbspannweite. Das dünne Profil ließ größere Geschwindigkeiten zu. Die Landeklappen können bis 45° ausgeschlagen werden. Gleichzeitig werden auch die Querruder zur Auftriebserhöhung herangezogen. Die Landeklappen und Querruder sind aus Festigkeitsgründen und wegen der einfacheren Bauart sperrholzbeplankt. Sie werden durch Stoßstangen betätigt.

Der Rumpf hat ovale Form, ist in Holzbauweise erstellt, aus Spanten und Längsgurten aufgebaut und mit Sperrholz beplankt. Das Cockpit wurde geräumig gestaltet. Durch die Forderung, die Maschine kunstflugfähig zu gestalten, musste ein etwas höheres Gewicht in Kauf genommen werden. Die Lo 100 wurde das Flugzeug für alle kunstflugbegeisterten Segelflieger. Die großen Meister im motorlosen Kunstflug wurden Albert Falderbaum, Gerhard Pawolka und Herbert Tilling, die in über zwei Jahrzehnten auf zahllosen Flugtagen Hunderttausende von Menschen mit ihrem Können, der Präzision ihrer Flugfiguren und der Schönheit des motorlosen Kunstfluges begeisterten.

Aus der Lo 100 entwickelte Alfred Vogt 1953 das Leistungssegelflugzeug Lo 150. Bei der Konstruktion der Lo 150 ging der Konstrukteur von der Überlegung aus, zu dem Rumpf der voll kunstflugtauglichen Lo 100 eine andere austauschbare Fläche zu bauen, so dass ein vollwertiges Segelflugzeug entsteht. Während die Fläche der Lo 100 mit ihren 10 m Spannweite noch aus einem Stück gebaut werden kann, musste natürlich der Lo 150-Tragflügel mit 15 m Spannweite zweiteilig ausgebildet werden. Man übernahm die Bauweise Lo 100, Holzbauweise mit Schichtholz-Holmgurten. Wegen der geringen Flügeltiefe und wegen der Forderung großer Flügelverdrehsteifigkeit wurde die Fläche voll beplankt. Die Holme beider Flächen wurden durch zwei in Flugrichtung liegende Bolzen in der Rumpfmitte verbunden.

Die von Nähe Rumpfmitte bis zum Querruder vorhandenen Wölbungsklappen (nur Lo 150) lassen sich für den Langsamflug nach unten bis etwa 15° in zwei Stufen und nach oben für den Schnellflug ebenfalls in zwei Stufen

Baumuster	Lo 100
Spannweite	10 m
Länge	6,16 m
Flügelfläche	10,90 m^2
Seitenverhältnis	9,2
Rüstgewicht	145 kg
Zuladung	100 kg
Fluggewicht	245 kg
Flächenbelastung	22,50 kg/m^2
Mindestgeschwindigkeit	60 km/h
Höchstgeschwindigkeit	290 km/h
Sinkgeschwindigkeit	0,78 m/sec
Gleitzahl	28
Profil	Clark Y

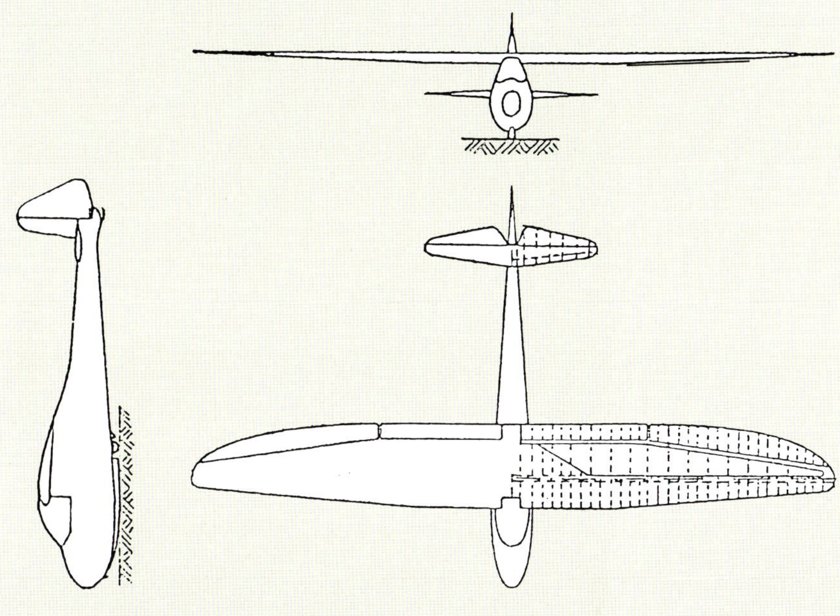
Übersichtszeichnung Lo 100

einstellen. Für die Landung können die Wölbungsklappen bis zu etwa 40° ausgeschlagen werden.

Für den Langsam- und Schnellflug lassen sich die Querruder etwas mitbewegen, jedoch nicht mehr für den extremen Ausschlag der Wölbungsklappen in Landestellung. Außerdem sind auf der Flügeloberseite, etwa in Mitte der Halbspannweite, 130 cm lange Störklappen angebracht, so dass damit in Verbindung mit den Wölbungsklappen eine gute Landehilfe gegeben ist. Weitere Merkmale sind das nur gering aus dem Rumpf herausragende und hinter dem Schwerpunkt liegendes Rad als Start- und Rollhilfe. Trimmung durch einstellbare Federspannung an der Knüppellagerung. ◂

Die „Spatzen"- Familie

1952

Nach dem Doppelsitzer Mü 13 E konstruierte der Scheibe-Flugzeugbau Dachau 1952 den Übungs- und Leistungssegler Spatz.

Das Segelflugzeug war als Schulterdecker aufgebaut. Der zweiteilige freitragende Flügel wurde mit einem rechteckigen Mittelstück ausgeführt. Schon der Rumpf des ersten Spatz – und das blieb bis zum L-Spatz II – war eine Stahlrohrkonstruktion mit Stoffbespannung. Das Profil des Spatz wurde von der Mü 13 E übernommen und hatte 14 % Dicke. Der Flügel besaß eine V-Stellung von 2,5°. Im rechteckigen Innenteil waren die Bremsklappen ebenfalls von der Mü 13 E übernommen. Der Stahlrohrrumpf war in seinem statischen Aufbau vorne viereckig und lief nach hinten in einen Dreieckverband über. Der geräumige Pilotensitz wurde mit einer nach hinten aufklappbaren Haube abgedeckt. Die groß bemessenen Querruder waren mit Sperrholz durchgehend beplankt. Höhen- und Seitenleitwerk bestanden aus Flosse und Ruder. Für den Stra-

Mit nur 13,2 Meter Spannweite war der Spatz B ein Leichtgewicht. (Foto Alexander Gilles)

ßentransport ließ sich das Höhenruder komplett schnell abbauen.

Die Spannweite betrug 13,2 m und brachte dieser ersten Einsitzerkonstruktion des Scheibe-Flugzeugbaus den Namen „13 m-Spatz“ ein. Der erste Spatz wurde am 12. März 1952 in Dachau eingeflogen. Flugergebnisse erbrachten eine Sinkgeschwindigkeit von 0,67 m/sec, eine Gleitzahl von 25 und die geringste Fluggeschwindigkeit betrug 50 km/h. Von dieser Ausfertigung wurden in den Jahren 1953 bis 1955 etwa 40 Stück gebaut.

Zur Deutschen Meisterschaft 1953 in Oerlinghausen entstand eine Wettbewerbsausführung mit einem 15 m-

Baumuster	Spatz	Spatz 55	L-Spatz 55	L-Spatz III
Baujahr:	1952	1955	1955	1966
Spannweite	13,20 m	13,20 m	15 m	15 m
Länge	6,19 m	6,25 m	6,25 m	6,25 m
Flügelfläche	10,90 m^2	10,90 m^2	11,70 m^2	11,70 m^2
Seitenverhältnis	15,99	15,99	19,23	19,23
Rüstgewicht	110 kg	145 kg	160 kg	165 kg
Zuladung	90 kg	100 kg	105 kg	110 kg
Fluggewicht	200 kg	245 kg	265 kg	275 kg
Flächenbelastung	20,20 kg/m^2	21,50 kg/m^2	22,70 kg/m^2	23,20 kg/m^2
Mindestgeschwindigkeit	50 km/h	53 km/h	55 km/h	55 km/h
Höchstgeschwindigkeit	175 km/h	175 km/h	175 km/h	180 km/h
Sinkgeschwindigkeit	0,67 m/sec	0,60 m/sec	0,64 m/sec	0,67 m/sec
Gleitzahl	25	26	29	28
Profil	Mü-Profil 14%			

Flügel und verbessertem Profil. So entstand der L-Spatz als Mitteldecker. Die Sinkgeschwindigkeit verbesserte sich nunmehr auf 0,6 m/sec, die beste Gleitzahl lag bei 29. Das Fluggewicht erhöhte sich von 210 auf 220 kg. Durch die guten Flugergebnisse ging auch diese Ausführung in Serie.

Der 13,2 m-Spatz wurde 1954 mit verstärktem Flügel als Spatz B gebaut.

In die Muster L-Spatz (15 m Spannweite) und Spatz B (13,2 m Spannweite) flossen einige Verbesserungen ein. So wurde der Flügel höher gesetzt, damit entfiel der bisher über den Flügel laufende Haubenhinterteil, die Flügeloberseite wurde so glatt. Verständlicherweise brachte diese Maßnahme nicht nur eine Leistungsverbesserung, sondern im Rumpf-Flügel-Übergang auf der Oberseite weniger Störungsmöglichkeit durch Spalten. 1955 entstand aus dem Spatz B der Spatz 55. An der Spannweite änderte sich nichts. Neben der Verschiebung des Rumpfaufhängebeschlages wurde das Querruder verkleinert. Eine verbesserte Abstimmung der Ruder erhöhte die Eignung für den Übungsbetrieb. Im gleichen Jahre wurde auch am L-Spatz (15 m Spannweite) der Tragflügel höher gelegt. Seitdem lief das Muster als Hochdecker mit der Bezeichnung L-Spatz 55. Der Stahlrohrrumpf blieb weiter mit Stoff bespannt. Auf Wunsch wurde er und wird er mit einer geblasenen Plexiglashaube, einem runden Rumpfvorderteil und mit einem festen Rad hinter der Eschenkufe geliefert. Der in Holzbauweise ausgeführte Tragflügel verfügte einen Kastenholm mit Gurten aus Buchenschichtholz, ausgestattet mit DFS-Sturzflugbremsen. Die Querruder waren wieder vollständig beplankt. Während das Seitenruder mit Steuerseilen bedient wurde, verfügten die anderen Ruder über Stoßstangen. Für den Selbstbau des L-Spatz 55 konnten Rumpfgerüst und Flügelholme mit Hauptbeschlägen fertig bezogen werden.

1964 erhielt dieses Muster weitere aerodynamische und konstruktive Verbesserungen. Unter der Bezeichnung L-Spatz III erhielt der Stahlrohrrumpf mit Hilfe von Formleisten aus Holz eine abgerundete Form.

Im Gegensatz zum L-Spatz 55 wurde der Rumpf niedriger gehalten, so dass bessere aerodynamische Eigenschaften erzielt wurden. Der Rumpfbug war in Normalausführung mit einer runden Polyesterverkleidung versehen. Die Haube bestand aus geblasenem Plexiglas. Der L-Spatz III wurde mit einer Kufe und dahinter im Rumpf eingebautem Rad geliefert. Die Tragflügel waren wie bisher in einer Holzbauweise ausgeführt. Sie wurden außen geschränkt, so dass der L-Spatz III beim Überziehen harmloser wurde. Denn alle Spatzen kippten im überzogenen Flugzustand leicht über eine Fläche ab und neigten daher zum Trudeln.

Ein sehr spatziger L-Spatz 55 kommt zur Landung. (Foto Alexander Gilles)

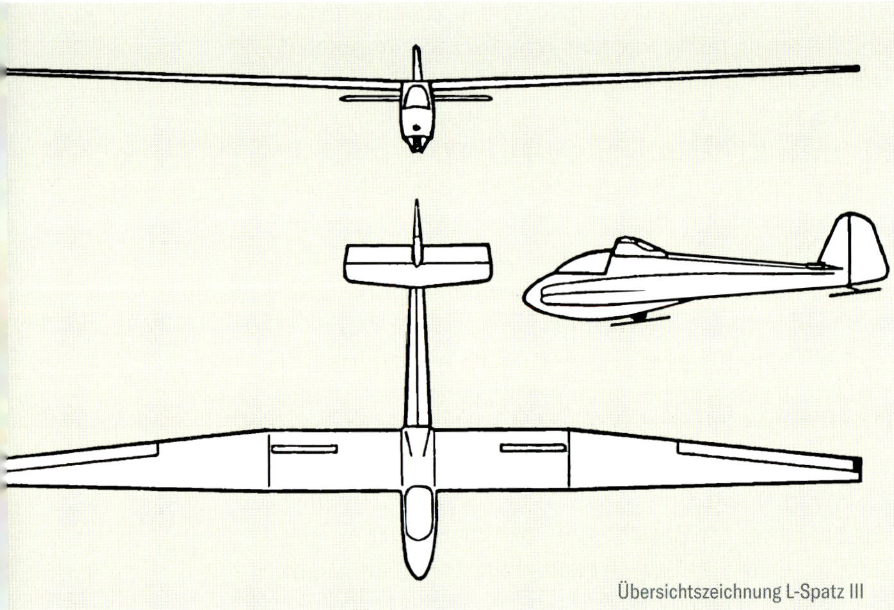

Übersichtszeichnung L-Spatz III

Die Bremsklappen wurden vergrößert, um den Gleitwinkel steiler und den Landeanflug leichter zu machen. Das freitragende Leitwerk wurde ebenfalls in Holzbauweise ausgeführt. Höhen- und Seitenleitwerk wurden vergrößert, so dass das Flugzeug um die Querachse ruhiger flog, ebenfalls wurde die Wirksamkeit des Seitenleitwerks erhöht

Besonderer Wert wurde bei der Auslegung des L-Spatz III auf einfache Montage gelegt. Das Flugzeug konnte von vier Leuten innerhalb weniger Minuten aufgerüstet werden.

Vom L-Spatz-55 wurden etwa 500 Flugzeuge hergestellt. Er avancierte zu einem beliebten Leistungssegelflugzeug. Den größten Erfolg erzielte Baptist Hofmann/Forchheim, der auf dem Jungfernflug eines in eigener Werkstatt fertiggestellten L-Spatz-55 am 26. Mai 1957 von Burg Feuerstein nach Cosne-sur-Loire einen neuen deutschen Streckenrekord von 661,6 km aufstellte, der für drei Jahre Gültigkeit hatte. ◂

1952

SZD-9 Bocian

Als erfolgreichsten Doppelsitzer des polnischen Segelfluges schufen die Konstrukteure des Institutes für Segelflugforschung (Szybowcowy Zaklad Doswiadczainy = SZD) den Bocian (=Storch). Erfolgreich in jeder Hinsicht: als Konstruktion, im Leistungsflug und in der aufgelegten Serie. Die Konstrukteure waren Mariana Wasilewskiego, Romana Zatwarnickiego und Justyna Saudauer. Der Doppelsitzer Bocian wurde über Polen hinaus sowohl in der Schulung wie für den Leistungsflug eingesetzt.

Der erste Prototyp SZD-9 SP-1217 erlebte seinen Erstflug am 10. März 1952, der zweite Prototyp SZD-9-2 SP-1218 am 16. Juni 1952. Die Hauptunterschiede der Serienflugzeuge zu den beiden Prototypen waren das vergrößerte Seitenruder. Als der Doppelsitzer ein größeres Höhenleitwerk erhielt, entstand die Bocian B Serie. Weitere Serien folgten.

Mit dem Doppelsitzer Bocian flogen polnische Segelflieger in genau 13 Jahren vom 14. Juli 1955 bis 14. Juli 1968 nicht weniger als 29 Weltrekorde, aus denen vor allem die Serienflüge der polnischen Segelfliegerin P. Majewska, der erfolgreichsten Segelfliegerin der Welt, hervorzuheben sind.

Die letzte Serienversion SZD-9 bis 1 D Bocian, die seit 1960 auch am meisten exportiert wurde, war wie alle Bocian-Typen, ein freitragender Mitteldecker in Holzbauweise. Der zweite Pilot sitzt in der Nähe des Schwerpunktes, so dass für den Einmannflug keinerlei Trimmungsänderungen notwendig werden. Zur Verbesserung der Sicht erhielt Bocian eine große Plexiglashaube und der Tragflügel eine leicht negative Pfeilung.

Für den vorderen Piloten ist die Plexiglashaube seitwärts aufklappbar, die des zweiten nach hinten verschiebbar. Der Rumpf ist in der herkömmlichen Schalenbauweise mit ovalem Querschnitt hergestellt und ganz mit Sperrholz beplankt. Er besitzt ein mit einer Backenbremse ausgerüstetes Fahrwerkrad, eine abgefederte Kufe sowie einen Schwanzsporn. Das Tragwerk besteht aus einem zweiteiligen, trapezförmigen, zweiholmigen, leicht negativ gepfeilten Flügel. Er ist an der Flügelnase sperrholzbeplankt und hinter dem zweiten Holm mit Stoff bezogen. Wie bei dem Einsitzer Jaskólka sind die Flügel zu beiden Seiten des Rumpfes angebracht. Vertikal eingeführte Zentralbolzen festigen die Rumpf-Tragflügelverbindung. Die von der Kabine zugänglichen Hauptbeschläge gewährleisten eine schnelle Montage. Wohldurchdacht sind die Differentialquerruder und die großen Bremsklappen, die – wie beim Doppelsitzer üblich – von beiden Piloten bedient werden können. Das Leitwerk ist in Normalbauweise aus Holz hergestellt, die Seitenflosse fest mit dem Rumpf verbunden.

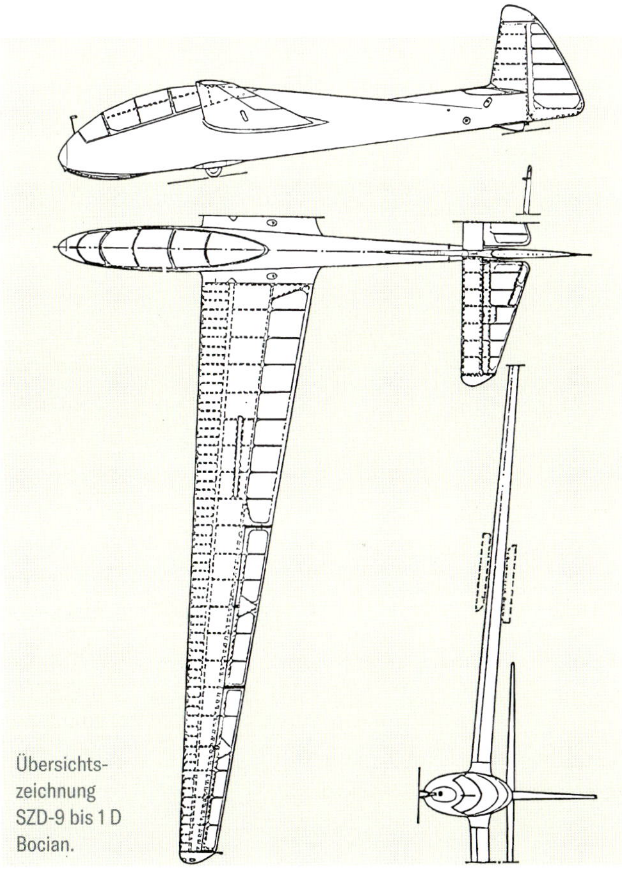

Übersichtszeichnung SZD-9 bis 1 D Bocian.

Mit 500 kg Fluggewicht gehört Bocian zu den schwersten Doppelsitzern. Und doch hat dieser polnische „Storch“ eine sehr elegante Linienführung, die auch an die polnischen Einsitzer Mucha und Jaskólka erinnert, und damit wieder einmal die Teamarbeit in der polnischen Segelflugforschung beweist. ◂

Der polnische Doppelsitzer SZD-9 bis 1 D Bocian in Stendal.

Baumuster	SZD-9 Bocian
Spannweite	18,10 m
Länge	8,20 m
Flügelfläche	20 m²
Seitenverhältnis	16,2
Rüstgewicht	326 kg
Zuladung	174 kg
Fluggewicht	500 kg
Flächenbelastung	25 km/m²
Mindestgeschwindigkeit	52 km/h
Höchstgeschwindigkeit	200 km/h
Sinkgeschwindigkeit	0,82 m/sec bei 72 km/h
Gleitzahl	26
Profil	an der Wurzel NACA 43018 an der Spitze NACA 43012 A

HKS 1 und HKS 3, die Entwicklungsgemeinschaft Haas-Kensche-Schmetz

Wenn auch von der HKS 1 nur zwei und von der HKS 3 nur ein Muster gebaut worden sind, so gehört diese Entwicklungsreihe unbedingt in die Geschichte der berühmtesten Segelflugzeuge, da von diesen Konstruktionen so viele und so entscheidende Impulse für den weiteren Segelflugzeugbau ausgingen. Diese wenigen Muster erzielten zu ihrer Zeit großartige Erfolge.

Initiator und Mäzen war Ferdinand Bernhard Schmetz. Nach der Wiederzulassung des Segelfluges in Deutschland baute er in Lizenz den Doppelsitzer Condor IV.

Dann schwebte ihm aber ein Hochleistungssegelflugzeug vor, das die neuesten Forschungserkenntnisse der Aerodynamik und Schnellflugleistungen erfüllen sollte. In seinem Segelflugherstellungsbetrieb in Herzogenrath hatten Ernst-Günter Haase und Heinz Kensche leitende Aufgaben übernommen. Beide waren erfahrene Segelflieger, hervorragende Piloten, fähige Ingenieure und erfahrene Konstrukteure. So entstand die Entwicklungsgemeinschaft Haase-Kensche-Schmetz (HKS).

Die HKS 1 wurde ein Doppelsitzer, zu dieser Zeit waren Doppelsitzer noch eine eigene Wettbewerbsklasse (heute wieder). In dieser Klasse versprach man sich den größten Erfolg. Die Entscheidung fiel aber auch aus Gründen der Aerodynamik. Heute, mehr als ein halbes Jahrhundert später, sind im Hochleitungsbereich ohnehin die Doppelsitzer meist leistungsfähiger (siehe Artikel über Eta, EB 28 etc.). 1953 war dies jedoch Zukunftsmusik.

Für die HKS wurde das Profil 652-714 ausgewählt, also mit 14 % Dicke. Die Querruderschlitzverluste wurden durch Wölbungsänderung vermieden. Ferner wurde hierdurch erreicht, dass sowohl für den Langsamflug mit heruntergezogenem Profilende als auch für den Schnellflug mit heraufgezogenem Profilende der Anströmwinkel des Rumpfes nur wenig von dessen Mittellinie abweicht und daher der Rumpfwiderstand gering bleibt. Der Flügel war ungeschränkt. Auf eine Sturzflugbremse wurde verzichtet, dafür in das Rumpfende ein Bremsfallschirm eingebaut. Die Mitteldecker Anordnung erlaubt einen kleineren Rumpfquerschnitt. Für die Entwicklung einer aerodynamisch und optisch günstigen Plexiglashaube wurden viele Überlegungen und Versuche durchgeführt.

Das Fahrwerk war einziehbar und bestand aus einem Rad 400 × 100 mm und zwei Federbeinen mit Tellerfedern und zwei Abdeckklappen hinter dem Schwerpunkt sowie ei-

HKS 3 im Jahr 2017 in der Flugwerft des Deutschen Museums in Oberschleißheim. (Bild Wikipedia Heino Rhoden)

ner abgefederten Bugkufe mit kleinem Hilfsrad. Die Bugkufe fügte sich beim Einfahren des Rades in die Rumpfkontur ein.

Die HKS 1 besaß ein V-Leitwerk. Jede der beiden einholmigen freitragenden Flossen war mit drei Punkten am Rumpf aufgehängt.

Der Bänderbremsschirm mit 1,3 m Durchmesser entwickelte als Landehilfe eine Bremskraft von etwa 30 kg (dadurch Gleitwinkel etwa 1:17) und als Sturzflugbremse im Endstaudruck 450 kg und lag in einem Sperrholzrohr im Rumpfende. Die Wahl eines Bremsschirmes als Landehilfe erforderte neuartige konstruktive Überlegungen. Es war dafür zu sorgen, dass der Schirm vor allem einwandfrei aus dem Rumpf ausgestoßen werden konnte. Zwischen Betätigung und Einsetzen der Bremswirkung sollte eine ausreichend kurze Zeit liegen. Nachteil eines Bremsfallschirm war aber, dass er einmal ausgefahren, sich nicht wie eine Luftbremse steuern lässt.

Bei der Konstruktion und beim Bau insbesondere des Flügels, wurden sämtliche Konstruktionsgrundsätze der Forderung nach sehr genauer Einhaltung der theoretischen Formgebung und der Erzielung einer glatten Oberfläche untergeordnet. Die Glätte und Formtreue des Flügels wurden durch eine Stützkonstruktion erreicht, indem zunächst der Flügel eine Innenbeplankung von 0,6 mm Sperrholz erhielt. Hierauf wurde ein 6 mm dicker PVC-Schaumstoff mit 1 mm Übermaß aufgetragen, wobei lediglich der Holm und die Hauptrippen (Abstand 120 cm), die mit 0,2 mm Genauigkeit durch Spanndrähte ausgerichtet wurden, bis zur Profilaußenkontur durchgingen.

Die gesamte Steuerung des Flugzeugs geschah durch Stoßstangen. Die Überlagerung der symmetrischen Wölbungsänderung und der Wölbungsänderung zur Quersteuerung erfolgte nach dem gleichen Prinzip wie die Überlagerung der Seiten- und Höhensteuerung beim V-Leitwerk.

Die HKS 1 Version 1 wurde von Ernst-Günter Haase am 19. Juli 1953 auf dem Flughafen Düsseldorf in Anwesenheit von Prof. von Karman eingeflogen und ging mit dieser mehr als kurzen Erprobung sofort in den Deutschen Segelflug-Wettbewerb nach Oerlinghausen. Bei stärkster internationaler Konkurrenz belegte Ernst Günter Haase hinter Pierre (Frankreich) den 2. Platz. Die angestrebte Überlegenheit in der Geschwindigkeit und in der Gleitzahl bei hoher Geschwindigkeit konnte unter Beweis gestellt werden

Bereits 1954 wurde auf Wunsch und mit finanzieller Unterstützung des Landes Nordrhein-Westfalen die HKS 1 V2 gebaut. Im Gegensatz zur V1, die stärker nach vorne gepfeilt war, hatte die V2 eine gerade Flügelvorderkante. Sie wurde vom Landesverband Nordrhein-Westfalen des

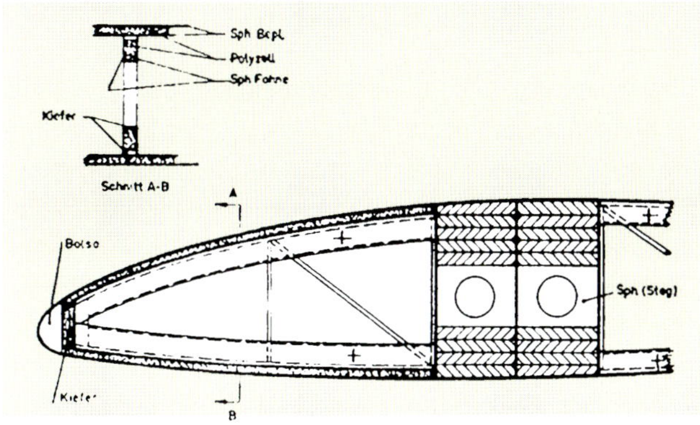

Schema der Nasenkonstruktion, Aufbau von Holm und Flügelnase der HKS 1.

DAeC dem Deutschen Segelflugmuseum auf der Wasserkuppe (Rhön) gestiftet.

Basierend auf den Erfahrungen mit der HKS 1 wurde 1954 die einsitzige HKS 3 entwickelt. Die Steigflugeigenschaften wurden verbessert. Das interessanteste und auffallendste Merkmal der HKS 3 ist die Verwölbung des Flügelhinterteils. Durch einen besonderen Hebel kann man links und rechts gleichsinnig die Hinterkanten für den Langsamflug herunterbiegen oder auch für den Schnellflug heraufbiegen. Der Flügel war ungeschränkt und ungepfeilt. Das Gesamtgewicht wurde gegenüber der HKS 1 beinahe um die Hälfte reduziert. Bei den 7. Segelflug-Weltmeisterschaften vom 16. bis 26. Juni 1958 in Leszno - Polen wurde Ernst-Günter Haase auf HKS 3 unter 37 Teilnehmern aus 18 Nationen überlegener Sieger in der Offenen Klasse. ◂

Baumuster	HKS V1	HKS 3
Spannweite	19 m	17,20 m
Flügelfläche	18,30 m^2	15 m^2
Streckung	19,73	20
Flügelprofil	NACA 65s-714	NACA 65215-1118
Rumpflänge	8,40 m	7,20 m
Leitwerk	V-Leitwerk, gedämpft	V-Leitwerk, gedämpft
Schalenbauweise	Holz und Kunststoff	Holz und Kunststoff
Leergewicht	408 kg	250 kg
Zuladung	180 kg	130 kg
Max. Fluggewicht	588 kg	380 kg
Max. Flächenbelastung	32,1 kg/m^2	22 kg/m^2
Geringstes Sinken	0,65 m/s bei 75 km/h	0,53 m/sec bei 65 km/h
Höchstgeschwindigkeit	210 hm/h	200 km/h
Gleitzahl	38 bei 90 km/h	37 bei 85 km/h

Slingsby Skylark

Slingsby entwickelte aus dem Segelflugzeug Sky 1952 das sehr leichte Leistungssegelflugzeug T.37 Skylark (Feldlerche) mit der kurzen Spannweite von 13,71 m. Der Erstflug erfolgte am 26. Juli 1953. Während der Rumpf des Prototyps noch eckig war, erhielten die Serienflugzeuge einen Rumpf mit ovalem Querschnitt. Wie die Sky war auch die Skylark ein freitragender Schulterdecker. Zum ersten Mal fand für die Tragflächen ein Profil der NACA 6-Serie Verwendung. Besonders auf die Bearbeitung der Oberflächen wurde besonderer Wert gelegt.

Für die Skylark 2 übernahm man die Bauvorschriften und Maße für die Standardklasse und hob noch im November des gleichen Jahres zum Testflug ab. Skylark 2 war, wie alle Slingsby-Konstruktionen, aus Sperrholz, die Rumpfspitze aber aus Fiberglas.

Im Jahr 1960 trat der Argentinier Rolf Hossinger mit der Weiterentwicklung T.43 Skylark 3 in Köln Butzweilerhof zu den Segelflugweltmeisterschaften in der offenen Klasse an. Die Skylark 3 (Erstflug 1957) besaß etwas mehr als 18 Meter Spannweite. Hossinger gewann die Weltmeisterschaften knapp vor zwei Konstruktionen (Zefir) aus Polen.

Die Konstruktion war ein Schulterdecker in Holzbauweise mit einem dreiteiligen Flügel. Die Querruder erstreckten sich fast vollständig über die Außenflügel. Hinter der langgezogenen Kufe befand sich ein festes Rad. Der Rumpf war um sieben Zentimeter vom Hauptspant an verlängert, das Cockpit rutschte so etwas nach vorne. Auch die T.43 wurde mehrfach modifiziert.

Die letzte Version stellte die T.50 Skylark 4 dar, die ihren Erstflug im Februar 1961 durchführte. Skylark 4 erhielt einen neuen Rumpf, sowie neue Außenflügel und Querruder. Obwohl die Leistungen im Schnellflug wesentlich verbessert wurden, gelangen keine besonderen internationalen Erfolge mehr. ◂

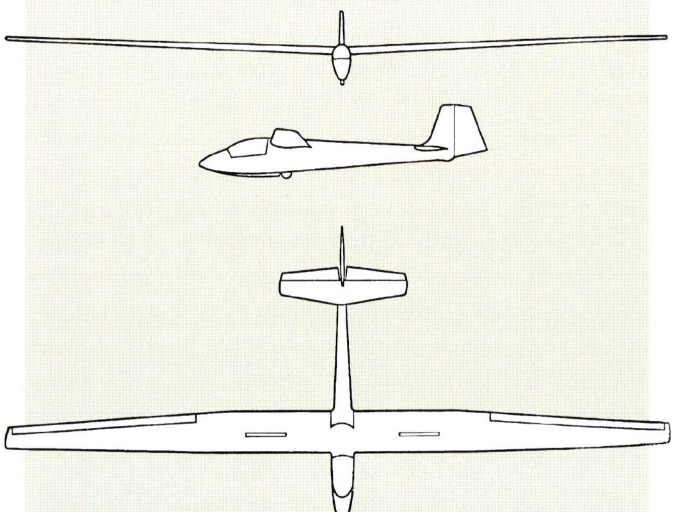

Übersichtszeichnung Skylark 4

Skylark 4. (Wikipedia Borderglider 1.4.2007)

Baumuster	Slingsby Skylark
Spannweite	18,16 m
Länge	7,64 m
Flügelfläche	16,07 m^2
Seitenverhältnis	20,50
Rüstgewicht	253 kg
Zuladung	123 kg
Fluggewicht	376 kg
Flächenbelastung	23,40 kg/m^2
Mindestgeschwindigkeit	60 km/h
Höchstgeschwindigkeit	220 km/h
Sinkgeschwindigkeit	0,53 m/sec bei 69 km/h
Gleitzahl	36 bei 80 km/h
Profil	NACA 633- 620

Eine Ka 2b wird nach der Landung wieder zum Start gezogen.

Rudolf Kaiser fing im Herbst 1952 bei Flugzeugbau Alexander Schleicher in Poppenhausen an. Er avancierte zu einem der erfolgreichsten Segelflugzeugkonstrukteure von Serienflugzeugen. Im Winter 1952/53 entwickelte er den Leistungsdoppelsitzer Ka 2 mit 15 m Spannweite als Schulterdecker. Um die Flugleistungen zu optimieren, veränderte er die Tragflügelgeometrie und erhöhte die Spannweite auf 16 m, der Rumpf wurde auf 8,15 m verlängert. Der Rumpf entstand in Schalenbauweise und war mit Sperrholz beplankt. Sowohl die Flügel und die Ruder besaßen eine Sperrholz-Torsionsnase und waren mit Stoff bespannt. Höhen- und Querruder wurden durch Stoßstangen betätigt, das Seitenruder über Stahlseile. Dieser neue Schulungs- und Leistungsdoppelsitzer erhielt die Bezeichnung Ka 2 b „Rhönschwalbe".

1957 wurde der Holzrumpf durch ein mit Stoff bespanntes Stahlrohrgerüst ersetzt. Diese Konstruktion war im Vereinsbetrieb robuster als die Ka 2 und gegebenenfalls auch einfacher zu reparieren. Dieses Flugzeug mit der Musterbezeichnung K 7 „ Rhönadler", bewährte sich in der Anfängerschulung in vielen Vereinen. Von der K 7 wurden mehr als 500 Stück. gebaut.

K 7 der ehemaligen JuBi Ratzeburg

Im Juli 1966 absolvierte der von Kaiser konstruierte doppelsitzige Mitteldecker ASK 13 seinen Erstflug. Er

Eine ASK 13 steht nach einer Grundüberholung für die Überprüfungsflüge bereit.

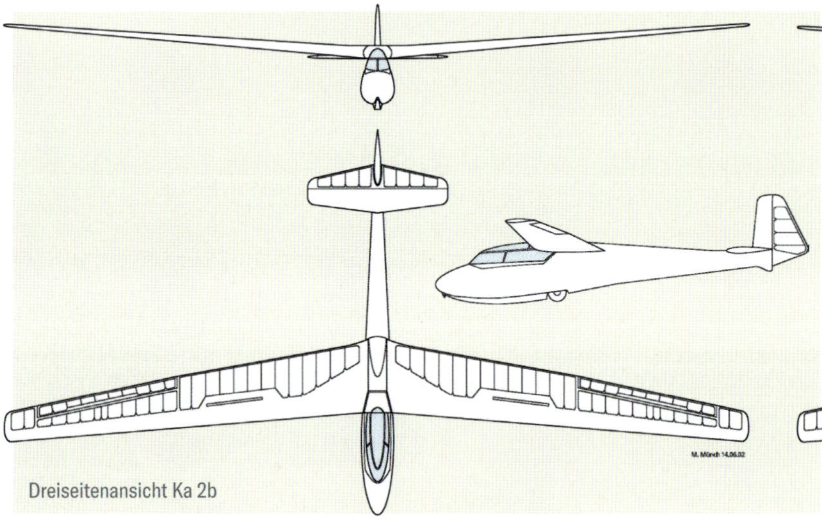

Dreiseitenansicht Ka 2b

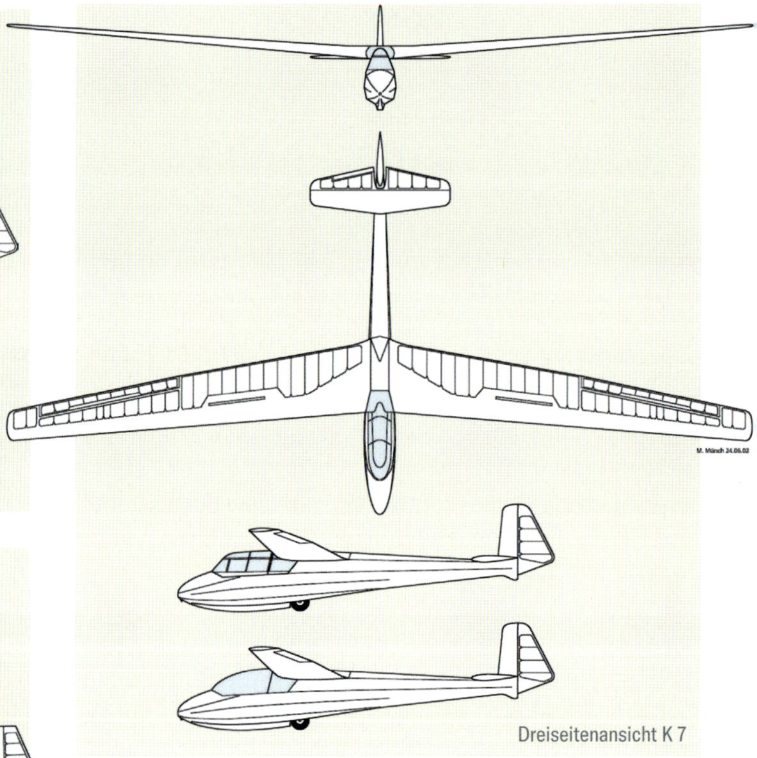

Dreiseitenansicht K 7

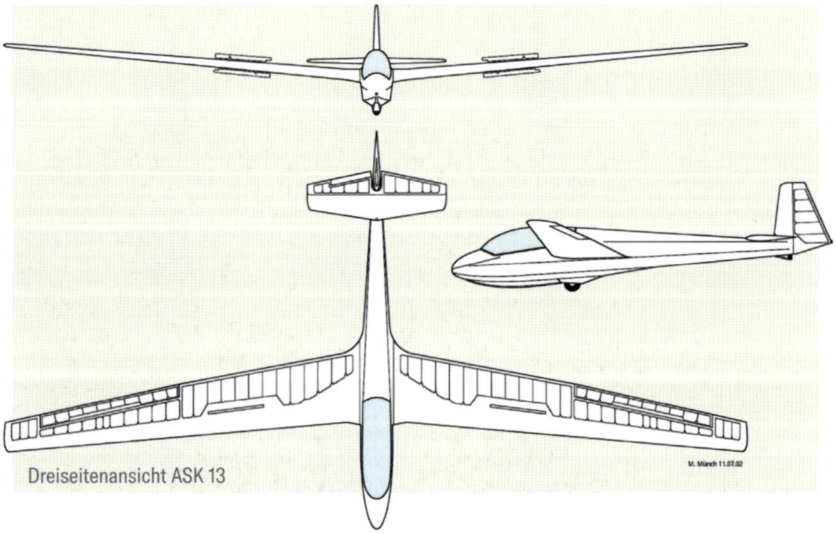

Dreiseitenansicht ASK 13

zeichnete sich durch eine besonders große einteilige Haube aus. Die zur Seite aufklappbare Haube ermöglichte eine sehr gute Sicht nach allen Seiten. Die Sitzmöglichkeiten insbesondere hinten wurde verbessert, das gefederte Einrad-Fahrwerk verzieh Landestöße deutlich besser. Der bis 1980 in ca. 700 (90 Stck. davon als Lizenzbau) Exemplaren gebaute Doppelsitzer war als Schul-

und Leistungssegelflugzeug in den Vereinen außerordentlich beliebt.

Der Rumpf war ebenfalls eine Gitterstahlrohrkonstruktion mit Formleisten und Stoffbespannung. Die Oberschale war mit Sperrholz beplankt. Die Sitzschalen bestanden aus GFK.

Der Flügel wurde von der K 7 übernommen, ebenso wie die Konstruktionen der Ruder und die Ruderantriebe. Während die Ka7 noch ein Schulterdecker war, wandelte sich die ASK 13 zum Mitteldecker. Die Schempp-Hirth Sturzflugbremsen waren nun aus Metall.

Bis heute ist die ASK 13 ein beliebtes Schulflugzeug. Alle Konstruktionen zeichnen sich durch gutmütiges Flugverhalte aus und unterstützen Anfänger insbesondere dann, wenn sie – nunmehr mit deutlich geringerer Flächenbelastung – zum ersten Mal alleine starten. Bei der JUBI-Flugzeugbau in Oerlinghausen wurde die ASK 13 in Lizenz gefertigt, der vordere Rumpf war außen mit GFK verkleidet. Allerdings litt hierunter die Zuladung, weshalb einige später wieder zurückgebaut wurden. ◂

Baumuster	Ka 2 / 2b	K 7	ASK 13
Spannweite	15 / 16 m	16 m	16 m
Flügelfläche	16,8 / 17,5 m^2	17,5 m^2	17,5 m^2
Flügelstreckung	13,4	14,6	14,6
Rumpflänge m	7,97 / 8,15 m	8,15 m	8,18 m
Profil	Gö 535	Gö 549	Gö 549
Leermasse	254 kg	285 kg	296 kg
Max. Abflugmasse	460 kg	480 kg	480 kg
Flächenbelastung	26,7 / 27,1 kg/m^2	25,4 kg/m^2	26,8 kg/m^2
Mindestgeschwindigkeit	65 km/h	65 km/h	61 km/h
Höchstgeschwindigkeit	170 km/h	170 km/h	200 km/h
Geringstes Sinken	0,96/ / 0,85 m/s	0,89 m/s	0,8 m/s
Gleitzahl	24/ 26	25	28
Stückzahl	33 / 74	511	700

Bréguet 901

1954

Bréguet, eine der ältesten Flugzeugfirmen der Welt, widmete sich nach dem Zweiten Weltkrieg auch dem Segelflugzeugbau. Als erste Konstruktion entstand 1948 der freitragende Mitteldecker Bréguet 900. Charakteristische konstruktive Kennzeichen waren die Wirbelkeulen an den Flächenenden und die Spaltklappen im Innenflügel. Auf dem Jungfernflug legte der Prototyp am 13. Mai 1949 eine Strecke von 470 km zurück. Aus der 900 entwickelten 1953 die Breguet-Werke in Übereinkunft mit dem Französischen Amt für Flugtechnik für den Französischen Aero-Club die 901. Ein Anlass war vor allem die bevorstehende Weltmeisterschaft. Das neue Leistungssegelflugzeug Bréguet 901zeigte sich dann als das beste und erfolgreichste Segelflugzeug der französischen Luftfahrt. Im März 1954 fand der Erstflug statt.

Der Mitteldecker war eine Holzkonstruktion, bei der Flügel und Leitwerk mit Sperrholz beplankt und stoffbespannt waren. Der Flügel besaß ein halblaminares Profil. Ein Kastenholm sorgte für die Stabilität der Tragflügel, an den Flügelenden saßen zum Schutz der Querruder und

Eine Breguet 901 im Jahr 2008 im Luftfahrtmuseum Le Bourget in Paris. (Wikipedia Harryzilber 2008)

Baumuster	Bréguet 901
Entwurf	J. Cayla
Baujahr	1956
Spannweite	17,32 m
Länge	7,57 m
Flügelfläche	15 m^2
Seitenverhältnis	20
Rüstgewicht	265 kg
Zuladung	165 kg
Fluggewicht	430 kg
Flächenbelastung	28 km/m^2
Mindestgeschwindigkeit	62 km/h
Höchstgeschwindigkeit	220 km/h
Sinkgeschwindigkeit	0,65 m/sec bei 70 km/h
Gleitzahl	35 bei 80 km/h
Profil	NACA 63-Serie

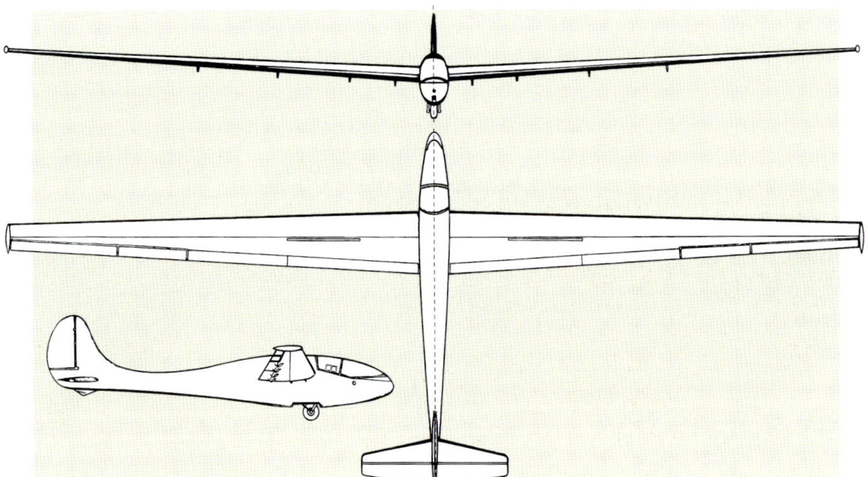

Übersichtszeichnung Bréguet 901 S 1

zur Verringerung der Randwirbel kleine Stromlinienkörper. Die tadellose Oberfläche des Flügels wies keinerlei Profilabweichungen und Dellen auf.

Die Steuerdrücke waren bei allen Fluggeschwindigkeiten sehr gering, denn für alle Gelenke fanden abgedichtete Kugellager Verwendung. Der Steuerknüppel war bewusst kurzgehalten, so dass der Arm auf dem Oberschenkel aufliegen konnte.

Die Wölbungsklappen waren an festen Auslegern auf der Flügelunterseite derart befestigt, dass sie sich mittels zweier Schwinghebel nach hinten und zugleich nach unten drehend bewegen konnten. Sie konnten sowohl nach unten ausschlagen als auch die Gesamtflügelfläche etwas vergrößern.

Der Rumpf der Bréguet 901 war in Schalenbauweise ausgeführt. Er besaß ebenfalls eine hervorragende Oberflächenglätte. Die große geblasene Plexiglas-Haube schmiegte sich voll in das Rumpfprofil ein und bot Piloten ausgezeichnete Sicht. Das Leitwerk war ein klassisches Kreuzleitwerk, zugleich aber sehr formschön gestaltet. Der Rumpf ging organisch in das elliptische Seitenleitwerk über. Das auf dem schmalen Rumpfheck aufgesetzte Höhenleitwerk war zum leichten Transport und zum einfacheren Auf- und Abrüsten hochklappbar.

1956 wurde das erfolgreiche Muster zur Bréguet 901 S1 weiterentwickelt. Das neue Baumuster erhielt andere Landeklappen und ein größeres Leitwerk. Der Rumpf wurde um einen halben Meter verlängert und das maximale Fluggewicht auf 420 kg gesteigert, wobei sich eine Flächenbelastung von 28 kg/m^2 ergab.

Die Bréguet 901 wurde das erfolgreichste Segelflugzeug Frankreichs. Sie gewann als einzige nichtdeutsche Konstruktion zweimal die Weltmeisterschaft: 1954 mit Gerard Pierre – Paris und 1956 mit dem Amerikaner Paul McCready. Mit der Bréguet 901 wurden sämtliche Segelflugrekorde Frankreichs, teilweise mehrfach, verbessert. ◂

1955 Die Zugvogel-Reihe

Anfang der fünfziger Jahre begann mit den Laminarprofilen im Segelflugzeugbau eine neue Epoche, die eine deutliche Leistungssteigerung zur Folge hatte. Die Amerikaner Johnson und Dr. Raspet und in Deutschland Ernst Günther Haase mit dem HKS-Team leisteten Pionierarbeit. Nach diesen Erfahrungen entschloss sich auch der Scheibe-Flugzeugbau ein Segelflugzeug mit Laminarprofil zu bauen. Es entstand 1954 der Zugvogel, konstruiert von Egon Scheibe unter Mitwirkung von Rudolf Kaiser (er führte ihn in seiner persönlichen Liste als Ka 5), der damals für ein Jahr bei Scheibe-Flugzeugbau tätig war. Zugvogel I erschien erstmals 1955 bei den Deutschen Meisterschaften in Oerlinghausen in einem Wettbewerb und erzielte mit dem Sieg von Hanna Reitsch einen überragenden Erfolg. Geringfügige Änderungen ergaben 1956 den Zugvogel II. Beide Versionen besaßen eine Spannweite von 16 m, die beste Sinkgeschwindigkeit wurde mit 0,58 m/s bei 65 km/h gemessen. Die Flugergebnisse ergaben einen besten Gleitwinkel von 34 bei 75 km/h. Von beiden wurden etwa 20 Stück gebaut.

Aus den Bedingungen und Erfahrungen, die sich aus der Einführung der Offenen Klasse 1956 ergaben, baute Scheibe den Zugvogel III mit 17 m Spannweite. Erstflug war im April 1957. Diese Maschine wurde mit etwa 30 Mustern bis 1962 geliefert.

Nach der Weltmeisterschaft in Köln 1960 setzten sich die Rümpfe mit dem geringen Querschnitt durch, in denen der Pilot mehr liegt als sitzt. Scheibe folgte dieser Richtung, baute auch für den Zugvogel einen solchen Rumpf, der in dieser Version dann Zugvogel III B hieß und mit 45 Exemplaren die erfolgreichste Serie der Zugvogel-Reihe wurde.

Um auch in der Standardklasse starten zu können, entwickelte Scheibe 1958 eine 15 m-Version, den Zugvogel IV, von dem etwa 20 gebaut wurden. Für einige Jahre war der Zugvogel das preiswerteste Hochleistungssegelflugzeug mit Laminarprofil und auch in den Wettbewerben sehr beliebt

Zugvogel III

Der Flügel in Holzbauweise war mit einem Laminarprofil in besonders entwickelter Bauweise ausgeführt, Bruchsicherheit 8 g bei 125 kg Zuladung. Der Stahlrohrrumpf war vorne mit einer runden Holzschale verkleidet, hinten aber mit Stoff bespannt. Den geräumigen Pilotensitz deckte eine sorgfältig geblasene Plexiglashaube ab. Beim Zugvogel IV war das einholmige Tragwerk bis zu den Querrudern über 50 % der Flügeltiefe ganz sperrholzbeplankt.

Zugvogel IIIa auf dem Stand des Vintage Glider Club 2018 auf der Aero Friedrichshafen.

Bauart:	Zugvogel I/II	Zugvogel III/III B	Zugvogel IV
Baujahr:	1954/55	1956	1958
Spannweite	16 m	17 m	15 m
Länge	7,40 m	7,30 m	7,10 m
Flügelfläche	14 m^2	14,50 m^2	13,40 m^2
Seitenverhältnis	18,30	20	16,80
Rüstgewicht	220 kg	250 kg	220 kg
Zuladung	125 kg	115 kg	115 kg
Fluggewicht	345 kg	365 kg	335 kg
Flächenbelastung kg/m^2	24,70 kg/m^2	25,20 kg/m^2	25 kg/m^2
Mindestgeschwindigkeit	57 km/h	58 km/h	57 km/h
Höchstgeschwindigkeit	200 km/h	200 km/h	200 km/h
Sinkgeschwindigkeit	0,585 cm/sec bei 65 km/h	0,61 cm/sec bei 72 km/h	0,65 cm/sec
Gleitzahl	34	35	31
Profil	NACA der 63 Reihe NACA63z -616/614		

Auch bei dieser Version war der dreieckige Leitwerksträger durch Holzformleisten abgerundet.

Der bekannteste Zugvogel war die Nr. V, ist aber besser bekannt unter SF27 (siehe Artikel). ◂

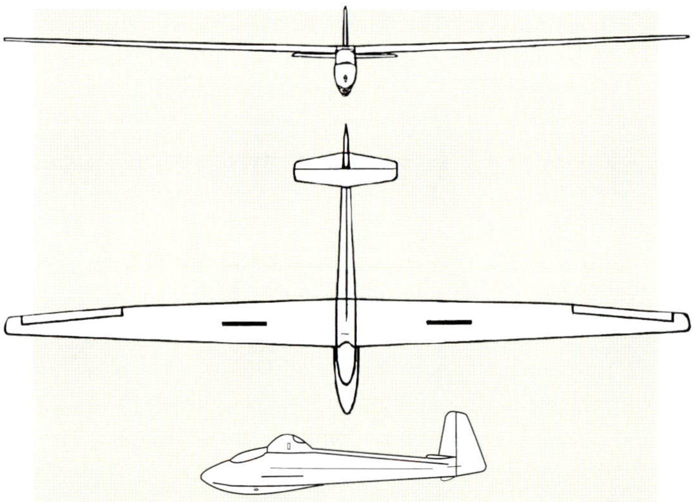

Übersichtszeichnung Zugvogel III

1955 Ka 4 Rhönlerche

Ka 4 Rhönlerche in Aalen-Elchingen.

Die vierte Konstruktion von Rudolf Kaiser bei Alexander Schleicher (Ka 4) wurde eines der erfolgreichsten Schul- und Übungsflugzeuge der Nachkriegszeit. 1955 entstand für den harten Schul- und Übungsbetrieb die Rhönlerche. Der abgestrebte Hochdecker von 13 m Spannweite besitzt einen einholmigen Holzflügel mit drehsteifer Sperrholznase und nach oben hochklappenden DFS-Luftbremsen.

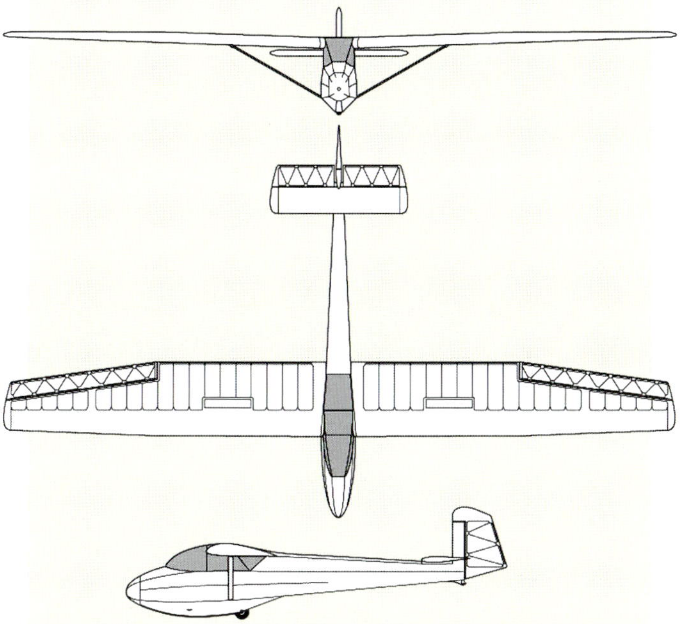

Übersichtszeichnung Ka 4 Rhönlerche II

Werden sie ausgefahren, muss man leicht am Höhensteuer ziehen, denn die Nase geht nach unten und das Segelflugzeug wird schneller. Der robuste Stahlrohrrumpf (mit Formgebungsleisten und stoffbespannt) ergab größtmöglichen Unfallschutz. Einfach und billig im Aufbau, lässt sich die Rhönlerche leicht und schnell montieren und ist mit einem gut gefederten Rad handlich am Boden. Die geringe Spannweite lässt sie in der doppelsitzigen Schulung etwas spröde fliegen, alle Steuerbewegungen müssen vom Schüler bewusst vollzogen werden. Steuerungsfehler lassen sich so bei ihr doppelsitzig deutlich erkennen. Einsitzig dagegen ist sie leicht zu steuern und extrem gutmütig, ihr geringes Gewicht bietet eine größere Sicherheit vor einem Seilriss (für Anfänger trotz Übung eine kritische Situation).

Weiterer Vorteil ist ihre geringe Mindestgeschwindigkeit. Mit der Rhönlerche lässt sich auch im Schulflug ohne Probleme das Trudeln gefahrlos demonstrieren; moderne Typen benötigen hierzu Trudelgewichte, die wegen der

Rohbau einer Rhönlerche der Akaflieger im Hof der Goethe-Universität Frankfurt, 1957. (Akaflieg Frankfurt)

zusätzlich auftretenden Fliehkräfte gerade von Fluglehrern höchst kritisch beurteilt werden. Wegen dieser ausgeglichenen und harmlosen Flugeigenschaften, blieb die Rhönlerche weit über ein Jahrzehnt ein beliebtes Schulflugzeug, von dem über 500 Stück gebaut wurden. ◂

Baumuster	Ka 4 Rhönlerche
Spannweite	13 m
Sitze	2
Länge	7,30 m
Flügelfläche	16,34 m^2
Seitenverhältnis	10,3
Rüstgewicht	210 kg
Zuladung	190 kg
Fluggewicht	400 kg
Flächenbelastung	23,80 kg/m^2
Mindestgeschwindigkeit	50 km/h
Höchstgeschwindigkeit	170 km/h
Sinkgeschwindigkeit	0,90 bis 1,0 m/sec
Gleitzahl	19
Profil	Gö 533

Alexander Willberg in seiner ehemaligen Ka 6 CR im Landeanflug. (Foto Peter Dresen)

1955

Ka 6 – K 6 E „Rhönsegler"

Das Segelflugzeugmuster, welches bisher wohl in der größten Stückzahl hergestellt wurde, ist die Ka 6 von Rudolf Kaiser bei Schleicher Flugzeugbau. Ihren Erstflug absolvierte sie 1955. Über alle Baureihen hinweg wurden weltweit mehr als 1400 Flugzeuge gebaut.

Als im Sommer 1956 die technischen Einzelheiten der Standardklasse bekannt wurden, passte Kaiser die Flugeigenschaften der Ka 6 an, indem er die Spannweite auf 15m verlängerte. Dies gelang ihm durch einen verstärkten Holm. Es entstand die Ka 6 B, die aufgrund der Forderungen der Standardklasse nach einem fest eingebauten Rad, mit einem solchen ausgerüstet, zur Ka 6BR wurde. Der Rumpf des Musters Ka 6 bestand aus einer ovalen Sperrholzschale. Der einholmige Flügel mit Torsions-Sperrholznase ab dem Hauptholm mit Stoff bespannt.

Die Quer- und Seitenruder waren über alle Baureihen mit Sperrholz beplankt. Die verschieden Versionen des Höhenleitwerks (gedämpft mit Höhenflosse oder ungedämpft als Pendelruder wie bei der K 6 E) hatten ebenfalls eine Sperrholz beplankte Torsionsnase mit weiterführender Stoffbespannung.

Schon auf den ersten Blick besticht die Ka 6 durch ihre klare Linienführung und einwandfreie aerodynamische Formgebung. Sorgfältig durchdachte Anschlüsse erlauben eine schnelle Montage. Eine Variation der Ka 6 wurde die K 10, eine Ka 6 mit Laminarprofil. Mit ihr versuchte Kaiser durch eine lange Entwicklungszeit am Profil die Geschwindigkeitsspanne zwischen Langsamflug und Schnellflug zu erweitern.

Von der K 10 wurden jedoch von 1963 bis 1965 nur 12 Stück gebaut. Sie bildete aber die Basis für die nach langjähriger Erfahrung und weiteren Optimierungen der 1965 entwickelten K 6 E. Nicht nur der Rumpf wurde aerodynamisch verbessert. Durch das Flügelprofil von Dr. Wort-

Organisation Scientifique et Technique Internationale du Vol à Voile (O.S.T.I.V.)

- Posthum document -

OSTIV AWARD 1958

presented at

the Closing Ceremony of the VII World Gliding Championships on June 29, 1958, at Leszno, Poland.

The "OSTIV Trophy 1958"

was given to

Rudolf Kaiser

Poppenhausen Rhön. Germany

for his design and consttuction of the Standard Class sailplane

KA-6BR

The Trophy awards as the first trophy of this kind the design of the Standard Class sailplane being the best combination of cheapness, simplicity and efficiency among the ten different designs of Standard Class sail-planes having competed in the World Gliding Champion-ships at Leszno, Poland, 1958.

Oberpfaffenhofen, 1. July 1997 ÷ Confirmed by:

(Dr. Manfred E. Reinhardt, OSTIV President)

Der Ostiv-Award im Besprechungszimmer bei Schleicher in Poppenhausen (Rhön).

mann sowie eine große Plexiglashaube und das Pendel-Höhenleitwerk (wie bei der K 10) gelang es nochmals eine weitere Leistungssteigerung zu erzielen.

Höhen und Querruder wurden durch Stoßstangen, das Seitenruder durch Steuerseile angelenkt. Die Seitenruderpedale waren auch im Flug verstellbar. Das Rad war fest eingebaut und mit einer Bandbremse ausgestattet. Am Rumpf, unter der Seitenflosse, war ein Schleifsporn aus Stahl angebracht.

Für dieses „beste Standard-Segelflugzeug der Welt" erhielt Rudolf Kaiser 1958 den OSTIV Preis.

Die Ka 6 war zwischen 1959 und 1969 das erfolgreichste Standard-Klasse Segelflugzeug sowohl bei nationalen als auch bei internationalen Wettbewerben und Weltrekorden. Höhepunkt war die Siegesserie von Heinz Huth (Hamburg), der mit der Ka 6 sechsfacher Deutscher Meister und 1960 und 1963 zweifacher Weltmeister wurde. ◂

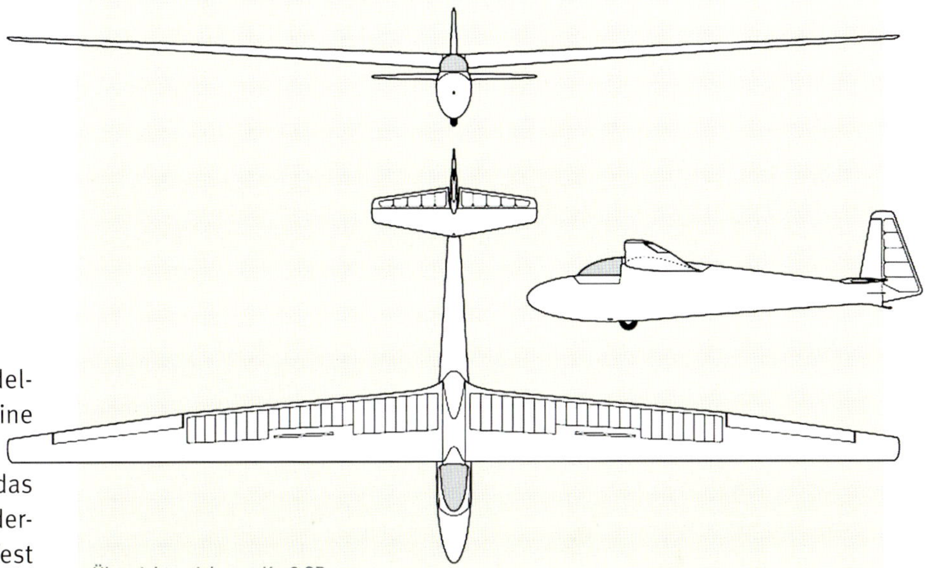

Übersichtszeichnung Ka-6 CR

Muster	Ka 6 (0) /Ka 6	Ka 6 B/BR	Ka 6 C/CR	K 6 E
Spannweite	14 / 14,4 m	15 m	15 m	15 m
Flügelfläche	12,0 / 12,17 m^2	12,4 m^2	12,4 m^2	12,4 m^2
Flügelstreckung	16,3/17,04	18,1	18,1	18,1
Rumpflänge	6,68 m	6,66 m	6,66 m	6,66 m
Profil	NACA63-618 / NACA63-14			FX 40/FX 30
Leermasse	185 kg	185 kg	210 kg	190 kg
Max. Abflugmasse	300 kg	300 kg	300 kg	300 kg
Flächenbelastung	25,0 / 24,7 kg/m^2	24,2 kg/m^2	24,2 kg/m^2	24,2 kg/m^2
Mindestgeschwindigkeit				
Höchstgeschwindigkeit	200 km/h	200 km/h	200 km/h	200 km/h
Geringstes Sinken	0,6 m/s	0,63 m/s	0,68 m/s	0,71 m/s
Gleitzahl	30	31,5	29	32
Stückzahl	Über alle Baureihen ca. 1400 Stck.			

Mg 23

Der erfolgreichste Segelflugzeugkonstrukteur Österreichs war Ing. Erwin Musger, der sowohl als Konstrukteur wie als Flieger dem Segelflug über Jahrzehnte verbunden war. Musgers erste Konstruktion stammt aus dem Jahre 1930 – die Mg 2 war ein freitragender Schulterdecker mit Knickflügel und einer Spannweite von 18 m. Sie ging sehr bald zu Bruch. Aus den Überresten konstruierte Musger 1931 die Mg 4, das erste österreichische Leistungssegelflugzeug. Die Flächen waren die gleichen geblieben, der Rumpf wurde umgebaut, aus dem Schulterdecker wurde ein Hochdecker mit gedämpftem Höhenruder. Die Gleitzahl von 1:24 ließ eine Reihe von beachtlichen Streckenflügen zu.

Als Ergebnis eines Konstruktionswettbewerbs fiel die Wahl auf die Mg 19, eine Weiterentwicklung der Mg 9, von Ing. Erwin Musger. Im Juni 1951 konnte mit dem Bau der Mustermaschine begonnen werden und bereits am 25. November 1951 wurden am Flugplatz Klagenfurt durch die beiden bekannten Leistungsflieger Alois Hasenknopf und Toni Kahlbacher die ersten Flüge durchgeführt.

Die letzte Konstruktion von Erwin Musger wurde 1955 der Leistungseinsitzer Mg 23, entwickelt aus der Mg 19-Serie. Der Prototyp dieses freitragenden Schulterdeckers flog zum ersten Mal am 25. Juni 1955. Mit diesem Flugzeug erreichte auch Österreich den internationalen Standard. Die Mg 23 bewährte sich bei den Weltmeisterschaften 1956 und 1958. Mit einer verbesserten Plexiglashaube und einem größeren Seitenleitwerk entstand 1962 die Mg 23 SL. Sie wurde auch als letztes Segelflugzeug in Serie bei Josef Oberlerchner gebaut, ehe dieser Pionier den Segelflugzeugbau einstellte. Das Flugzeug war in konventioneller Bauweise hergestellt: Einholmiger Holzflügel mit drehsteifer Sperrholznase und den bekannten Schempp-Hirth-Bremsklappen. Die mit der Mg 19 gemachten Erfahrungen wurden ausgewertet und der Hauptholm so weit als möglich zurückversetzt; an der

Die MG 23 des Verein zur Förderung des historischen Segelflugs im Landeanflug. (Foto Peter Dresen)

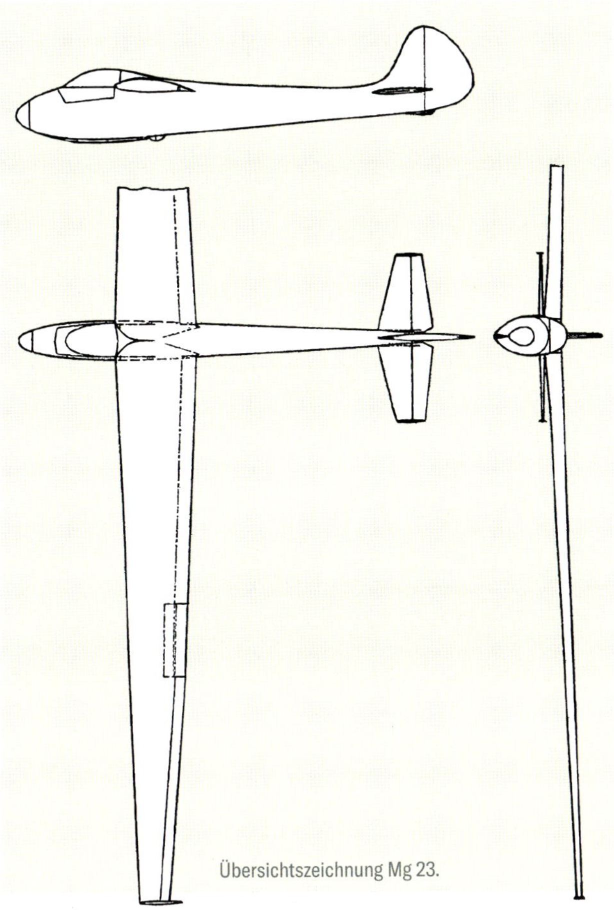

Übersichtszeichnung Mg 23.

Baumuster	Mg 23
Spannweite	16,40 m
Länge	7,11 m
Flügelfläche	14,21 m^2
Seitenverhältnis	18,54
Rüstgewicht	240 kg
Zuladung	120 kg
Fluggewicht	360 kg
Flächenbelastung	25,30 kg/m^2
Mindestgeschwindigkeit	60 km/h
Höchstgeschwindigkeit	180 km/h
Sinkgeschwindigkeit	0,66 m/sec bei 68 km/h
Gleitzahl	32
Profil	NACA 63 015

Flügelwurzel befindet er sich in 45 % der Flügeltiefe. Die Rippen waren in dem kleinen Abstand von 12 mm angebracht. Vor dem Holm ist der Flügel mit dickem Sperrholz beplankt, dessen äußere Schichtung mit dem Holm parallel verläuft. Daraus ergibt sich ein sehr glatter Flügel mit annehmbarer Steifheit. Es wurde der Versuch unternommen, mit einfachsten Mitteln eine feste, einwandfreie Oberfläche zu erhalten.

Der Sperrholzschalenrumpf besitzt ein verstärktes Vorderteil. Die abwerfbare Plexiglashaube ist nach vorne aufschiebbar. Das Leitwerk hat einholmige, sperrholzbeplankte Flossen, die Ruder waren stoffbespannt, das Höhenleitwerk kann angeklappt werden. Das Fahrwerk besteht aus einem ungefederten bremsbaren Rad, einer gummigefederten Nasenkufe und einem Schleifsporn. ◂

L 13 Blanik

1956

Die größte Serie aller Doppelsitzer erlebte die tschechische Konstruktion L 13 Blanik. VZLU Letnany schuf mit dem Ganzmetall-Doppelsitzer eine Konstruktion, die sich seit dem Frühjahr 1956 unverändert im Serienbau befand. Über 1200 Flugzeuge (davon über 700 an die Segelflugschulen der damaligen Sowjetunion) in wurden 36 Länder geliefert.

Durch die solide Bauweise, den vielseitigen Verwendungszweck, den geringen Wartungsaufwand und durch die ausgezeichneten Flugeigenschaften erfreut sich der Doppelsitzer Blanik sowohl in zahlreichen Segelflugschulen als auch im Leistungsflug größter Beliebtheit. Der freitragende Hochdecker ist vollkunstflugtauglich. Der einholmige Tragflügel ist trapezförmig und mit DFS-Bremsklappen aus Metall ausgerüstet. Der Rumpf ist in Halbschalenbauweise mit ovalem Querschnitt hergestellt. Die Sitze liegen hintereinander. Das Kabinendach ist klappbar und im Notfall abwerfbar. Das Rumpfheck ist hinter der geräumigen Kabine mit den hintereinander liegenden Sitzen aus zwei Hälften zusammengenietet und durch Spanten versteift. Auch das Leitwerk ist aus Ganzmetall. Vor dem Schwerpunkt befindet sich das einziehbare Laufrad mit ölgedämpfter Federung und einer äußerst wirksamen Trommelbremse.

LET L 13 Blanik in Aalen-Elchingen.

Zwölf Mal wurden Doppelsitzerflüge auf dem Blanik in die Weltrekordliste der FAI aufgenommen und viele nationale Rekorde auf dieser tschechischen Konstruktion aufgestellt. Noch bis 1970 wurden die Weltrekorde in der Klasse der Doppelsitzer im Streckenflug und Zielflug vom Blanik gehalten. Bei den Männern flog der Russe Juri Konzentsor mit Fluggast am 3. Juni 1967 921,954 km, bei den Frauen steht der Streckenrekord durch Parlowa und Filomachkina (UdSSR) seit dem 3. Juni 1967 auf 864,862 km. Der chilenische Segelflieger Alejo Williamson überflog mit dem Blanik die Anden, das zweithöchste Gebirgsmassiv der Welt und wurde dafür 1969 mit der Lilienthal-Medaille der FAI ausgezeichnet. ◂

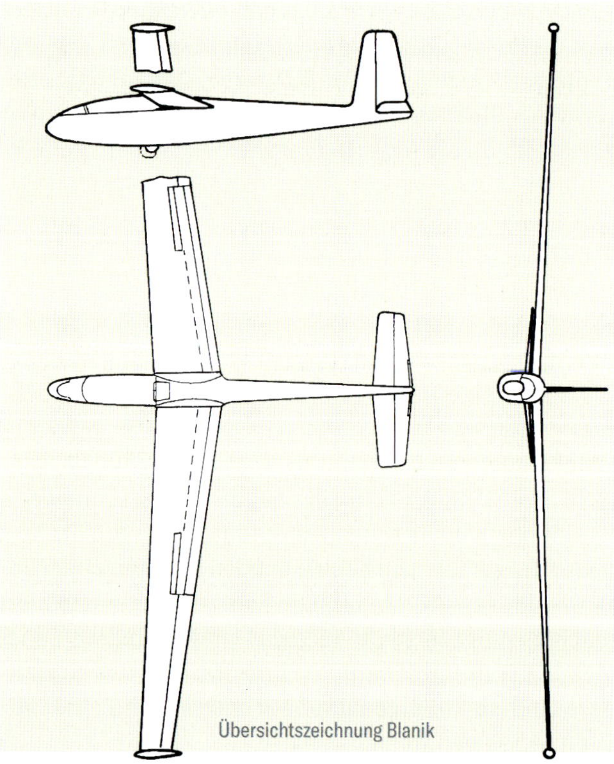

Übersichtszeichnung Blanik

Baumuster	LET L 13 Blanik
Spannweite	16,20 m
Länge	8,40 m
Flügelfläche	19,15 m^2
Rüstgewicht	292 kg
Zuladung	208 kg
Fluggewicht	500 kg
Max. Flächenbelastung	26,10 kg/m^2
Mindestgeschwindigkeit	55 km/h
Höchstgeschwindigkeit	253 km/h
Sinkgeschwindigkeit	0,82 m/sec bei 83 km/h
Gleitzahl	28
Profil	NACA 632A-615 NACA 632A-612

Meteor

Angeregt durch den großen internationalen Erfolg mit dem Entwurf des Orao schuf das gleiche Team 1954 mit dem Meteor das erste Ganzmetall-Segelflugzeug mit 20 m Spannweite, einziehbarem Fahrgestell und Laminarprofil. Am 4. Mai 1956 wurde der Meteor auf dem Belgrader Flugplatz Zemun eingeflogen. Anschließend war dieses Hochleistungssegelflugzeug in St. Yan / Frankreich das meistbeachtete Flugzeug der Weltmeisterschaft. Saradic belegte auf Anhieb unter der Elite der Welt den 4. Platz. Zwei Jahre später in Polen erflog sich Komac ebenfalls den 4. Platz, und Saradic kam unter den 37 Teilnehmern der Offenen Klasse auf den 11. Platz. ◂

Baumuster	Ikarus Meteor
Spannweite	20 m
Länge	80 m
Flügelfläche	16 m^2
Seitenverhältnis	25
Rüstgewicht	355 kg
Zuladung	96 kg
Fluggewicht	451 kg
Flächenbelastung	30,50 kg/m^2
Mindestgeschwindigkeit	67 km/h
Höchstgeschwindigkeit	227 km/h
Sinkgeschwindigkeit	0,54 m/sec bei 77 km/h
Gleitzahl	42
Profil	NACA 632-616,5

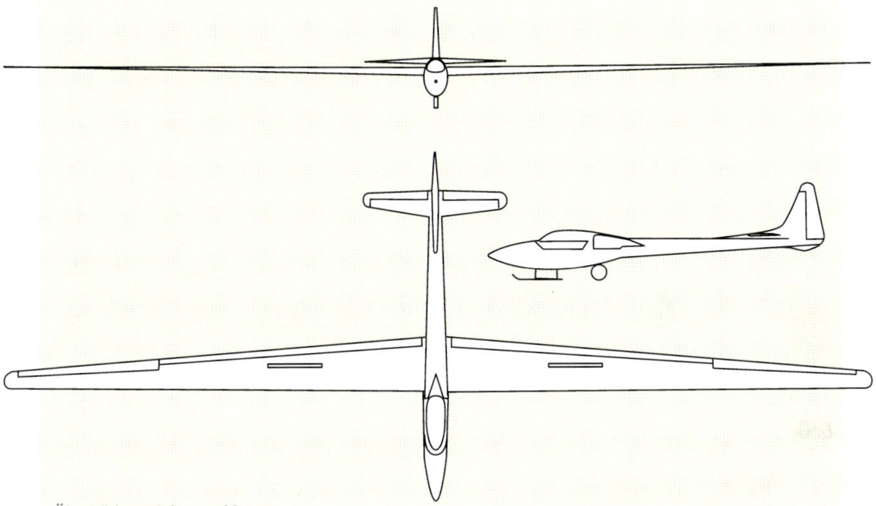

Übersichtszeichnung Meteor

Meteor 57 auf dem Flugfeld. Man beachte die einziehbare Kufe. (Wikipedia restauriert)

D-4699

Fast vergessen, ein Geier II mit 18 Meter Spannweite aus dem Jahr 1956.

Phönix FS 24 in Kirchheim / Teck.

1957

FS 24 Phönix

FS 24 Phönix war das erste Flugzeug der Luftfahrtgeschichte in vollständiger Kunststoffbauweise. Konstruktion und Bauweise wichen entscheidend von den bisherigen Segelflugzeugen ab. Glücklicherweise konnte 1956 das Land Baden-Württemberg für den Plan des Phönix gewonnen werden. Mit seiner Hilfe konnten die nötigen Festigkeitsuntersuchungen durchgeführt und der Prototyp gebaut werden. Dies geschah in Verbindung mit der Akaflieg Stuttgart (FS ist die Typenbezeichnung der Akaflieg Stuttgart), die beiden Konstrukteure Nägele und Eppler waren Mitglieder. Die ersten Versuchsflügel wurden bei Bölkow Entwicklungen KG (ebenfalls Stuttgart) Tests unterzogen. Den ersten Start des Phönix absolvierte am 27. November 1957 in Schwalghofen bei Ulm der Konstrukteur und Erbauer Hermann Nägele selbst.

Als der Phönix entworfen wurde, war z. B. durch die Flugzeuge RJ 5 (USA, Ganzmetallflugzeug) und HKS 1 nachgewiesen, dass mit den damals bekannten NACA-Profilen bei sehr glatter Oberfläche Widerstandsgewinne und erhebliche Verbesserungen in den Gleitzahlen möglich waren. Erkauft wurden diese guten Gleitzahlen durch zusätzliches Gewicht und hohe Kosten. Es entstanden Flugzeuge, die im Kreisflug gleichmäßige, starke Thermik benötigten. Außerdem waren sie nicht einfach zu fliegen, sie wurden nicht in Serie gebaut. Somit waren sie für den normalen Segelflugbetrieb zu anspruchsvoll. Der letzte Punkt hat sich heutzutage gebessert, nur sind die Kosten immens gestiegen.

Wegweisend an der FS 24 war die Benutzung von damals in den USA aufkommenden glasfaserverstärkten Kunststoffen (GFK). Sie versprachen eine hohe Festigkeit bei geringem Gewicht. Es gelang, dass beide Flügel zusammen nur 95 kg wogen. Vollkommen neu war ihre Bauweise: die Tragflächen entstanden im Negativverfahren. Für jede wurden je zwei Formen (für Ober- und Unterseite) benötigt. Zuerst wurde das Glasfasergewebe auf ein Trennmittel in die Formmulden aus Holz eingelegt, dann mit Polyesterharz getränkt (heute werden Epoxydharze verwendet). Darauf folgte ein Stützkern aus Balsaplatten und anschließend die Innenhaut aus GfK. Diese beiden Sandwichformen wurden miteinander verklebt, nachdem zuvor die Steuerung für die Ruder sowie die 13 mit Glasfaser verstärkten Rippen eingebaut waren.

Für den Rumpf wurde das Verfahren umgekehrt und zuerst eine verstärkte Haut aus Balsaplatten um einen Kern (wieder mit Trennmittel versehen) gebaut. Diese Form wurde präzise gestrakt und darauf das Glasfasergewebe aufgebracht. Nach dem Aushärten wurde die Form

Baumuster	FS 24 Phönix
Spannweite	16 m
Länge	6,84 m
Flügelfläche	14,36 m^2
Seitenverhältnis	17,83
Rüstgewicht	164,20 kg
Zuladung	100,80 kg
Fluggewicht	265 kg
Flächenbelastung	18,50 kg/m^2
Mindestgeschwindigkeit	50 km/h
Höchstgeschwindigkeit	200 km/h
Sinkgeschwindigkeit	0,51 m/sec bei 69,2 km/h
Gleitzahl	37 bei 80,1 km/h
Profil	EC 86 (-3) -918

aufgeschnitten und die beiden Hälften je mit einer Innenlage GfK belegt. Anschließend erfolgten die Einbauten für Steuerung, die verstärkte Flügelaufnahme sowie der Sitz. Danach verklebte man die beiden Formhälften.

In der Gleitflug-Polare des Phönix fallen zwei Merkmale besonders auf: Seine sehr niedrige Sinkgeschwindigkeit von 0,48 m/sec und der große Bereich zwischen der minimalen Sinkgeschwindigkeit und dem Strömungsabriss. Dies ergibt sehr günstige Kreisfluggeschwindigkeiten. Trotz seiner geringen Flächenbelastung und seiner relativ kleinen Flügelstreckung erwies sich der Phönix in der Überlandgeschwindigkeit bei thermischem Segelflug anderen Konstruktionen deutlich überlegen.

Eine kleine Serie von acht Flugzeugen entstand bei Bölkow. Das Serienflugzeug erhielt ein T-Leitwerk und ein einziehbares Rad. Mit der ersten Serienmaschine holte sich 1962 Rudolf Lindner die Deutsche Segelflugmeisterschaft und gehörte Pfingsten 1963 zu dem berühmten schwäbischen Trio, das mit 876 km bis zur Atlantikküste Streckenweltrekord flog. Die Konstruktion war ihrer Zeit um Längen voraus, bis heute hat sich an der Bauweise der Tragflächen in Negativformen kaum etwas geändert. Die Erfolge des Phönix waren Grund genug, ihn weiterzuentwickeln. Das Ergebnis war der Phoebus. ◂

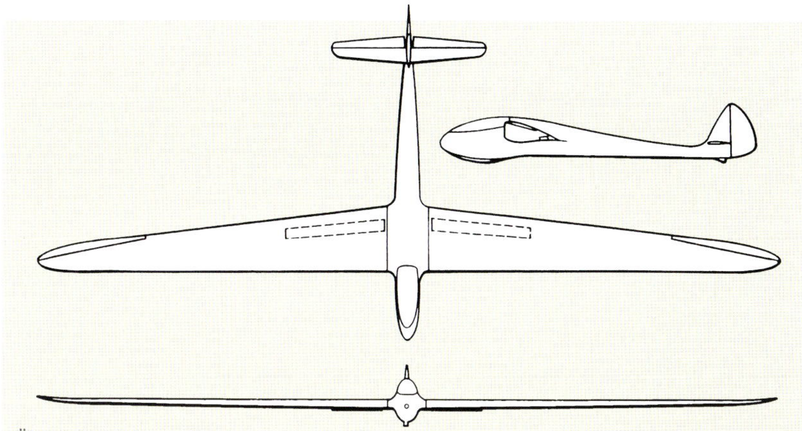

Übersichtszeichnung Phönix

HP 8 bis HP 15

1958

Dick Schreder konstruierte seine Ganzmetall-Segelflugzeuge nicht nur selbst, sondern baute sie auch in der eigenen Werkstatt. Ein Kennzeichen aller HP-Typen war das V-Leitwerk. Alle Konstruktionen waren durch ihren einfachen Aufbau zum Selbstbau geeignet, so dass zahlreiche HP-Typen gerade in den USA nachgebaut wurden. Erfolgreichster Pilot auf den Air Mate HP-Typen war der 1915 geborene Dick Schreder selbst.

Die erste bekannte und erfolgreiche Konstruktion war das Leistungssegelflugzeug HP-8 in Ganzmetallausführung mit Laminarflügeln, das am 24. Juli 1958 seinen Erstflug durchführte.

Interessant war bei der späteren HP 10 die Flügelbauweise eines Ganzmetall-Sandwichs mit Aluwabenkern. Er verwendete lediglich einen Nasen- und einen Hilfsholm.

Mit der HP 12 kam Dick Schreder zur Weltmeisterschaft 1965 nach England.

Bei dem freitragenden Mitteldecker wurden die meisten Kräfte wurden von der Sandwichschale aufgenommen bzw. übertragen. Die Klappen der Schreder HP 10 ließen sich auf 90° ausfahren und wirkten so als Luftbremsen.

Bekannteste Konstruktion wurde die 1963 von Schreder für die Weltmeisterschaft entwickelte HP 11. 1962 vollendete er sie. Die HP 11 sollte nicht nur bei den Texas-Aufwinden eingesetzt werden, sondern auch bei schlechten thermischen Bedingungen hervorragende Flugleistungen aufweisen. Im Flügel befanden sich 30 unterschiedliche Rippen im Abstand von 25 cm. Sämtliche Nieten waren versenkt und so wurde eine erstaunlich glatte Oberfläche erzielt. Das Vorderteil des Rumpfes bestand aus einem verschweißten Rohrrahmen. Auf dem rechteckigen Querschnitt der Rohre erfolgte die Aluminiumbeplankung. Das

Eine interessante und platzsparende Art der Präsentation zeigt das British Columbia Air Museum mit einer HP 11.

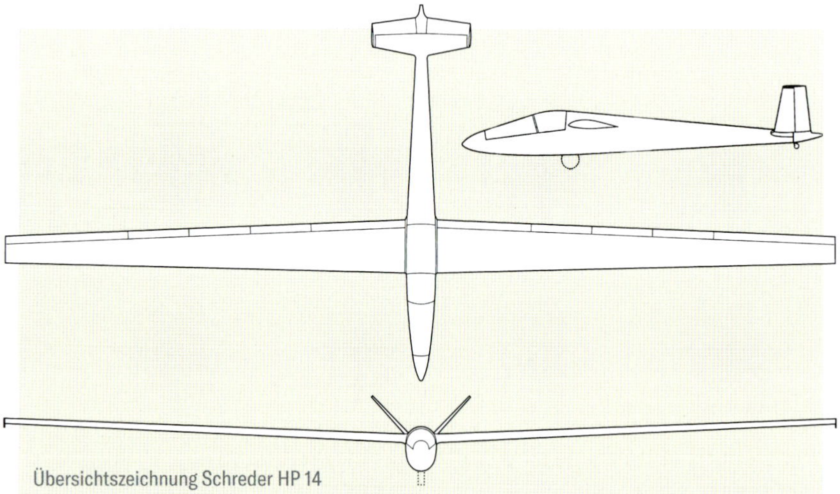

Übersichtszeichnung Schreder HP 14

Baumuster	HP 10	HP 11	HP 14
Spannweite	14,63 m	15,88 m	18 m
Länge m	6,38 m	6,70 m	7,25 m
Flügelfläche	10,22 m²	9,66 m²	13,60 m²
Seitenverhältnis	20,60	26	23,90
Rüstgewicht	177 kg	159 kg	252 kg
Zuladung	123 kg	113 kg	128 kg
Fluggewicht	300 kg	272 kg	380,0 kg
Flächenbelastung	28,40 kg/m²	28,10 kg/m²	28 kg/m²
Mindestgeschwindigkeit	50 km/h	70 km/h	65 km/h
Höchstgeschwindigkeit km/h	240 km/h	250 km/h	255 km/h
Sinkgeschwindigkeit	0,49 m/sec	0,50 m/sec	0,52 m/sec
Gleitzahl	40	42	44
Profil	NACA 653-618 FX 61-163 Wortmann		

Hinterteil des Rumpfes bestand in einer Schalenbauweise mit ovalem Querschnitt. Mit der HP 11 erzielte Richard Schreder auch seinen größten fliegerischen Erfolg, als er 1963 in Junin/Argetinien hinter den beiden siegenden Polen den 3. Platz in der Offenen Klasse belegte.

1965 erschien Schreder zur Weltmeisterschaft in England mit der HP 12, ein Flugzeug der Standardklasse. Die Klappen an den Flügelhinterkanten konnten als Bremsklappen ausgeschlagen werden und bedeuteten für den Laminarflügel im eingefahrenen Zustand einen sehr geringen Widerstand.

Für die Konstruktion HP 14 (ein Leistungssegelflugzeug der Offenen Klasse) schloss er einen Lizenzvertrag mit Slingsby in England ab, wo das Flugzeug seit 1969 in Serie als HP 14C gebaut wurde. Der freitragende Mitteldecker besitzt einen einholmigen, zweiteiligen Leichtmetallflügel mit Wölbklappen bis 90°, die pneumatisch betätigt wurden.

Als letzte Konstruktion entstand im Winter 1968/69 die HP-15, die im März 1969 eingeflogen wurde. Hervorzuheben die außergewöhnliche Streckung von 33 bei nur 15,3 m Spannweite. Wie alle bisherigen Schreder-Konstruktionen wiederum in Leichtmetall und ebenfalls für den Nachbau ausgelegt. ◂

K 8/ASK 18

1958

Ka 8 im Landeanflug. (Jörg Arnold)

1958 entwickelte Rudolf Kaiser bei der Fa. Alexander Schleicher in Poppenhausen die K 8. Auf der Grundlage der Ka 6 entstand ein robuster Leistungseinsitzer für Vereine. Die starke Vereinfachung macht einen Serienbau in Teilen möglich. Die K 8 ist durch die gutmütigen Flugeigenschaften auch für weniger Geübte geeignet. Der Stahlrohrrumpf erhöht ihre Lebensdauer auch im raueren Vereinsbetrieb. Die K 8 ist ideal in der Ausbildung als Übungs- und Leistungs-Einsitzer, insbesondere nach der K 7 oder ASK 13, einsetzbar. Mit leichten Verbesserungen entstand aus der K 8 die in Serie gebaute K 8 B.

Die K 8 B war ein vielfach bewährter, robuster Einsitzer in Gemischtbauweise. Auch heute findet sie noch in vielen Vereinen Verwendung. Einfach im Aufbau, daher eine überschaubare Wartung, zeigt diese Kaiser-Konstruktion gute Flugleistungen und -Eigenschaften und ist daher für den Clubbetrieb sehr gut geeignet.

Der Rumpf besteht aus einem Stahlrohrgerüst mit Formleisten und Stoffbespannung. Der Rumpfbug ist nunmehr mit einer GFK-Schale verkleidet. Die Haube, auch als eine vergrößerte Vollsichthaube lieferbar, ist zur Seite klappbar. Der einholmige Holzflügel besitzt eine drehsteife Sperrholznase bis zum tragenden Hauptholm, dahinter setzt die Bespannung mit Gewebe ein. Das Profil, Gö 533, ist von der Wurzel bis zum Querruder auf Gö 532 am Flügel gestrakt. Sie besitzt Schempp-Hirth Sturzflugbremsen. Beim Leitwerk sind die Flossen einholmig und mit Sperrholz beplankt. Die Ruder im Leitwerk besitzen eine drehsteife Sperrholznase sind stoffbespannt. Die Querruder hingegen sind vollständig diagonal mit Sperrholz beplankt. Am Höhenruder ist eine Flettner-Trimmung angebaut, ältere Muster besitzen noch eine Einstellfeder am Steuerknüppel. Höhen- und Quersteuerung werden durch Stoßstangen betätigt, das Seitenruder wird durch Steuerseile mit verstellbaren Pedalen angelenkt. Das fest eingebaute Einrad-Fahrwerk besetzt eine Bandbremse. Von der K 8 wurden allein von Flugzeugbau Schleicher über 875 Flugzeuge (alle Baureihen) geliefert.

Im Jahre 1974 erschien die ASK 18, eine Symbiose aus Ka 6 und K 8, als letztes Flugzeug in Gemischtbauweise, bei der Fa. Schleicher. Der Flügel wurde von der Ka 6 E übernommen, die Spannweite jedoch auf 16 m erhöht. Der Stahlrohrrumpf mit einer GFK Schale als Rumpfbug war etwas flacher ausgelegt als bei der K 8. Piloten erhielten eine halbliegende Sitzposition. Das fest eingebaute Rad war mit einer Innenbackenbremse ausgerüstet. Die ASK 18 besaß vollkommen harmonische Flugeigenschaften, ließ sich auch in schwacher Thermik gut und eng zen-

ASK 18 im Landeanflug.
(Peter Dresen)

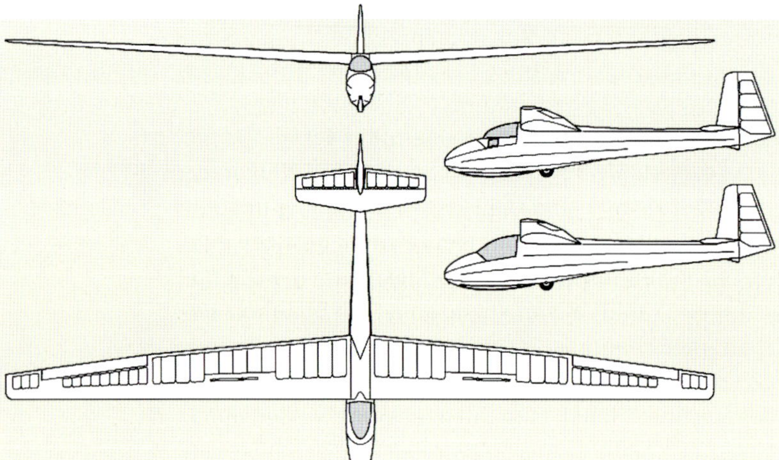

Übersichtszeichnung Ka-8

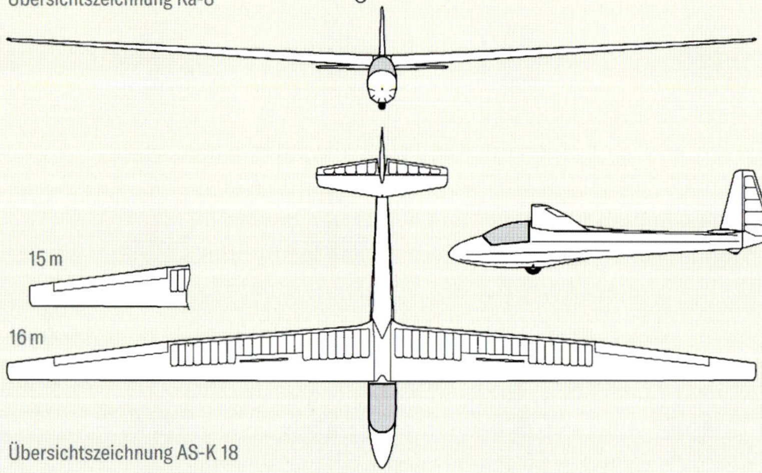

Übersichtszeichnung AS-K 18

trieren, verfügte aber zugleich über ansprechendes Leistungsvermögen.

Hiervon wurden im Zeitraum von 1974 bis 1977 48 Exemplare ausgeliefert. Ihre Entwicklung erfolgte innerhalb der Ära der Holzflugzeuge zu spät, sie hatte es schwer, mit Serienflugzeugen wie DG 100, ASW 15, LS 1 oder Astir zu konkurrieren. Heute ist eine ASK 18 eine gefragte Rarität. ◂

Baumuster	Ka 8 B	ASK 18
Spannweite in m	15 /16 m	16 m
Flügelfläche	14,15 m^2	12,99 m^2
Flügelstreckung	15,9	19,7
Rumpflänge	7,0 m	7,0 m
Profil	Gö 535/ Gö 549	ähnl. Ka 6 E
Leermasse	191 kg	215 kg
Max. Abflugmasse	310 kg	355 kg
Flächenbelastung	21,9 kg/m^2	27,3 kg/m^2
Mindestgeschwindigkeit	54 km/h	60 km/h
Höchstgeschwindigkeit	190 km/h	200 km/h
Geringstes Sinken	0,67 m/s	0,6 m/s
Gleitzahl	27	34
Stückzahl (incl. Lizenzbauten)	ca. 1100	48

SISU

Eines der interessantesten und erfolgreichsten amerikanischen Segelflugzeuge ist das mehrfache Weltrekordflugzeug SISU I von Leonard A. Niemi – ein Musterstück an Präzision und Ausdauer. Sechs Jahre lang berechnete, konstruierte und baute der Convair-Ingenieur in seiner kleinen Garage an diesem Prototyp, der von vornherein nur als Versuchsträger für die SISU I A gedacht war. Dieser Prototyp wurde am 20. Dezember 1958 eingeflogen.

Aus heutiger Sicht muss man sich immer wieder in Erinnerung rufen, dass zu der damaligen Zeit Konstrukteure über keine Computer verfügten. Berechnung geschahen auf dem Papier; Hilfsmittel war ein Rechenschieber, der heute auch viele jüngere Profis vor unlösbare Herausforderungen stellen würde.

Schon nach den ersten Flügen galt der freitragende Mitteldecker mit Einziehfahrwerk und V-Leitwerk als das leistungsfähigste amerikanische Segelflugzeug. Wie alle amerikanischen Konstrukteure bevorzugte auch Niemi die Metallbauweise. Der Metallholm nahm 60 % der Flügeltiefe ein. Die Flügelnase bestand aus glasfaserverstärktem Kunststoff mit Schaumstofffüllung. Der Prototyp hatte wölbungsverändernde Klappen, die Serienversion SISU I A erhielt Spaltklappen. Die Flächen verfügten über eine leichte V-Stellung. Im Flug ließ sich die schnelle SISU leicht und ausgeglichen steuern. Die Flügelklappen konnten im Schleppflug oder für die Landung, für Thermikkreisen oder Schnellflug ausgefahren werden. Zur Verkürzung der Landung besaßen die Laminarflügel eingebaute Sturzflugbremsen. Fahrwerk und Schleppvorrichtung waren einziehbar. Der beste Geschwindigkeitsbereich erstreckte sich von 75 km/h bis 200 km/h. Die vorzügliche Sicht aus der Kabine und die ausgezeichneten Schnellflugeigenschaften waren weitere Kennzeichen dieser Konstruktion.

Die hervorragenden Flugeigenschaften bewies Alvon Parker, der am 31. Juli 1964 in einem zehneinhalbstündigen Flug mit 1041,5 km einen neuen, für unerreichbar gehaltenen Streckenrekord von Odessa/Texas nach Kimhall aufstellte und der 1969 den Zielflugrekord von Odessa nach Blanding/Utah in einem fast zehnstündigen Flug von 837 km auf 917 km verbesserte.◂

Die Arlington SISU 1 A im Smithsonian Museum in Washington D.C.

Baumuster	SISU
Spannweite	15,25 m
Länge	6,34 m
Flügelfläche	10,03 m²
Seitenverhältnis	23,10
Rüstgewicht	227 kg
Zuladung	96 kg
Fluggewicht	323 kg
Flächenbelastung	32.05 Kg/m²
Mindestgeschwindigkeit	66 km/h
Höchstgeschwindigkeit	260 km/h
Sinkgeschwindigkeit	0,63 bei 88, km/h
Gleitzahl	41,4 bei 100 km/h
Profil	NACA 653-418

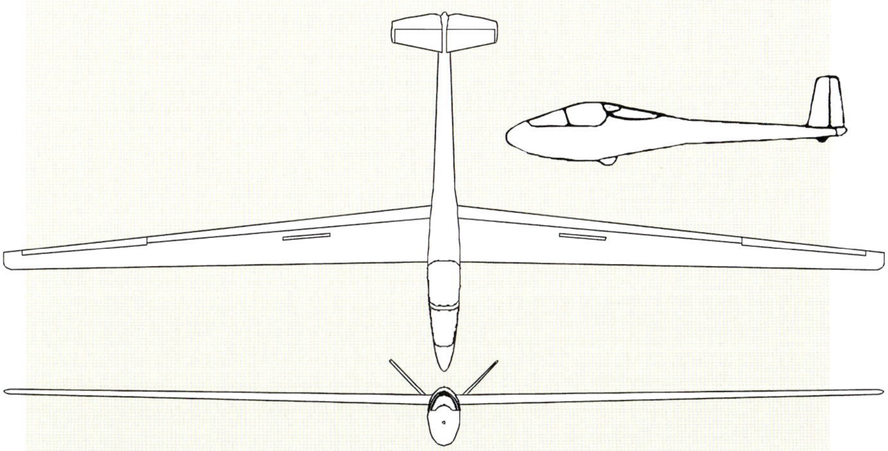

Übersichtszeichnung SISU 1 A3

Mucha Standard im Landeanflug. (Bild Alexander Gilles)

1958

SZD-22 Mucha Standard

Die erste berühmte und erfolgreiche Konstruktion des polnischen Segelfluges nach 1945 wurde die SZD-22 „Mucha“ Standard. Sie hatte beginnend 1947 eine lange Entwicklungsgeschichte.

Als der Aero-Club von Polen mit der Austragung der Weltmeisterschaft 1958 beauftragt wurde, erfuhr die Mucha SZD-12 durch die Konstrukteure Nowakowski, Grzywacz und Zatwarnicki eine grundsätzlich neue Auslegung. So entstand SZD-22 Mucha Standard.

Der Prototyp, SP-1748, flog erstmals am 10. Februar 1958 unter Adam Zientka. Mit diesem Typ starteten die Polen bei der Weltmeisterschaft 1958 und stellten mit Adam Witek den überlegenen Sieger in der Standardklasse. Einige Änderungen führten zum zweiten Prototyp SP-1749, der am 6. Juni 1958 seinen Erstflug erlebte.

Nach den Weltmeisterschaften wurde die Mucha Standard in drei Varianten als SZD-22 A, B und C gebaut. Vom Typ A wurde eine Serie von 15 Stück hergestellt. Von der B-Serie wurden in dem Werk Zaklady Sprzetu Lotnictwa Sportowego 40 Stück gebaut, von der C-Serie 100 Stück, allein 86 Muster wurden in 20 Länder exportiert. Den Abschluss dieser immer wieder verbesserten Konstruktion bildete der Prototyp des Musters SZD-22 E am 9. Januar 1961, der einen vollkommen neuen Flügel erhielt, der dann in der Konstruktion SZD-25 Lis wieder Verwendung fand. Neben kleinen Änderungen unterschieden sich die letzten Varianten bei der B- und C-Serie durch den Einbau der Möglichkeit für Wasserballast und durch die Stoffbespannung des Flügels bei der C-Serie. Die Ballastanlage

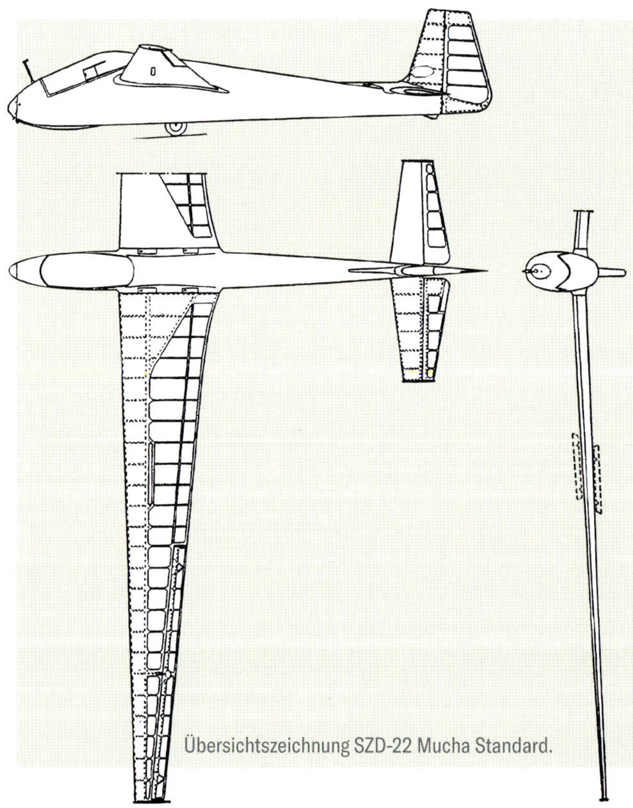
Übersichtszeichnung SZD-22 Mucha Standard.

Baumuster	SZD-22 Mucha
Spannweite	14,98 m
Länge	7 m
Flügelfläche	12,75 m²
Seitenverhältnis	17,6
Rüstgewicht	240 kg
Zuladung	110 kg
Fluggewicht	350 kg
Flächenbelastung	25,60 km/m²
Mindestgeschwindigkeit	59 km/h
Höchstgeschwindigkeit	250 km/h
Sinkgeschwindigkeit	0,73m/sec bei 71 km/h
Gleitzahl	27,8 bei 75 km/h
Profil	Gö 549

bei der B- und C-Serie bestand aus zwei Gummibehältern von 28 Litern, die in die Flügelnase eingeschoben wurden. Der freitragende Schulterdecker war vollständig in einer Holzbauweise hergestellt. Der zweiteilige Trapezflügel besaß einen Hauptholm und war hinter dem sperrholzbeplankten Torsionsverband mit Stoff bespannt. Er war mit sehr wirkungsvollen Querrudern und Bremsklappen ausgestattet. Der in Halbschalenbauweise hergestellte Rumpf mit Sperrholzbeplankung verfügte über ein bremsbares Rad sowie eine Kufe. Die Kabinenhaube öffnete sich nach hinten und konnte im Notfall abgeworfen werden. Das Höhenleitwerk war mit einer Trimmklappe versehen. In der mehrfach verbesserten Kabine war vor dem Instrumentenbrett ein aufklappbarer Tisch für Navigationsgeräte der Piloten.

Die Internationale Segelflugmeisterschaft in Polen des Jahres 1961 wurde ausschließlich mit 55 Mucha Standard bestritten. ◂

Von der Standard-Austria zur SHK 1967

Zum Abschluss der Segelflug-Weltmeisterschaften 1960 in Köln zeichnete das internationale Gremium der gleichzeitig tagenden OSTIV den österreichischen Ingenieur Rüdiger Kunz für die Konstruktion der Standard-Austria für das beste Flugzeug der Standardklasse aus. Um ein Optimum an Leistungen bei guter wie auch bei schwacher

Die SHK im Landeanflug.
(Foto Peter Dresen)

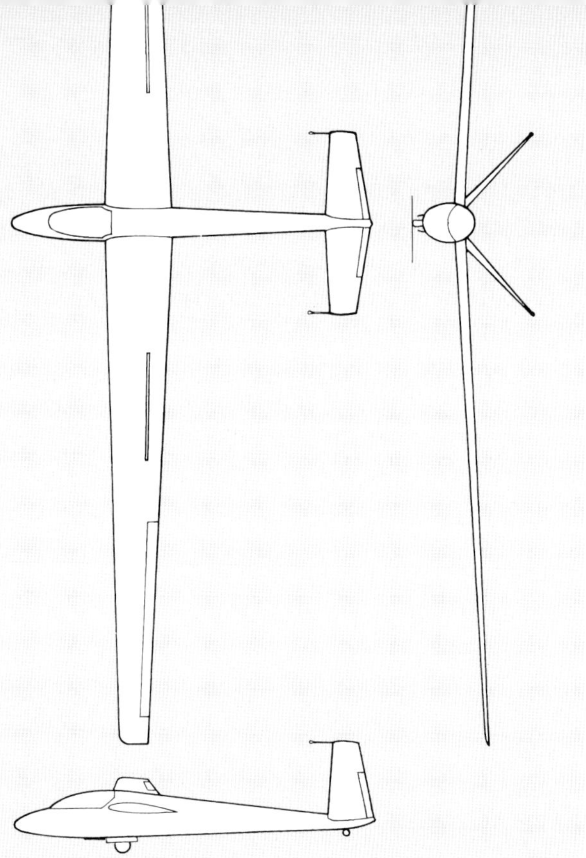

Übersichtszeichnung SHK

Thermik in einem Flugzeug nach den FAI-Bestimmungen für die Standardklasse bei einem vernünftigen Bauaufwand zu gewährleisten, beschritt Rüdiger Kunz bei der Konstruktion der Standard-Austria, die er im Auftrag des Österreichischen Aero-Clubs entwickelte und baute, völlig neue Wege.

Baumuster	Standard Austria	SHK
Spannweite	15 m	17 m
Länge	6,20 m	6,30 m
Flügelfläche	13,50 m^2	14,70 m^2
Seitenverhältnis	16,70	20,20
Rüstgewicht	245 kg	260 kg
Zuladung	105 kg	110 kg
Fluggewicht	350 kg	370 kg
Flächenbelastung	25,90 kg/m^2	25,20 kg/m^2
Mindestgeschwindigkeit	65 km/h	63 km/h
Höchstgeschwindigkeit	250 km/h	200 km/h
Sinkgeschwindigkeit	0,65 m/sec	0,60 m/sec
Gleitzahl	34 bei 90 km/h	38 bei 87 km/h
Profil	Dr. Eppler 266	Dr. Eppler 266

Bis auf Rumpfvorderteil, Rumpfende und Tragflächenrandbögen, die aus Kunststoff hergestellt wurden, bestand die Standard-Austria aus Holz, so dass Reparaturen auch ohne Hilfe von Spezialwerkstätten durchgeführt werden konnten. Bei der Konstruktion der Tragflächen und des Leitwerks wurde die Holzschale weitestgehend zur Aufnahme der Kräfte herangezogen. Die Laminarflächen wurden in einer Vorrichtung aus Stahlrohren gebaut, um eine mathematische Präzision zu gewährleisten. Auch das Abstraken der Rippen erfolgte mit Hilfe von Metallschablonen für die bestmögliche Oberflächengüte und Profiltreue.

Das Rumpfvorderteil wurde aus Glasfaser-Polyester-Material in einer Negativform hergestellt. Die Haube war frei geblasen und vermittelte eine ungestörte Sicht. Der Sitz war verstellbar und für Piloten bis 1,90 m auch für längere Flüge bequem gestaltet.

Mit den Prototypen starteten die beiden Österreicher Johann Fritz und Hans Resch bei den Weltmeisterschaften 1960 in Köln und belegten unter 35 Teilnehmern den 7. und 9. Platz. In Österreich wurden fünf Muster dieses bisher erfolgreichsten Flugzeuges in der Geschichte des österreichischen Segelfluges gebaut. Dann erwarb der Segelflugzeugbau Schempp-Hirth die Nachbaulizenz vom Österreichischen Aero-Club und baute 30 Exemplare nach den Plänen von Rüdiger Kunz mit der Typenbezeichnung Standard-Austria S. Auf Grund der vielfachen Flugerfahrung erhielt die Standard-Austria im Winter 1961/62 ein neues Laminarprofil von Dr. Eppler (Nr. 266). So entstand die Standard-Austria SH, von der bei Schempp-Hirth in Kirchheim bis Mitte 1965 weitere 60 Stück gebaut wurden.

Durch die Mitarbeit von Dipl.-Ing. Klaus Holighaus, der 1965 noch in Darmstadt studierte, entstand bei Schempp-Hirth aus der Standard-Austria „SH" ein neuer Typ, die SHK, die eine noch größere Leistungsspanne und tadellose Flugeigenschaften aufwies. Diese Leistungen wurden in der Hauptsache durch eine Vergrößerung der Spannweite auf 17 m und eine Verbesserung des Seitenverhältnisses um 21% auf 20,2 erreicht. Beim einem Erprobungsflug kam es beinahe zu einem schweren Unfall, als sich die SHK nicht aus dem Trudeln ausleiten ließ. Es zeigte sich, dass dies eine Konsequenz des V-Leitwerks war.

Auf Grund der Erfahrungen erfolgte die Weiterentwicklung der SHK zu dem Modell 1967. Diese SHK 1967 enthielt neben den Bemühungen um eine stets perfekte Profiltreue und Oberflächengüte weitere Verbesserungen. Nach 60 Flugzeugen wurde die Produktion der SHK eingestellt, das Zeitalter der Kunststoffflugzeuge hatte begonnen. ◂

SZD-19 Zefir

Die Sensation der Segelflugweltmeisterschaften 1960 auf dem Butzweilerhof bei Köln waren die polnischen Konstruktionen Zefir und Foka. Dabei war Zefir fraglos das eleganteste Flugzeug und fand täglich das größte Interesse. Nicht nur wegen seiner rassigen Linienführung und vieler Detaillösungen, sondern wegen seiner hervorragenden Leistungen. Gebaut wurde der Zefir bei Szybowcowy Zakład Doświadczalny (Entwicklungswerk für Segelflugzeuge). Die polnischen Piloten Makula und Popiel belegten am Ende in der Offenen Klasse den 2. und 3. Platz. Der junge Konstrukteur Bogumil Szuba musste täglich in vielen Sprachen Interviews und Aufklärungen geben.

Der Jungfernflug fand bereits am 31. Dezember 1958 statt. Bestechend war bei dieser Konstruktion bereits der Rumpfbau mit einem herkömmlichen Leitwerk. 1959 wurde das Flugzeug im Hinblick auf die Segelflug-Weltmeisterschaften 1960 völlig neu konstruiert.

Bis zur Eröffnung der Weltmeisterschaft am 4. Juni 1960 konnten zwei Muster fertig gestellt werden, sie kamen direkt aus dem Werk nach Köln. In der Konstruktion wurden neben Holz auch Schaumstoff-Sandwichs und GFK-Schalen verwendet. Erstmals in der Geschichte des polnischen Segelflugzeugbaus fand ein Laminarprofil aus der NACA-Reihe Verwendung. Der Flügel war mit sehr wirkungsvollen Auftriebsklappen (sie lieferten 35% zusätzlichen Auftrieb) sowie mit massenausgeglichenen Querrudern ausgerüstet, die ein sehr enges Thermikkreisen ermöglichten. Die Flügelholme gehen in breite Holmenden mit Metallbeschlägen über, die in zwei Paaren von Stahlbacken zusammengeschraubt wurden. Die Verbindung zwischen Rumpf und den Tragflächen erfolgte mit vier Konuszapfen. Diese Montage fand viel Interesse, wurde nachgebaut und verfeinert. Der Rumpf, in Schalenbauweise hergestellt, wurde sowohl außen wie auch innen mit Laminat verkleidet, ebenso wie die aerodynamisch ausgezeichnet gelösten Übergänge der Flächen in

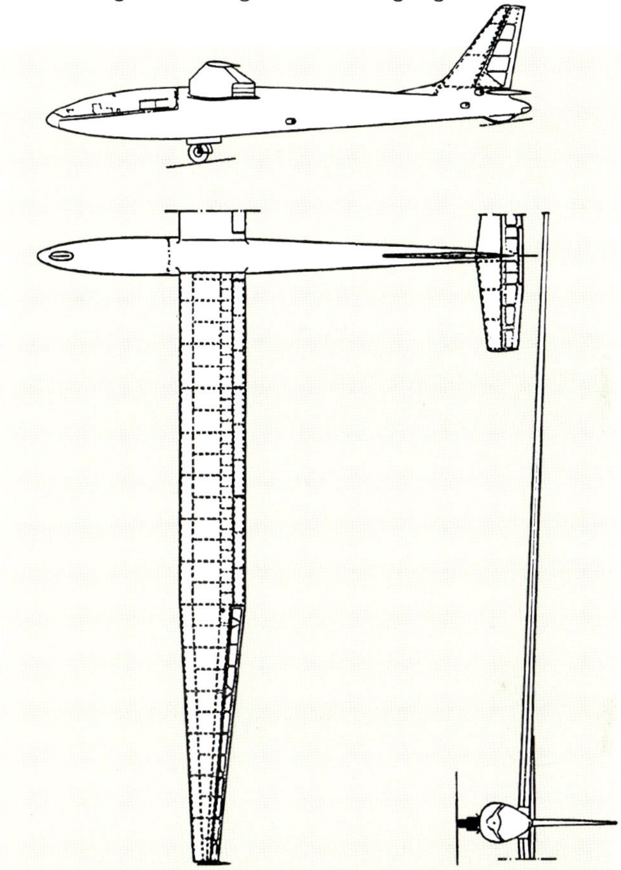

Übersichtszeichnung SZD-19-Zefir

Das Leistungssegelflugzeug Zefir 2A im Luftfahrtmuseum Krakau in Polen (Wikipedia Michał Derela)

den Rumpf. Durch die halbliegende Stellung des Piloten konnte der Rumpfquerschnitt sehr klein gehalten werden. Ebenso war das Instrumentenbrett erstmals auf einer besonderen Säule montiert, so dass die Kontrolle der Instrumente leicht durchgeführt werden konnte und trotz der großen Zahl der Instrumente das Sehfeld des Piloten nicht eingeengt war. Die Schleppkupplung befand sich am Fahrwerk und wurde nach dem Auslösen des Schleppseils mit dem Rad (bremsbar) voll eingezogen. Für kurze Landungen sowie zur Begrenzung der Sturzfluggeschwindigkeit war ein wirksamer Bremsschirm eingebaut, eine weitere konstruktive Einzelheit, die viel Beachtung fand.

Baumuster	Zefir 2	Zefir 3 u. 4
Spannweite m	17 m	19 m
Länge	7,20 m	8 m
Flügelfläche	14 m²	15,70 m²
Seitenverhältnis	20,60	23
Rüstgewicht	330 kg	434 kg
Zuladung	85 kg	90 kg
Fluggewicht	415 kg	524 kg
Flächenbelastung	30,0 kg/m²	33,4 kg/m²
Mindestgeschwindigkeit	62 km/h	65 km/h
Höchstgeschwindigkeit	220 km/h	300 km/h
Sinkgeschwindigkeit	0,72 m/sec bei 87 km/h	0,66 m/sec bei 100 km/h
Gleitzahl	35 bei 95 km/h	42 bei 103 km/h
Profil	NACA 652 515	

Nach den großartigen Erfolgen bei der Weltmeisterschaft 1960 gingen in Polen Bestellungen aus aller Welt ein, so dass mehr Muster exportiert als im eigenen Land geflogen wurden. Nach den ersten Erfahrungen erfolgten einige Verbesserungen, die zum Typ SZD-19 A (Zefir 2 A) führten, der am 24. Januar 1962 mit dem Kennzeichen SP-237 eingeflogen wurde. Mit dieser Ausführung belegten bei der Weltmeisterschaft 1963 in Argentinien die Piloten Makula und Popiel den 1. und 2. Platz. Makula erflog damit mit 717,5 km Strecke, im 100 km Dreieck mit 102,1 km/h, im 200 km Dreieck mit 93,929 km/h neue polnische Rekorde.

Die nach 1965 folgende Zefir 3 hatte die beste Gleitzahl von 42. Die Spannweite wurde auf 19 m vergrößert, der Flügelumriss zum Trapezflügel umgewandelt und wohl zum ersten Mal im Segelflugzeugbau Spreizklappen entlang der ganzen Spannweite einschließlich der Querruder angebracht. ◂

1959

Von der SB 5 bis zu SB 9

Die Akademischen Fliegergruppen gehören in der Geschichte des Segelfluges von Anfang zu den Grundbausteinen. Nicht nur, dass sie zu den Pionieren auf konstruktivem Gebiet gehören. Ohne die Schüler und Studenten aus Darmstadt wäre wahrscheinlich die Wasserkuppe ein Berg wie viele im Mittelgebirge der Rhön, auf der Suche nach einem für Flugversuche besser geeignetem Gelände fanden sie 1911 im Rahmen einer Erkundungswanderung wurden sie dort fündig.

Die ersten akademischen Fliegergruppen wurden 1920 gegründet. Eine Folge aus dem Versailler Vertrag nach Ende des ersten Weltkrieges war das weitgehende Verbot des Fliegens mit Motor (zumindest, wenn es möglicherweise militärisch verwendbar war). Fliegen ohne Motor betrachteten die Alliierten eher als Spielerei oder Spinnerei. Dass der Segelflug speziell in Deutschland eine so besondere und herausragende Position einnimmt, ist eine der unmittelbaren Folgen aus dem verlorenen Weltkrieg. In den ersten Jahren (ab 1920) studierten an den Universitäten einige arbeitslose Piloten der ehemaligen kaiserlichen Luftstreitkräfte, soweit sie (oder ihre Eltern) finanziell dazu in der Lage waren. Zugleich konnten sie ihr Wissen in einigen akademischen Fliegergruppen einbringen. Ihre flugpraktische Erfahrung floss in frühe Konstruktionen ein. Andererseits waren diese frühen Konstruktionen alles andere als leicht zu bedienen, hier war tatsächlich Können gefragt. Es gibt In frühen Berichten einige Beispiele, dass machc von Akafliegern entwickelte Konstruktion mit einem „normalen“ Studenten am Steuer nur wenige Minuten heil blieb.

Akademische Fliegergruppen entstanden da, wo Studenten unabhängig von der Lehre sowohl forschten, selbst bauten und auch flogen. Die Akademischen Fliegergruppen verbanden sich 1922 über ihre Vereinigung „Idaflieg“ (Interessengemeinschaft deutscher akademischer Fliegergruppen), sie existiert (wie die Akafliegs) noch heute. Daneben gab es die Ingenieurschulen mit Konstruktionen, die im Rahmen des Lehrbetriebs entstanden, allerdings nicht minder interessant waren.

Foto der SB 5c vor der Halle in Braunschweig.

An der Technischen Hochschule „Carolina Wilhelmina" in Braunschweig waren die Studenten beeindruckt von den großen Erfolgen ihrer Kollegen der Hochschule Hannover (siehe Kapitel „Vampyr"). Im November gründeten sie die „Flugwissenschaftliche Gruppe an der Technischen Hochschule Braunschweig". Bis zur Wiederzulassung des Segelflugs 1951 nach dem zweiten Weltkrieg traten sie weniger mit besonderen eigenen Entwicklungen in Erscheinung; dies änderte sich allerdings nach ihrer Neugründung am 4. Juli 1951 in der Mensa der technischen Hochschule.

Die Entwicklungen zur SB 5 (Segelflugzeug Braunschweig) begannen 1953. Viele Umstände ließen die Verwirklichung des Traumobjektes SB 5 erst 1957 erfolgen. Die ruhenden Entwicklungsarbeiten wurden wieder aufgenommen und nach eineinhalb Jahren Bauzeit konnte unter Führung von Georg Radatz am 3. Juni 1959 der Erstflug durchgeführt werden. Die SB 5 war ein Segelflugzeug konventioneller Bauweise mit günstigen Leistungen. Als Standardklasseflugzeug besaß sie Sperrholzschalenrumpf und ein V-Leitwerk. Bei den Deutschen Segelflugmeisterschaften 1961 belegte Otmar Heise unter 36 Teilnehmern den 3. Platz inmitten von 29 Ka 6. Am 6. Juni 1961 geriet die SB 5 bei einem Zielflug nach Frankreich in der Nähe von Herford in ein Gewitter und wurde vollkommen zerstört. Der Pilot konnte sich mit dem Fallschirm retten. Auf Basis der Konstruktionsunterlagen entwickelten die jungen Konstrukteure der Akaflieg Braunschweig gemeinsam mit dem Bamberger Hans Eichelsdörfer den Typ weiter. Im Juni 1963 ging sie als SB 5B in Serie. Von ihr wurden bis 1970 über 100 Exemplare gebaut.

Doch die Akaflieger stellten sich neuen Herausforderungen. Björn Stender war von den neuen Möglichkeiten der damals neuen Kunststoffbauweise sehr beeindruckt und konnte auch seine Kameraden begeistern. In der erstaunlich kurzen Zeit von nur einem Jahr wurde die SB 6 entworfen, konstruiert und gebaut. Sie war ein Hochleistungssegler mit 18 m Spannweite der Offenen Klasse, ein Flugzeug, das in einer Balsaholz-Glasfaser-Epoxydharz-Verbundbauweise hergestellt wurde. Mit der SB 6 begann

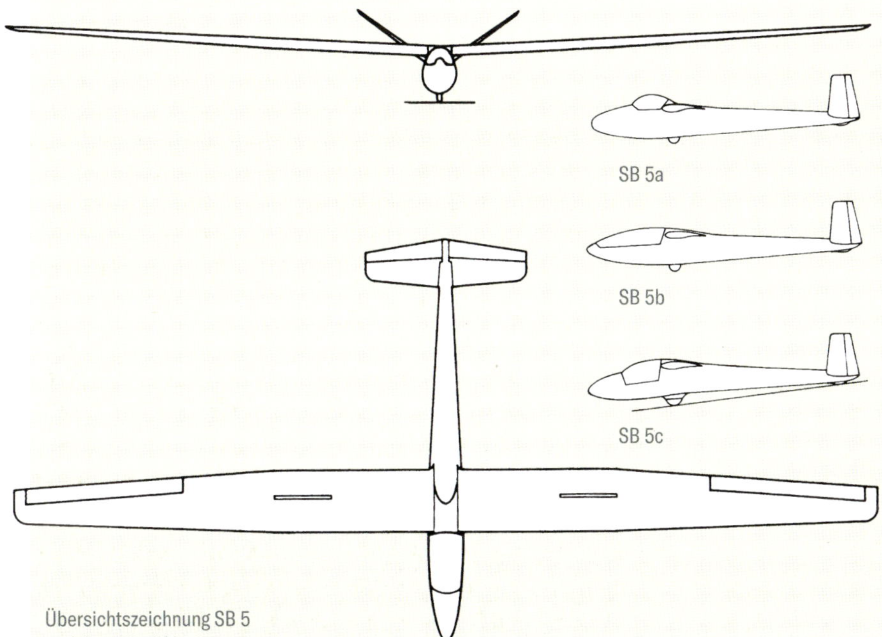

Übersichtszeichnung SB 5 und ihrer Modifikationen

Die Konstruktion der Gabel der innovativen Flügelverbindung bei der SB 6.

die eigentliche Forscherarbeit der Studenten von Braunschweig. Auffallend die bis zum Äußersten getriebene Schlankheit des Holmes, dessen Höhe nur noch 0,7 % der Spannweite betrug. Die Flügelstreckung war ganz auf die Erzielung einer bestmöglichen Gleitzahl zugeschnittenen. Ein besonders günstiges Profil wurde eigens für die SB 6 von Dr. Richard Eppler berechnet.

Um bei der SB 6 auf die Flügelmulden und den Kernkörper des Rumpfes verzichten zu können, war eine unvollständige Sandwich-Schale notwendig, nämlich ohne die innere GFK-Deckschicht. Voruntersuchungen mit Bauelementen und ein späterer statischer und dynamischer Festigkeitsversuch mit einem ganzen Flügel bei der Deutschen Forschungsanstalt für Luftfahrt in Braunschweig bestätigten die Zulässigkeit dieser anfangs als Wagnis erscheinenden Gestaltung. Hierbei musste die äußere GFK-Deckschicht notwendigerweise stärker sein und das hauptsächlich tragende Element bilden, während die Balsa-Schale mehr nur als formgebendes Stützgerüst dient.

Auch für zahlreiche konstruktive Einzelheiten, so für das Steuerknüppel-Aggregat und für die Lagerung und Schnellmontage des Höhenleitwerks fand Stender verblüffend einfache und praktische Lösungen. Eine besonders einfache, aber umso interessantere Detailkonstruktion ist die Flügelverbindung, die Otmar Heise für die SB 6 gefunden hat. Dabei verjüngt sich der breite Kastenholm des rechten Flügels an der Wurzel bis auf die Breite eines Beschlages mit Steckdübel, während der Holm des linken Flügels gegabelt ist und in zwei solche Dübelbeschläge ausläuft. Diese Holmzungen reichen jeweils durch den Rumpf hindurch bis zur Wurzelrippe des Gegenflügels, die entsprechende Dübellöcher trägt. In je ein kleineres Dübelloch im Nasen- und Schwanzteil der Wurzelrippen greifen außerdem vier Dübelzapfen vom Rumpfmittelstück her ein. Auf diese Art werden beim Zusammenstecken der Flügel durch das Rumpfmittelstück hindurch zugleich die beiden Flügel biegungsfrei miteinander verbunden und an vier Punkten am Rumpf aufgehängt. Das Herausgleiten aus den Steckverbindungen verhindert ein einziger schlanker Bolzen, der in der Mitte von vorn nach hinten durch die Holmzungen gesteckt wird. Diese verblüffend einfache und zweckmäßige Flügelverbindung wurde anschließend bei der Konstruktion fast aller Kunststoffvögel übernommen.

Wie eine Reihe anderer Konstrukteure ließ sich Stender bei der Gestaltung des Rumpfes von den polnischen Vorbildern der Weltmeisterschaft 1960 beeinflussen und wählte für die SB 6 eine halb liegende Anordnung des Piloten.

Zwei Erkenntnisse beeinflussten den Gesamtentwurf der SB 6: es waren die neuen Konstruktionsideen der HKS-Typen und die Erfolge, die mit dem Eppler-Profil und den glasfaserverstärkten Kunststoffen (GFK) beim Phönix und der Kria erzielt wurden. Da die Braunschweiger Studenten nur ein Einzelstück als Beweis ihrer wissenschaftlichen Arbeiten bauen wollten, schufen sie keine Formmulden, keine Negativformen, sondern bauten gleich, wie bislang, von innen nach außen und schliffen statt der Formmulde lieber gleich den richtigen Flügel. Prof. Blenk taufte das Flugzeug am 6. Mai 1961 auf den Namen Nixope (scherzhaft übersetzt mit „nix ohne Penunzen“). Wenige Tage später belegte ihr geistiger Vater Björn Stender bei der Deutschen Meisterschaft 1961 bei seinem ersten Start in einer Deutschen Meisterschaft den 5. Platz unter 15 bekannten Namen.

War die SB 6 ein Versuchsflugzeug, mit dem man die Grenzen des technisch Möglichen in dieser neuen Bauweise ermitteln wollte, so stellte die 1962 entworfene SB 7 eine Neukonstruktion für die Standardklasse dar, in der man die bei der SB 6 gemachten Erfahrungen verwertete. Alles in allem sollte die SB 7 ein Mittler zwischen den guten Flugleistungen der SB 6 und den ausgezeichneten Flugeigenschaften der SB 5 sein. Die SB 7 ist ein Leistungseinsitzer der Standardklasse mit Eppler-Profil, einholmigem Rechteck-Trapezflügel und mit zweiteiligen Sturzflugbremsen nach dem Schempp-Hirth-System sowie einem Pendel-T-Leitwerk. Sie besitzt automatische Ruderanschlüsse, einen Flächenanschluss wie erstmals bei der SB 6 mit der denkbar einfachen, aber wohlüberlegte Gabel-Zungen-Anordnung.

Eine SB 7 beim Idafliegtreffen 2015 in Aalen-Elchingen.

Der Rumpf ist sehr niedrig, die Haube eingestrakt. Das einziehbare Fahrwerk ist ungefederte. Da am Bau der SB 7 viele Studenten aus der Zeit der SB 6 beteiligt waren, konnten eine Reihe von Details weiterhin verbessert werden.

Die Steuerung aller Ruder erfolgt über Stoßstangen, die Ruderanschlüsse sind automatisch. Die SB 7 besaß im Gegensatz zu den vorhergehenden Braunschweiger Neukonstruktionen wieder Sturzflugbremsen. Insgesamt gab es fünf Nachbauten, von denen heute noch zwei fliegen.

Nach den Erfahrungen mit SB 6 und SB 7 blieben die Braunschweiger Studenten ihrer Arbeit auf dem Gebiet der Glasfaser-Kunstharz-Verarbeitung in Verbindung mit dem Stützstoff Balsaholz treu und schufen 1964 mit der SB 8 nunmehr wieder eine Neukonstruktion der Offenen Klasse. Die Konstruktionsarbeit dauerte zwei Jahre. Ziel war ein Flugzeug hoher Leistung bei schwachen Thermikbedingungen zu schaffen. Neu war, dass für die Flügeloberseite und das Höhenleitwerk Negativschalen hergestellt wurden. So musste nur die Flügeluntersei-

Baumuster	SB 5	SB 6	SB 7	SB 8	SB 9
Spannweite	15m	18m	15m	18m	22m
Länge	6,50m	7,50m	7m	7,70m	7,50m
Flügelfläche	13m^2	12,95 m^2	11,85 m^2	14,10 m^2	15,48 m^2
Seitenverhältnis	17,30	25	19	23	31,30
Rüstgewicht	203kg	230 kg	200 kg	220 kg	314 kg
Zuladung	97 kg	105 kg	100 kg	105 kg	102 kg
Fluggewicht	300 kg	335 kg	300 kg	325 kg	416 kg
Flächenbelastung	23,10 kg/m^2	25,60 kg/m^2	25,30 kg/m^2	23 kg/m^2	27 kg/m^2
Mindestgeschwindigkeit	60 km/h	58 km/h	62 km/h	53 km/h	59 km/h
Höchstgeschwindigkeit	200 km/h	200 km/h	254 km/h	200 km/h	180 km/h
Sinkgeschwindigkeit	0,63 m/sec bei 66 km/h	0,55 m/sec bei 85 km/h	0,61 m/sec bei 81 km/h	0,55 m/sec bei 67 km/h	0,45 m/sec bei 72 km/h
Gleitzahl	32,5 bei 77 km/h	42 bei 85 km/h	39,5bei 105 km/h	41 bei 82 km/h	48 bei 85 km/h
Profil	NACA	STE	Eppler	Wortmann	
	633-618	871-514	306	62-K-153 62-K-131 60-126	62-K-153 62-K-131 60-126

te gespachtelt und geschliffen werden. Als Profil wurde das für den Langsamflug besonders geeignete Wölbklappenprofil Wortmann FX 62-K-131 gewählt. Der Flügel erhielt außer dem Hauptprofil innen und außen zwei andere Profile wegen der besonderen Anforderungen an den Innen- und Außenflügel (Bauhöhe bzw. Querrudereigenschaften) und eine Schränkung am Außenteil, um auch noch im Kurvenflug bei Böigkeit ein harmloses Abreißverhalten bei guter Querruderwirkung zu erzielen. Die Querruder schlugen zusammen mit den Wölbklappen um einen Teilbetrag (Flaperons) mit aus. Sie besaß großzügig bemessene Bremsklappen. Der Flügel bestand aus einem Kastenholm (außen I-Holm), Balsarippen und einer üblichen GFK-Torsionsschale mit längsverlegtem Balsa. Wegen vieler Vorteile wurde wieder ein T-Leitwerk gewählt. Das Höhenleitwerk war normal, ebenfalls als Balsa-GFK-Sandwich, mit festem Flossenteil ausgebildet. Das Seitenruder blieb aus Gewichtsgründen konventionell mit Stoff bespannt. Der Rumpf wurde hinter dem Flügel zur Widerstandseinsparung stark eingeschnürt. Auch sein Aufbau bestand wie der Flügel aus einer Balsa-GFK-Schale mit leichten Balsaspanten und zwei Kiefer-Sperrholz-Hauptspanten im Rumpf-Flügel-Übergangsbereich. Das einziehbare Fahrwerk besaß einen großen Raddurchmesser. Durch saubere Bauweise und wohlüberlegte konstruktive Einzelmaßnahmen erreichten die Braunschweiger Studenten für diesen 18 m-Vogel ein Leergewicht von nur 220 kg.

Am 25. April 1967 erfolgte der Erstflug auf dem Braunschweiger Flughafen, der zu einem ausgedehnten Testflug wurde. Bei den Deutschen Meisterschaften 1968 belegte Wolfgang Beduhn auf SB8V1 den 5. Platz, Helmut Treiber auf V2 den 7. Platz, 1971 wurde Adolf Schreiber auf SB 8 deutscher Vizemeister. Aus Teilen der SB 8 (V2) wurde dann die SB 9 geschaffen, ihre Tragflächen gingen als Außenflügel wiederum in denen der SB 10 auf. ◂

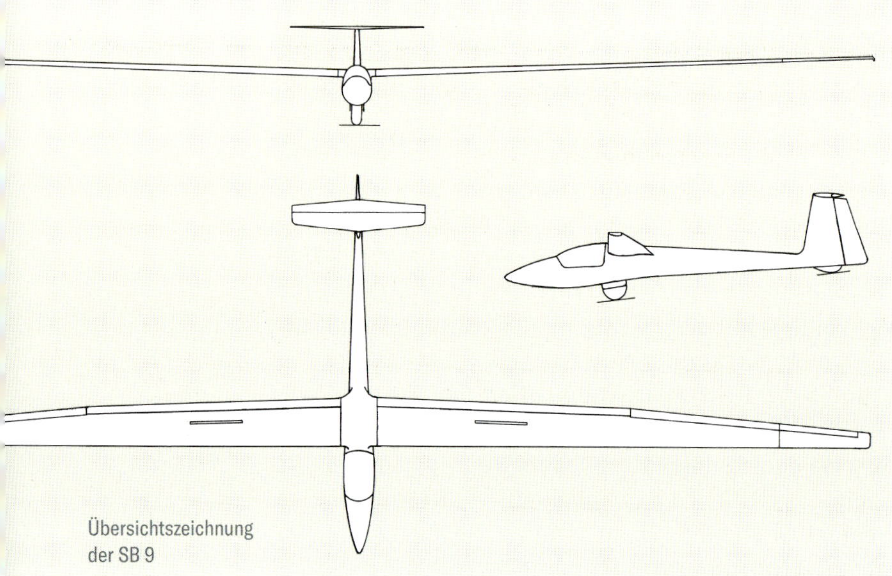

Übersichtszeichnung der SB 9

Die SB 9 mit 22 Meter Spannweite.

A-15

1960

Eine A 15 beim Vintage Glider Treffen in Spitzerberg im Anflug. (Bild Alexander Gilles)

Der bekannteste Konstrukteur im Segelflug der Sowjetunion ist Oleg Antonov. Von ihm stammt die berühmte Serie der A-Konstruktionen. Die erfolgreichste Vorkriegskonstruktion war die „Rot-Front-7“, mit der u. a. Olga Klepikova 1939 den bis 1951 gültigen Strecken-Weltrekord von 749 km erflog. Antonov bevorzugte bei seinen Konstruktionen nach dem Zweiten Weltkrieg das V-Leitwerk und die Ganzmetallbauweise. 1950 entstand der Einsitzer A-11 mit 16,5 m Spannweite, von dem etwa 150 Exemplare gebaut worden sind. Im gleichen Jahre wurde A-13 fertig gestellt, der Erstflug erfolgte am 5. Mai 1958. Die A-13 verfügte nur über eine Spannweite von 12,1 m und war vor allem für den Kunstflug gedacht. Da Rumpf und Leitwerk von dem Einsitzer A-11 übernommen worden waren, konnten die Flächen jederzeit ausgetauscht werden. Von A-13 wurden etwa 200 Muster gebaut.

Der Leistungseinsitzer A-15 bedeutete einen erheblichen Fortschritt. Rein äußerlich blieb bei diesem Flugzeug der offenen Klasse nur die Metallbauweise und das V-Leitwerk der früheren Typen. Sonst ist die Gesamtform des freitragenden Schulterdeckers in Ganzmetallbauweise wesentlich eleganter. Die A-15 wurde mit dem Ziel konstruiert, eine hohe Geschwindigkeit bei geringem Sinken durch hervorragende aerodynamische Qualität zu erreichen. Die Oberfläche von Flügel, Rumpf und Leitwerk waren mit einer leichten Legierung bedeckt. Die einholmige Fläche besaß ein Laminarprofil und Fowler-Klappen. Im Tragflügel war ein 50-Liter-Tank für Wasserballast eingebaut. Auch der Rumpf bestand aus einer Schalenbauweise in Ganzmetall. Er hatte ein einziehbares und bremsbares Einradfahrwerk.

Der Erstflug erfolgte am 26. März 1960 und schon wenige Wochen später waren mit dem Leistungseinsitzer A-15 mehrere Weltrekorde geflogen. Dabei sollte man nicht übersehen, dass die A-15 beständig geflogen werden muss und die Steuerung der Fowlerklappen anspruchsvoll ist. Gute Flugleistungen hingen auch immer von einem besonderen Können der Piloten ab. Neben den Geschwindigkeitsrekorden erflog Mikhail Vierietiennikov am 18. Juni 1960 mit 714 km den Rekord im Zielstreckenflug. Erst drei Jahren wurde dieser überboten. ◂

Baumuster	A-15
Spannweite	17 m
Länge	7,20 m
Flügelfläche	12 m^2
Seitenverhältnis	24
Rüstgewicht	300 kg
Zuladung	80 kg
Fluggewicht	380 kg
Flächenbelastung	31,60 kg/m^2
Mindestgeschwindigkeit	55 km/h
Höchstgeschwindigkeit	250 km/h
Sinkgeschwindigkeit	0,60 bei 90 km/h
Gleitzahl	40
Profil	Flügelwurzel: NACA 643.618 Flügelende: NACA 633-616

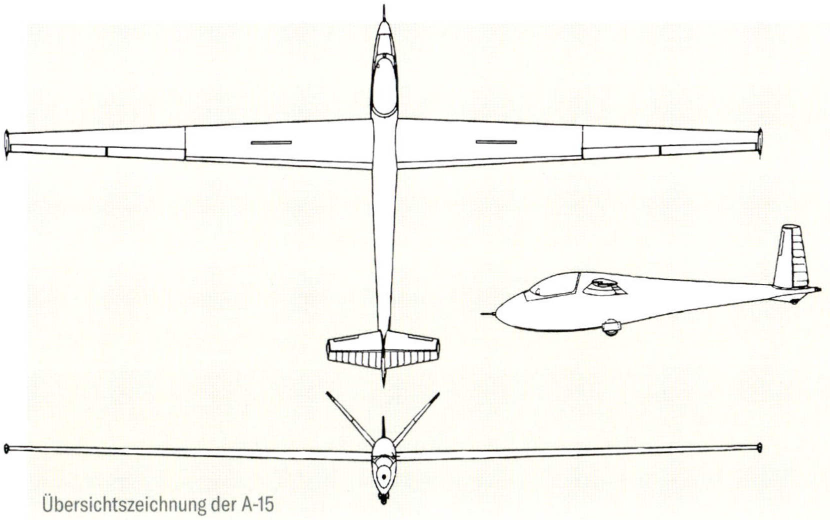

Übersichtszeichnung der A-15

Die Morelli M-100 S des Vereins zur Förderung des historischen Segelflugs e. V.

1960

M-100 S

Schon 1924 schrieb die Lega Aero nationale Italiens einen 1. Internationalen Segelflug-Wettbewerb in Asiago aus. Die Italiener erschienen damals bereits mit eigenen Flugzeugen, die aber gegen die deutschen Konstruktionen „Der Alte Dessauer“, „Moritz“, „Konsul“ und „Deutschland“ nicht bestehen konnten. Allerdings muss man auch erwähnen, dass das gewählte Gelände von Bombenkratern des wenige Jahre zuvor beendeten ersten Weltkriegs durchzogen war. Am Ende dieses Wettbewerbs blieb als einziges Flugzeug „Der alte Dessauer“ der Akaflieg Cöthen schadlos.

Die Eindrücke blieben nicht ohne Wirkung. Seit 1926 bauten Studenten Universität verschiedene Segelflugzeuge. 1936 kamen die Italiener zu den Olympischen Spielen nach Berlin mit „Arione“. Seit 1934 trat das Instituto di Aeronautica des Polytechnikums Mailand mit den C.V.V.-Typen hervor, von denen C.V.V.-6 Canguro und C.V.V.-7 Pinocchio am bekanntesten wurden.

Ab 1948 war Italien bei fast allen Weltmeisterschaften mit eigenen Konstruktionen vertreten: 1952 mit dem Leistungsflugzeug Pinocchio und dem Doppelsitzer Canguro, auf dem der Mantelli 1954 Vizeweltmeister wurde. 1960 erschien die bisher erfolgreichste italienische Konstruktion, die M-100 S.

Dieses Segelflugzeug der Standardklasse war eine Konstruktion der Gebrüder Alberto und Piero Morelli und wurde nach OSTIV/FAI-Richtlinien entworfen. Sie ging als Siegerflugzeug aus einem Entwurfswettbewerb für einen italienischen Standardleistungssegler hervor, den der ita-

Baumuster	Morelli M-100 S
Spannweite	15 m
Länge	6,46 m
Flügelfläche	13,10 m²
Seitenverhältnis	17,20
Rüstgewicht	200 kg
Zuladung	115 kg
Fluggewicht	315 kg
Flächenbelastung	24 km/m²
Mindestgeschwindigkeit	51 km/h
Höchstgeschwindigkeit	230 km/h
Sinkgeschwindigkeit	0,62 m/sec bei 67 km/h
Gleitzahl	32 bei 77 km/h
Profil	mod. NACA-63

lienische Aero-Club ausgeschrieben hatte. Der Prototyp flog im Januar 1960. Mit dem Standard-Flugzeug M-100 S starteten die Italiener bei den Weltmeisterschaften 1960, 1963 und 1965. Der Hochdecker in robuster Holzbauweise mit Sperrholzbeplankung besaß eine geräumige Kabine mit guter Sicht. Die Ruder und teilweise auch die Tragflächen waren stoffbespannt. Der Flügel war einholmig mit einer als Torsionsröhre ausgebildeten Flügelnase. Auffallend die besonders wirksamen Sturzflugbremsen, die in Form von je drei Drehplattenpaare aus verstärktem Polyester an den Flügelober- und -unterselten ausgeführt waren. Eher nebensächlich, aber amüsant, dass mit der M-100 S der Weltrekord im Auf- und Abrüsten gehalten wird: 1 Minute und 32 Sekunden ohne Werkzeug! (1963).

Das halb in den Rumpf versenkte Rad war starr konstruiert. Zur leichteren Wartung ließ sich das Instrumentenbrett nach vorn umklappen. Der Serienbau begann 1961 in Italien bei der Firma Avionautica Rio S. p. A. in Sarnico (Bergamo), 1963 übernahm Frankreich den Lizenzbau bei Carman in Moulins (Allier). Etwa 200 Exemplare dieser italienischen Konstruktion flogen in Europa, Amerika und Afrika. Der Verein zur Förderung des historischen Segelflugs (VFhS) erwarb 2021 ein Exemplar.◂

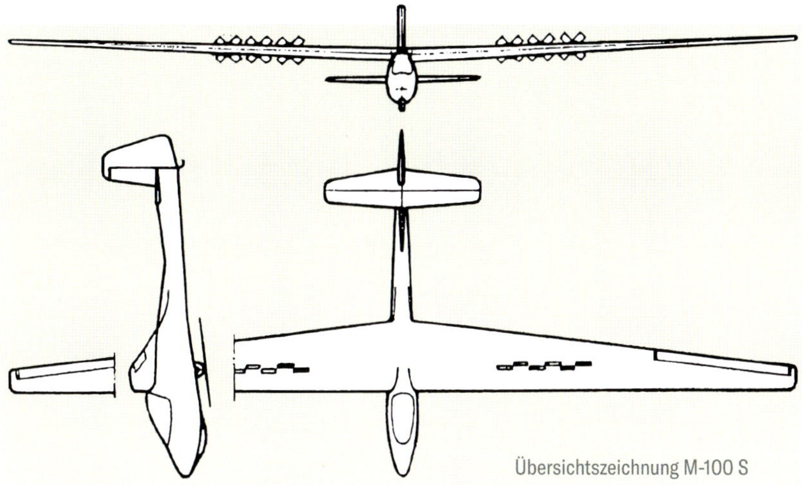
Übersichtszeichnung M-100 S

1960

SZD-24 Foka

Die Foka (Seewolf) war das Siegerflugzeug eines Wettbewerbes in Polen, der 1958 nach den Segelflugweltmeisterschaften für den Entwurf eines Standard-Segelflugzeuges für die nächsten Weltmeisterschaften ausgeschrieben worden war. Der erste Prototyp flog unter Adam Zientek am 2. Mai 1960. Der zweite Prototyp SZD-24 A Foka A startete erstmals am 24. Mai 1960 und vertrat wenige Tage später Polen bei den Weltmeisterschaften in Köln. Der Weltmeister von 1958, Adam Witek, belegte am Ende den 3. Platz in der Standardklasse. 1961 wurden drei Muster der SZD-24 B Foka B gebaut. Der Erstflug des geänderten Musters erfolgte am 20. Januar 1961. Mit geringfügigen Änderungen begann im Herbst des gleichen Jahres die Serienproduktion. Gebaut wurden über 200 Muster.

Bei der Weltmeisterschaft in England 1965 siegte Polen mit der Foka-4 sehr eindrucksvoll sogar in der Offenen Klasse mit Jan Wroblewski. Mit der Foka erzielte Polen nicht weniger als sieben Weltrekorde im Geschwindigkeitsflug, im Zielflug und im Zielflug mit Rückkehr. Die beste Leistung vollbrachte Jan Wroblewski am 28. Juli 1963 mit dem Weltrekord im Zielrückkehrflug über 678,9 km.

Das Segelflugzeug SZD-24 Foka ist ein Holzbau mit weitgehender Berücksichtigung von Sandwichschalen sowie Laminaten. Der zweiteilige Laminarflügel von Trapezform hat leichte Pfeilung und ist mit sehr wirksamen Bremsklappen ausgestattet (mit Rasten). Die Schaumstoff-Sandwich-Flügelschalen wurden in einem einfachen Untendruckverfahren angefertigt. Diese Bauweise

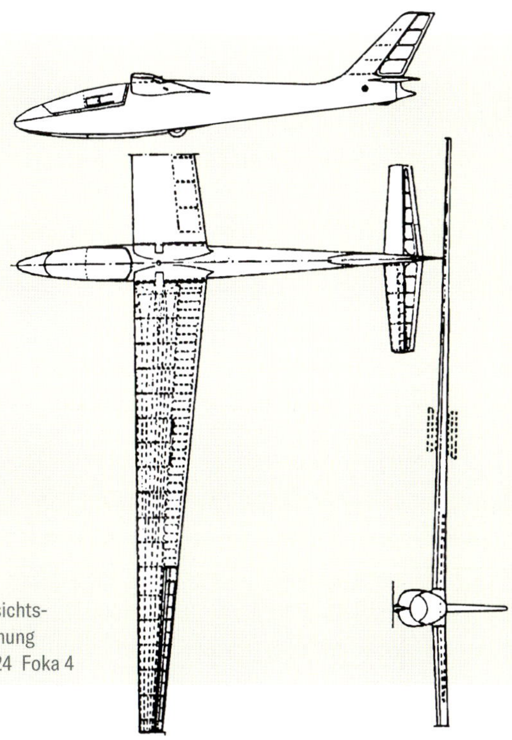
Übersichts-zeichnung SZD-24 Foka 4

SZD-24 Foka über dem Flugplatz Spitzerberg nahe Wien. (Bild Alexander Gilles)

sicherte große Profilgenauigkeit. Die beim Montieren in den Rumpf hineinragenden Holmwurzeln wurden dort mit einem einsteckbaren Doppelkonus-Spreizbolzen verbunden. Querruder- und Klappenanschlüsse verbanden sich beim Montieren automatisch. Bestechend war die Konstruktion des Führersitzes. Dank der seitlichen Führung der Höhen- und Querruderantriebe konnte der Rumpfquerschnitt wesentlich herabgesetzt werden. Die größte Rumpfhöhe betrug nur 86 cm. Diese Konstruktionsmerkmale beeinflussten von da an den Segelflugzeugbau in aller Welt. Die Haube war im Gegensatz zum Zefir nicht aufklappbar, sondern nach vorne aufschiebbar und konnte im Notfall abgeworfen werden. Neu war auch der Säulenpilz für die Instrumente. Durch diese Anordnung konnten die Instrumente bequem beobachtet und gewartet werden und das Blickfeld des Piloten wurde nicht eingeengt. Die gesamte Wanne des Cockpit bestand aus GFK. Die Rückenlehne des Piloten konnte im Flug nachgestellt werden. Ein ebenso auffälliges Konstruktionsmerkmal war die Schrägstellung der Seitenflosse.

Die sorgfältige aerodynamische Ausarbeitung ermöglichte hervorragende Flugleistungen. Der Kurvenwechsel von 45° bis 45° war in fast drei Sekunden möglich. Die einzelnen Varianten der Foka vom Prototyp bis Foka 4 wiesen neben vielen Verbesserungen aus der Erfahrung keine grundsätzlichen Änderungen auf. Dies erfolgte erst 1967 bei der Entwicklung der Foka 5. Diese Version unterschied sich durch ein T-förmiges Pendel-Höhenleitwerk, dessen Befestigungsschraube gleichzeitig als Massenausgleich dient. Der Kabinenraum wurde noch geräumiger und bot dem Piloten mehr Sitzkomfort. ◂

Baumuster	Foka	Foka 4	Foka 5
Spannweite	14,98 m	14,98 m	14,98 m
Länge	7 m	7 m	7,17 m
Flügelfläche	12,16 m²	12,16 m²	12,16 m²
Seitenverhältnis	18,50	18,50	18,50
Rüstgewicht	237 kg	228 kg	256 kg
Zuladung	85 kg	85 kg	129 kg
Fluggewicht	322 kg	313 kg	385 kg
Flächenbelastung	26,8 kg/m²	29,0 kg/m²	31,7 kg/m²
Mindestgeschwindigkeit	62 km/h	64 km/h	68 km/h
Höchstgeschwindigkeit	250 km/h	260 km/h	260 km/h
Sinkgeschwindigkeit	0,66 m/sec bei 75 km/h		0,65 m/sec
Gleitzahl	34 bei 86 km/h	34 bei 84 km/h	34 bei 94 km/h
Profil	NACA 633 618		

Lommatzsch Favorit

In der DDR fertigte der VEB Apparatebau Lommatzsch Segelflugzeuge. Entwickelt wurde der Einsitzer Lom-61 Favorit von Hans Wegerich (Gesamtkonzeption und Aerodynamik), Hans Hartung (Konstruktion) und Wolfgang Heinze (Statik). Er war der Nachfolger der 1958 gebauten Lom-58 II „Libelle-Laminar", mit den Arbeiten wurde 1961 begonnen.

Der Entwurf sah ein Segelflugzeug für den Leistungsflug vor. Es ist ein Schulterdecker mit einer Kombination aus einem Holzflügel mit innen liegendem Leichtmetallholm bis zu 2/3 der Spannweite. Damit sollte der Favorit auch hohe Geschwindigkeiten fliegen, was dann auch bei Wettbewerben durchaus bis an die Grenze von 300 km/h getrieben wurde. Die Flugeigenschaften waren in der Thermik eher schwierig, die Steigwerte waren im Kreisflug nicht ausreichend.

Das Segelflugzeug wurde in einer Waben-Sandwich-Holzbauweise konstruiert und gebaut. Um den Belastungen bei hohen Geschwindigkeiten gewachsen zu sein, erhielt er einen Holm aus Leichtmetall in Flügeltiefe. Rumpfbug und das Heck bestanden aus GFK. Prototyp war

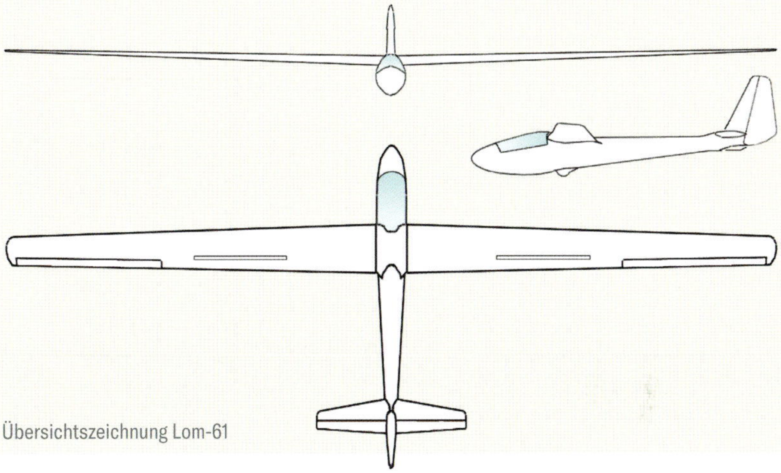

Übersichtszeichnung Lom-61

Lom-61 Favorit kommt am Ende des Erstfluges am 3.8.2021 zur Landung. Sandro Rutz hatte über einen langen Zeitraum das letzte Exemplar mit einer aufwändigen Restaurierung in die Luft gebracht. Das Segelflugzeug entspricht der Originallackierung aus den frühen sechziger Jahren. (Foto Anni Dietze)

Baumuster	Lom-61
Spannweite	15,0 m
Länge	6,74 m
Flügelfläche	12,4 m^2
Flügelstreckung	18,15
Leergewicht	240 kg
Gewicht maximal	385 kg
Flächenbelastung	28,1 kg/m^2
Beste Gleitzahl	38 bei 90 km/h
Geringstes Sinken	0,62 m/s bei 80 km/h
Mindestgeschwindigkeit	68 km/h
Höchstgeschwindigkeit	216 km/h
Profil	NACA 65-615,5

der Favorit mit dem Kennzeichen DM-2700, genau das Segelflugzeug, was nach langer Restaurierung nunmehr wieder flugfähig ist.

Der Favorit sollte weiter entwickelt werden bis hin zum Wölbklappenflugzeug Lom-64. Jedoch entschied am 13.7.1961 der Ministerrat der DDR die Auflösung des Flugzeugbaus, der VEB Apparatebau Lommatzsch wurde 1964 vollständig in den VEB Carl Zeiss Jena eingegliedert. Doch fand der Erstflug am 30. April 1962 mehr als zehn Monate nach dem Einstellungsbeschluss statt. Anschließend baute der VEB nur noch Verpackungskisten für Carl Zeiss. Damit wurde auch dieses Projekt nach nur 5 gebauten Segelflugzeugen beendet. Immerhin gelang Adolf Daumann 1962 auf der Lom-61 die Umrundung eines 500 Kilometer Dreiecks. ◂

1961

PIK-16 Vasama (Pfeil)

Den OSTIV-Preis 1963 für das beste Standardflugzeug bei den Weltmeisterschaften in Junin/Argentinien erhielt die finnische Konstruktion Vasama (Pfeil). Nach den Erfahrungen mit dem Vormuster PIK 3 c Kajava im Jahre 1957 entstand 1960 PIK-16. Der Erstflug erfolgte am 1. Juni 1961. Diese erste Version OH-XVA besaß noch ein V-Leitwerk.

Eine PIK-16 Vasama. (Wikipedia Janne Karjanlahti 2005)

Dies wurde neben weiteren Änderungen und Verbesserungen in der Serienausführung durch ein Leitwerk in Normalbauweise ersetzt, u. a. wurde auch die Flügelnase in Sandwichbauweise ausgeführt.

Vasama war ein freitragender Schulterdecker in Ganzholzbauweise unter hauptsächlicher Verwendung finnischen Kiefern- und Birkenholzes. Auffallend bei dieser Konstruktion ist der außerordentlich dünne Flügel, mit dem ein möglichst guter Gleitwinkel beabsichtigt war. Der zweiteilige Flügel mit Kastenholm und Torsionsnase wiegt

Baumuster	PIK-16 Vasama
Spannweite	15 m
Länge	5,97 m
Flügelfläche	11,70 m²
Seitenverhältnis	19,20
Rüstgewicht	166 kg
Zuladung	64 – 115 kg
Fluggewicht	230281 kg
Flächenbelastung	19,724 kg/m²
Mindestgeschwindigkeit	62 km/h
Höchstgeschwindigkeit	250 km/h
Sinkgeschwindigkeit	0,59 m/sec bei 73 km/h
Gleitzahl	34,5 bei 86 km/h
Profil	Flügelwurzel: Wortmann FX-05-188 Flügelende: NACA 622-615

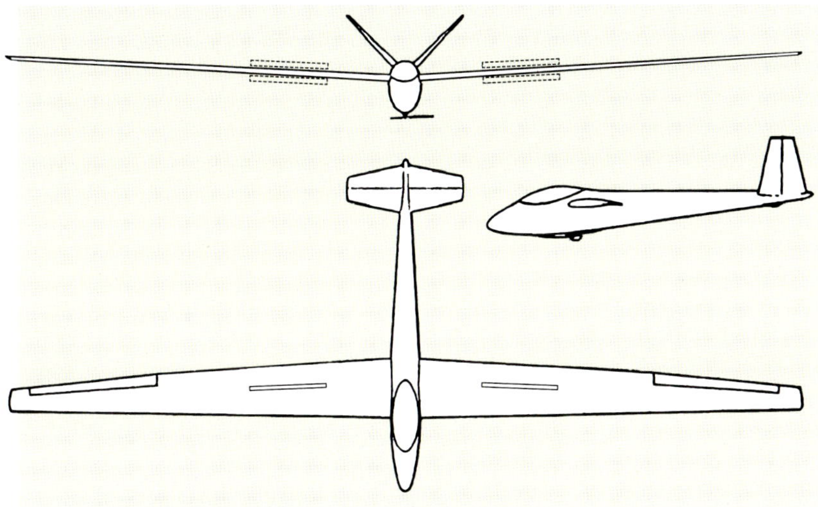

Den OSTIV-Preis 1963 für das beste Segelflugzeug der Standardklasse erhielt die finnische Konstruktion Vasama. Die Übersichtszeichnung zeigt den Prototyp mit dem V-Leitwerk.

nur 105 kg. Die sehr gut bearbeitete Oberfläche lässt gute Leistungen zu. Der Rumpf ist in Schalenbauweise aus Holz, das Rumpfvorderteil besteht aus Glasfaser-Kunststoff. Die Plexiglashaube war in einem Stück geblasen.

Mit dem Leistungsflugzeug Vasama wurden mehrere finnische Rekorde aufgestellt. 1963 belegte Horma bei den Weltmeisterschaften in Argentinien den 3. Platz in der Standardklasse und erzielte damit den bisher größten internationalen Erfolg des finnischen Segelfluges. Gebaut wurden 60 PIK-16 Vasama. ◂

BS-1

Björn Stender war von frühester Jugend mit dem Flugzeugbau vertraut, war doch sein Vater der bekannte Konstrukteur Walter Ste nder bei Blohm&Voss und Dornier. Kein Wunder also, dass Björn Stender Flugzeugbau an der Technischen Hochschule Braunschweig studierte. Als Mannschaftsführer von Rolf Kuntz bei den Weltmeisterschaften 1958 in Polen lernte er eingehend die modernsten Segelflugzeug-Konstruktionen aus aller Welt kennen, dort hörte er auch die neuesten wissenschaftlichen und technischen Ergebnisse in den Vorträgen der OSTIV. Bei der Akaflieg Braunschweig wurde er nicht nur ein ausgezeichneter Flieger, sondern gehörte auch zu den fleißigsten Arbeitern am Bau der SB 5 und wurde der geistige Vater der SB 6.

Nach Abschluss seines Studiums im Sommer 1962 beschloss Stender den Bau und die Weiterentwicklung von Höchstleistungsseglern nach seinen Ideen zu betreiben. Nach Nürtingen zurückgekehrt, begann er mit dem Entwurf seines Wunschtraum-Flugzeuges. Mit Hilfe von wenigen Freunden richtete er sich eine Werkstatt ein, in der das Reißbrett unter einer schirmlosen Birne zu den wichtigsten Einrichtungsgegenständen gehörte. Am 1. August 1962 begann die eigentliche Handwerksarbeit und bereits am 23. Dezember startete Björn Stender mit seiner BS-1 (Björn Stender Nr. 1) zum ersten Flug. Am Silvestertag 1962 startete er erneut und blieb an diesem Tag über schneebedeckter Landschaft, fast geschlossener Wolkendecke und 15 Grad Kälte mit seiner noch ungeschliffenen

Die BS-1. Bei genauer Betrachtung lässt sich der Spalt für den Bremsschirm an der Unterkante des Seitenruders erkennen. (Foto Glasfaser Flugzeug Service GmbH)

Maschine stundenlang bis in die Dämmerung in der Luft. Die aerodynamische und fliegerische Qualität seiner neuen Konstruktion sprach sich unter den Leistungsfliegern wie ein Lauffeuer herum. Die BS 1 galt zur Jahreswende 1962/63 als das eleganteste Segelflugzeug, das bislang gebaut wurde und ganz nebenbei als das leistungsfähigste Segelflugzeug der Welt. So flog denn die BS-1 als einsitziger Leistungssegler der Offenen Klasse mit 18 m Spannweite bei den Baden-Württembergischen Landesmeisterschaften im Sommer 1963 allen Teilnehmern auf und davon. Die erste BS-1 hatte der damals bekannte südafrikanische Segelflieger Helmut Lasch in Auftrag gegeben.

Bis auf eine Schwerpunktverschiebung nach vorn und einen etwas vergrößerten Höhensteuerweg blieb beim zweiten Flugzeugmuster alles unverändert. Anfang Oktober 1963 flog Björn Stender ein ausgiebiges Erprobungsprogramm für die Flugeigenschaften der zweiten BS-1. Am 4. Oktober sollte die Höchstgeschwindigkeit erflogen werden. Nach dem Eindruck von Augenzeugen hatte Stender längst mehr als 300 km/h erreicht. Vermutlich hat dann Stender bei dieser hohen Geschwindigkeit die linke Hand vom Klappenhebel genommen, wohl um den Knüppel mit beiden Händen zu führen, und damit unvermutet das im losgelassenen Zustand längst instabile Klappensystem freigegeben. Da der Flügel dieser enormen Beanspruchung durch Flattern nicht gewachsen war, wurden die Holmwurzel und die Nasenbeplankung beschädigt und die Maschine zerlegte sich in der Luft. Björn Stender war tot, noch keine 29 Jahre alt.

Die Erkenntnis aus diesem Flug wurde sofort auf die erste BS-1 übertragen und so wurden die Erfahrungen und Verbesserungsvorschläge von Heli Lasch die einzigen verfügbaren Ergebnisse des praktischen Einsatzes für den Weiterbau. Zur Zeit des tragischen Todes von Björn Stender lagen bereits 16 Bestellungen der BS-1 vor, aber nur unzulängliche Bauunterlagen. Es gelang, Ing. Eugen Hänle dafür zu gewinnen, in seiner Firma „Glasflügel" die Herstellung dieses Typs aufzunehmen. Er musste die BS 1 strukturell neu konstruieren, übernahm aber deren aerodynamische Gestalt. Auch Teile aus der Libelle-Fertigung wie Fahrwerk oder Rudergelenke fanden Verwendung. Zusätzlich zum Bremsschirm rüstete er die BS-1 mit den Bremsklappen der Libelle aus.

Am 24. Mai 1966 flog die erste neue BS 1 und schon sechs Tage später startete damit Rolf Spänig bei den

Deutschen Segelflugmeisterschaften in Roth und gewann sie deutlich mit allein sieben Tagessiegen. Zwei Jahre später gewannen gleich zwei BS-1 wiederum die deutsche Meisterschaft. Im Jahr zuvor hatte Alfred Röhm einen neuen Weltrekord über das 300-Kilometer-Dreieck mit 138,3 km/h aufgestellt. In diesen Jahren dominierte die BS-1 den Leistungssegelflug. Als dann Flugzeuge mit ähnlichen Konstruktionsmerkmalen, mit ähnlichen hervorragenden Flugeigenschaften und Leistungen aufkamen, zählte die BS 1 noch immer zur Spitzenklasse.

Baumsuter	BS-1
Spannweite	18 m
Länge	7,50 m
Flügelfläche	14,20 m^2
Seitenverhältnis	22,8
Rüstgewicht	335 kg
Zuladung	125 kg
Fluggewicht	460 kg
Flächenbelastung	32,40 kg/m^2
Mindestgeschwindigkeit	65 km/h
Höchstgeschwindigkeit	250 km/h
Sinkgeschwindigkeit	0,55 m/sec bei 85 km/h
Gleitzahl	44 bei 95 km/h
Profil	Dr. Eppler 348 K

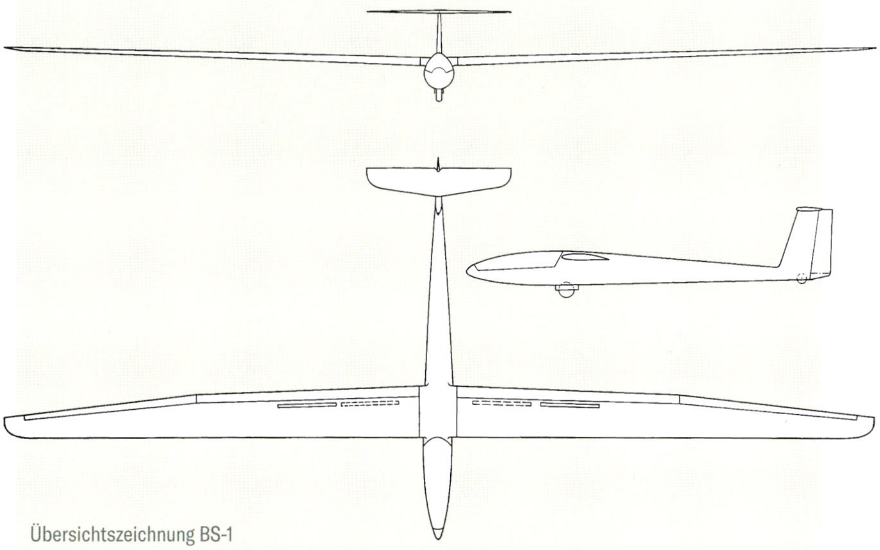
Übersichtszeichnung BS-1

Die Gesamtauslegung der BS-1 galt als Maßstab und Vorbild. Die meisten der neuen Konstruktionen zeigen ähnliche Maße und Konfiguration.

Insgesamt wurden von der BS-1 in den Jahren 1966 und 1967 lediglich 18 Exemplare gebaut. Dann wurde die Serie zugunsten von Neuentwicklung eingestellt. ◂

D 36 (V1 und V2)

1964

Im Jahresbericht 1963 der Akaflieg Darmstadt heißt es: „Um unsere Erfahrungen der letzten Jahre in der Anwendung glasfaserverstärkter Kunststoffe auszunutzen, fiel unsere Wahl auf den Bau eines einsitzigen Hochleistungssegelflugzeuges in einer unseren Werkstattverhältnissen gerecht werdenden Bauweise. Dieses Flugzeug, die D 36, wurde gleichzeitig als Messträger für Betriebsbelastungsmessungen geplant. Im Laufe des Jahres arbeiteten wir an der Konstruktion und führten hierzu Bruchversuche von Rumpf und Flügelteilen durch. Zur aerodynamischen Auslegung wurden eingehende Untersuchungen vorgenommen; zur Vermessung im Windkanal wurden Modelle gebaut. Besondere Sorgfalt galt der Profilwahl."

Die D-36 sollte als Mitteldecker mit T-Leitwerk besondere Qualitäten mit hoher Reisegeschwindigkeit bei schwacher Thermik besitzen. Wolf Lemke zeichnete für Flächen und Leitwerk sowie Gerhard Waibel für den Rumpf verantwortlich. Im Kern entwickelten beide das Segelflugzeug unter der Mitwirkung von Heiko Friess (Klappen und Fahrwerk), Klaus Holighaus (verändertes Leitwerk) und Günter Schapka (Stahlrohrfachwerk im GFK-Rumpf zur Einleitung der Kräfte). Technisch setzten sie allerdings das um, was Waibel und Lemke zuvor entwickelt hatten.

Zeitgleich baute Walter Schneider eine weitere Version V2. Mit der D 36 sollte ein Flugzeug geschaffen werden, das den neuesten Erkenntnissen der Aerodynamik, der Bauweise und der Leistungsforderung entsprach. Es sollte bei schwachen Aufwindverhältnissen eine möglichst hohe Reisegeschwindigkeit entwickeln, daher legte die Akaflieg größten Wert auf günstige Leistungen und Eigenschaften im thermischen Kreisflug. Die hohe Festigkeit der glasfaserverstärkten Kunststoffe ermöglichte den Bau der Streckung von 24 bei einer mittleren Profildicke von 13%, ein Optimum für die Steigerung der Kreisflugleistungen.

Beide Versionen der D 36D nebeneinander.

Um den Rumpfwiderstand niedrig zu halten, wurde eine kleine Rumpfoberfläche angestrebt. Dies erforderte eine halbliegende Anordnung des Piloten sowie eine sanfte Einschnürung des Rumpfes hinter dem Führersitz. Zur Laminarhaltung des Rumpfes wurde die geblasene Plexiglashaube zweigeteilt und das vordere Stück fest mit dem Rumpf verbunden und verspachtelt. Das T-Leitwerk wurde gewählt, weil es den geringsten Widerstand besitzt. Der Flügelumriss wurde mit Hilfe eines Doppeltrapezes der Ellipse möglichst angeglichen. Als Profil entwarf F. X. Wortmann eigens das Klappenprofil, F. X. 62-K-y3t. Die Querruder sind wegen der Wirksamkeit und des Oberganges auf ein Profil geringerer laminarer Laufstrecken 25 % tief und werden aerodynamisch gleichsinnig mit den Wölbklappen ausgeschlagen.

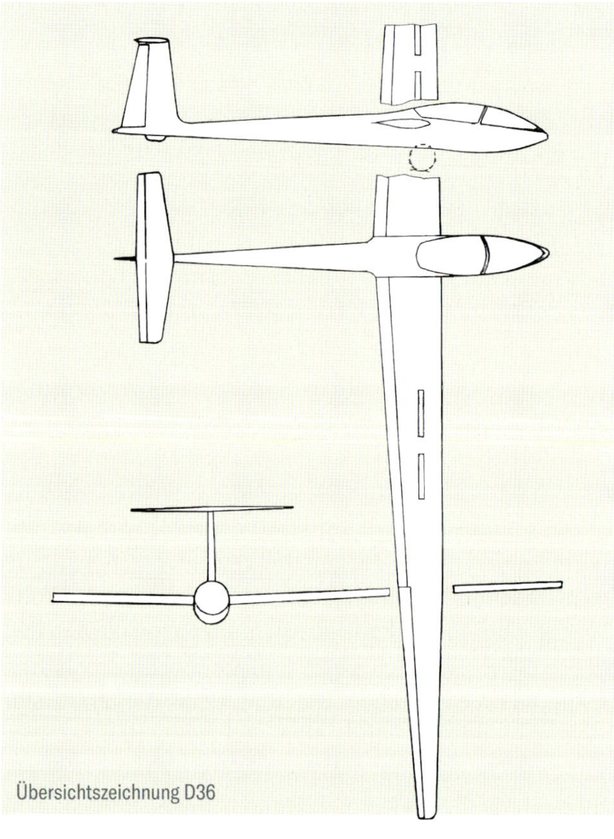

Übersichtszeichnung D36

Der Bau begann im Frühjahr 1963 und wurde zum Jahreswechsel vollendet. Erstflug war am 28. März 1964 in Gelnhausen. Obwohl die Schempp-Hirth Luftbremsen wegen der besseren Flügelaerodynamik extra keinen Luftaustausch zwischen oberen und unteren Klappenkasten besaßen, ließ sich der Gleitwinkel in der Landung ähnlich einer K 7 steuern. Als neue Konstruktion konnte das Flugzeug im gleichen Jahr an den deutschen Segelflugmeisterschaften teilnehmen und obwohl Gerhard Waibel als Wettbewerbspilot wenig Erfahrungen besaß, gewann er diesen Wettbewerb. Im Jahr darauf belegte Rolf Spänig bei den Weltmeisterschaften mit dem Flugzeug den 2. Platz in der offenen Klasse. Für die Weltmeisterschaft 1965 bot die Akaflieg Darmstadt die Neukonstruktion Rolf Spänig an, der damit in South Cerney Vizemeister in der Offenen Klasse wurde. Bei den Deutschen Meisterschaften 1966 startete Gerhard Waibel erneut mit der D 36 und belegte den 3. Platz. Bei diesem Wettbewerb war auch Walter Schneider aus Egelsbach mit der von ihm gebauten Schwestermaschine, der D 36 V 2, am Start.

Kurz nach Vollendung der D 36 verließen die am Bau beteiligten Studenten von Prof. Dr.-Ing. Bock, nun als junge Diplom-Ingenieure, die Technische Hochschule Darmstadt. Sie gingen ihre eigenen Wege und schufen aus der Erfahrung mit der D 36 neue Flugzeuge: Gerhard Waibel führte als Technischer Leiter beim Segelflugzeugbau Schleicher in Poppenhausen die Kunststoffbauweise ein (die ASW 12 ist eine direkte Weiterentwicklung der D 36), Klaus Holighaus schuf bei Schempp-Hirth in Kirchheim den Cirrus und Nimbus. Und Wolf Lemke tat sich mit seinem Freund Walter Schneider in Egelsbach zusammen, konstruierte die LS-Typen. Eine späte Ehrung erlebten Klaus Holighaus, Heiko Friess, Gerhard Waibel und der nicht anwesende Wolf Lemke während der Weltmeisterschaft 1985 in Rieti, als sie für ihre Konstruktion der Epoche-machenden D36 mit dem OSTIV-Preis ausgezeichnet wurden. ◂

Baumuster	D36
Spannweite	17,80 m
Länge	7,35 m
Flügelfläche	12,80 m²
Seitenverhältnis	24
Rüstgewicht	282 kg
Zuladung	128 kg
Fluggewicht	410 kg
Flächenbelastung	32 kg/m²
Mindestgeschwindigkeit	67 km/h
Höchstgeschwindigkeit	200 km/h
Sinkgeschwindigkeit	0,56 m/sec bei 83 km/h
Gleitzahl	44 bei 87 km/h
Profil	Wortmann FX 62-K 131

Diamant

1964

Das Institut für Flugzeugstatik an der Eidgenössischen Technischen Hochschule in Zürich unter Leitung von Prof. Rauschar begann bereits vor 1960 mit der Erforschung der Eigenschaften von glasfaserverstärkten Kunststoffen (GFK) und der verschiedenen Arten von Verbundstoffen im Hinblick auf deren Verwendung im Leichtbau. Diese Studien wurden zur Grundlage für die Entwicklung des Diamant. Erste Schritte benutzten Leitwerk und Flügel der Ka 6 CR. Der von Bircher und Voornfeld entwickelte Rumpf erhielt die Tagflächen der gerade von Hütter bei Eugen Hänle entworfenen Libelle H-301. So hieß das ursprüngliche Flugzeug „Hü-Bi-Vo", als es dann im September 1964 zum ersten Mal abhob startete es als Diamant HBV. Es handelte sich dabei um das erste Schweizer Segelflugzeug die schweizerische und amerikanische (FAA) Zulassung.

Die zweite Version des Diamant mit einer eigenen Flügelkonstruktion von 16,5 m Spannweite wurde im Jahre 1967 fertig gestellt (Erstflug 21. Mai 1967) und in Serien-

Das Segelflugzeug Diamant 16,5 in Samedan. (Bild RonaldGlider)

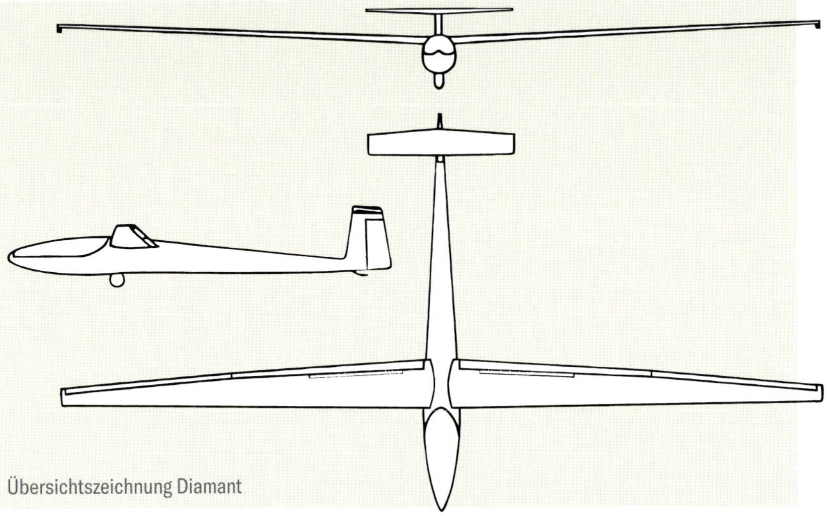

Übersichtszeichnung Diamant

fabrikation genommen. Als Spitzenflugzeug für die Meisterschaften wurde die Version mit 18 m Spannweite entwickelt, die Ende 1967 in Serienfabrikation ging und unter der Typenbezeichnung Diamant 18 am 3. Februar 1968 von Paul Wewer eingeflogen wurde und am 31. März 1969 die Schweizerische Typenzulassung erhielt. Vom Typ Diamant 16,5 wurden bis zum Sommer 1969 35 Maschinen gebaut, vom Typ Diamant 18 in der gleichen Zeit 17 Flugzeuge.

Die Erfolge ließen nicht lange auf sich warten: 1967 wurde die Meisterschaft von Österreich durch Dr. Schubert und von Florida durch Delafield gewonnen. Moffat belegte bei den amerikanischen Meisterschaften den 4. Platz. Viele weitere Wettbewerbserfolge schlossen sich an, 1971 wurde Siegfried Puch in der Offenen Klasse Meister von Österreich. ◂

Baumuster	Diamant HBV	Diamant 16,5	Diamant 18
Spannweite	15 m	16,5 m	18 m
Länge	7,56 m	7,56 m	7,72 m
Flügelfläche	9,52 m^2	13,30 m^2	14,28 m^2
Seitenverhältnis	23,15	20,50	22,70
Rüstgewicht	190 kg	270 kg	280 kg
Zuladung	110 kg	80 - 140 kg	80 - 160 kg
Fluggewicht	300 kg	350 - 410 kg	360 - 440 kg
Mindestgeschwindigkeit	60 km/h	60 km/h	80 km/h
Höchstgeschwindigkeit	270 km/h	240 km/h	270 km/h
Sinkgeschwindigkeit	0,60 m/s bei 74 km/h	0,55 m/s bei 72 km/h	0,52 m/s bei 72 km/h
Gleitzahl	39	40	42
Profil	Wortmann		

1964

Phoebus

Aus den Erfahrungen im Bau und Einsatz des Phönix entstand 1963/64 der Phoebus, ein Leistungsflugzeug für die Standardklasse. Prof. Dr. Richard Eppler übernahm die aerodynamische Bearbeitung, die Flugmechanik und Programmrechnungen. Dipl.-Ing. Hermann Nägele zeichnete für Konstruktion und Statik verantwortlich, während der bekannte Leistungsflieger Rudolf Lindner die Bauleitung und die fliegerische Betreuung übernahm. Rudolf Lindner baute den Prototyp Phoebus A 0 mit 15 m Spannweite und festem Rad. Es entstand ein einsitziger freitragender Schulterdecker in Kunststoff-Balsaholz-Schalenbauweise mit einer hervorragenden Oberflächengüte. Unter Verzicht auf die extremen Kreisflugleistungen des Phönix wurde beim Phoebus der Schnellflug erheblich verbessert.

Der Rumpf besitzt keine Spanten. Er ist aus zwei getrennt vorgefertigten Halbschalen zusammengesetzt, wobei das Oberteil mit der Seitenflosse in einem Arbeitsgang hergestellt wurde, das Unterteil mit der Kabine. Die vorgefertigten Teile bestehen aus 8 mm starken Balsaleisten, sie wurden mit Kunstharz verklebt.

Auch der Flügel ist in Kunststoff-Balsaholz-Schalenbauweise hergestellt. Er besitzt keine Rippen, so dass die

Boelkow-Phoebus CW im Deutschen Segelflugmuseum Wasserkuppe.

ganze Schale zur Aufnahme der Kräfte dient. Der Flügel hat durchgehend das gleiche Laminar-Profil von Dr. Eppler, Nr. 403. Eingebaut sind die Schempp-Hirth-Bremsklappen aus Aluminium. Auch das Leitwerk hat keine Rippen. Das T-Leitwerk ist mit gewichtsausgeglichenem Pendelruder versehen. Mit geringfügigen Änderungen erschien dann das Serienmuster Phoebus A bei den Bölkow-Werken in Laupheim, das Standardflugzeug mit 15 m Spannweite und festem Rad. Mit Einziehfahrwerk heißt dieser Typ Phoebus B.

Zwei Jahre später entwickelten Dr. Eppler/Nägele/Lindner den Phoebus C, der mit 17 m Spannweite und Einziehfahrwerk zur Offenen Klasse zählt. Außer einigen strukturellen Verstärkungen der Zelle wurde am Rumpf und Leitwerk nichts geändert.

Baumuster	Phoebus C
Spannweite	17 m
Länge	6,98 m
Flügelfläche	14,06 m^2
Seitenverhältnis	20,55
Rüstgewicht	225 kg
Zuladung	150 kg
Fluggewicht	375 kg
Flächenbelastung	26,50 kg/m^2
Mindestgeschwindigkeit	58 km/h
Höchstgeschwindigkeit	200 km/h
Sinkgeschwindigkeit	0,55 m/sec bei 80 km/h
Gleitzahl	42 bei 90 km/h
Profil	Dr. Eppler Nr. 403

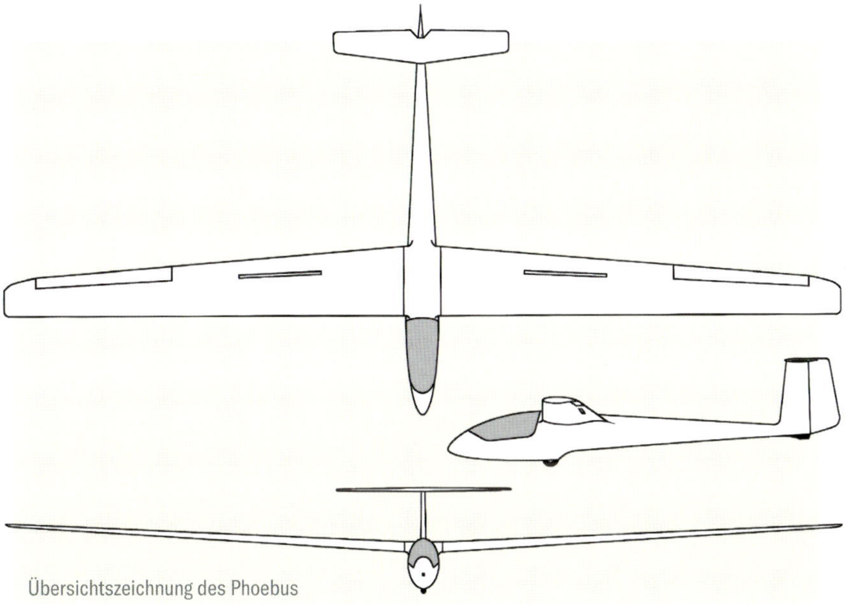

Übersichtszeichnung des Phoebus

Bemerkenswert am Phoebus sind vor allem die hervorragenden Flugeigenschaften, die leichte Bedienung und die ausgezeichnete Ruderwirksamkeit. Die Widerstandsbeiwerte des optimal errechneten Profils sind mit 80 % laminarer Grenzschicht auf der Oberseite und 60 % auf der Unterseite ausgesprochen günstig.

Bis 1970 wurde der Phoebus produziert und insgesamt 254 Stück gebaut. 1966 begann die große Erfolgsserie des Phoebus. Rudolf Lindner wurde Deutscher Meister der Standardklasse. Zum Abschluss des Jahres holte er sich die Südafrikanische Meisterschaft. Der Phoebus siegte 1967 im Internationalen Hahnweide-Wettbewerb, 1968 in der Meisterschaft von Argentinien, belegte bei der Weltmeisterschaft 1968 in Polen in der Offenen Klasse mit Phoebus C (Gören Ax / Schweden) den 2. Platz und mit Phoebus B (Rudolf Lindner) in der Standardklasse den 3. Platz. Viele weitere Beispiele erfolgreicher Wettbewerbe folgten. ◂

SF27 im Landeanflug. (Foto Peter Dresen)

1964

SF 27

In der aufkommenden Konkurrenz der Kunststoffbauweise suchte Egon Scheibe 1962/63 nach Verbesserungsmöglichkeiten in der Holz-Stahlbauweise. Für eine Weiterentwicklung des Zugvogel (konstruiert von Rudolf Kaiser) verwendete er ein Laminarprofil, weil es vor allem im Langsamflugbereich Verbesserungen versprach. Diese Weiterentwicklung des Zugvogel III B nannte Scheibe den Zugvogel V, für dessen 15 m-Flügel ein Wortmann-Profil Verwendung fand. Dieser Zugvogel V wurde dann unter der Bezeichnung SF27 bekannt. Die SF 27 startete erstmals 1964 in Roth in einem Wettbewerb. Die Musterprüfung für den Zugvogel V / SF 27 schloss Ende 1965 ab.

Bei der SF 27 A handelte es sich um ein Segelflugzeug mit guten Leistungen in der Standardklasse. Flügel und Leitwerk entstanden in Holzbauweise, während der Rumpf als Stahlrohrkonstruktion mit den Vorteilen dieser Bauweise (lange Lebensdauer, robust im Betrieb, einfache Reparaturmöglichkeiten) ausgeführt wurde. Die einfache Montage der SF27 sollte sich von drei bis vier Leuten in kurzer Zeit ausführen lassen.

Für den Flügel waren Wortmann-Profile vorgesehen, die einen besonders breiten Laminarbereich besaßen. Der zweiteilige Flügel besaß einen Kastenholm in ca. 50% Flügeltiefe. Für eine gute Profilhaltung hatten die Holzrippen durchgehend nur 100 mm Abstand. Die Flügelnase war sperrholzbeplankt, hinter dem Holm teilweise Stoff, teilweise Sperrholz. Die Querruder blieben ebenfalls sperrholzbeplankt. Die Schempp-Hirth-Bremsklappen waren für eine gute Wirkungsweise groß dimensioniert.

Der Stahlrohrrumpf war – ähnlich wie der Rumpf des Zugvogel III B – vorne mit Kunststoff verkleidet, hinten stoffbespannt. Zur Erzielung geringstmöglichen Widerstandes konstruierte ihn Scheibe niedrig mit durchgestrakter Haube. Vor dem Schwerpunkt war ein bremsbares Rad eingebaut. Der Sporn war für einen leichteren Transport im Gelände als Rad ausgeführt. Das Höhenruder war als Pendelruder ausgeführt. Es ist zweiteilig und mit einer Flettner-Trimmung versehen, es wird von beiden Seiten auf Holmstummel aufgesteckt. Die Trimmklappe ist gleichzeitig gegensteuernd zur Regulierung der Höhensteuerhandkräfte. Das Seitenleitwerk ist in Holz ausgeführt, die Flosse sitzt fest am Rumpf. Die Höhen- und Querruderbetätigung erfolgten durch Stoßstangen, die der Seitenruder über Seile. Die Seitenruderpedale ließen sich über 180 mm verstellen. Die Schleppkupplung für Windenstart und Flugzeugschlepp war mittig vor dem Rad unten angebracht.

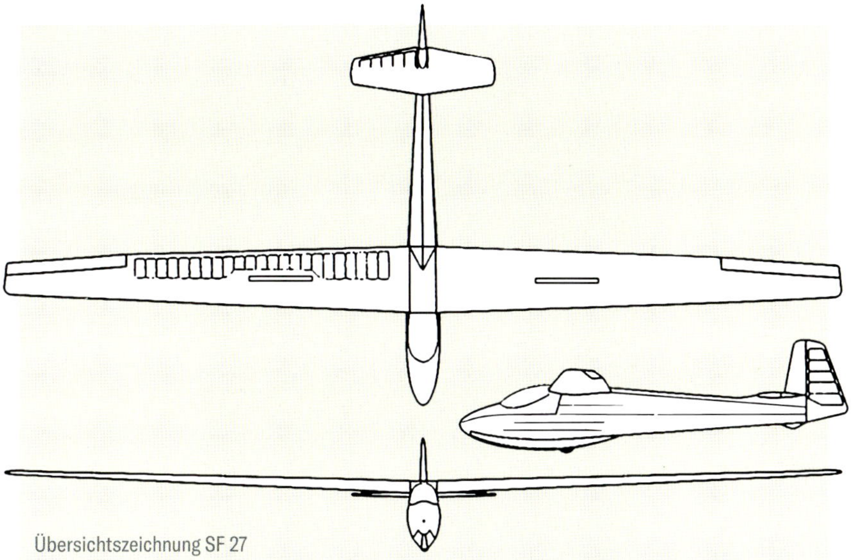

Übersichtszeichnung SF 27

Baumuster	SF 27
Baujahr:	1964
Spannweite	15 m
Länge	7,05 m
Flügelfläche	12 m^2
Seitenverhältnis	18,70
Rüstgewicht	215 kg
Zuladung	115 kg
Fluggewicht	330 kg
Flächenbelastung	27,50 kg/m^2
Mindestgeschwindigkeit	55 km/h
Höchstgeschwindigkeit	200 km/h
Sinkgeschwindigkeit	0,65 m/s bei 70 km/h
Gleitzahl	34
Profil	Wortmann

Der Pilotensitz mit Schrägsitz-Anordnung bietet auch heute eine bequeme Sitzmöglichkeit. Die Sicht ist durch die große durchgehende Haube sehr gut. Allerdings sollte der verwendete Rückenschirm nicht zu viel Platz benötigen. Hinter dem Sitz war ein Gepäckraum vorgesehen.

Von der SF 27 wurden bis 1970 120 Flugzeuge gebaut. Als SF 27M wurde sie als eigenstartfähiger Motorsegler mit Klapptriebwerk gebaut, ebenso gab es ein Einzelstück SF 27b mit 17 Meter Spannweite. ◂

Von der H 301 Libelle zur Standard-Libelle

1964

Eine der führenden Firmen im Segelflugzeugbau in der Kunststoffbauweise wurde Glasflügel unter Leitung von Ing. Eugen Hänle in Schlattstall südlich der Teck in Baden-Württemberg. Grundsätzlich muss man vorausschicken, dass alle von Glasflügel hergestellten Flugzeuge GFK-Konstruktionen waren. Eine Ausnahme bilden nur noch die metallischen Beschlagsteile. Lediglich in Flügeln und im Leitwerk waren noch geringe Mengen Balsaholz zur Stützung der Schalen gegen Beulen verarbeitet. Der endgültigen Serienfabrikation gingen zahlreiche Versuche voraus. So hielten die Flügel im Versuch einer Erprobung stand, die einer 13-fachen Lebensdauer entspricht. Erwähnenswert ist die von Glasflügel verfolgte Entwicklungstendenz zu untereinander austauschbaren Einzelteilen. So war es ein Ziel, dass eine nicht mehr zu reparierende Tragfläche durch eine andere ohne Nacharbeiten ersetzt werden konnte. Dies setzte eine hohe Formtreue voraus.

Die H 301 Werknummer 1.
(Bild Streifly / Wolfgang Binz)

Als erstes Flugzeug, bei dem viele Teile in reiner GFK-Bauweise ohne Stützstoff oder Stahlrohrgerüst hergestellt wurden, entstand im Winter 1963/64 das einsitzige Hochleistungssegelflugzeug der Offenen Klasse H 301 Libelle. Basis war die H-30 TS und H 30 GFK von Dipl.-Ing. Wolfgang Hütter. Die Konstruktion in Fiberglas erfolgte durch Ing. Eugen Hänle. Der Erstflug des Prototyps erfolgte am 5. März 1964 durch Eugen Hänle auf der Hahnweide. Erst am Folgetag flog der Besteller, der Schweizer Segelflieger Eugen Aeberli ebenfalls auf der Hahnweide und setzte diesen Prototyp mit beachtlichem Erfolg anschließend im Schweizer Wettbewerb 1964 ein.

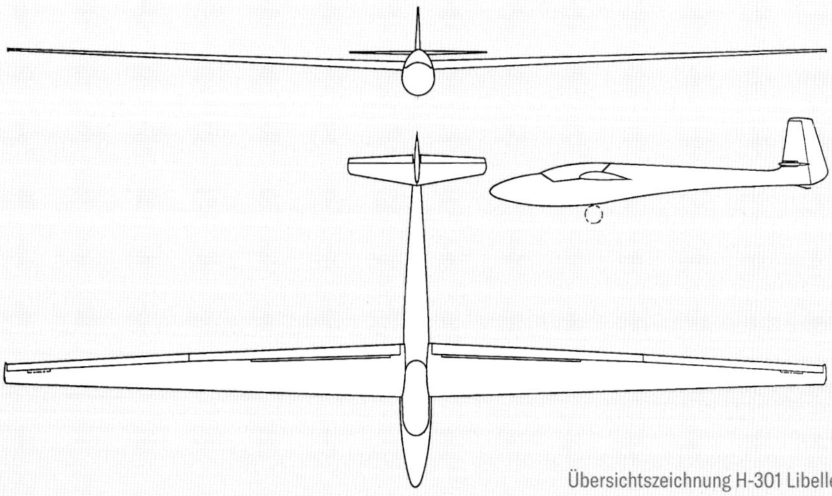

Übersichtszeichnung H-301 Libelle

Der 15 Meter Vogel fiel sofort durch seine bestechende aerodynamische Formgebung auf. Die Robustheit der Zelle war bereits von den Vortypen bekannt. Auffallend die geringe Rumpfhöhe, die selbst beim Pilotensitz nur 84 cm betrug. Voraussetzung war der Halbliegesitz für den Piloten. Diese Anordnung besitzt gewisse Vorteile, zum Beispiel wegen eines wesentlich geringeren Oberflächen- und Stirnwiderstandes oder eines niedrigeren Baugewichts. Die Ausstattung wurde laufend verbessert. Ab Werknummer 42 wurde die Libelle als B-Version (H 301 B Libelle) mit aerodynamisch besserem Querruder gebaut. Bis zum Frühjahr 1969 wurden 108 Exemplare der H 301 Libelle gebaut, dazu 13 Satz Libelle-Flügel für den HBV 15-m-Diamant. Die Serie wurde zugunsten der Neuentwicklungen Standard-Libelle und Kestrel eingestellt. Als erstes GFK-Segelflugzeug erhielt die H 301 nach der deutschen auch die amerikanische Zulassung.

Neu an der Standard-Libelle war ein wölbklappenloses Wortmann-Flügelprofil. Den Forderungen der Standardklasse gemäß erhielt die Standard-Libelle zunächst ein festes Rad, nach Änderung des Standard-Klasse-Reglements wurde auf ein Einziehfahrwerk umgerüstet. Die ersten Standard-Libellen hatten ein Höhenleitwerk mit Flossentrimmung, es wurde ein Leitwerk mit neuem Profil und Federschnelltrimmung am Knüppel ersetzt. Ab Werk-Nr. 322 lief die Serie mit wahlweisem Wasserballast im Flügel und höheren Betriebsgrenzen unter der Bezeichnung Standard-Libelle 201 B. Der Prototyp wurde am 25. Okto-

Eine H 201 startet im Flugzeugschlepp. (Bild Streifly / Wolfgang Binz)

ber 1967 von Huldreich Müller in Neu-Ulm eingeflogen. Im Mai 1968 begann die Auslieferung, 601 Exemplare wurden bis 1974 gebaut. Die meisten Flugzeuge wurden aber exportiert, in Deutschland wurden eher Cirrus und Astir gekauft.

1971 belegten die Libellen bei den Standard-Meisterschaften in den USA die ersten fünf Plätze, übers Jahr wiederholte sich dieser Erfolg sogar in der Offenen Klasse; eindeutige Beweise für die Güte dieses einsitzigen Leistungssegelflugzeuges.

Um dem Vereinsbetrieb zu dienen, entwickelte Hänle 1972 aus der Libelle die für Vereine erschwingliche Club-Libelle, von der in wenigen Jahren über 150 Flugzeuge gebaut wurden. ◂

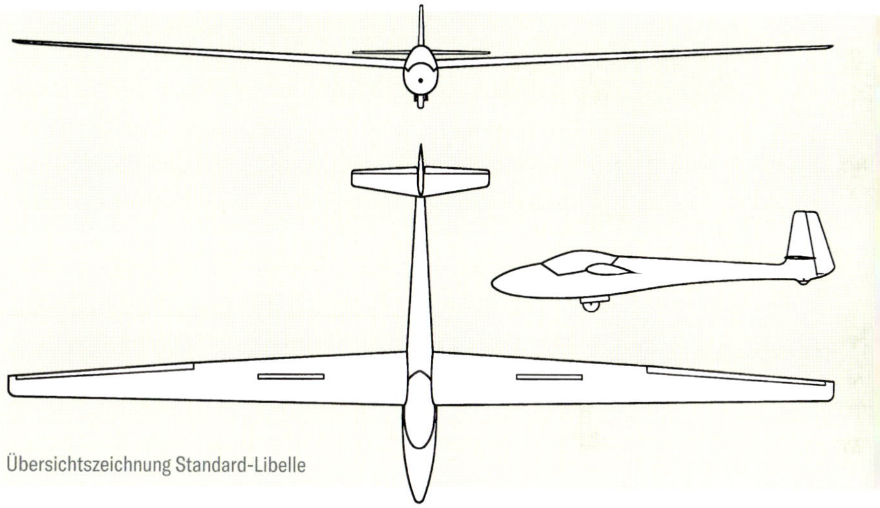

Übersichtszeichnung Standard-Libelle

Baumuster	H 301 B-Libelle	Standard-Libelle	Standard-Libelle 201 B
Spannweite	15 m	15 m	15 m
Länge	6,20 m	6,20 m	6,20 m
Flügelfläche	9,50 m²	9,80 m²	9,80 m²
Seitenverhältnis	23,6	23	23
Rüstgewicht	180 kg	180 kg	185 kg
Zuladung	70 – 120 kg	110 kg	165 kg
Fluggewicht	250 – 300 kg	290 kg	350 kg
Flächenbelastung	26,3 – 31,6 kg /m²	29,60 kg/ m²	35,70 kg/m²
Mindestgeschwindigkeit	65 km/h	62 km/h	62 km/h
Höchstgeschwindigkeit	200 km/h	220 km/h	250 km/h
Sinkgeschwindigkeit	0,55 m/sec bei 75 km/h	0,60 m/sec bei 75 km/h	0,60 m/sec bei 75 km/h
Gleitzahl	39 bei 95 km/h	38 bei 85 km/h	38 bei 94 km/h
Profil	Hütter	Wortmann	Wortmann

Der Prototyp der ASW-12 im Deutschen Segel-flugmuseum Wasserkuppe.

1965

ASW 12

Als Gerhard Waibel nach seinem Abschluss an der Technischen Hochschule Darmstadt zum Segelflugzeugbau Alexander Schleicher nach Poppenhausen in der Rhön ging, schuf er dort mit der ASW 12 eine Art Serienversion der D 36. Mit seinen Erfahrungen insbesondere auch als Wettbewerbspilot entwickelte er vor dem Hintergrund seiner Zeit als Akaflieger die ASW 12. Der Prototyp startete am 31. Dezember 1965 in Fulda-Sickels mit Edgar Kremer zum Erstflug. Dieses Leistungssegelflugzeug in Fiberglas-Balsa-Sandwich als Baumethode mit einer Spannweite von 18,3 m wurde in wenigen Jahren zu einem der begehrtesten Flugzeuge der Offenen Klasse.

Bei den Weltmeisterschaften 1968 in Polen belegte Heinz Huth mit der ASW 12 den 5. Platz unter 48 Teilnehmern. 1969 siegte die ASW 12 im südafrikanischen Wettbewerb mit Heini Heiriss, in der Amerikanischen Meisterschaft mit Wallace Scott, der im gleichen Jahre einen neuen Zielflugweltrekord aufstellte, und im französischen Wettbewerb „Acht Tage von Angers“ holte sich der Belgier de Dorlodot den Sieg. Der erfolgreichste Pilot auf ASW 12 aber wurde der Lübecker Textilkaufmann Hans Werner Grosse. Er stellte 1968 einen deutschen Zielflugrekord auf, flog 1969 mehrere 500 km- und erstmals eine 600 km Dreiecksstrecke.

Die längsten Streckenflüge wurden auf ASW 12 erflogen: Am 4. Juni 1970 Hans Werner Grosse 1032 km, am 26. Juli 1970 die beiden Amerikaner Benjamin Greene und Wallace Scott je 1160 km, und am 25. April 1972 Hans Werner Grosse neuen Weltrekord mit 1460,8 km! Unter den ersten neun Piloten der Weltmeisterschaften 1970 flogen allein fünf Piloten die ASW 12. ◂

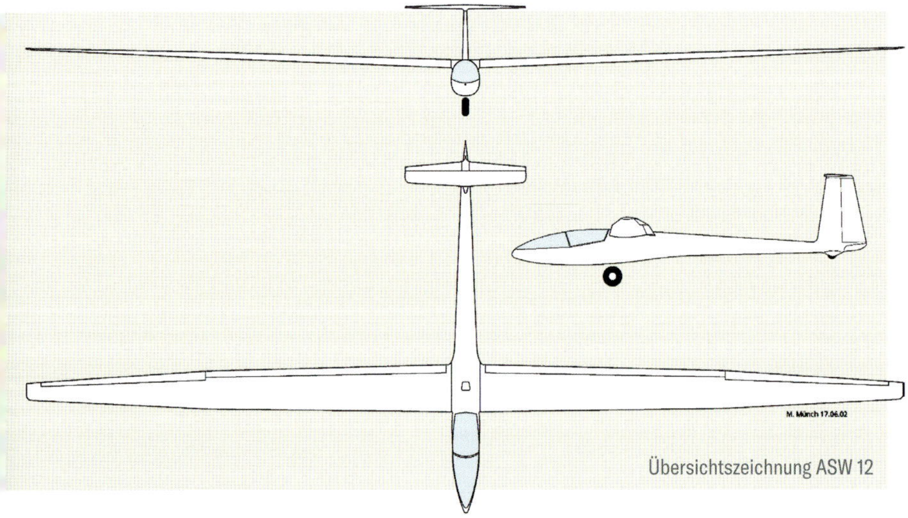

Übersichtszeichnung ASW 12

Baumuster	ASW 12
Spannweite	18,30 m
Länge	7,35 m
Flügelfläche	13 m^2
Seitenverhältnis	25,8
Rüstgewicht	324 kg
Zuladung	108 kg
Fluggewicht	430 kg
Flächenbelastung	33 kg/m^2
Mindestgeschwindigkeit	65 km/h
Höchstgeschwindigkeit	200 km/h
Sinkgeschwindigkeit	0,49 m/sec bei 72 km/h
Gleitzahl	über 40 von 75-135 km/h
Beste Gleitzahl:	46 bei 95 km/h
Profil	Wortmann FX62-K-131 mod. / FX60-126

Slingsby T.51 Dart

Der OSTIV-Preis für das beste Segelflugzeug der Standardklasse fiel bei den Weltmeisterschaften 1965 nach dem Urteil der internationalen Jury Ilbert de Boer (Holland), Julian Bojanowski (Polen), Paul Schweizer (USA) und Hans Zacher (Deutschland) an die Engländer F. N. Slingsby, J. C. Reussner und W. Slater für die Konstruktion der Dart 75, einer Verkleinerung der Dart 17 auf die Maße der Standardklasse. Es war die vorläufig letzte Konstruktion der Slingsby-Werke, da die Anlagen dieser ältesten britischen Segelflugzeugfabrik 1969 bis auf die Grundmauern abbrannten.

Die Dart besticht durch ihre elegante Form, wenngleich der Rumpf etwas lang geraten erscheint. Nach einer Reihe von Flugzeugen für die Offene Klasse war die Dart die erste erfolgreiche Konstruktion der Briten in der Standardklasse. Der freitragende Schulterdecker wurde in herkömmlicher Bauweise hergestellt. Neben der bewährten Sperrholz-Schalenbauweise bestehen das Rumpfvorderteil vom Hauptspant bis zur Rumpfspitze, die Nase des Pendelhöhenruders, die Randbögen von Flügel und Leitwerken, der Übergang vom Flügel zum Rumpf und vom Rumpf zur Seitenflosse und die Endleisten des Seiten-

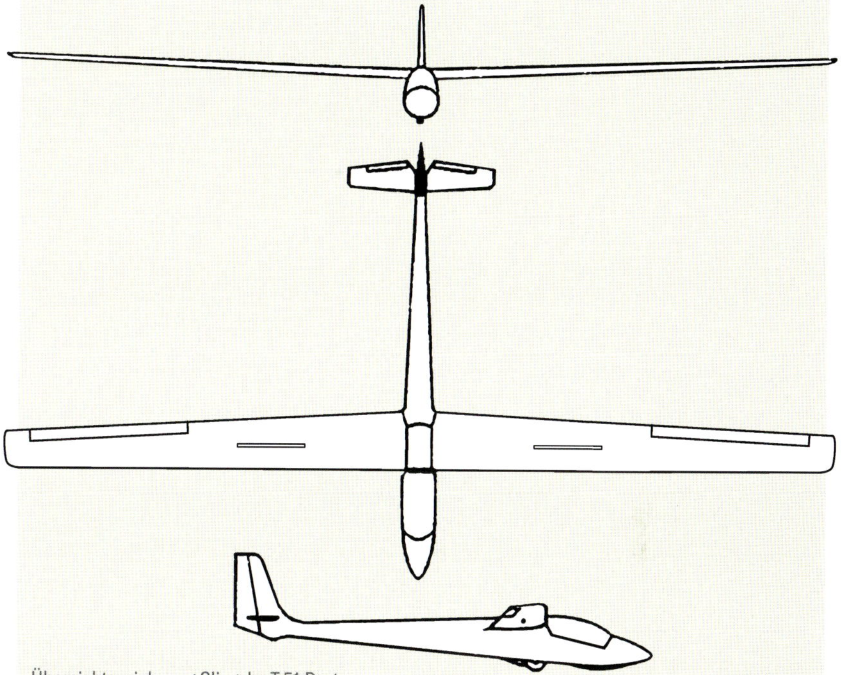

Übersichtszeichnung Slingsby T.51 Dart

Eine T.51 Dart in Cold Lake USA. (Wikipedia Adam Hunt)

Baumuster	Dart 15 Meter	Dart 17 Meter
Spannweite	15 m	17 m
Länge	7,47 m	7,54 m
Flügelfläche	12,50 m^2	13,87 m^2
Seitenverhältnis	18	20,4
Rüstgewicht	222 kg	238 kg
Zuladung	109 kg	132 kg
Fluggewicht	331 kg	370 kg
Flächenbelastung	24,80 kg/m^2	27 kg/m
Mindestgeschwindigkeit	65 km/h	65 km/h
Höchstgeschwindigkeit	215 km/h	220 km/h
Sinkgeschwindigkeit	0,67 m/sec bei 77 km/h	0,60 m/sec bei 74 km/h
Gleitzahl	33 bei 80 km/h	36 bei 83 km/h
Profil	NACA 643 - 618 bis 615	Wortmann

ruders aus GFK. Der zweiteilige Holzflügel mit drehsteifer Sperrholznase besitzt einen doppelten Kastenholm, der bis zur Hälfte der Spannweite reicht und dann bis zur Flügelspitze in einfacher Ausführung gebaut ist. Die aufklappbare, abwerfbare Haube aus Perspex gewährt gute Sicht nach allen Seiten. Aufbau und Anschlüsse sind sehr einfach durchgeführt und beschleunigen die Montage.

S. H. Georgeson stellte mit der Dart 15 im Januar 1965 entlang der neuseeländischen Alpen einen neuen Weltrekord im Zielflug mit Rückkehr auf. George Burton, der bereits 1964 mit Erfolg bei den „Acht Tagen von Angers" gestartet war, belegte bei den Weltmeisterschaften 1965 in England mit der Dart 15 in der Standardklasse den 5. Platz.

Ab 1964 wurde die Dart auch als 17 Meter Version produziert. Der Kastenholm erhielt als Verstärkung Leichtmetallstreifen, die auf allen Seiten aufgeklebt wurden. Als Version R erhielt sie ein einziehbares Fahrwerk. ◂

Ein Pirat in der ehemaligen JuBi Ratzeburg.

1966 PZL Bielsko SZD-30 Pirat

Das polnische Segelflugzeug PZL Bielsko SZD-30 Pirat ist ein Einsitzer, es war neben der Schulung für den Clubbetrieb konzipiert. Im Aufbau bestand der Schulterdecker aus einem Holz-Papierwaben-Sandwich in Schalenbauweise mit einem dreiteiligen Flügel. Die Flugzeugnase war aus GFK geformt. Der Rumpf endete in einem T-Leitwerk. Bis auf die Luftbremsen waren alle Ruder mit Seilzügen angetrieben, bei den Querrudern war dies ein umlaufender Seilzug, dessen korrekte Seilspannung mit einem Tensiometer überprüft werden muss. Das gebremste Hauptrad saß hinter einer Kufe zwischen Rad und Kufe war mittig die Schwerpunktkupplung eingelassen. In den Flugeigenschaften ist er gutmütig und reagiert genau auf die Ruderausschläge, besonders empfindlich ist das Höhenruder. Die Lastgrenzen erlauben auch den einfachen Kunstflug.

Am 19. Mai 1966 startete das Segelflugzeug der Standardklasse zum ersten Mal. Seine Entwicklung hatte zwei

Baumuster	SZD-30	SZD-30 C
Baujahr	1966	1978
Hersteller	PZL Bielsko	WSK-Świdnik
Spannweite	15 m	15 m
Länge	6,86 m	6,95 m
Höhe	1,67 m	1,67 m
Flügelfläche	13,80 m^2	13,80 m^2
Flügelstreckung	16,3	16,3
Gleitzahl	31,2 bei 83 km/h	31,2 bei 83 km/h
Geringstes Sinken	0,60 m/s bei 73 km/h	0,60 m/s b. 73 km/h
Nutzlast	ca. 115 kg	ca. 115 kg
Startgewicht	Max. 370 kg	Max. 370 kg
Besatzung	1	1
Höchst-geschwindigkeit	250 km/h	250 km/h
Lastenvielfache	+6,0 / -3,5 g	+5,3 / -2,65 g

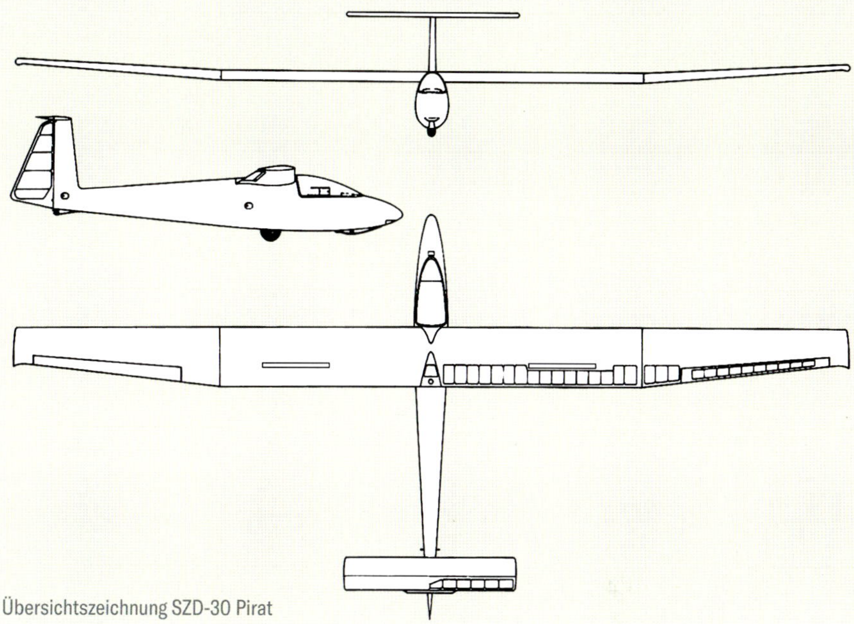

Übersichtszeichnung SZD-30 Pirat

Jahre zuvor begonnen. Der „Pirat" eroberte die Herzen von vielen Piloten auf der ganzen Welt. Es war ein universelles Segelflugzeug, das für eine intensive Benutzung als Trainingssegler bei den Vereinen gut geeignet war. So wurde er in 25 Länder weltweit ausgeliefert. In der DDR gehörte er innerhalb der Gesellschaft für Sport und Technik (GST) ab den 70er Jahren zum Standard-Schulflugzeug.

In den Segelflugleistungen war er mit der K 6 E vergleichbar, jedoch weniger für Thermik empfindlich. Gerade in den Segelflugvereinen im Osten Deutschlands ist der Pirat wohl noch lange anzutreffen. ◂

Cirrus – Standard Cirrus

1967

Weltmeister der Offenen Klasse 1968 in Polen wurde der Österreicher Harro Wödl auf Cirrus. Damit wurde bewiesen, dass das bestechend schöne und elegante Leistungssegelflugzeug zu den „Orchideen" oder „Super-Schiffen" gehört, wie diese Konstruktionen in der Fliegersprache genannt werden. Nach der Mitarbeit an der D-36, nach den ständigen Verbesserungen der HKS entwarf und baute Dipl.-Ing. Klaus Holighaus im Laufe des Jahres 1966 in Kirchheim den Prototyp des Cirrus. Diese Version verfügte noch über ein V-Leitwerk. Den ersten Start führte Klaus Holighaus im Januar 1967 durch. Dieses Muster wurde Mitte Juni 1967 nach Italien geliefert. Mit diesem Cirrus siegte Vergani überlegen bei den italienischen Meisterschaften im Sommer 1967.

In der weiteren Entwicklung wurde aber auf ein normales Kreuzleitwerk umgestellt. Damit erzielte man eine bessere Richtungsstabilität und ein Slip (Seitengleitflug) war nun leichter möglich. Ferner wurden eine Reihe von Details verbessert, z. B. der Massenausgleich der Ruder zur Verhütung von Flattererscheinungen.

Der Cirrus war das erste Serienflugzeug, dessen zwei Hälften der Sandwich-Schale nicht mehr Balsa-Holz als Stützstoff hatten, sondern vielmehr den Hartschaum Conticell CC 60, ein Glasfaserkunstharz, das unempfindlich gegen Temperaturunterschiede und Feuchtigkeit ist. Wegen dieser neuartigen Baustoffe hatte die Prüfstelle umfangreiche Versuche mit einer Tragfläche durchgeführt. Bei den Bruchversuchen des gleichen Flügels erfolgte der Bruch erst bei 11 G am Holmstummel bei einer Durchbiegung der Fläche auf nahezu 4 m an der Flächenspitze.

Die Rumpfauslegung stützte sich auf aerodynamische Messungen, von Professor Dr. Wortmann im Windkanal erprobt. Durch die so gewonnene Rumpfkontur konnte das

Ein wunderschöner Cirrus, gebaut in Lizenz bei VTC im damaligen Jugoslawien. (Wikipedia Clauslew)

Vorderteil außergewöhnlich geräumig ohne wesentlichen Widerstandszuwachs gestaltet werden.

Im Gegensatz zu anderen Segelflugzeugen der offenen Klasse besaß der Cirrus kein Wölbungsprofil, sondern ein starres, relativ dickes Profil. Es ermöglichte eine ausgeprägte breite Laminardelle und ein wesentlich niedrigeres Flügelgewicht gegenüber Wölbklappenflügeln gleicher Spannweite und Streckung. Die großen Schempp-Hirth-Bremsklappen aus Leichtmetall bringen bei 90 km/h 4 m/sec Sinken. Im Frühjahr 1969 brachte Holighaus eine Standard-Version des Cirrus heraus, einen einsitzigen, freitragenden Mitteldecker in GFK-Schaum-Sandwich-Bauweise mit T-Leitwerk, Bremsklappen und Einziehfahrwerk.

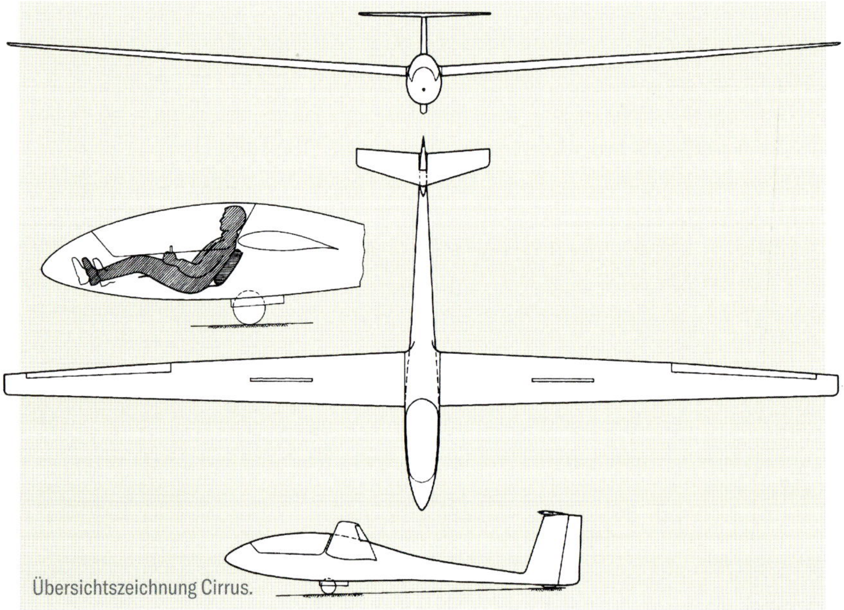

Übersichtszeichnung Cirrus.

Der Aufbau von Flügel, Rumpf und Leitwerk blieb gegenüber dem Cirrus gleich. Wesentliche Änderungen erfuhr der Standard Cirrus 1972/73 durch die neuen technischen Bestimmungen der FAI für die Standardklasse. Durch das nun auch bei Standardflugzeugen zugelassene Einziehfahrwerk erhielt der Standard Cirrus eine relativ kurze Startrollstrecke, durch den ebenfalls zugelassenen Einbau von Wassertanks und durch eine mäßige Flügelverwindung wurden die Langsamflugeigenschaften und die Querruderwirkung ohne Einbußen im Schnellflug spürbar verbessert.

Der Standard Cirrus wurde ein großer Erfolg. Innerhalb von drei Jahren wurden über 280 Flugzeuge, meist in das Ausland, verkauft. Schon auf einem der ersten Muster

Baumuster	Cirrus B	Standard Cirrus
Spannweite	17,74 m	15 m
Länge	7,20 m	6,35 m
Flügelfläche	12,60 m²	10 m²
Seitenverhältnis	25	22,5
Rüstgewicht	260 kg	202 kg
Zuladung	200 kg	128 kg
Fluggewicht	460 kg	330 kg
Flächenbelastung	26,2-36,5 kg/m²	28 kg/m²
Mindestgeschwindigkeit	62 km/h	62 km/h
Höchstgeschwindigkeit	220 km/h	220 km/h
Sinkgeschwindigkeit	0,59 m/sec bei 79km/h	0,65 m/sec bei 75 km/h
Gleitzahl	39 bei 90 km/h	36 bei 95 km/h
Profil	Wortmann FX 66-196/161	Wortmann FXS 02-196 / FX 66-17-A II-182

gewann George Moffat 1969 die Meisterschaft der Vereinigten Staaten, verteidigte sie 1970 mit Erfolg. 1972 holte sie auf dem gleichen Typ sein Landsmann Beltz. Nicht anders in Südafrika. Dort siegte 1970 Tim Biggs, 1972 Gough in der Standardklasse und 1973 der unermüdliche Schwabe Otto Schäuble auf Standard Cirrus. Es folgten viele weitere Siege in aller Welt. Durch weitere Verbesserungen, neu gestaltete Rumpfspitze und Haube, vergrößerte Bremsklappen, veränderte Flügelanstellwinkel und -schränkung, neu gestaltete Höhenleitwerksaufhängung entstand „Cirrus-75", der seit 1975 in Serie gebaut wurde. Der Cirrus wurde zu einer der Grundlagen des Erfolgs der Flugzeugfirma Schempp-Hirth in Kirchheim/Teck. ◂

ASW 15 – ASW 15 B

1968

ASW 15 B mit modifizierten Randbögen und Spornrad über dem Rhein bei Düsseldorf.

Im Sommer 1968 brachte der Segelflugzeugbau Alexander Schleicher ein Leistungsflugzeug der Standardklasse in Kunststoffbauweise heraus, Wie das W in der Typenbezeichnung erkennen lässt, war es eine weitere Konstruktion des jungen Diplom-Ingenieurs Gerhard Waibel.

Alle tragenden Bauteile der ASW 15 sind aus Glasfaserkunststoff um einen Balsakern gebaut, die Beschläge und Steuerungen in konventioneller Metallbauweise ausgeführt. Der Rumpf ist praktisch eine spantenlose Röhre aus Balsa/GFK-Sandwich, genauer, ein ovaler Sandwich-Schalenrumpf aus Glasfaser-Kunststoff mit Tubus-Kern.

Ihre Feuerprobe bestand die ASW 15 wenige Wochen nach dem Erstflug (am 20. April 1968) bei der Weltmeisterschaft 1968 in Polen, als Hans Werner Grosse in der Standardklasse zwei Tagessiege erflog. 1969 siegte Urs Bloch in der Offenen Klasse der Schweizer Meisterschaft. Gerhard Waibel, Deutscher Meister 1966, startete 1970 mit der ASW 15 in der Standardklasse der Segelflugweltmeisterschaft in Marfa/Texas und belegte den 6. Platz, 1972 wurde in Vrsac der Russe Eugene Rudensky Vizeweltmeister. Der Amerikaner Karl Striedieck hat auf ASW 15 mehrfach den Ziel-Rückkehr-Weltrekord, zuletzt auf 1095 km, verbessert.

Die Standard-Klasse-Formel wurde in den letzten Jahren mehrfach geändert. Deshalb erhielt die ASW 15 nach 185 Baumustern 1973 ein Einziehfahrwerk und Wasserballast. Und so entstand die ASW 15 B, die vor allem große Variationsmöglichkeiten in der Änderung der Flächenbelastung bot. Das Fluggewicht erhöhte sich durch die Änderung auf max. 408 kg. Die ASW 15 B ist zugelassen in der Kategorie Normalflugzeuge der Lufttüchtigkeitsforderungen für Segelflugzeuge, einschließlich Wolkenflug und einfachem Kunstflug.

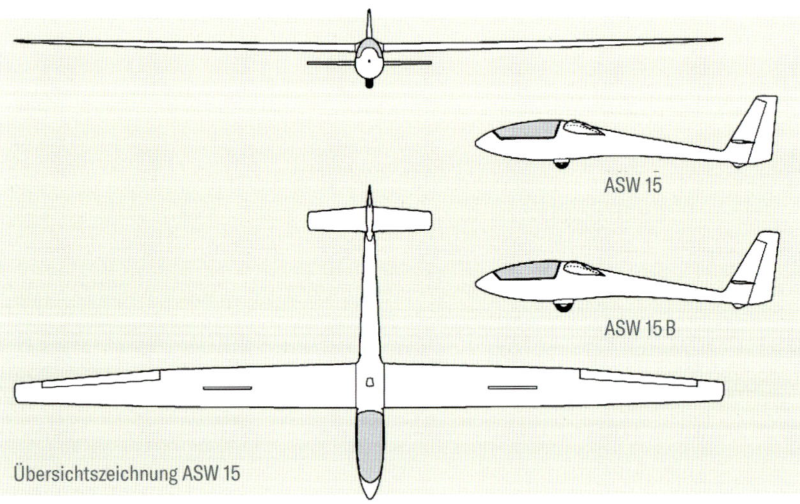

Übersichtszeichnung ASW 15

In Stichworten: Laminarflügel mit Wortmann-Profilen aus Glasfaser-Kunststoff-Hartschaum-Sandwich und Rovingholmen. Sturzflugbremsen aus Metall in gegenseitig abgedichteten Kammern und federnden Abdeckbändern. Sandwich-Schalenrumpf aus Glasfaser-Kunststoff (GFK) mit Tubus-Kern. Pendel-Höhenleitwerk sowie Quer- und Seitenruder aus GFK-Hartschaum-Sandwich. Gesamtdruckabnahme im Rumpfbug, Abnahme des statischen Druckes an der hinteren Rumpfröhre. Bohrung der Totalenergiedüse auf dem Rumpf, UKW-Antenne in der Seitenflosse eingebaut, Wasserballastkammern in der Flügelnase. Geringe Steuerdrücke, Schnelltrimmung des Pendelruders, leicht bedienbares Einziehfahrwerk mit Innenbackenbremsrad. Einfache Flügelmontage durch eine Zunge-Gabel-Verbindung und zwei Hauptbolzen. Verstellbare Rückenlehne und Kopfstütze, regelbare Lüftung, gutmütiges Langsamflugverhalten.

Um Weihnachten 1976 wurde das 500. Flugzeug der ASW 15 Serie ausgeliefert. ◂

Baumuster	ASW 15
Spannweite	15 m
Flügelfläche	11 m^2
Flügelstreckung	20,45
Rumpflänge	6,48 m
Höhe am Seitenruder	1,56 m
Sitzhöhe im Cockpit	0,80 m
Breite im Cockpit	0,58 m
Leergewicht	230 kg
Höchstzul. Fluggewicht max.	408 kg
Höchste Zuladung im Cockpit max.	115 kg
Wasserballast	ca. 90 kg
Flächenbelastung bei 85 kg Zul.	Ca. 28,60 kg/m^2
Höchstgeschw. (auch in böiger Luft)	220 km/h
Beste Gleitzahl	38 bei 90 km/h
Min. Sinkgeschwindigkeit	0,59 m/sec bei 73 km/h
Minimalgeschwindigkeit	63 km/h
Höchstzul. positives Lastvielfaches	+ 5,30
Bruchlastvielfaches mit Wasserballast (positiv)	8,40
Höchstzul. negatives Lastvielfaches	- 2,65
Bruchlastvielfaches mit Wasserballast (negativ)	- 5,40

Der Kestrel startet am Flugzeugschlepp. (Bild Wolfgang Binz)

Glasflügel H 401 Kestrel

1968

Die H 307 B Libelle konnte auf Grund ihrer technischen Raffinessen (Wölbklappen, überlagerte Querruder, Bremsschirm u. a.) trotz ihrer 15 m Spannweite bei Wettbewerben nur in der Offenen Klasse starten. Bei dem sich damals schon abzeichnenden Trend zu Flugzeugen mit größerer Spannweite war somit eine gewisse Benachteiligung gegeben. Glasflügel folgte deshalb dem Wunsch vieler Piloten und schuf in den Jahren 1967/68 mit dem „Kestrel“ (engl. Turmfalke) ein Flugzeug, welches die Möglichkeiten der Offenen Klasse besser ausnutzen konnte.

Das Leitwerk war als T-Leitwerk mit gedämpftem Höhenruder ausgeführt. Die Rumpfstruktur war wie bei allen bisherigen Glasflügel-Flugzeugen in reiner GFK-Bauweise mit nur wenigen Ringspanten zur Stützung der dünnen Außenhaut ausgeführt. Das Fahrwerk ist einziehbar und mit einem groß dimensionierten bremsbaren Rad ausgerüstet.

Um das von Hänle gesteckte Leistungsziel zu erreichen, wurde ein Doppeltrapezflügel mit der hohen Streckung von 25 gewählt. Der Flügel war ungeschränkt und erreicht eine sehr günstige Auftriebsverteilung in allen Geschwindigkeitsbereichen durch die den Wölbklappen differenziert überlagerten Querruder. Die Wölbklappen sind von $-8°$ bis $+12°$ verstellbar. Um eine optimale Rollwendigkeit zu erreichen, bewegen sich auch die Wölbklappen gleichsinnig mit den Querrudern, wobei der Wölbklappenausschlag ein Drittel des Querruderausschlags beträgt. Für die Landung können zur Auftriebserhöhung die Wölbklappen mit einem separaten Hebel ohne Beeinflussung der Querruder um weitere 23° auf

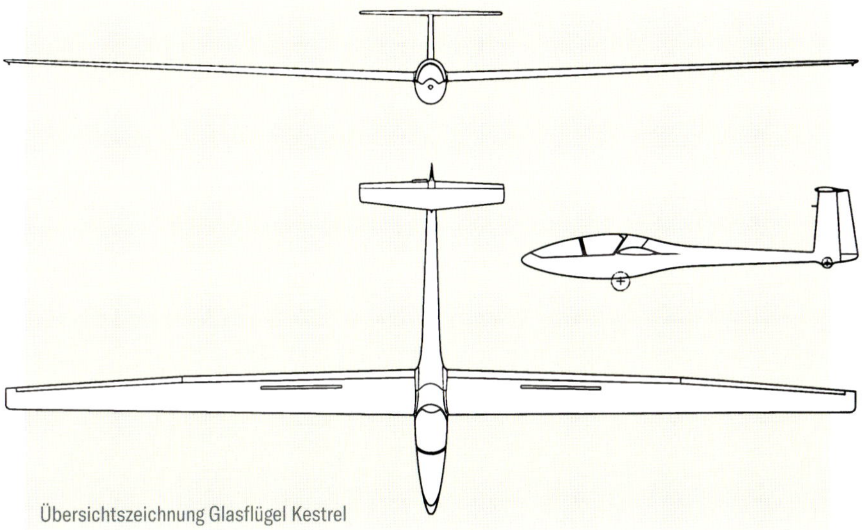

Übersichtszeichnung Glasflügel Kestrel

Baumuster	Kestrel
Spannweite	17 m
Länge	6,72 m
Flügelfläche	11,6 m^2
Seitenverhältnis	25
Rüstgewicht	260 kg
Zuladung	80-125 kg
Fluggewicht	340 - 400 kg
Flächenbelastung	28,8 - 34,5 kg/m^2
Mindestgeschwindigkeit	62 km/h
Höchstgeschwindigkeit	250 km/h
Sinkgeschwindigkeit	0,55 m/sec bei 74 km/h
Gleitzahl	43 bei 97 km/h
Profil	Wortmann, FX 67-K-170, FX 67-K-150

ca. 35° gebracht werden. Die übliche Gleitwinkelsteuerung durch Störklappen ist natürlich ebenfalls möglich. Zusätzlich ist das Flugzeug noch mit einem Bremsschirm ausgerüstet.

Schon bei dem Erstflug des Prototyps D-0067 am 9. August 1968 durch Huldreich Müller in Karlsruhe-Forchheim zeigten sich die erhofften angenehmen und harmlosen Flugeigenschaften, wobei die leichtgängige und wirksame Steuerung besonders auffiel.

Nachdem dieses Flugzeug Anfang 1969 in Serie ging, bestand es auf Anhieb seine Feuertaufe durch die Erringung des Deutschen Meistertitels der Offenen Klasse durch Walter Neubert.

Die Entwicklung des Kestrel wurde bei der Fa. Slingsby in England, welche die Lizenzrechte erwarb, mit der Kestrel-19 fortgeführt. Bis 1976 wurden von der 17 m-Version 129 Flugzeuge gebaut, von der 19 m-Ausführung über 100. ◂

1968 - 2007

LS 1 – LS 4 / LS 1 neo und LS 4 neo

Die LS 1 ist eine Entwicklung von Dipl.-Ing. Wolf Lemke und Walter Schneider.

Beide wollten mit der glasfaserverstärkten Kunststoffbauweise die Leistungen eines Standardsegelflugzeuges bedeutend steigern, ohne auf angenehme Steuereigenschaften und Bequemlichkeit im Cockpit zu verzichten. Die hohe Flügelstreckung von 23,1 zusammen mit einem relativ dicken Wortmannprofil großer Laminardellenbreite ermöglichte die Leistungssteigerung im gesamten Geschwindigkeitsbereich bei gutmütigen Überzieheigenschaften. Weiterhin wurde durch die Verwendung dieses Wortmannprofils eine für Kunststoffsegelflugzeuge ungewöhnlich hohe Flügelbiegesteifigkeit bei günstigem Rüstgewicht erzielt. Obwohl bereits als Prototyp (im Jahr 1968) ein hervorragendes Flugzeug, wurde die LS 1 nach den Flugerfahrungen und neuen aerodynamischen Kenntnissen laufend weiterentwickelt. Nach der LS 1-c und LS 1-d erlebte dieses Standardflugzeug mit der LS 1-f seine größte Serie. Die Weiterentwicklung bestehender Muster ist heute in gängiges Verfahren.

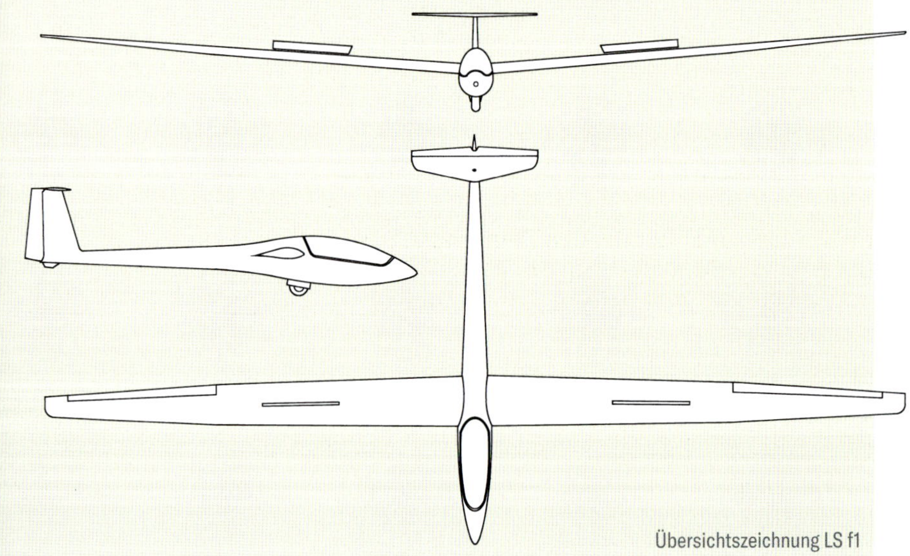
Übersichtszeichnung LS f1

Der Flügel in GFK-Schaum-Sandwich-Bauweise behielt die Profile, Umrissformen, Querruder und Bremsklappengröße wie bei der LS 1-c. Strukturelle Änderungen, die sich vorteilhaft auf die Formtreue auswirkten, stellten den Hauptunterschied dar. Geblieben waren die hervorragenden Kreisflugeigenschaften, verbunden mit Steigleistung und guten Schnellflugeigenschaften.

Schneider-Lemke erarbeiteten in der modernen Fertigungstechnik eine neue Bauweise und verwirklichten diesen Erfahrungswert mit einer rationellen Herstellung. Dies gilt vor allem für den GFK-Schalenbau des Rumpfes. Das Problem der Haube wurde durch eine einteilige, nach vorn klappbare und mit Notabwurf versehene Konstruktion gelöst. Eine neuartige Kinematik gewährleistete eine exak-

LS 1 im Flug.
(Foto DG Aviation)

te Haubenführung am Rumpf. In der Sitzwanne können alle gebräuchlichen Fallschirmarten verwendet werden. Die Lüftung ist gut gelöst.

Im Höhenleitwerk, ebenfalls GFK-Schaum-Sandwich-Bauweise, wurde zugunsten noch besserer Steuereigenschaften vom bisherigen Pendelruder abgewichen. Zur Standardausrüstung gehörte eine fest eingebaute UKW-Sperrtopfantenne, verstellbare Seitenruderpedale, Innenbackenradbremse und Trimmung. Es konnte ein festes oder ein Einziehfahrwerk eingebaut werden.

Die LS 1 wurde sofort das Erfolgsflugzeug des deutschen Segelfluges. Die beiden Prototypen belegten bei den Deutschen Segelflugmeisterschaften 1968 in der Standard-Klasse unter 44 Teilnehmern mit Helmut Reichmann und Walter Schneider die beiden ersten Plätze. Übers Jahr wurde die Deutsche Meisterschaft in der Standardklasse durch Ernst-Gernot Peter erneut mit der LS 1 erflogen. 1971 feierte die LS 1 mit Helmut Reichmann und Klaus Ahrens erneut einen Doppelsieg bei den Deutschen Meisterschaften. 1973 verteidigte Reichmann seinen Titel erfolgreich auf LS 1-f. Bei den Deutschen Meisterschaften 1973 und 1975 war die LS 1-f das am häufigsten geflogene Flugzeugmuster der Standardklasse. 1970 siegte Helmut Reichmann überlegen in der Standardklasse der Weltmeisterschaften in Marfa/Texas. Die LS 1 mit all ihren Versionen bis zur LS 1-f wurde 1968 bis 1978 eines der erfolgreichsten und damit berühmtesten Segelflugzeuge. Sie fliegt sich äußerst angenehm und ermüdungsfrei, jederzeit besteht eine direkte und leichtgängige Verbindung der Ruder zu den Strömungen der Luft.

LS 4 im Flug.
(Foto DG Aviation)

Bei der Deutschen Meisterschaft 1973 auf der Hahnweide überraschte Walter Schneider mit der LS 2, ein „Forschungs"-Flugzeug für weitere Flugeigenschaftsverbesserungen. Ihre guten Leistungen bewies Helmut Reichmann 1974 bei den Weltmeisterschaften in Australien, flog er doch die LS 2 zu seiner zweiten Weltmeisterschaft, und 1975 wurde Walter Schneider selbst deutscher Vizemeister der Standardklasse. Als die FAI die unbeschränkte 15-m-Klasse einführte, wurde bei Schneider im Frühjahr 1977 der Bau der LS 1 nach 464 Flugzeugen zugunsten der LS 3 eingestellt. Das eigentliche Nachfolgeflugzeug der LS 1-f für die Standardklasse aber wurde 1981 die LS 4.

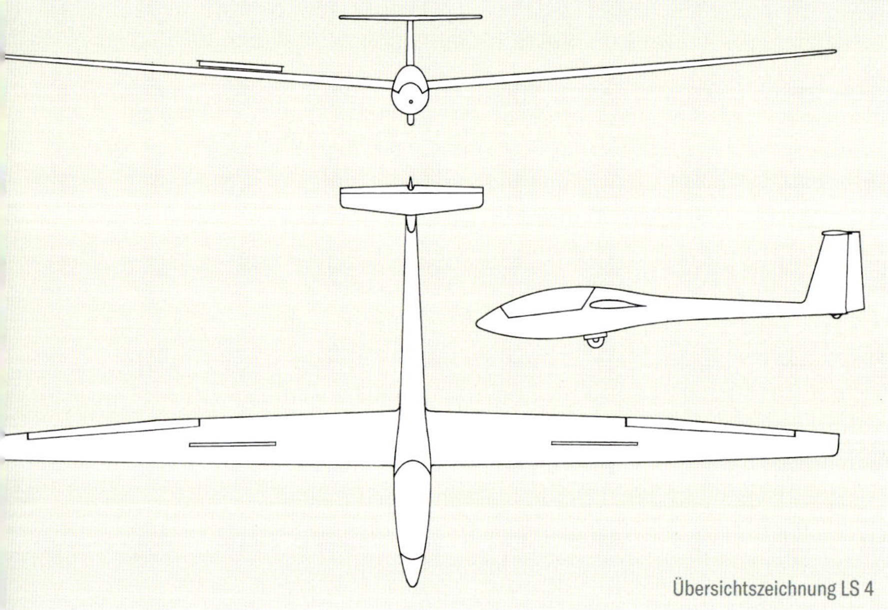

Übersichtszeichnung LS 4

Die LS 4 entstand aus den gesammelten Erfahrungen von mehr als 860 gebauten Segelflugzeugen der Standard- und Rennklasse. Erstflug am 28. März 1980, Serienbeginn November 1980. Aufgabenziel der LS 4-Neuentwicklung sollte es sein, insbesondere den Geschwindigkeitsbereich zwischen 90 und 150 km/h merklich zu verbessern, wobei für den Kreisflug mindestens die Leistungen der LS 1-f erreicht werden sollten. Auch die Flugeigenschaften sowie der Sitzkomfort für den Piloten sollten gegenüber der LS 1-f noch verbessert werden.

Die Kreisflug- und Steuereigenschaften sowie das Überziehverhalten sind dabei sehr angenehm. Die Sichtverhältnisse sind besser als bei der LS 1-f. Technologische und aerodynamische Erkenntnisse aus den Erfahrungen mit 15-m-Wölbklappenflugzeugen bestimmten die Entwicklung der LS 4, die eines der erfolgreichsten Flugzeuge der Standardklasse wurde. Sie stellte 1981 den Weltmeister, sie siegte 1982 bei der 1. Europameisterschaft, bei der Deutschen Meisterschaft 1983 waren drei LS 4 vorne, bei der Weltmeisterschaft 1983 belegte sie die ersten sechs Plätze, Marlis Bertram siegte bei der Deutschen Meisterschaft der Damen 1983 und 1984, ebenso bei der Europameisterschaft 1983 und 1984 feierte die LS 4 einen Doppelsieg bei der Deutschen Meisterschaft der Männer. 1986 waren bereits über 500 der LS 4 verkauft.

Nachdem Volocopter im Juli 2021 DG Flugzeugbau vollständig übernommen hat, änderte sich der Name in DG Aviation. Produziert wird weiter in Bruchsal. Es wird eine Serie von ansteckbaren Winglets ausgelegt auf die unterschiedlichen Segelflugzeuge von LS entwickelt. Durch diese „neo“ Serie verbessern sich die Langsamflugeigenschaften wesentlich. Die Luft wird am Flügelende beschleunigt und somit wird auch das Abrissverhalten im Langsamflug unkritischer. Sowohl für die LS 1 als auch LS 4 gibt es diese Winglets. ◂

Baumuster	LS 1-f	LS 4
Spannweite	15 m	15m
Flügelfläche	9,75 m^2	10,50 m^2
Flügelstreckung	23,10	21,40
Rumpflänge	6,80 m	6,84 m
Rumpfbreite	0,60 m	0,64 m
Rumpfhöhe	0,80 m	0,83 m
Leergewicht	210 kg	230 kg
Max. Fluggewicht	390 kg	472 kg
Max. Flächenbelastung	40 kg/m^2	45 kg/m^2
Höchstgeschwindigkeit	250 km/h	270 km/h
Überziehgeschwindigkeit	62 km/h	68 km/h
Geringstes Sinken	0,60 m/s	0,60 m/s
Beste Gleitzahl	38	40,50

LS 1 neo. (Foto Bernhard Scholl 2023)

Ein Nimbus-2c.

1969 - 2023

Die Nimbus-Familie

Kann man sich sein Traumflugzeug bauen? Klaus Holighaus unternahm 1968/69 den Versuch und entwickelte mit dem Nimbus ein Segelflugzeug extremer Auslegung. Der Diplomingenieur und ehemalige Darmstädter Akaflieger lotete die Grenzen des damals technisch Machbaren aus mit einem Experimentalflugzeug, in dessen Konstruktion der Wissenschaftler und Flieger seinen kühnsten Vorstellungen einmal freien Lauf lassen konnte. Da es als Einzelstück gedacht war, konnten alle technischen und aerodynamischen Möglichkeiten ohne Rücksicht auf Arbeitsaufwand und Zeit ausgenutzt werden.

Der Flügel besaß eine Spannweite von 22 m und eine Streckung von annähernd 31. Das Tragwerk, mit einem neu entwickelten Wortmann-Profil, erhielt Wölbklappen über die gesamte Spannweite. So entstand ein Segelflugzeug mit einer besten Gleitzahl, der damaligen Idealzahl von 51 bei 90 km/h, und ein geringstes Sinken von 0,44 m/sec bei 72 km/h.

Klaus Holighaus konnte „seinen" Vogel am 26. Januar 1969 erstmals fliegen, bei der deutschen Meisterschaft 1969 wurde er Vizemeister. Für die Weltmeisterschaft 1970 stellte er Nimbus-1 dem Amerikaner George Moffat zur Verfügung, der überlegener Sieger wurde.

Aufbauend auf die Erfahrungen konstruierte Holighaus einen Nimbus für die Serie, es entstand der Nimbus-2. Dieser flog erstmals im April 1971. Die auffälligsten Unterschiede zum Einzelstück waren das neue Pendel-T-Leitwerk, das eine leichte Pfeilung erhalten hatte, die von 22 m auf 20,3 m verkürzte Spannweite, und anstelle des dreiteiligen Flügels kam der vierteilige Flügel, um den Transport des Flugzeuges beträchtlich zu erleichtern. Aus dem Schulterdecker wurde jetzt ein Mitteldecker. Das einsitzige Hochleistungssegelflugzeug in der bewährten GFK-Bauweise hatte Wölbklappen, Bremsklappen, Einzieh-Fahrwerk und Wassertanks. Anfangs mit T-Leitwerk als Pendelruder wurde er später mit gedämpftem T-Leitwerk gebaut.

Baumuster	Nimbus-2B	Nimbus-2C
Spannweite	20,3 m	20,3 m
Flügelfläche	14,41 m^2	14,41 m^2
Flügelstreckung	28,6	28,6
Rumpflänge	7,28 m	7,33 m
Leermasse	345 kg	315 kg
Max. Abflugmasse	580 kg	650 kg
Flächenbelastung	40,3 kg/m^2	45,1 kg/m^2
Wasserballast	210 kg	338 kg
Höchstgeschwindigkeit	270 km/h	270 km/h
Geringstes Sinken	0,49 m/s	0,59 m/s
Gleitzahl	ca. 49	ca. 49
Stückzahl	ca. 235	

Dieses Serienflugzeug beherrschte die Offene Klasse in vielen Meisterschaften. Der Nimbus-2 wurde laufend verbessert. Es entstanden der Nimbus-2 B und -2 C (Holme aus Kohlefaser) sowie der Nimbus-2 M, der mit einem ausklappbaren 50 PS Hirth Motor ausgestattet war.

Damit war die Entwicklung aber noch lange nicht zu Ende. Mit der Erfahrung vieler gebauter Nimbus-2 entwickelte Schempp-Hirth nunmehr den Nimbus-3, der durch einen sehr schlanken wie auch dünnen und widerstandsarmen Flügel auffällt. Zehn Monate nach dem Erstflug im Dezember 1981, erhielt der Nimbus-3 die Musterzulassung des Luftfahrtbundesamtes (LBA).

Der Nimbus-3, bzw. der Nimbus-3/24,5 m ist wie sein Vorgänger ein einsitziger Mitteldecker der Offenen Klasse. Hergestellt in Kohle- und Kevlarfaser-Bauweise ist der Tragflügel vier- oder sechsteilig. Die Wölbklappen überlagern die Querruder (Flaperons). Angesichts der Spannweite verfügt das Segelflugzeug über doppelstöckige Schempp-Hirth-Luftbremsen. Mit einem gefederten Einziehfahrwerk ausgerüstet endet der Rumpf in einem gedämpften T-Leitwerk. Die Wassertanks im Außen- und Innenflügel sind getrennt.

Die Flugeigenschaften, wie auch seine Wendigkeit, werden von allen Piloten uneingeschränkt als ausgesprochen angenehm bezeichnet, wobei der relativ steife Tragflügel wie auch die sehr differenzierte Steuerung der vier Querruder ganz entscheidenden Einfluss haben.

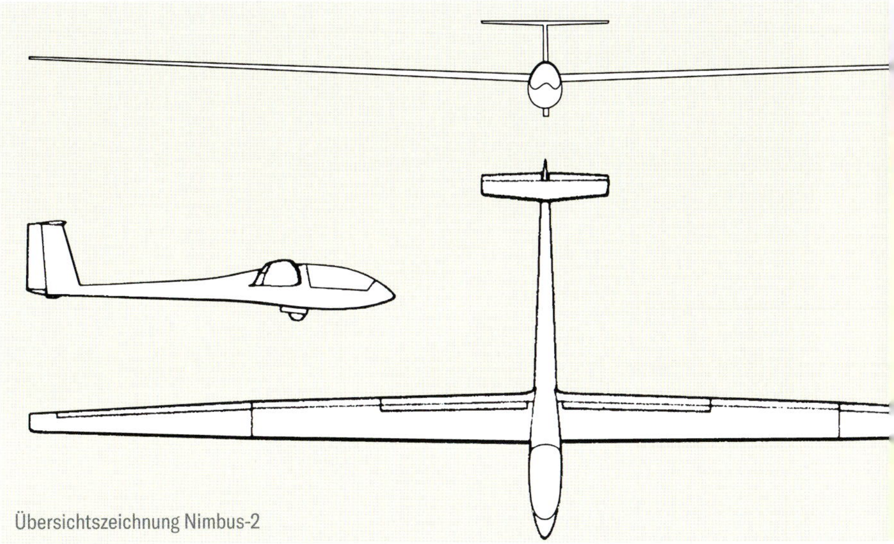

Übersichtszeichnung Nimbus-2

Der Rumpf ist aus Steifigkeits- und Gewichtsgründen hinter dem Cockpit als massive, versteifte CFK-Schale, im Cockpitbereich jedoch aus Sicherheitsgründen sowie zur besseren Energieaufnahme im Bruchfalle aus GFK hergestellt. Das sehr geräumige Cockpit berücksichtigt alle damaligen Erkenntnisse in Bezug auf Pilotensicherheit und Flugkomfort. Das fünf-Zoll Einziehfahrwerk ist teleskopgefedert und äußerst robust ausgelegt. Tragflügel wie auch Fahrwerk sind an einem die gesamte Steuerung aufnehmendes Stahlrohrgerüst aufgehängt, das über kräfti-

Nimbus-3.

Nimbus-4M auf der Hahnweide vor der Teck. (Werksfoto Schempp-Hirth)

ge GFK-Spanten mit der Rumpfschale verbunden ist. Die Hauptfahrwerkskräfte werden auch bei schwersten Landungen direkt über die Stahlrohre in den Flügel als Gegenmasse eingeleitet, ohne dass die Schale und die damit empfindlichen Verklebungen belastet werden. Die Wölbklappenbedienung ist so mit der Trimmung gekoppelt, dass die Trimmung im Fluge in der Regel nur einmal eingestellt werden muss, und sich dann mit den jeweiligen Wölbklappenstellungen die passende Geschwindigkeit selbst einstellt.

Baumuster	Nimbus-3	Nimbus-3/24,5	Nimbus-3D
Spannweite	22,9 m	24,5 m	25,6 m
Flügelfläche	16,28 m^2	16,7 m^2	17,02 m^2
Flügelstreckung	32,2	35,9	38,5
Rumpflänge	7,63 m	7,0 m	8,62 m
Leermasse	396 kg	396 kg	485 kg
Max. Abflugmasse	750 kg	750 kg	750 kg
Flächenbelastung	46 kg/m^2	42 kg/m^2	44,1 kg/m^2
Wasserballast	338 kg	338 kg	168 kg
Höchstgeschwindigkeit	270 km/h	270 km/h	275 km/h
Geringstes Sinken	0,4 m/s	0,42 m/s	0,48 m/s
Gleitzahl	ca.58	ca. 58	ca. 57
Stückzahl	ca. 100		

Der Nimbus 3 wurde eines der erfolgreichsten Segelflugzeuge.

Es wurde auch eine Doppelsitzerversion, der Nimbus-3D, Erstflug Mai 1986 gebaut. Hierbei sind die Flügel leicht nach vorne gepfeilt. Sowohl den Nimbus-3 als auch den Nimbus-3D gab es mit Klapptriebwerk als 3T, 3DM (eigenstartfähig) bzw. als 3 DT.

Neun Jahre später, 1990, folgte der nächste Entwicklungssprung. Mit dem Nimbus-4 wurde das nächste Leistungsflugzeug sowohl als Ein- und Doppelsitzer (Zusatz „D“) angeboten. Auch in der Segelflugversion war die Rumpfröhre für den Einbau eines Triebwerks vorgesehen. Der Erstflug des von Schempp-Hirth neu entwickelten Nimbus-4 fand 1990 statt. Grundsätzlich gilt für Schempp-Hirth bis heute die gute wissenschaftliche Zusammenarbeit mit der Uni Stuttgart sowie anderen (z. B. USA) oder der Uni Delft. Wissenschaftlichen Aspekte bestimmten die Konstruktion des Ein- und Doppelsitzers. Ergebnis war ein Wettbewerbsflugzeug für die Offene Klasse. Bei diesem Flugzeug wurden alle technischen Fortschritte unter Verwirklichung der aerodynamischen Möglichkeiten kompromisslos umgesetzt, was den Nimbus 4 an die Spitze seiner Klasse katapultierte. Bei der deutschen Meisterschaft 2009 in der Offenen und 18-Meter Klasse in Mengen siegte Holger Karow auf Nimbus-4M.

Der in Kohlefaser hergestellte 6-teilige Tragflügel mit der mehrfachen Rückpfeilung der Flügelvorderkante und der leichten V-Stellung ist ein auffälliges Merkmal des Nimbus-4. Beim vollen Ausfahren der doppelstöckigen Bremsklappen gehen die Wölbklappen automatisch auf 40 Grad nach unten und kompensieren den Auftriebsverlust. Zugleich erhöht sich der Widerstand und so werden steile Landeanflüge möglich. Der in Hybrid-Bauweise gefertigte Rumpf mit dem kevlar-/kohlefaserverstärkten, sehr geräumigen Cockpit, bietet eine hohe Crash-Sicherheit für den Piloten. Der Instrumentenpilz des vorderen Sitzes ist hochklappbar und erleichtert das Ein- und Aussteigen deutlich. Beim Doppelsitzer klappt die einteilige Haube nach rechts.

Das einziehbare Fahrwerk ist mit einer Teleskop-Federung zum Dämpfen der Landestöße sowie einer hydraulischen Scheibenbremse ausgestattet. Sowohl in den Flügeln als auch in der Seitenflosse sind Wasserballast-Tanks integriert, sie ermöglichen eine Optimierung der Flächenbelastung und der Trimmung. Die Auslegung der Steuerung und der Leitwerksflächen garantieren eine hohe Sicherheit in allen Geschwindigkeitsbereichen. Besonders sind seine sehr guten Langsamflug- und Kreisflugeigenschaften. Der Nimbus-4 wird auch mit Motor als Nimbus-4T (Turbo) und 4M (Eigenstarter) angeboten.

Der Nimbus-4D ist die Doppelsitzerversion, mit einem gegenüber dem Nimbus-3D verlängerten Cockpit. Auch den Doppelsitzer gibt es in den Versionen 4DT und 4DM mit Triebwerk als Turbo- bzw. als Eigenstarter. Der Rumpf diente auch als Basis für die später konstruierte Nimeta. Wichtige Nachricht für potenzielle Käufer ist, dass Schempp-Hirth seine Konstruktionen so plant, dass sie diese Flugzeuge auch noch 50 Jahre später fliegen werden.

In dieser seiner letzten Konstruktion verunglückte Klaus Hollighaus (er war nicht nur Konstrukteur und Vizeweltmeister, sondern auch mehrfacher Weltrekordinhaber) mit seinem Nimbus-4M im Tessin 1994 an einer Felswand. Nach dem tragischen Tod übernahmen Tilo und Brigitte Holighaus das Ruder des erfolgreichen Unternehmens in Kirchheim/Teck. ◂

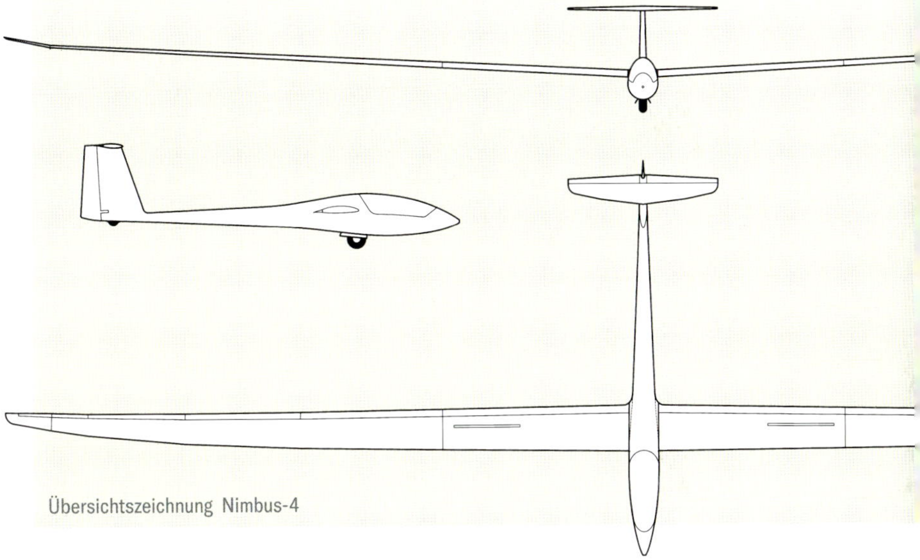

Übersichtszeichnung Nimbus-4

Baumuster	Nimbus-4	Nimbus-4M	Nimbus-4D	Nimbus-4DM
Sitze	1	1	2	2
Spannweite	26,5 m	26,4 m	26,5 m	26,5 m
Flügelfläche	17,80 m^2	17,80 m^2	17,96 m^2	17,96 m^2
Flügelstreckung	38,8	38,8	39,1	39,1
Rumpflänge	7,82 m	7,82 m	8,62 m	8,62 m
Leermasse	470 kg	580 kg	515 kg	595 kg
Max. Abflugmasse	750 kg	850 kg (nach TM 868-10)	750 kg	820 kg
Flächenbelastung max.	44 kg/m^2	47,75 kg/m^2	41,8 kg/m^2	45,7 kg/m^2
Wasserballast (nicht ausnutzbar!)	324 kg	80 kg	324 kg	80 kg
Höchstgeschwindigkeit	275 km/h	275 km/h	285 km/h	285 km/h
Geringstes Sinken	0,38 m/s			
Gleitzahl	ca. 60 bei 110 km/h			

Caproni Calif A-21S noch mit der deutschen Zulassung, das Segelflugzeug fliegt seit 2013 in Australien als VH-GUB. (Wikipedia Moritz Driver)

1970

Calif A 21S

Die Anfänge der Gründung des italienischen Unternehmens reichen bis 1910 zurück. Groß geworden mit der Produktion von militärischen Flugzeugen kam die erste Krise für das Unternehmen, als es nur schlecht gelang, auf zivile Flugzeuge umzustellen. Dieses Schicksal wiederholte sich nach dem zweiten Weltkrieg, die Produktion des Doppelsitzers Calif A-21S war 1970 eine vorübergehende Verschnaufpause, bevor der letzte Unternehmensteil 1983 von Augusta übernommen wurde.

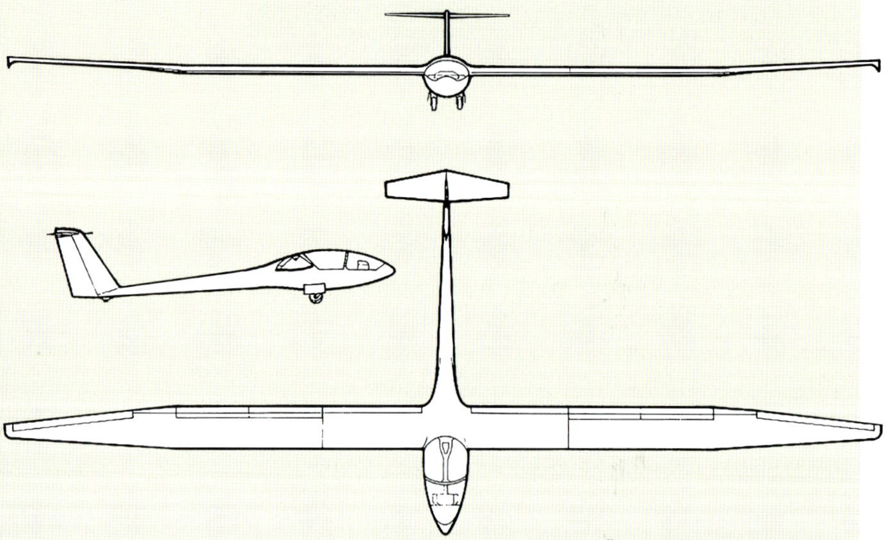

Übersichtszeichnung Calif A 21S

Der Doppelsitzer Calif (der Name entstand durch die Zusammenziehung der Vornamen beider Geschäftsführer Carlo Ferrarin und Livio Sonzio). Das Segelflugzeug weist mehrere Besonderheiten auf, die sich mittlerweile auch in aktuellen Konstruktionen wie bei Stemme oder den Akafliegs in Aachen, Berlin oder Darmstadt wiederfinden. So sitzen in dem Segelflugzeug beide Piloten nebeneinander und verfügen über deutlich mehr Platz, als dies oft in Motorseglern mit der körperbetonten Enge eines Citroën 2 CV der Fall ist. Die Steuerung ist vollständig als Doppelsteuer ausgelegt. Im Dezember 1970 startete der Doppelsitzer zum Erstflug.

Das Flugzeug verfügt über ein Doppelfahrwerk und steht allein aufrecht. Der vordere Rumpfteil bis hinter die Flügel ist aus GFK gefertigt und mit der gesamten Metallkonstruktion verbunden. Der dreiteilige Flügel (das Mittelteil besitzt eine Länge von 5,63 Metern und wird von oben auf dem Rumpf gehoben, wiegt aber 100 Kilogramm) ist komplett in Metallbauweise (aluminiumbeplankt) ausgeführt. Anschließend wird die Verkleidung wieder aufgesetzt. Alle Nieten sind versenkt und zeichnen sich nicht in der Oberfläche ab. Mit einer Streckung von 25,65 und einer Gleitzahl von 43 (vermessen von der Idaflieg) war er eine überaus fortschrittliche Konstruktion.

Die Wölbklappen besitzen eine besondere Steuerung. Nach vorne fahren sie positiv (für den Kreisflug) und nach hinten negativ. Werden sie über eine Sperre hinaus nach hinten bewegt, öffnen sich auf der Hinterkante der Oberseite die Bremsklappen (nur auf den Außenflügeln), während die Wölbklappen nunmehr bis knapp 90 Grad nach unten ausschlagen. Dies ermöglich extrem steile Anflüge ohne Überschreitung der empfohlenen Anfluggeschwindigkeit (ca. 100 km/h). Besonderheit ist, dass die Wölbklappen auch schnell bewegt werden dürfen, falls der Aufsetzpunkt bei der Landung falsch gewählt wurde und wieder ausschließlich positiv gewölbt werden muss.

Auf einem Calif wurde der damalige Geschwindigkeitsrekord für Frauen (1974) sowie über je eine Dreieck von 100, 200 und 300 Kilometern 1972 aufgestellt. Ingo Renner und Hilmer Geisler schafften 1975 eine Flugstrecke von über 970 Kilometern. Neben Einzelversionen als Versuchsflugzeuge wurden vom Calif A-21S bei Caproni 53 Doppelsitzer sowie zwei bei Gomolzig in seiner sehr kurzen Produktionszeit von nur zwei Jahren hergestellt. ◂

Baumuster	Calif A-21SI
Spannweite	20,63 m
Länge	7,84 m
Flügelfläche	16,19 m^2
Seitenverhältnis	25,65
Rüstgewicht	445 kg
Zuladung	199 kg
Fluggewicht	644 kg
Flächenbelastung	39,8 kg/m^2
Mindestgeschwindigkeit	63 km/h
Höchstgeschwindigkeit	255 km/h
Sinkgeschwindigkeit	0,62 m/sec bei 85 km/h
Gleitzahl	43 bei 105 km/h
Profil	FX 67K 170

Glasflügel 604

Ursprünglich war die 604 als Erprobungsträger für ein doppelsitziges Segelflugzeug mit großer Spannweite gedacht. Die bevorstehende Weltmeisterschaft 1970 beschleunigte jedoch diese Entwicklung, wobei der erste Prototyp in weniger als 4 Monaten gebaut wurde.

Der Erstflug mit der Zulassungsnummer D-0604 fand am 30.4.1970 in Karlsruhe-Forchheim statt. Die guten Flugeigenschaften ermöglichten es, dass das Flugzeug bereits am nächsten Tag von Walter Neubert geflogen werden konnte. Walter Neubert war es auch, der mit diesem Flugzeug dann in Marfa bei den Weltmeisterschaften den 6. Platz in der Offenen Klasse belegte, obwohl er einen Wertungstag auslassen musste, da er am Tag zuvor nach einer Außenlandung, die ihm zwar den Tagessieg brachte, er aber verschollen war. Durch die guten Leistungen des Flugzeuges im Wettbewerb ermutigt, unternahm er noch in Marfa einen Rekordversuch über die 100-km-Dreiecksstrecke. Am 5.7.1970 gelang es ihm, den Weltrekord von Hannes Linke auf H 301 Libelle von 136,6 km/h auf 155 km/h zu verbessern. Am 3.3.1972 holte er sich in Kenia auch den Weltrekord über die 300-km-Dreiecksstrecke mit 153,4 km/h, welcher bis dahin von Alfred Röhm auf BS 1 mit 138,3 km/h gehalten wurde.

Nach diesen Erfolgen wurde das Interesse in Segelfliegerkreisen für dieses Flugzeug so groß, dass man sich für eine Serie von 10 Flugzeugen entschloss.

Die 604 hatte ein recht hohes Gewicht (allein der Mittelteil des 3-teiligen Flügels wog 160 kg). Im Vergleich zu den damaligen Segelflugzeugen der offenen Klasse überzeugte sie aber mit ausgewogenen Flugeigenschaften und war ausgesprochen wendig. Damals war sie das beste – und teuerste – Segelflugzeug, erst ab 1981 wurde sie durch Entwicklungen wie Nimbus 3 oder die AS-22-2 (später ASW 22) abgelöst).

Neue Ideen verwirklichte Eugen Hänle mit der Hornet und der Wölbklappen-Mosquito, erlebte noch im Sommer 1975 das bis dort einmalige Jubiläum von der Auslieferung des tausendsten Glasflügel-Flugzeuges. In wirtschaftliche Schwierigkeiten geraten fand er in Klaus Holighaus einen Kommanditisten. Nach Eugen Hänles Tod am 21. Sep-

Glasflügel 604 mit Christian Streifeneder als Pilot. (Foto Wolfgang Binz)

tember 1975 mit seinem Schleppflugzeug Remorqueur in Saulgau mussten neue Gesellschafter aufgenommen werden. Deren Differenzen dürften wohl den Ausschlag für den bald folgenden Konkurs gegeben haben. An den Produkten lag es nicht, denn bis heute sind die Konstruktionen von Glasflügel richtungweisend. ◂

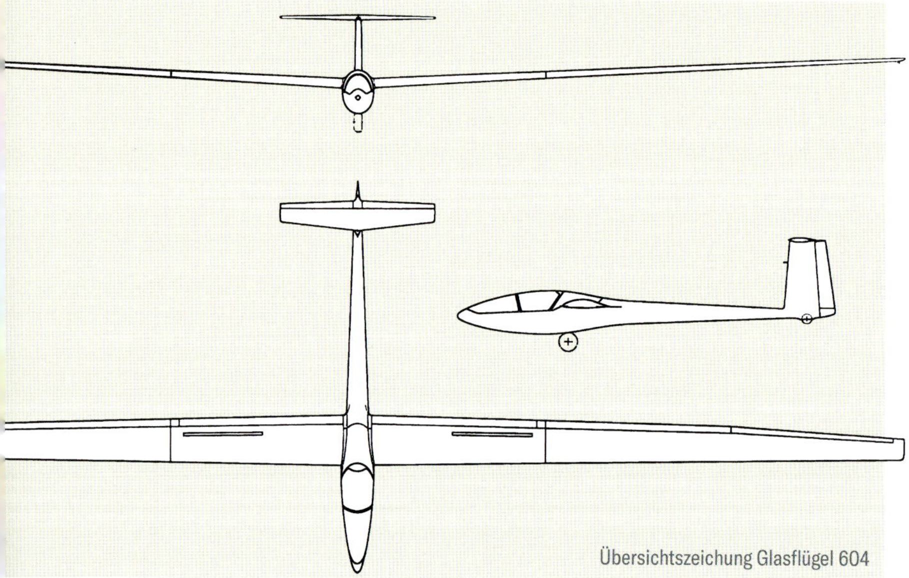

Übersichtszeichung Glasflügel 604

Baumuster	Glasflügel 604
Spannweite	22 m
Länge	7,60 m
Höhe	1,67 m
Höhe Führersitz	0,84 m
Flügelfläche	16,23 m²
Streckung	29,8
Rüstgewicht etwa	440 kg
Max. Zuladung im Rumpf	135 kg
Max. Wasserballast	100 kg
Max. Fluggewicht	650 kg
Max. Flächenbelastung	40 kg/m²
Min. Flächenbelastung etwa	33 kg/m²
Höchstgeschwindigkeit	250 km/h
Mindestgeschwindigkeit etwa	64 km/h
Min. Sinkgeschwindigkeit bei 72 km/h	0,50 m/sec
Gleitzahl bei 105 km/h	49
Profil:	Wortmann, FX-67-K-170, FX-67-K-150

Salto H-101

Das Segelflugzeug geht auf die bereits 1948 entworfene H 30 der Brüder Wolfgang und Ulrich Hütter. Aber erst die Zusammenarbeit mit Ursula Hänle (sie war bis zur Trennung die Ehefrau von Eugen Hänle und gründete mit Wolfgang Hütter die Firma Start+Flug) führte zu einer Realisierung. Somit diente die H 30 gleich zwei Flugzeugen als Muster: der hier besprochenen H-101 sowie der „Klappenlibelle“ H-301.

Der Salto ist ein einsitziges Segelflugzeug. Es sollte gleich zwei Bedingungen erfüllen: zum einen als Kunstflugzeug und als Leistungsflugzeug. Während sich der Rumpf weitgehend an die H 30 mit dem V-Leitwerk (im Winkel von 99 Grad) anlehnte, entsprechen die Tragflächen der Standard-Libelle. Allerdings um je 70 cm verkürzt und mit einem verstärkten Holm plus Hilfsholm. Anders als bei Flugzeugen in Kunststoffbauweise üblich, wurden die Rumpfhälften horizontal miteinander verklebt. Von Beginn an erhielt der Salto automatische Ruderanschlüsse, für die Landung brachte Hänle an jeder Flügelhinterkante zweiteilige drehbare Bremsklappen an. Bald zeigte sich, dass diese kaum ausreichten, weil der Salto durch seine tief liegenden Flügel einen deutlichen Bodeneffekt aufwies. Zusätzlich wurde hinten unterhalb des V-Leitwerks ein abwerfbarer Bremsschirm eingebaut.

Die langen Holme werden beim Aufbau in einen selbsttragenden Holmkasten eingeschoben, nach Montage nur eines Flügel konnte dieser abgelegt werden, ohne das dies zu einem Schaden geführt hätte. Der Sitz für Piloten ist recht tief, die Sicht ist gut, allerdings durch den hohen Haubenrand nach unten eingeschränkt. Das feste und ungefederte Fahrwerk besitzt eine Trommelbremse.

Für den normalen Segelflug gab es Ansteckflügel mit je 70 cm oder 95 cm Länge. Die Zuladung ist zumindest in der Kunstflugkonfiguration recht knapp bemessen und liegt bei maximal 98 Kilogramm (inklusive Fallschirm). Allerdings dürfte heute kaum noch ein luftfahrtzugelassener Salto ein Leergewicht von 182 Kilogramm (inklusive Einbauten plus Instrumente) auf die Waage bringen.

Salto H-101	13,6 m	15 m
Spannweite	13,60 m	15 m
Länge	5,95 m	5,95 m
Flügelfläche	8,58 m^2	14,05 m^2
Seitenverhältnis	21,56	16,01
Rüstgewicht	182 kg	200 kg
Zuladung	98 kg	110 kg
Fluggewicht	280 kg	310 kg
Flächenbelastung	32,6 kg/m^2	22,06 kg/m^2
Mindestgeschwindigkeit	65 km/h	61 km/h
Höchstgeschwindigkeit	280 km/h	250 km/h
Sinkgeschwindigkeit	0,64 m/sec bei 68 km/h	
Gleitzahl	34 bei 85 km/h	37 bei 90 km/h
Lastvielfaches	+ 7,0 / – 5,0	+ 5,3 / – 2
Profil	Wortmann FX 66-17 AII-182	

Ein Salto H-101 auf der Luftfahrtmesse AERO in Friedrichshafen 2023.

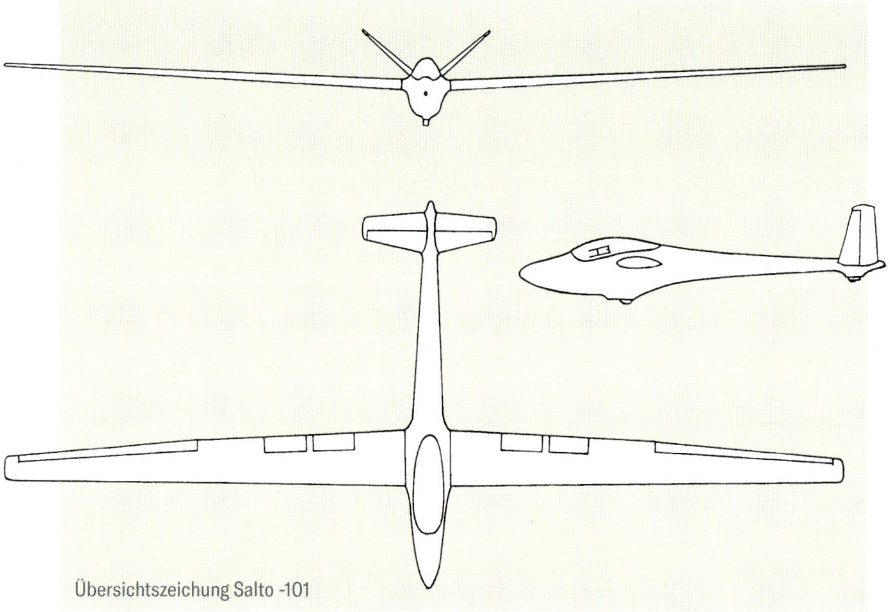

Übersichtszeichung Salto -101

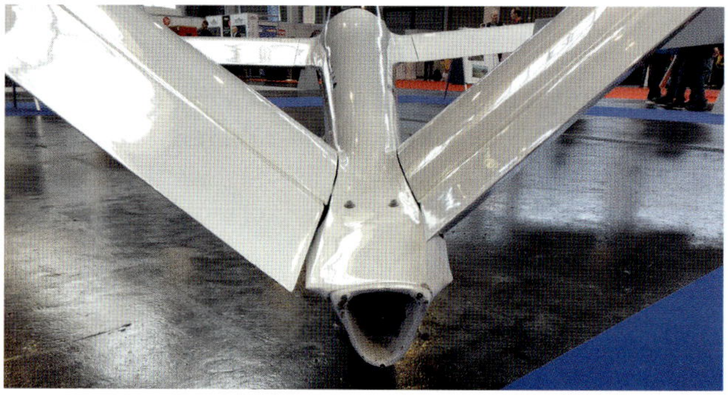

Heck des Salto mit der Öffnung für den Bremsschirm.

Der Salto ist ein agiles Segelflugzeug mit einem recht direkt wirkenden Höhen- und Seitenruder, feinfühlige Ausschläge sind unbedingt erforderlich. Er ist für den unbeschränkten Kunstflug zugelassen, bedingt unter anderem durch das V-Leitwerk sind gerissene Figuren eher schwer zu fliegen. ◂

1971 ASW 17

1971 entstand bei Schleicher eine neue „Super-Orchidee“ für die Offene Klasse. Basierend auf Erfahrungen mit der ASW 12 schuf Dipl.-Ing. Gerhard Waibel die ASW 17. Der Erstflug fand am 17. Juli 1971 auf der Wasserkuppe statt.

Die ASW 17 besitzt einen vierteiligen Doppeltrapezflügel in GFK- Sandwich-Schalenbauweise, mit kurzen GFK-Roving-Holmstummeln in Zunge-Gabel-Verbindung, einen GFK-Balsa-Querkraftsteg sowie ein integriertes Wölbklappen-Querruder-System über die ganze Spannweite und doppelte Bremsklappen aus Aluminium mit gefederten Abdeckplatten in getrennten, abgedichteten Klappenkästen. Der GFK-Tubuskern-Sandwich-Schalenrumpf besitzt eine abnehmbare Haube. Das gedämpfte Höhenleitwerk und alle Ruder und Klappen sind in GFK-Hartschaum-Sandwich-Bauweise mit Massenausgleich gefertigt. Das Einziehfahrwerk ist mit Gummihohlfeder abgefedert.

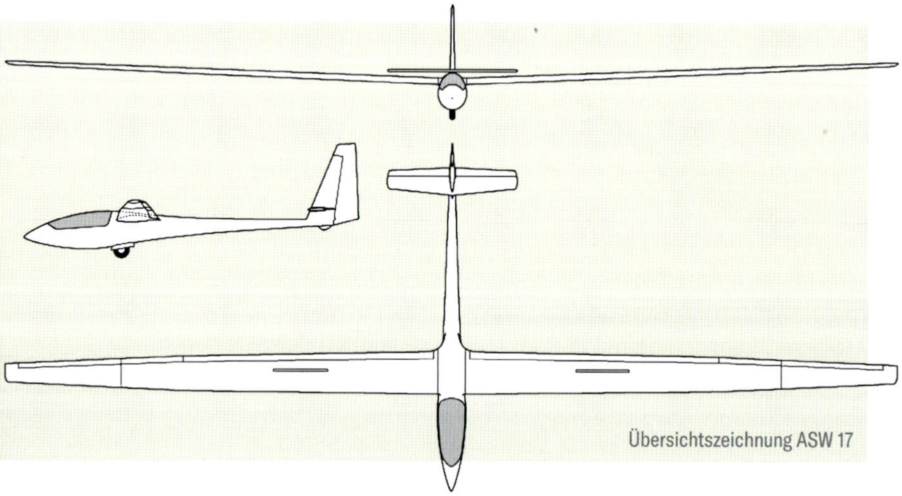

Übersichtszeichnung ASW 17

Baumuster	ASW 17
Spannweite	20 m
Flügelfläche	14,84 m^2
Flügelstreckung	27
Rumpflänge	7,55 m
Profil	FXK131/FX 60-126
Leermasse	415 kg
Max. Abflugmasse	570 kg (mit Wasser)
Flächenbelastung	Max. 38,4 kg/m^2
Wasserballast	100 kg
Mindestgeschwindigkeit	68 km/h
Höchstgeschwindigkeit	250 km/h
Geringstes Sinken	0,5 m/s
Gleitzahl	48,5
Stückzahl	55

Eine ASW 17 im Hangflug. (Bild Ingo Trentelj)

Von der ASW 17 wurden bis zum Produktionsende 1976 insgesamt 55 Flugzeuge gebaut.

Mit diesem Flugzeug der Superlative wurden große und besondere Leistungen im Segelflug erzielt. Am 14. April 1974 stellte Hans-Werner Grosse mit dem Flug von Lübeck nach Marmande einen neuen Zielflug-Weltrekord über 1231,8 km auf, erflog am 6. Juni 1975 über Finnland über die 1000 km-Dreiecksstrecke einen neuen Weltrekord mit 88,16 km/h und segelte am 6. Februar 1976 über Australien mit 1042,114 km die bis dahin größte im Dreiecksflug zurückgelegte Strecke. Am 4. Mai 1976 flog dann Karl Striedeck erstmals die 1000 Meilen im motorlosen Flug. An den Appalachen stellte er mit 1634 km nicht nur einen Weltrekord im Zielflug mit Rückkehr auf, sondern flog auch die bis dato größte Strecke in der Geschichte des Segelfluges! Neben Striedecks Flug hält die ASW 17 noch fünf weitere Weltrekorde. Am 4. Januar 1981 flog Hans Werner Grosse das größte geflogene Dreieck 1306 km. Hinzu kamen mehrere Geschwindigkeitsrekorde mit der ASW 17. Dabei sollte man nicht unbeachtet lassen, dass im Gegensatz zu heute diese Segelflugzeuge über keinerlei motorisierte Heimweghilfe verfügten. ◂

Die D-38 am Start (Bild Akaflieg Darmstadt).

1972

D-38

Die D-38 der Akaflieg Darmstadt ist ein einsitziges Segelflugzeug in Kunststoffbauweise. Entwickelt und gebaut wurde sie von Wilhelm Dirks noch im Studium auf seinem Weg zum Diplomingenieur. Erste Entwürfe gab es bereits 1970, Erstflug war dann am 19. Dezember 1972. Wilhelm Dirks war auch am Bau der D-37 beteiligt. Er baute sie nach dem Weggang von Franz Sator fertig und führte die Flugerprobung durch. Die D-38 selbst wurde zum Prototypen der DG 100, sie war der Grundstock, der von ihm und dem Tiefbauunternehmer Gerhard Glaser 1973 gegründeten Firma Glaser-Dirks. Bei der Vorbereitung für dieses Buch schrieb Wilhelm Dirks: „*Die für mich wichtigen Punkte bei der Entwicklung der DG Segelflugzeuge und Motorsegler waren und sind außer optimalen Flugleistungen:*

- *hohe aktive und passive Sicherheit*
- *einfache Bedienung*
- *komfortable Cockpits*
- *beste Sichtverhältnisse*
- *leichte Bauweise, geringe minimale Flächenbelastung*
- *einfache wartungsfreundliche Konstruktion*“

Die D-38 nahm einen großen Einfluss auf den heutigen Segelflugzeugbau. Der Flügel ist als Mitteldecker und das Leitwerk als T-Leitwerk ausgeführt. Ziel der Entwicklung waren vor allem Verbesserung der Flugeigenschaften, gute Sicht und eine einfache wartungsfreundliche Konstruktion. Die D-38 ist das zweite Flugzeug der Akaflieg Darmstadt, das einer Serienvariante voranging. Der Rumpf der D-38 ist relativ lang und hinter dem Flügelansatz deutlich eingeschnürt. Er verfügt über ein Einziehfahrwerk und das Höhenleitwerk ist als Pendelruder mit einer Flettnertrimmung ausgeführt. Auch dieser Rumpf ist wie der seiner Schwestern D-36 und D-37 in Positivbauweise auf einem Balsaholzkern entstanden. Der Flügel ist ein Doppeltrapezflügel mit nach oben öffnenden Schempp-Hirth-Klappen und der Möglichkeit zur Aufnahme von etwa 50 l Wasserballast. Er wurde allerdings im Negativverfahren hergestellt.

Der nächste leider nicht entsprechend der Konzeption von Wilhelm Dirks umgesetzte Schritt war der mit dem Flügel der D-38 ausgerüstete Motorsegler D-39. Als er die Akaflieg verließ, waren die Rumpfschalen bereits fertig. Als Antrieb war ein 2-Zylinder 2-Takt Motor vorgesehen mit einem Faltpropeller, der manuell in den Rumpf eingeklappt werden sollte. Solche Konstruktionen kamen erst viele Jahre später wie bei der Stemme S-10 oder der Karat zum Einsatz. Doch die Nachfolger in der Akaflieg änderten den Entwurf beim Motor ab, das Flugzeug geriet zu schwer und musste umkonstruiert werden. ◂

Baumuster	D-38
Spannweite	15 Meter
Länge	6,89 Meter
Höhe am Leitwerk	1,25 Meter
Flügelfläche	11 m^2
Sitzplätze	1
Streckung	20,5
Profil	FX 61-184 / FX 60-126
Leergewicht	210 Kilo
Max. Pilotengewicht	85 Kilo
Wasserballast	Max. 50 kg
Flächenbelastung	28 bis 33 kg/m^2
Min. Geschwindigkeit	60 km/h
Max. Geschwindigkeit	250 km/h
Min. Sinken	0,66 cm/sec bei 74 km/h
Gleitzahl	36,5 bei 100 km/h

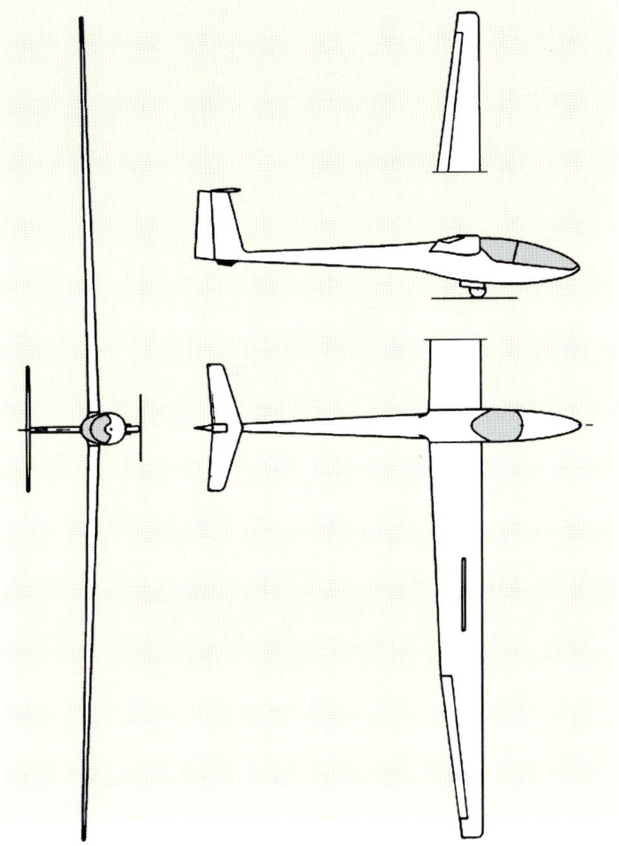

SB 10

1972

Die Grundidee der Konstruktion der SB 9, Leistungssteigerung durch radikale Flügelvergrößerung, erzielt durch eine Anhebung von Spannweite und Flügelstreckung in den oberen Grenzbereich, führte 1971/72 bei der Akademischen Fliegergruppe Braunschweig zur Konstruktion des zweisitzigen Hochleistungs-Forschungssegelflugzeugs SB 10 mit einer Flügelspannweite von 29 m. Leistungsrechnungen der Akaflieg hatten ergeben, dass sich eine Reduzierung der drei Widerstandsanteile Profilwiderstand, induzierter Widerstand und schädlicher Widerstand nur dann einstellt, wenn man Spannweiten zwischen 20 und 30 m verwendet.

Im Hinblick auf die sich in der Entwicklung befindlichen Kohlestofffasern wurde ein Flugzeug mit 30 m Spannweite geplant. Bei der ersten Auslegung ergab sich eine weit vorne gelegene Position des Piloten. Aus diesem Umstand heraus wurde dann die SB 10 als Doppelsitzer konzipiert. Weil das Projekt auch diesmal zügig vonstatten gehen sollte, wurde die Verwendung der SB 9 Flächen – noch in ihrer 22 m-Version – eingeplant. Es war von vorneherein klar, dass mit Glasfaserwerkstoff ein 8m langes Mittelstücks aus GFK nicht vernünftig zu realisieren war. Es wäre knapp 500 kg schwer geworden! Die Hoffnung lag in der sich noch in der Entwicklung befindlichen Kohlenstofffaser.

Als sich das Produkt der Firma SIGRI als vielversprechend zeigte, half die TU Braunschweig bei der Genehmigung des Forschungsauftrags „Anwendung und Erprobung von Kohlenstofffasern in hoch belasteten Flugzeugbauteilen“. Die Fasern waren allerdings nur als Rovings verfügbar. Heute übliche Gewebe aus CFK gab es noch nicht. Die Oberflächengüte der Faser eignete sich allerdings noch nicht zum Verweben. In enger Kooperation mit SIGRI wurden in vielen Versuchsreihen schließlich Ende 1971 das Produkt zur Nutzung beim Bau der SB 10 gefunden. Viele Baugruppen des Flugzeuges waren schon fertig und auch die Formen des Mittelstückes warteten bereits. Die Rovings der 10 cm breiten CFK Bänder, mit denen die Torsi-

SB 10 im Landeanflug. Weil die Wölbklappen bis 75 Grad ausgeschlagen werden können, sind die Anflüge sehr steil. (Foto Akaflieg Braunschweig)

onshaut des Flügels gebaut wurde, hielten dünne Polyesterfäden zusammen.

Im Sommer 1970 begannen die vorbereitenden Arbeiten. Bis zum Frühjahr 1971 war die Änderung am SB 9 Flügel durchgeführt. Im Herbst waren das Stahlrohrgerüst, der Haubenklotz und die verkleidende Rumpfschale um das Stahlrohrgerüst fertig. Im Winter folgte der Bau des Höhenleitwerks, des Fahrwerks, der Steuerungsteile und Flügelbeschläge. Für den Einsatz an der SB 10 mussten allerdings die elastischen Wölbklappen des SB 9 Flügels (jetzt 21m) durch normale Wölbklappen ersetzt werden, da diese Wölbklappen bei der SB 10 auch als Querruder fungieren sollten.

In den Morgenstunden des 22. Juli 1972 fand nach nächtelangen Einsätzen der Erstflug mit dem noch unlackierten pechschwarzem Mittelflügel statt. Helmut Treiber flog zunächst die 26 Meter, anschließend die 29 Meter Version. Sogar die Tagesschau war mit einem Reporterteam anwesend. Die Wendigkeit des großen Flugzeuges war verblüffend. Weil am gleichen Tag die Anreise (Grund für die Eile der Fertigstellung) zu den niedersächsischen Meisterschaften anstanden und die Akaflieg mit der SB 9 gemeldet war, wurden gleich nach den Erstflügen die Außenflügel abmontiert und mit der SB 9 nach Bückeburg transportiert. Der Pilot der SB 9 gewann „natürlich“ die Meisterschaften. Böses wurde ihm aber vorher angedroht, wenn er die Flügel beschädigen würde.

Kennzeichnend für die SB 10 ist, dass es das erste Flugzeug auf der Welt war, in dem Kohlefasern im tragenden Verbund zum Einsatz kamen. Bis heute ist sie auch noch das größte reine Segelflugzeug. Nach einer Grundüberholung durch einige der „Alten Herren“ kann sie wieder in der Gruppe geflogen werden. Seit 2015 ist die SB 10 als bewegliches technisches Denkmal registriert. Der einzige Nachteil dieses Supervogels war und ist seine Unhandlichkeit am Boden und beim Abrüsten.

Nun galt es die Leistungsfähigkeit dieser Sonderkonstruktion zu beweisen. 1973 gewannen die Studenten in Poltiers/Frankreich den Coupe d'Europe in einem Doppelsitzerwettbewerb. Am 16. April 1974 verbesserte B.

Schmaljohann und G. Knorr den deutschen Streckenrekord in der Doppelsitzerklasse auf 886,84 km. Der große Leistungsbeweis aber wurde von den Braunschweiger Studenten in Zusammenarbeit mit dem mehrfachen Weltrekordflieger Hans Werner Grosse auf einer Australien-Expedition an der Jahreswende 1979/1980 angetreten: Ohne Unterstützung durch die damals noch nicht erfundenen GPS-Geräte erfolgen am 28. Dezember 1979 Hans Werner Grosse und H. H. Kohlmeier mit 1112,6 km das bisher größte Dreieck, das je von einem Doppelsitzer zurückgelegt wurde. (Vorher stand der Rekord auf 890 km!) Am 7. Januar 1980 stellten beide mit 970,95 km einen weiteren Weltrekord im Zielflug mit Rückkehr für Doppelsitzer auf. Dazu kamen von der gleichen Besatzung zwei Geschwindigkeitsweitrekorde: Am 21. Dezember 1979 über 1000 km Dreieck mit 129,54 km/h und am 14. Januar 1980 über 750 km Dreiecksstrecke mit 131,84 km/h. Die Studenten der Akaflieg Braunschweig selbst erlebten auf dieser Expedition den Lohn für ihre Arbeit, als Kohlmeier/Kühn am 17. Januar 1980 und tags darauf erneut Dreiecksflüge von über 1000 km gelangen.

Die SB 10 ist heute das Logo der Akaflieg Braunschweig. Die SB 8, die SB 9 und die SB 10 waren eine Reihe konsequenter und aufeinander aufbauender Konstruktionen. Einer der maßgeblichen Erbauer und Konstrukteure der SB 8, SB 9 und SB 10 und hier der Kohlefaseranwendung, ist Helmut Treiber, der 1972 zu Schempp-Hirth ging und dort die industrielle Entwicklung erfolgreich fortführte. ◂

Baumuster	SB 10	
Flügel	fünfteilig	dreiteilig
Spannweite	29 m	26 m
Fläche	22,95 m^2	21,81 m^2
Streckung	36,6	31,0
V-Form	1,5°	
Pfeilung (Nase)	-1,0°	
Schränkung	-1,5° Außenteil	
Profil	Wortmann 62-K-153 innen mod. 62-K-131 Mitte mod., 60-126 außen	
Rumpflänge	10,36 m	
Breite	0,68 m	
Rumpfhöhe / Leitwerk	2,21	
Fahrwerk	einziehbar, gefedert	
Fluggewicht	841 kg	888 kg
Rüstgewicht	638 kg	630 kg
Zuladung	203 kg	258 kg
Wasserballast max.	100 kg	100 kg
Flächenbelastung	29 - 39 kg/m^2	30 - 41 kg/m^2
Mindestgeschwindigkeit	65 km/h	69 km/h
Beste Gleitzahl (bei 90km/h)	53	51
Geringstes Sinken (bei 75km/h)	0,41 m/s	0,43 m/s
Höchstgeschwindigkeit	200 km/h	170 km/h

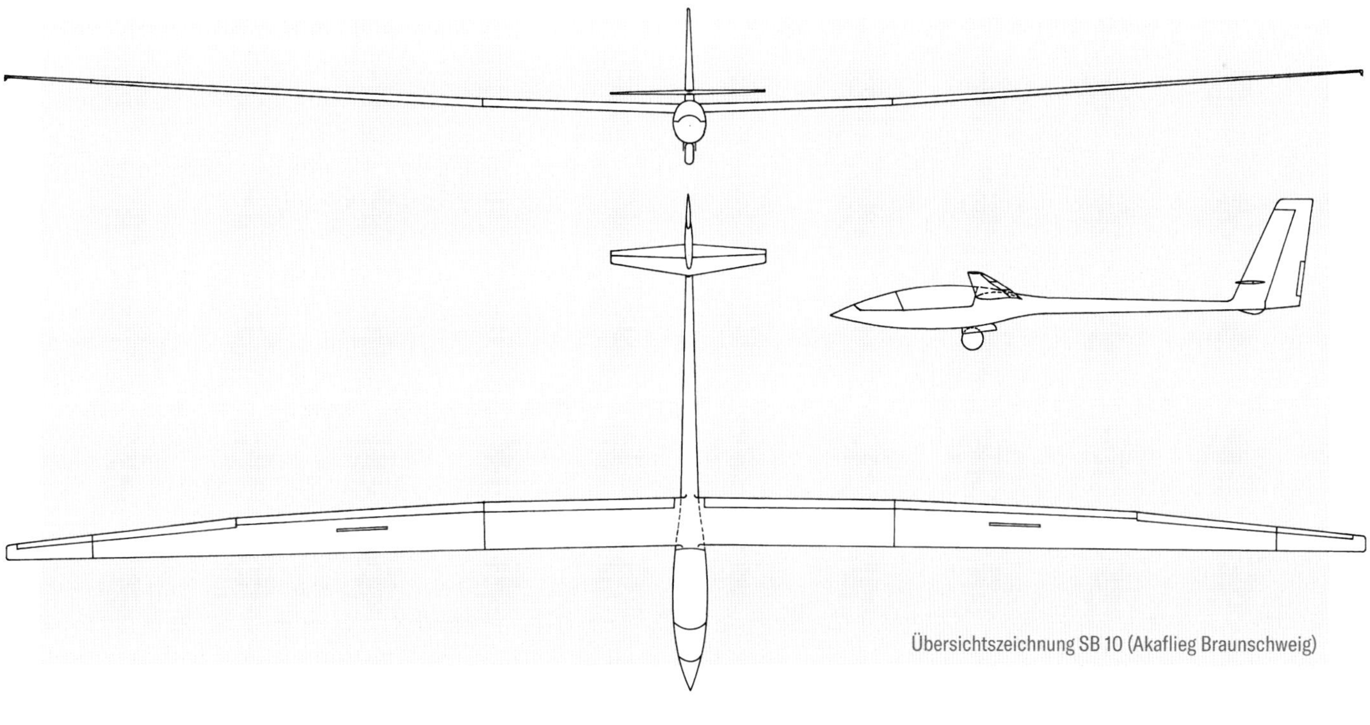

Übersichtszeichnung SB 10 (Akaflieg Braunschweig)

SZD-37/38 Jantar und SZD-41 Jantar Standard/SZD-42 Jantar 2

Der zweite Prototyp bei einer Luftfahrtausstellung 2012. (Alan Wilson Wikipedia)

1970 erschien die polnische Nationalmannschaft zur Weltmeisterschaft in den Vereinigten Staaten mit der Neukonstruktion „Cobra“. Auf Anhieb belegten sie in der Standardklasse unter Führung von Jan Wroblewski und Franciczek Kepka den zweiten und dritten Platz. In der Offenen Klasse erreichte „Cobra 17“ mit Edward Makula den fünften Rang. Anschließend wurde diese Neukonstruktion vor allem in den Ländern Osteuropas geflogen.

In Polen selbst aber wurden bereits neue Pläne geschmiedet. Im Zentrum für Forschung & Entwicklung des Segelflugs (Osrodek Badawczo-Rozwojcwy Szybownictwa) begannen die Arbeiten zum ersten polnischen Segelflugzeug aus glasfaserverstärktem Kunststoff. Es wurde der Grundstein für Segelflugzeuge der Bezeichnung „Jantar“ (Bernstein) gelegt. Innerhalb von 15 Jahren wurde das Modell viermal nicht nur überarbeitet, sondern teilweise neu konstruiert.

Bis zur Weltmeisterschaft 1972 in Vrsac entstanden zwei Prototypen. Sie waren für die anderen Teilnehmer der Weltmeisterschaft große Unbekannte, da niemand etwas über diese Neukonstruktion wusste. Es wurde eine Version mit 17,5 m und eine zweite mit 19 m Spannweite gebaut.

Die Tragflächen mit Doppeltrapezprofil entstanden in einer Sandwich-Bauweise und enthielten pro Flügel einen Wassertank mit je 50 Litern. In das Mittelteil des Rumpfes (ebenfalls ein Glasfaser-Sandwich) war zur Aufnahme des Fahrwerks und der Flügel ein Stahlträger einlaminiert. Das

Fahrwerk selbst war einfahrbar und das Rad gebremst. Die Wölbklappen waren spaltfrei als Elastic-Flaps gebaut (wurde für den Jantar 2 später übernommen).

Und wie in allen Meisterschaften seit 1956 stand auch diesmal ein Pole auf dem Siegertreppchen. Stanislav Kluk belegte auf „Jantar" unter 38 Piloten den 3. Platz. Sein Kollege Henrik Muszczynski kam auf den achten Platz. Bei dieser Weltmeisterschaftgewann der Jantar (Spannweite 19 Meter) den OSTIV-Preis für das beste Segelflugzeug.

Der 17,5 m-Prototyp wurde am 14. Februar 1972 durch Ing. Jerzy Smielkiewicz eingeflogen, die 19 m-Version folgte am 13. Mai 1972 mit Jerzy Popiel. Allerdings zeigte sich recht bald, dass das verwendete Harz für das Glasfasergewebe in den Prototypen SZD-37 zu Schrumpfungen neigte, die Baureihe SZD-38 Jantar 1 verwendete ein anderes Material.

Basierend auf der SZD 38 konstruierte Władysław Okarmus die SZD 41 „Jantar Standard". Für das 15 Meter Flugzeug wurde am Lehrstuhl für Aerodynamik der technischen Universität Warschau mit NN-8 ein neues Laminarprofil entwickelt. Die Konstruktion entsprach den damaligen Vorgaben für die Standardklasse. Weil beim Einfüllen von Wasser in die Ballasttanks durch die Entlüftung in der Rumpfmitte immer eine Wasserfontäne erschien, erhielt das Segelflugzeug den Beinamen „Wal".

Am 3.10.1973 war der Erstflug dieser neuen Konstruktion und gleich im Folgejahr startete Frantiszek Kepka bei der Weltmeisterschaft in Polen. Er erzielte einen dritten Platz.

Die polnischen Entwickler ruhten nicht und überraschten bei den Weltmeisterschaften 1976 mit der SZD-42-1 „Jantar 2". Rein äußerlich fiel die größere Spannweite von 20,5 m und die Abkehr vom bisherigen T-Leitwerk auf, vor allem die wesentlich sauberere Verarbeitung in der Kunststoffbauweise. Rumpf und Haube wurden kaum geändert, um so mehr Sorgfalt auf die Durcharbeitung der Flächen gelegt. Das Profil und die Form des Innenflügels wurde von der SZD-38 übernommen. Allerdings war die Festigkeit wesentlich höher. Für die Verlängerung des Flügels erhielt der Außenbereich ein neues Profil.

Polen belegte mit der Jantar 2 in der Offenen Klasse Platz 2 und 3, umrahmt von der ASW 17 auf Platz 1 und Nimbus II auf Platz 4. Für die Standardklasse gab es eine Konstruktion mit 15-Meter-Spannweite. Mit den erzielten Plätzen vier und sechs war sie als einzige Konstruktion in der Lage, die Führungsposition der finnischen PIK-20B zu unterbrechen. ◂

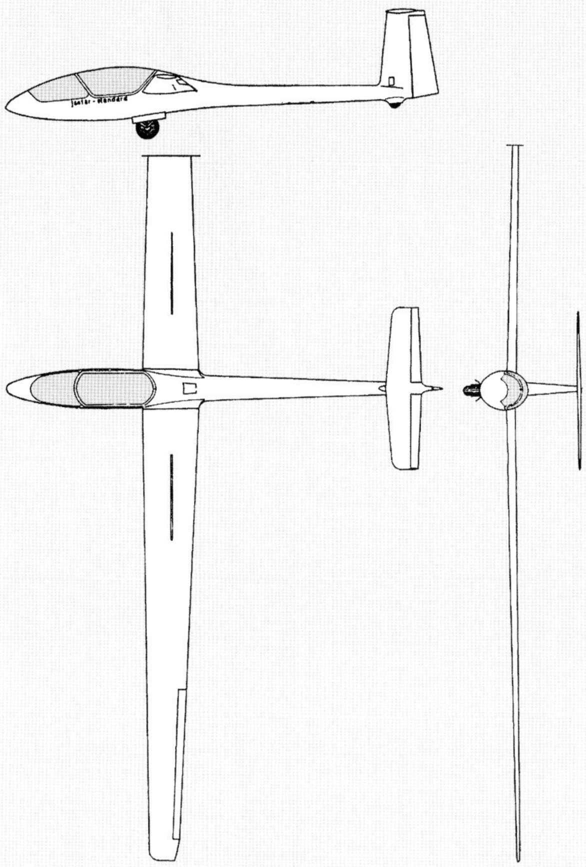

Übersichtszeichnung Standard Jantar

Baumuster	Jantar Standard	Jantar 2
Spannweite	15 m	20,50 m
Länge	7,11 m	7,11 m
Höhe	1,76 m	1,76 m
Flügelfläche	10,66 m²	14,25 m²
Flügelstreckung	21,10	29,50
Leergewicht	244 kg	330 kg
Max. Fluggewicht ohne Ballast	360 kg	450 kg
Max. Fluggewicht mit Ballast	460 kg	580 kg
Min. Flächenbelastung	30 kg/m²	28,23 kg/m²
Max. Flächenbelastung	50,50 kg/m²	41 kg/m²
Beste Gleitzahl	38	47
Geringstes Sinken	0,50 m/s	0,46 m/s
Höchstgeschwindigkeit	250 km/h	250 km/h
Mindestgeschwindigkeit	65 km/h	65 km/h
Profil	Fx-67 K-170 bis Fx-67 K-150	

Astir CS im Flug. Besonders bequem ist für Piloten das breite Cockpit. (Wikipedia Florian Danker)

1973

Die Astir-Serie

Burkhart Grob hatte die Geschäftsführung des Maschinenbauunternehmens 1952 von seinem Vater übernommen. Der Firmensitz befand sich zunächst in München, wechselte aber 1976 nach Mindelheim. In München gab es mehrere Jahre eine eigene Segelfluggruppe, sie flog in Königsdorf. Burkhard Grob spendierte dem Platz auch die erste Asphaltpiste, war auf der anderen Seite aber nie zögerlich, wenn es um die Durchsetzung firmeneigener Interessen ging. So wurde dem damaligen bayrischen Ministerpräsidenten die Freundschaft mit Burkhard Grob politisch zum Verhängnis, als Parteispenden und unbewiesener Rüstungslobbyismus ihn 1993 zum Rücktritt zwangen (Amigo-Affäre).

Astir CS auf dem Flugplatz Günterode/Heiligenstadt. (Wikipedia, EDVK)

Nachdem die Firma Grob in Tussenhausen-Matthsies in Lizenz den Cirrus gebaut hatte, entwickelten man mit dem G 102 Astir im Jahr 1973 die erste eigene Konstruktion. Dieses Segelflugzeug wurde über Jahre weiterentwickelt. Versionen waren:

Astir CS, Astir CS 77/Standard Astir II, Astir CS Jeans/Club Astir II, Standard Astir III, Club Astir III und Club Astir IIIb. Für die Rennklasse brachte Grob 1979 den Speed Astir G 104 heraus, ein Flugzeug, das sich großer Beliebtheit erfreute, in wenigen Monaten mit 107 Flugzeugen an der Spitze der Zulassungen des Jahres 1979 stand. Die Verbesserungen erfolgten bis zur Version Speed Astir II B.

Allen Typen gemeinsam ist das T-Leitwerk. Die Flugzeuge sind bis heute in den Vereinen sehr gebräuchlich und außerordentlich robust.

Das neu entwickelte Profil E 662 wurde von Prof. Eppler auf einen minimalen Widerstand bei allen Klappenstellungen optimiert. Durch diesen Vorteil konnte der Speed Astir eine größere Flügelfläche erhalten und dadurch eine für die Rennklasse äußerst niedrige minimale Flächenbelastung erreicht werden. Niedrige Flächenbelastung erzielt durch: CFK-Holmgurte, CFK-Rumpfverstärkungen, CFK-Haubenrahmen, Aluminium-Stoßstangen für alle Steuergestänge. Hierdurch wurde bei einer Zuladung von 80 kg eine minimale Flächenbelastung von 29 kg/m² erreicht. Durch die CFK-Holme wird eine große Flügelsteifigkeit erreicht, die damit ein allzu großes Durchbiegen der Fläche verhindert und gute Leistungen auch in großen Geschwindigkeitsbereichen garantiert.

Der Wassertank mit 180 Liter Fassungsvermögen ermöglicht eine Flächenbelastung von bis zu 45 kg/m². Erstmals gelangte die Theorie über die Widerstandsverminderung am Bugteil von Segelflugzeugrümpfen zur Anwendung, welche durch eine symmetrische Rumpfform, die aus Ellipsen-Querschnitten gebildet wird, die Grenzschicht am Rumpf möglichst lange laminar hält. Mit aufsteckbaren Flächenohren gab es von dem Speed Astir noch eine 17,5 m-Version. Die Aufsteckflächenenden sind ebenfalls bis zum Randboden mit Elastic-Flap-Querrudern versehen, so dass das Flugverhalten und die Leistung dieser gestreckten Speed Astir-Version einem Flugzeug der offenen Klasse gleicher Spannweite entsprechen.

Die schlitzfreien abgerundeten Ruderverbindungen auf der Flächenoberseite der Speed Astir wurden durch „Elastic-Flap“ gelöst. Sie ermöglichen weitestgehend optimale Umströmungsverhältnisse, da sie aber bei einem Querruderausschlag nicht mitbewegt wurden, litt ein wenig die Kurvenwendigkeit.

Das Cockpit erhielt von Version zu Version große Änderungen und wurde komfortabel ausgestattet. Gleichzeitig stand der Speed Astir in Teilen wieder Pate für den Astir CS, der spätere Club Astir profitierte durch eine einteilige Haube. ◂

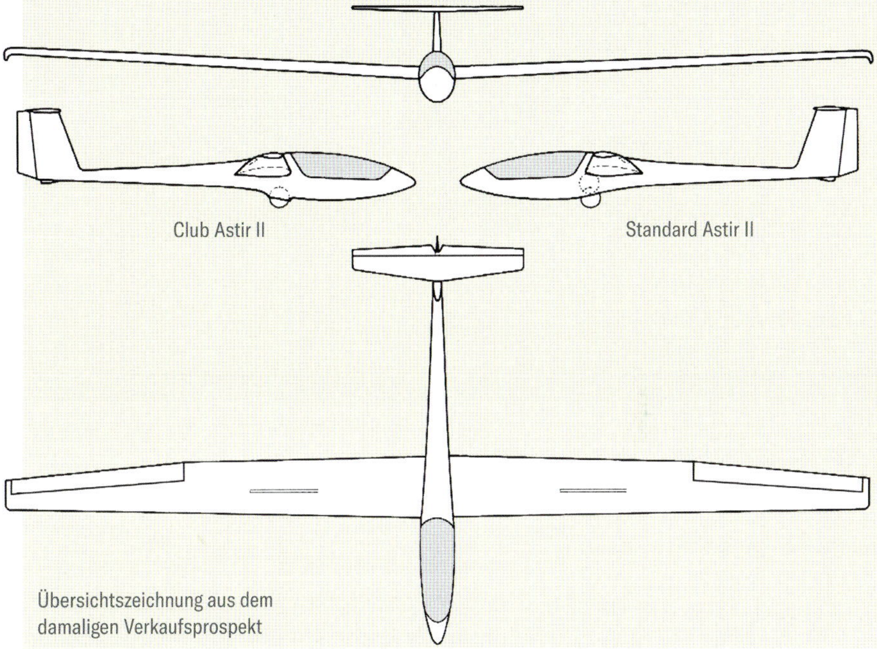

Übersichtszeichnung aus dem damaligen Verkaufsprospekt

Astir	Club	Speed II B	Speed II 17,5
Länge	6,80	6,60 m	6,60 m
Höhe	1,27 m	1,27 m	1,27 m
Breite Cockpit	0,60 m	0,60 m	0,60 m
Spannweite	15 m	15 m	17,5 m
Flügelfläche	12,4 m²	11,5 m²	12,6 m²
Flügelstreckung	18,2	19,6	24,2
Rüstgewicht	255 kg	250 kg	265 kg
Zuladung im Rumpf	120 kg	120 kg	120 kg
Max. Fluggewicht	380 kg	515 kg	515 kg
Flächenbelastung	30,65 kg/m²	28 – 45 kg/m²	28 – 41 kg/m²
Beste Gleitzahl	36	41,5	45
bei Fluggeschwindigkeit	95 km/h	120 km/h	115 km/h
Geringstes Sinken	0,60 m/sec	0,57 m/sec	0,54 m/sec
bei Fluggeschwindigkeit	75 km/h	75 km/h	72 km/h
Überziehgeschwindigkeit	60 km/h	64 km/h	62 km/h
Höchstgeschwindigkeit bei ruhigem Wetter	250 km/h	270 km/h	250 km/h

Eine PIK-20 D. (Foto Yannik Mirkes)

1973

PIK-20

Eine weitere erfolgreiche Konstruktion in der PIK-Reihe der Firma Eiri-Avion wurde PIK-20, das Überraschungsflugzeug der Weltmeisterschaft 1976. Es war die Antwort aus Finnland auf die Vormachtstellung der deutschen Kunststoffbauweise. PIK-20 geht auf das Jahr 1971 zurück, hat sich aber in seiner Serienfertigung ständig den laufenden Bestimmungen für die 15m-Standardklasse angepasst. Die Arbeit leistete eine Entwicklungsgruppe mit den Ing. Hannu Korhonen und Markku Hiedanpää, unterstützt durch die akademische Fliegergruppe an der Technischen Universität Helsinki (PIK = Polyteknikkojen ilmailukerho ry, ähnlich den Akafliegs in Deutschland).

Für den Rumpf und die Flügel wurde ein relativ wärmebeständiges Epoxidharz verwendet. Lackiert wurde sie mit einem sehr langlebigen Acrylack, die Wärmebeständigkeit erlaubte auch farbige Lackierungen. Für die Versionen A und B wurden statt Schempp-Hirth Luftbremsen Wölbklappen verwendet, ab Version C dann zusätzlich Luftbremsen auf der Flügeloberseite. Am 19. April 1976 flog Seppo Salomaa auch den Prototyp des neuen PIK-20D Modells ein, eine Konstruktion für die sog. Rennklasse der FAI. Der Flügel kann in einem Wassersack bis zu 70 Litern (also gesamt 140 Liter) aufnehmen.

Nach umfangreichen Versuchen wurde ein ganz bestimmtes Epoxidharz als Rohmaterial ausgewählt. Carbonfasern im Flügel ermöglichen ein außerordentlich niedriges Leergewicht. Die niedrigste Flächenbelastung liegt unter 30 kg/qm, die höchste beträgt 45 kg/qm und ermöglicht so Höchstleistungen unter den verschiedensten Wetterbedingungen. Durch das niedere Gesamtgewicht, große Schempp-Hirth-Bremsklappen in Kombination mit Wölbklappenlandestellung ist eine sehr wirksame Gleitwinkelsteuerung bei niederen Landegeschwindigkeiten möglich. Bei der PIK-20 D sind alle Öffnungen an Rumpf und Flügel abgedichtet.

Nachträglich erhielt die PIK-20D die Zulassung für Kunstflug, ihre Lastgrenzen liegen bei +6,6 und −4,6g.

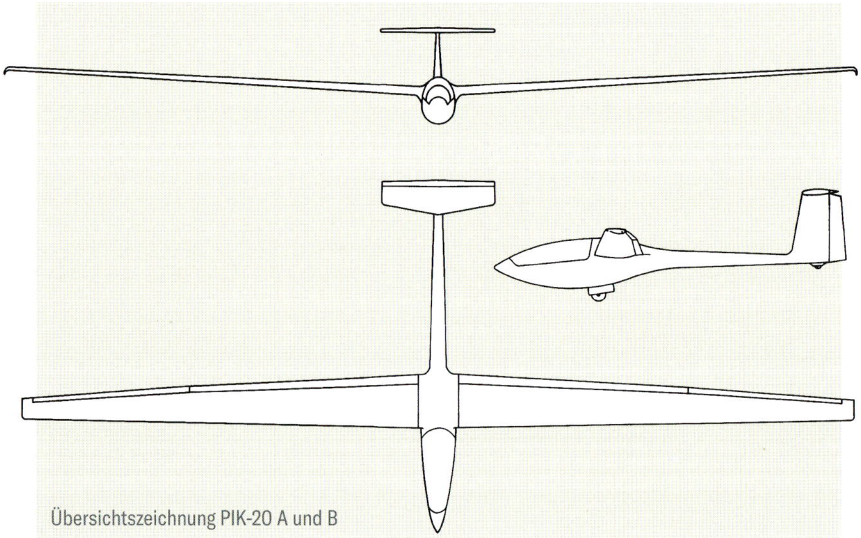

Übersichtszeichnung PIK-20 A und B

Gerissene und negative Figuren sind hingegen nicht zugelassen. Als PIK-20E wurde eine mit einem motorisierte Version mit Klappmotor im Rumpf angeboten. Nach der Insolvenz von Eiri-Avion übernahm die französische Firma Issoire Aviation (gegründet als Nachfolger von Wassmer) die Konstruktionsunterlagen und baute eine Version mit 17 Meter Spannweite zunächst als PIK-20F, später dann als Issoire PIK-30.

Die erste PIK-20 flog am 10. Oktober 1973. „B" kam Anfang 1975 als Rennklasse-Flugzeug heraus. Sie unterscheidet sich vom Prototyp dadurch, dass die Querruder zusammen mit den Wölbklappen mitbewegt werden. Durch ihre guten Schnellflugleistungen überraschte sie immer wieder während der Weltmeisterschaften 1976 in Räyskälä. In der Standardklasse dieser Weltmeisterschaft flogen von 46 Flugzeugführern zwölf die PIK-20 B, holten sich sämtliche Tagessiege und bildeten am Ende die Spitzengruppe dieser Meisterschaft: 1. Ingo Renner/Australien, 2. Gunnar Karlsson/Schweden, 3. George Burton/Großbritannien, alle auf PIK-20 B. ◂

Baumuster	PIK-20D	
Spannweite	15 m	
Flügelfläche	10 m^2	
Streckung	22,50	
Rumpflänge	6,45 m	
Rumpfbreite	0,60 m	
Rumpfhöhe	1,45 m	
Leergewicht	225 kg	
Max. Fluggewicht	450 kg	
Max. Wasserballast	140 kg	
Flächenbelastung	29 – 45 kg/m^2	
Fluggewicht	300 kg	450 kg (mit Ballast)
Beste Gleitzahl	40,5 bei 95 km/h	42 bei 117 km/h
Geringstes Sinken	0,56 m/s bei 56 km/h	0,66 m/s bei 73 km/h
Geringste Fluggeschw.	60 km/h	74 km/h
Flügelprofile	Wurzel FX 67 K170, Spitze FX 67 K150	

DG-100 / DG-101 Elan

1974

Während seiner Studienzeit konstruierte Wilhelm Dirks bei der Akademischen Fliegergruppe Darmstadt die D-38 und baute sie selber mit. 1973 gründete er zusammen mit dem Tiefbauunternehmer Gerhard Glaser die Firma Glaser-Dirks Flugzeugbau GmbH in Bruchsal. Nur neun Monate später erlebte die auf der Basis der D-38 entwickelte

Eine DG-100 kurz vor dem Aufsetzen. (Foto DG Aviation Michael Krannich)

DG 100 ihren Erstflug am 10.05.1974. In Bruchsal entstanden 105 Exemplare, weiter 222 wurden bei Elan in Begunje (Slowenien) ab 1979 hergestellt.

Der GFK-Rumpf erhielt eine spitzere Nase als die D-38 und ein doppelschaliges Sicherheitscockpit, charakteristisch war eine sehr weit in den Bug reichende zweiteilige Haube. Der größere vordere Teil war fest montiert, erst die Version DG 101 bekam die heute noch übliche nach vorne öffnende einteilige Haube mit Gasfeder. Der Pilot liegt bequem mehr als er sitzt, die Beine sind hoch gelagert. Leider neigte die Haube zu Spiegelungen innen, dunkle Hosen und Schuhe reduzieren den Effekt. Die Sicht ist ohne diese Einschränkung exzellent. Wird die Haube geöffnet, klappt der Instrumentenpilz nicht mit nach oben. Ungewöhnlich war die Parallelogramm-Führung des Steuerknüppels für Höhensteuerbetätigung zur Reduzierung der Gefahr von PIO's (pilot induced oscillations). Diese Besonderheit wurde typisch für DG. Ab 1976 bot man ein gedämpftes Höhenruder statt des ursprünglichen Pendelruders an. Diese Baureihe hat die Bezeichnung DG-100G.

Für Wettbewerbe in der Clubklasse wurde ein auch nachrüstbares festes Fahrwerk angeboten. Es bot etwas weniger Bodenfreiheit als das Einziehfahrwerk, beim Windenstart war es leichter möglich, dass sich zu Beginn des Schlepps der Seilfallschirm kurz öffnete. Mit dem hohen und gedämpften Einziehfahrwerk bestand dieses Problem nicht. Um das Einfahren zu erleichtern besaß das Einziehfahrwerk Gummizüge und ab der Version DG-101 eine Gasdruckfeder.

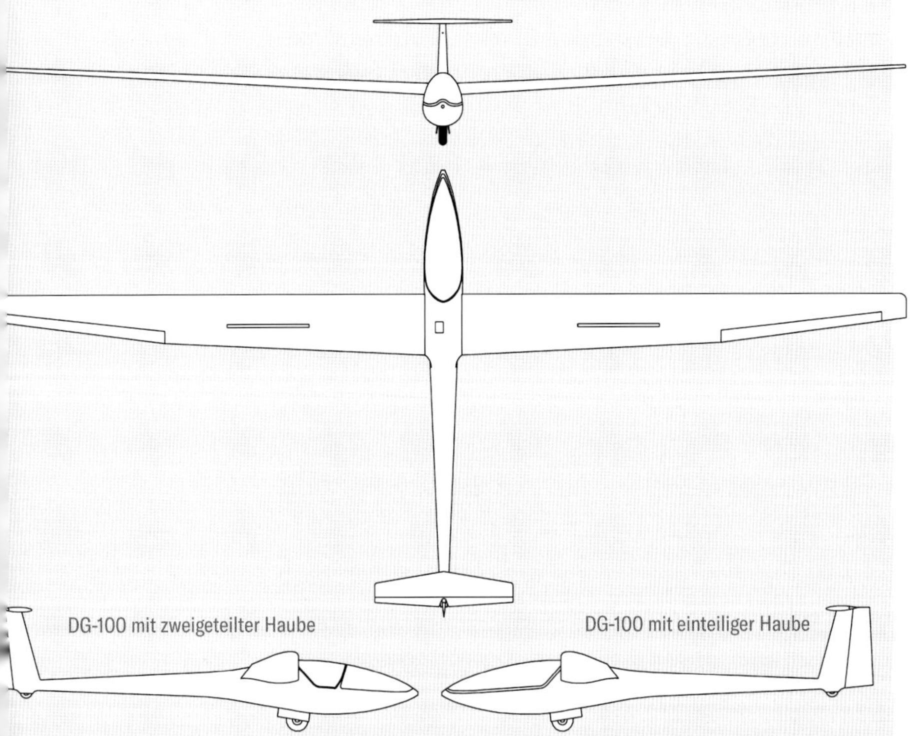

Übersichtszeichnung DG-100

Baumuster	DG 100
Spannweite	15 m
Länge	7 m
Flügelfläche	11 m^2
Sitzplätze	1
Streckung	20,5
Profil	FX-61-184/60-126
Leergewicht	230 kg
Max. Pilotengewicht	110 kg
Wasserballast	Max. 100 kg
Flächenbelastung	28 bis 38 kg/m^2
Min. Geschwindigkeit	60 km/h
Max. Geschwindigkeit	260 km/h
Min. Sinken	0,59 cm/sec bei 74 km/h
Gleitzahl	39 bei 105 km/h
Stückzahl	327

Die Flächen in Doppeltrapezform mit gerader Vorderkante und dem Wortmannprofil 61-184 sind mit Schempp-Hirth-Luftbremsen auf der Oberseite ausgestattet. Außer der Clubversion dürfen pro Flügel 50 kg Wasserballast getankt werden. Ohne Wasserballast ist sie für einfachen Kunstflug zugelassen. (Looping, Turn, Chandelle und Trudeln) Die DG-100 kann nachträglich mit einer Tost-Kupplung für F-Schlepp ausgestattet werden.

Die DG-100 ist auch von Anfängern zu fliegen, bei der Landung sollte die Geschwindigkeit nicht zu hoch gewählt werden. Bis heute ist sie ein sehr beliebtes Segelflugzeug mit ansprechenden Leistungen und guter Verarbeitung. Ermüdungsfreies Fliegen war Wilhelm Dirks bei der Cockpitauslegung und den Flugeigenschaften sehr wichtig. ◂

Janus

1974

Janus CT mit Heimweghilfe im Flug. (Foto Jörg Arnold)

1974 brachte Schempp-Hirth nach fünf Jahren Entwicklungsarbeit den ersten Doppelsitzer in Kunststoffbauweise heraus, ein Flugzeug, das dieser Klasse entscheidend neue Impulse verlieh. Der Erstflug des „Janus", erfolgte am 18. Mai 1974, die Serienfertigung begann ein Jahr später.

Mitte 1977 entwickelte Klaus Holighaus unter Mitarbeit von Helmut Treiber und Jürgen Laude aus dem „Janus" den „Janus B". Die Flügel wurden in GFK Bauweise gefertigt, dank der Wölbklappen konnten Leistungssteigerungen und Flugeigenschaftsverbesserungen in bis dahin bei Doppelsitzern unbekannter Weise erreicht werden. Beim Janus C (siehe unten) kamen dann auch Kohlefasern zum Einsatz. Durch die Kombination der Wölbklappen zusammen mit den Schempp-Hirth-Bremsklappen sind kurze Landestrecken möglich. Die im Tragflügel integrierten Wassertanks sind für 200 kg Wasserballast ausgelegt.

Das Sicherheitscockpit ist in seinem oberen Teil aus Steifigkeitsgründen mit einem doppelwandigen Profilträger verstärkt, der im Falle eines Unfalls einen zusätzlichen Schutz bieten soll. Die einteilige Klapphaube bietet ungestörte Sicht und erleichtert den Ein- und Ausstieg. Die Instrumenten-Bretter sind reichlich dimensioniert und lassen eine individuelle Instrumentenanordnung zu.

Das Tandemfahrwerk hat sich bewährt. Das Hauptrad mit seinem 380 mm Durchmesser großzügig dimensioniertem Ballonrad schluckt spielend die Platz-Unebenheiten. Die Radbremse ist von beiden Sitzen aus zu bedienen und kann nicht mit anderen Bedienelementen verwechselt werden.

Der Rumpf ist noch mit einem Stahlrohr-Gerüst ausgestattet, welches das Fahrwerk, die Steuerungskinematik, sowie die Gelenklager der Flügelanschlussbolzen aufnimmt. Das gedämpfte Höhenleitwerk verleiht dem

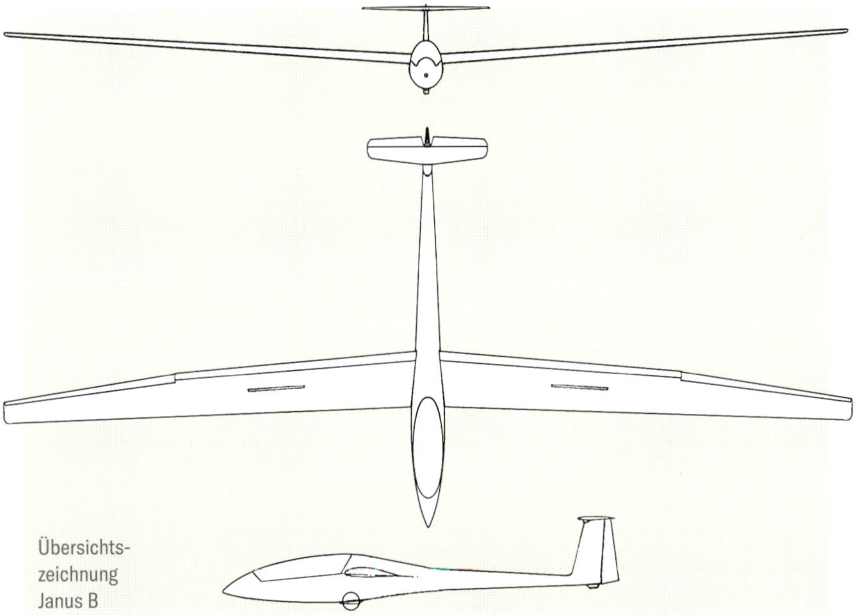

Übersichtszeichnung Janus B

Baumuster	Janus B	Janus C
Spannweite	18,2 m	20 m
Flügelfläche	16,6 m^2	17,4 m^2
Flügelstreckung	20,0	23,0
Rumpflänge	8,62 m	
Leermasse	265 kg	355 kg
Max. Abflugmasse	620 kg	700 kg
Wasserballast	200 kg	200 kg
Flächenbelastung max.	37 kg/m^2	40 kg/m^2
Flächenbelastung min.	27 kg/m^2	25 kg/m^2
Mindestgeschwindigkeit	65 km/h	70 km/h
Höchstgeschwindigkeit	220 km/h	250 km/h
Geringstes Sinken	0,7 m/s	0,6 m/s
Gleitzahl	39,5	43,5

Janus B ruhige und angenehme Flugeigenschaften und lässt trotzdem schnell reagieren. Sämtliche Bedienungselemente sind doppelt vorhanden und unverwechselbar platziert. Die Querruder sind als Flaperons den Wölbklappen überlagert.

Den Janus B verbesserte Holighaus 1980 mit der Werknummer 91 zum Janus C, zu einem ausgesprochenen Hochleistungsflugzeug. Die entscheidende Verbesserung lag in der Verwendung von kohlefaserverstärktem Kunststoff für den vierteiligen Flügel und für das Höhenleitwerk. Durch die Kohlefaser- Bauweise konnte das Leergewicht (trotz der von 18,2 m auf 20 m vergrößerten Spannweite) auf 355 kg verringert werden. Der Janus hielt lange Zeit die Geschwindigkeitsweltrekorde über die 100, 300 und 500 km Dreiecksstrecke.

Eine selbststartende Version (der Janus M mit, anfangs mit Hirth, später mit Rotax 535 Motor geliefert) absolvierte 1978 den Erstflug. ◂

1975 – 2023

Von der ASW 19 / ASW 19 B bis zur ASW 28

ASW 19 / ASW 19 B

Basierend auf den Erfahrungen bei der ASW 17, entwickelte Gerhard Waibel als Nachfolger der ASW 15 B für die Standardklasse die ASW 19. In den Flügeln fand Conticell statt Balsa als Stützstoff Verwendung. Der vorne spitz zulaufende Rumpf kann seine Ähnlichkeit zur ASW 17 nicht verleugnen und erhielt die erste Version eines zweischaligen Sicherheitscockpits. Am 23. November 1975 hob der Prototyp zum ersten Mal ab.

Die Serienproduktion bei Schleicher begann Weihnachten 1975. Die ASW 19 wurde ein ganz großer Erfolg. Der Tragflügel wurde – lediglich im Rumpf-Flügel-Übergang

ASW 19. (Foto Michael Zwilling)

etwas modifiziert – von der ASW 15 übernommen. Allerdings waren die Querruder etwas schmaler und die Bremsklappen fuhren nur noch nach oben aus. Der Flügelholm wurde gesondert produziert und in die Form eingelegt.

Der neu entwickelte Rumpf bekam ein gedämpftes T-Leitwerk und war strömungsgünstiger. Der anfangs feste Instrumentenpilz wurde zum besseren Einstieg später

Baumuster	ASW 19 (19 B)
Spannweite	15 m
Flügelfläche	11,0 m^2
Flügelstreckun	20,45
Rumpflänge	6,82 m
Leermasse	240 (245) kg
Max. Abflugmasse	408 (454) kg
Flächenbelastung	Bis 37 (bis 41,3) kg/m^2
Mindestgeschwindigkeit	67 km/h
Höchstgeschwindigkeit	255 km/h
Geringstes Sinken	0,65 m/s
Gleitzahl	~ 38,5
Stückzahl	425
Lastvielfaches bei 170 km/h	+ 5,3 / - 2,65
Profil	FX 61-163/ FX 60-126

hochklappbar in die Haube integriert. Ohne Stützstoffe wurde der Rumpf wurde in GFK – Schalenbauweise hergestellt. Die einstöckigen Landeklappen wurden ab 1978 bei der verbesserten ASW 19 B durch doppelstöckige Klappen ersetzt.

Durch die vielen möglichen Modifikationen leidet ggf. die Zuladung, bei vielen ASW 19 liegt diese unter 100 kg. Die ASW 19B war in der FAI Clubklasse ein sehr erfolgreiches und beliebtes Flugzeug, es wurde von 1975 bis 1986 in 425 Exemplaren hergestellt.

ASW 24 / 24B, ASW 24 E und ASW 24 TOP

Dreizehn Jahre nach dem Erstflug der ASW 19 sah Gerhard Waibel die Zeit gekommen, für die Firma Alexander Schleicher ein Nachfolgemuster zu entwerfen. Es sollte wieder ein Segelflugzeug der FAI-Standardklasse werden. Wie bei der ASW 19 konstruierte er einen Mitteldecker mit einem gedämpften T-Leitwerk (es besitzt eine Federtrimmung). Für das Profil des zweiteiligen Flügels, des Leitwerks und des Rumpfs arbeitete Waibel mit den

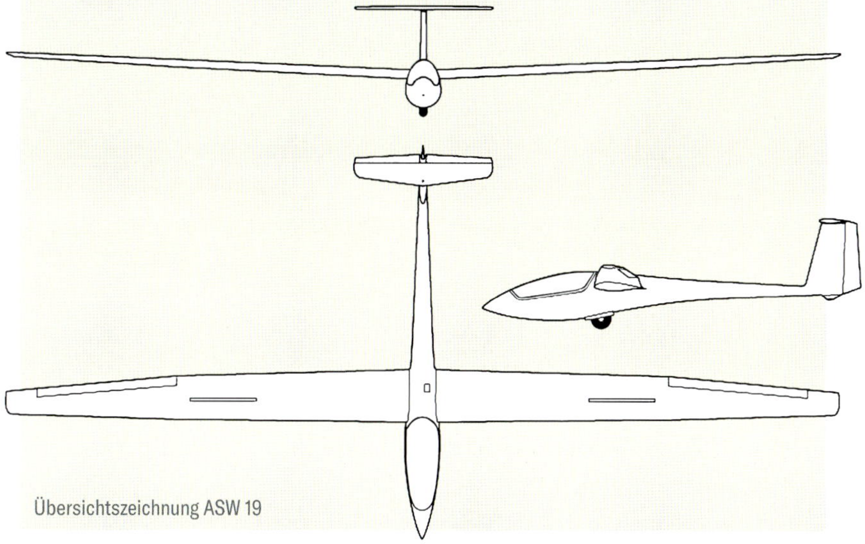

Übersichtszeichnung ASW 19

Hochschulen Braunschweig und Delft (Niederlande) zusammen. Die Tragflächen sind mit Wasser-Ballasttanks ausgestattet und besitzen nach oben ausfahrende Bremsklappen, deren Wirkung besser sein dürfte.

Der Rumpf erhielt ein echtes Sicherheitscockpit. Gerhard Waibel wurde hierfür 1993 mit dem OSTIV- Preis ausgezeichnet. Verwendet wurden sowohl Kohle- und Aramidfasern im Verbund (besser bekannt als Kevlar). Dies gibt sowohl eine Festigkeit und eine Zähigkeit im Gewebe, es zersplittert im Fall des Aufpralls nicht. Notwendig war

Baumuster	ASW 24/B	ASW24 E
Spannweite	15,0 m	
Flügelfläche	10,0 m^2	
Flügelstreckung	22,5	
Rumpflänge	6,55 m	
Profil	DU 84-158	
Leermasse	ca. 230 kg	ca. 275 kg
Max. Abflugmasse	500 kg (darin 155 kg Wasserballast ohne Motor)	
Max. Flächenbelastung	50 kg/m^2	50 kg/m^2
Höchstgeschwindigkeit	280 km/h	
Mindestgeschwindigkeit	73 km/h	75 km/h
Geringstes Sinken	0,57 m/s	0,66 m/s
Gleitzahl	43 bei 103 km/h	43 bei110 km/h
Triebwerk	entfällt	Rotax 275
Leistung	entfällt	17,6 kW bei 7000 U/min
Stückzahl	249	62 (E und Top)

Die ASW 24 im Flug, deutlich ist der markante Haubenrahmen zu erkennen. (Wikipedia Karel Beneš)

allerdings, hierfür den Haubenrahmen etwas nach oben zu legen. Dies hinterließ nicht bei allen Piloten (wegen der Sicht) einen guten Eindruck.

Die ASW 24 zeichnet sich durch sehr gutmütige Flugeigenschaften aus, was ihr bei Wettbewerben nicht unbedingt zum Vorteil geriet. Dabei sind ihre Leistungen im Schnellflug mit maximaler Flächenbelastung durchaus gut. Enge, ruppige Thermik zählt nicht zu ihrer Stärke. Einfacher Kunstflug ohne Winglets ist erlaubt.

Die ASW 24 B unterscheidet sich von der ASW 24 durch eine modifizierte Flügelnase. Um im Cockpit etwas mehr Platz zu schaffen, wurde der Fahrwerksbereich etwas nach hinten verlegt und die Kontur der Haube geändert. Zu dem mit einer hydraulischen Scheibenbremse ausgestatteten einziehbaren Hauptrad konnte wahlweise ein festes Spornrad oder ein Schleifsporn geliefert werden. Die Produktion der ASW 24 lief bis 2000.

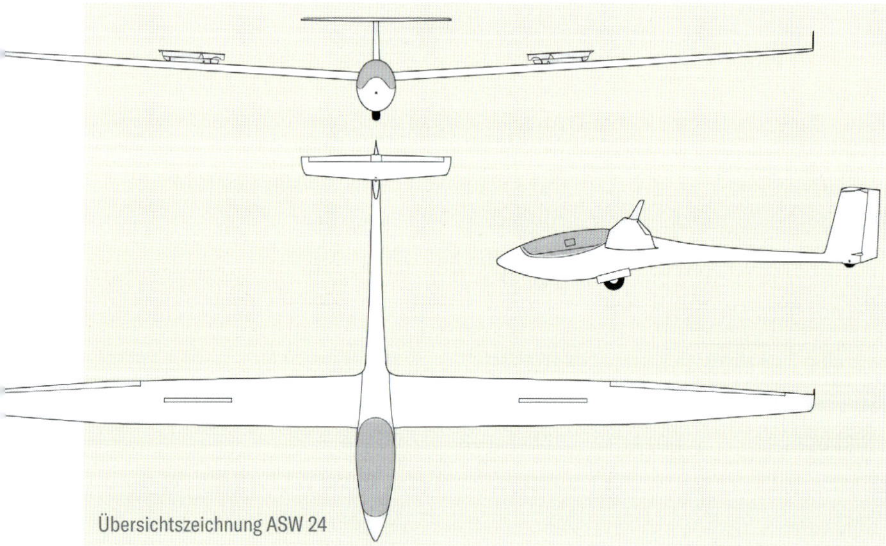

Übersichtszeichnung ASW 24

Von 1988 bis 1993 wurde ein eigenstartfähiger Motorsegler von Binder mit einem Rotax Motor ausgerüstet und als ASW 24 E vertrieben. Mit aufgesetztem Motor und ausfaltbarem Propeller bot die Firma Fischer + Entwicklungen (heute B/E Aerospace Fischer GmbH) zwischen 1991 bis 1993 eine Version als ASW 24 Top an.

ASW 28

Einen Nachfolger präsentierte die Firma Alexander Schleicher mit der ASW 28. Ihre Musterzulassung erhielt das Hochleistungssegelflugzeug am 18. Juli 2001. Auffällig sind die zum Teil auch gemischt eingesetzten Faserverbundwerkstoffe. Sowohl Glas-, Kohle-, Aramid- und Polyethylenfasern kamen in einem Laminat zum Einsatz. Ziel war eine hohe Festigkeit, ohne dass im Fall eines Aufpralle Brüche zu befürchten sind. Gleichzeitig ergab sich ein relativ geringes Leergewicht. Die ASW 28 ist für Wolkenflug und einfachen Kunstflug zugelassen.

Gerhard Waibel entwickelte das geräumige Sicherheitscockpit weiter. Mit der Haube klappt nun der Instrumentenpilz nach oben und erleichtert Ein- und Ausstieg. In das Sicherheitssystem ist ebenfalls das mit einer Tost-

Bremsanlage (ab Version „B“) ausgerüstete und gefederte Einziehfahrwerk einbezogen, es kann zusätzlich als „Knautschzone“ dienen.

Der schlanke Rumpf endet in einem gedämpften Höhenleitwerk. Der Entwurf stammt von der TU Delft. Ebenso wie das Seitenruder besteht es aus einem Aramid-Kunststoff-Hartschaum-Sandwich. Alle Steuerstangen sind in wartungsarmen Kunststoff- oder Nadellagern gelagert. Geringe Reibungskräfte erlauben so ein langes und ermüdungsarmes Fliegen.

Alle Ruder sowie die Anschlüsse für möglichen Wasserballast verbinden sich bei der Montage automatisch. Der zweiteilige Flügel (15 Meter Version) wurde mit einem speziell von der TU Delft entwickelten Laminarprofil ausgelegt. An den Flächenenden befinden sich abnehmbare Winglets. Dem Wunsch der Kunden nach größerer Spannweite erfüllte Schleicher mit einer 18 Meter Version (sie gibt es auch mit einer Heimkehrhilfe mit ausklappbarem Solo 2350 Zweitaktmotor).

2022 überarbeitete Schleicher die erfolgreiche Konstruktion (Anerkennung EASA 9.3.2023) zur ASW 28 B. Die bisherigen zweistöckigen Bremsklappen wurden um eine weitere Lage erhöht. Nunmehr ist die Rückenlehne auch im Flug verstellbar und der Platz (insbesondere für große Piloten) wurde vergrößert. Die Höchstgeschwindigkeit wurde von 270 km/h auch 285 km/h heraufgesetzt.

Obwohl es sich um ein Segelflugzeug der Standardklasse handelt, liegt die tatsächliche Leistungsfähigkeit deutlich darüber (so bei der ASW 28 B 18 Meter bei Index 114). ◂

Baumuster	ASH 28	ASW 28-18
Spannweite	15 m	18 m
Flügelfläche	10,5 m^2	11,88 m^2
Flügelstreckung	21,4	27,27
Rumpflänge	6,59 m	
Leermasse	235 kg	270 kg
Max. Abflugmasse	525 kg	575 kg
Flächenbelastung max.	50 kg/m^2	48,4 kg/m^2
Flächenbelastung min.	29 kg/m^2	29 kg/m^2
Mindestgeschwindigkeit	72 km/h	71 km/h
Höchstgeschwindigkeit	285 km/h	270 km/h
Geringstes Sinken	0,55 m/s	0,48 m/s
Gleitzahl	45	48
Profil	DU 99-147/ 99-147M1/99147 M2	

Die ASW 28-18 E im Flug. (Foto Jörg Arnold).

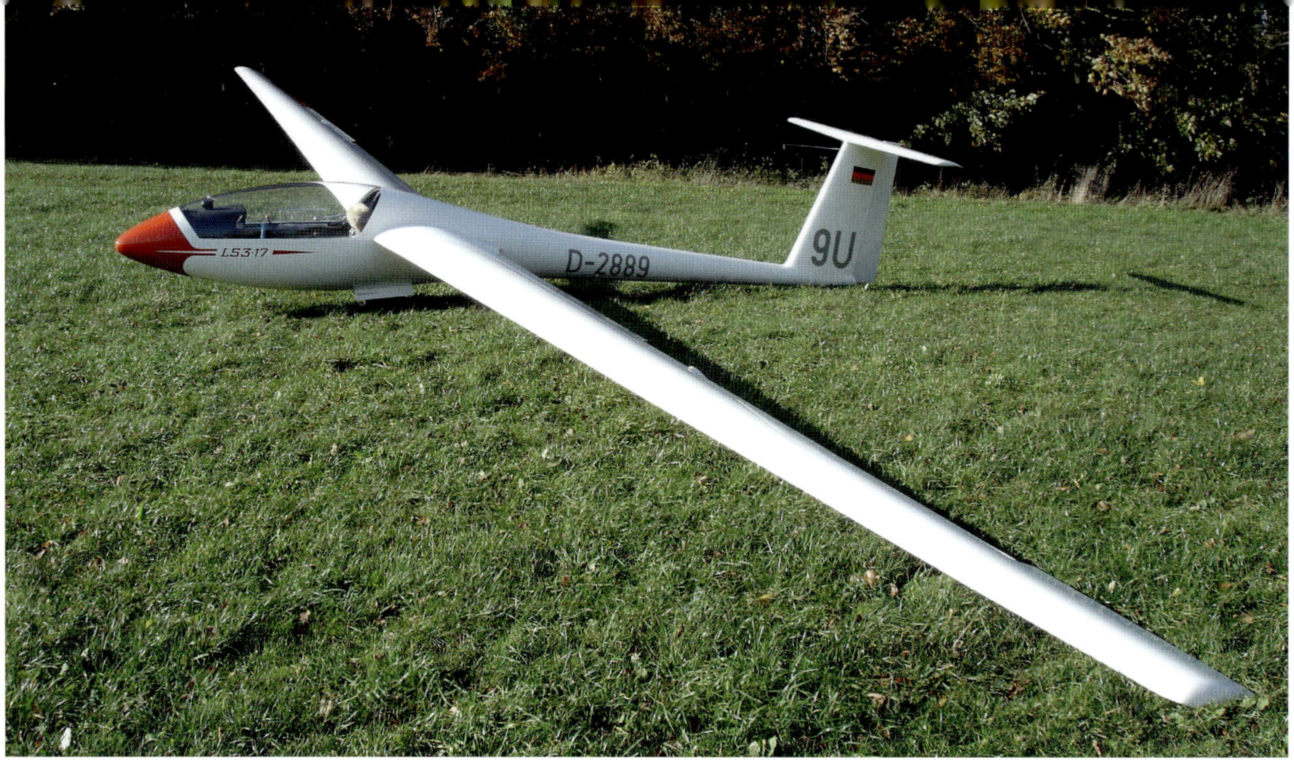

LS 3-17. (Bild DG Aviation)

1976

LS 3 – LS 3a – LS 3-17

Schon 1975, als die Rennklasse in der Diskussion stand, entwarf Lemke-Schneider die LS 3. Sie flog erstmals am 4. Februar 1976. Der Aufbau der Zelle wurde von der LS 1 übernommen. Das auffälligste äußere Kennzeichen waren die über die ganze Spannweite reichenden Querruder-Wölbklappen. Dadurch besaß der Flügel keine doppelte Trapezfläche mehr. Bei der deutschen Meisterschaft 1977 belegte die LS 3 sofort den 2. und 3. Platz, 1980 siegte Hans Glöckl in der Standardklasse mit dem Einzelstück LS 3 Standard.

Ab 14. April 1978 wurde die LS 3 nach 145 Flugzeugen zur LS 3a weiterentwickelt, die mit 17 m Spannweite als LS 3-17 geliefert wurde. Im Frühjahr 1981 hatte die Serie bereits 430 Flugzeuge erreicht. Mit der LS 3a konnte eine nochmalige Verbesserung der Steuereigenschaften erreicht werden. Die Querruderkräfte, besonders im Schnellflug wurden geringer. Die Vergrößerung der Seitenleitwerksflosse brachte neben einer besseren Richtungsstabilität auch etwas schönere Kreisflugeigenschaften. Die Überzieheigenschaften ließen sich leicht verbessern. Durch die zusätzliche Möglichkeit, die Wölbklappen beim Landeanflug auf 20° zu stellen, ergab sich ein besseres Blickfeld, sowie ein um etwa 10 km/h langsamerer Landeanflug. Auch die Aufsetzgeschwindigkeit wurde deutlich günstiger.

Die Steigflugleistung ist um den Betrag der Gewichtsreduzierung (etwa 30 kg!) gegenüber der LS 3 leicht verbessert. Die Schnellflugleistungen bei vollem Wasserballast sind gleich geblieben, da die max. Flächenbelastung von 45 kg/m² sich nicht änderte. Das reduzierte Gewicht der LS 3a erweitert um diese Differenz die Wasserballastmenge, so dass insgesamt ein etwas größeres Einsatzspektrum erreicht wurde.

Flügel: GFK-Sandwich in optimierter Bauweise, Flügel für Zeitstandfestigkeit und Oberflächengenauigkeit doppelt wärmebehandelt, Wölbklappen und Querruder in GFK-Schale/Sandwichbauweise, Holmgurte in der Sandwichschale durch gepressten Steg verbunden. Wölbklappen und Querruder auf der Ober- und Unterseite abgedichtet, Bremsklappenantriebe mittels Faltenbälge gedichtet. Neue betriebssichere Wassertanks, heiß vulkanisiert, einfacher Ein- und Ausbau möglich. Automatischer Anschluss für Wasserballast, Bremsklappen und Wölbklappen, manueller Anschluss für Querruder.

Höhenleitwerk: Gedämpftes Höhenleitwerk in GFK-Sandwichbauweise, Zwangsanschluss für Höhenruder. Rumpf: Voll-GFK-Schale, Rumpfvorderteil doppelschalig, anatomisch günstige Sitzform mit verstellbarer Rückenlehne und Nackenstütze, einteilige Haube mit Schiebefenster, Haube ausstellbar mit Spezialkinematik LS 1-f, eingebaute Sperrtopfantenne in der Seitenleitwerksflosse.

Fahrwerk: Gefedertes Einziehfahrwerk in einem zum Rumpf hin luftdicht abgeschlossenen Radkasten montiert, linksseitig angeordneter Bedienungshebel, Fußbremse.

Die LS 3-17 schloss die Lücke zwischen den 15-m Rennklasseflugzeugen und der offenen Klasse. Es ist ein Flugzeug auf der Basis einer normalen LS 3a, welche durch Aufsteckflächen von je einem Meter auf 17 m Spannweite vergrößert werden kann. Durch die größere Streckung ergibt sich ein Gleitzahlgewinn gegenüber einer LS 3a um etwa 3 Punkte. Zugleich verringert sich das Sinken um 5 cm/s. Allerdings kann sie nicht mit Wasserballast geflogen werden, da sonst eine Holmverstärkung notwendig geworden wäre.

Baumuster	LS 3a	LS 3-17
Spannweite	15 m	17 m
Flügelfläche	10,50 m^2	11,22 m^2
Flügelstreckung	21,40	25,80
Rumpflänge	6,84 m	6,84 m
Rumpfbreite	0,64 m	0,64 m
Rumpfhöhe	0,83 m	0,83 m
Leergewicht ohne Instrumentierung	240 kg	255 kg
Max. Fluggewicht	472 kg	370 kg
Max. Flächenbelastung	45 kg/m^2	33 kg/m^2
Max. Cockpitzuladung	110 kg	110 kg
Min. Flächenbelastung	31 kg/m^2	30 kg/m^2
Max. Fluggeschwindigkeit	270 km/h	250 km/h
Überziehgeschwindigkeit	62 km/h	60 km/h
Geringstes Sinken	0,60 m/s	0,55 m/s
Beste Gleitzahl	41,8	44
Profile:	modifizierte Wortmannprofile	

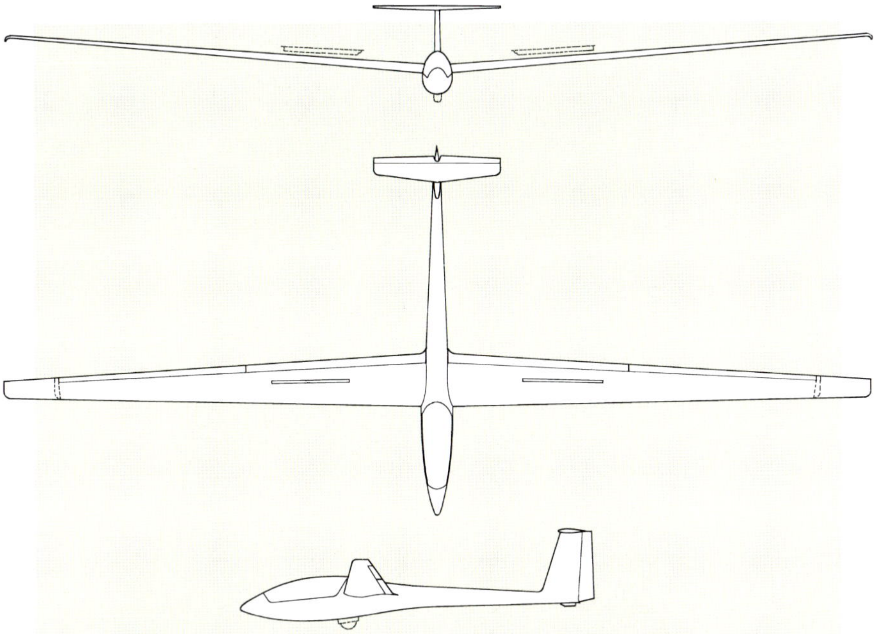

Übersichtszeichnung LS 3-17.

Die Engländerin Dr. Karla Karel verbesserte am 20. Januar 1980 den nahezu legendären Streckenweltrekord der Russin Olga Klepikova aus dem Jahre 1939 von 749 km auf 949,7 km. Viele weitere Rekorde folgten in den Jahren 1979 und 1980. ◂

Mini-Nimbus

1976

In der Zeit, als Klaus Holighaus neben Schempp Hirth auch die Firma Glasflügel führte, entstand das erste von ihm für die 15m-Klasse konstruierte Segelflugzeug. Dieser Mini-Nimbus absolvierte 1976 den Erstflug absolvierte und ging ab 1977 in Serie.

Das Segelflugzeug wurde je nach Kundenwunsch entweder mit gedämpftem oder Pendel-Höhenleitwerk geliefert. Der Flügel wurde vom Glasflügel „Mosquito" übernommen.

In der Baureihe C waren Flügel und Höhenleitwerk in Kohlefaser ausgeführt. Das Ruder am Höhenleitwerk wurde bei der Montage automatisch angeschlossen. Besonders auffällig waren die Hinterkanten-Drehklappen, die in einer Kombination als Stör- und Wölbklappe wirkten. Da-

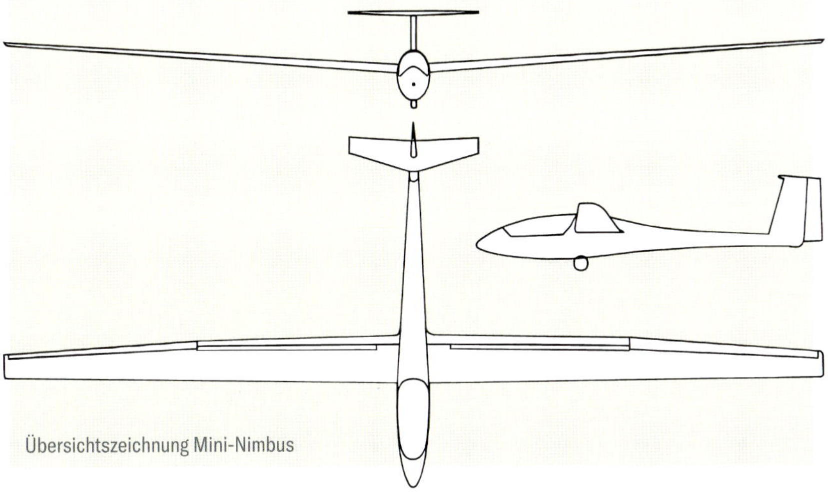

Übersichtszeichnung Mini-Nimbus

Schempp Hirth Mini-Nimbus HS-7. (Wikipedia El Grafo 2007)

Baumuster	Mini-Nimbus
Spannweite	15 m
Flügelfläche	9,86 m^2
Flügelstreckung	23
Rumpflänge	6,41 m
Leermasse	235 kg
Max. Abflugmasse	500 kg
Flächenbelastung	31 – 46 kg/m^2
Mindestgeschwindigkeit	61 km/h
Höchstgeschwindigkeit	250 km/h
Geringstes Sinken	0,57 m/s
Gleitzahl	42
Stückzahl	159

durch wurden außergewöhnliche Kurzlandeeigenschaften erreicht, die die Verwendung eines Bremsschirmes unnötig werden ließen.

Interessant war auch die von den Wölbklappen überlagerte Höhenruder-Trimmung. Eine weitere Besonderheit war das weitestgehend aus GFK gefertigte Einzieh-Fahrwerk.

Gerade die mit den Flügeln in der C Version gemachten Erfahrungen der Verarbeitung von Kohlefasern kamen dem „Ventus“ zugute, zu dessen Gunsten die Fertigung des Mini-Nimbus nach 159 hergestellten Exemplaren eingestellt wurde. ◂

SZD-50 Puchacz

Als die Firma Grob in der Bundesrepublik den Twin-Astir entwickelte, erarbeitete PZL Bielsko in Polen mit der SZD-50 „Puchacz“ (Uhu) einen Nachfolger für die SZD-9 „Bocian“. Die letzte Überarbeitung war 1966 (Version SZD-9 bis 1E). Sollte die neue Konstruktion zunächst „Dromader“ heißen, entschied man sich für Puchacz, weil es ein Agrarflugzeug gleichen Namens gab.

Am 21. Dezember 1976 hob der Prototyp ab. Allerdings lag das Höhenleitwerk bei der Trudelerprobung fast vollständig in den Wirbeln der Tragflächen. Nachdem der Prototyp so bei der Flugerprobung verloren ging, wurde in der nächsten Version das Höhenruder deutlich nach oben verlegt. Version 2 flog erst im Folgejahr und wurde dann auch ausgeliefert.

Das Segelflugzeug ist für erweiterten Kunstflug einschließlich Rückenflug sowie Rollen zugelassen. Das Flugverhalten mit dem dicken Wortmann-Profil ist recht gutmütig. Der Puchacz ist eine GFK-Konstruktion mit einer Schutzschicht aus dauerhaftem Acryllack. Lediglich Höhen- und Seitenruder sind noch bespannt. Der Rumpf wurde in Halbschalen hergestellt, die Tragflächen sind recht hoch angesetzt und nach vorne gepfeilt (z.B. wie bei der ASK 13). Die Ruderanschlüsse sind automatisch. Das große, gefederte Hauptrad verzeiht auch harte Landestöße, vorne befindet sich zudem ein Bugrad. Das Hauptrad ist gebremst, dieser besitzt aber nur eine eingeschränkte Wirksamkeit (insbesondere bei den Segelflugzeugen, die in die DDR geliefert wurden).

Sein Zusammenbau ist besonders einfach. Ein einzelner Bolzen sichert die Tragflächen in ihrer Position. Die Montage des Leitwerks ist mit einem federbehafteten Schließbolzen sehr einfach zu erledigen. Die Verbindung aller Ruderanschlüsse erfolgt vollkommen automatisch. Die sowohl oberhalb und unterhalb ausfahrbaren Schempp-Hirth-Luftbremsen ermöglicht steile Anflüge, ähnlich wie bei der K 7 mit großen Störklappen müssen diese für den Abfangvorgang etwas eingefahren, da die Landung sonst in 3 Meter Höhe zu Ende sein kann. Durch die große Bodenfreiheit der Flächenspitzen sowie das erhöhte Höhenruder im Kreuzleitwerk lassen sich Außen-

Der Puchacz mit dem markant hochgesetzten Höhenruder in Neustadt-Glewe. (Foto Rolf Beier)

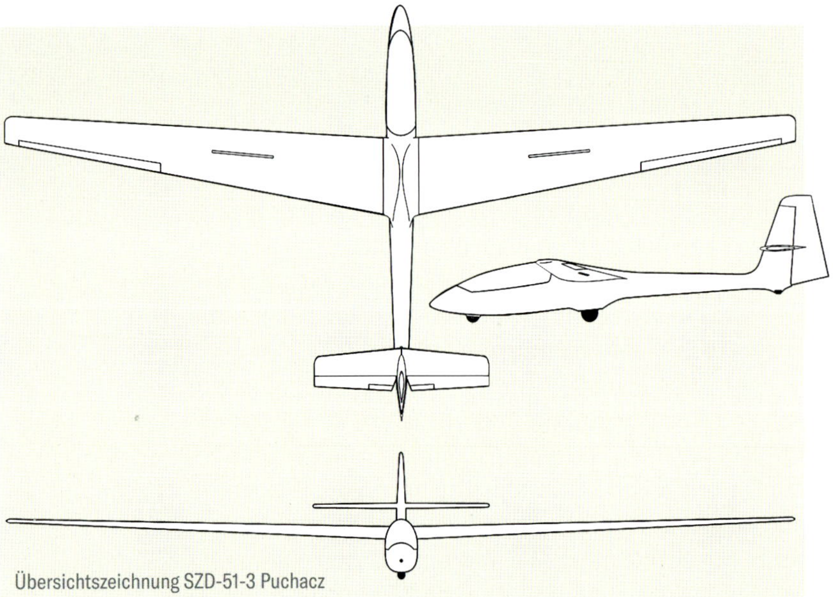

Übersichtszeichnung SZD-51-3 Puchacz

Baumuster	SZD-50-3
Länge	8,38 m
Spannweite	16,67 m
Flügelfläche	18,16 m²
Streckung	15,3
Leermasse	365 kg
Nutzlast	205 kg
Maximalgewicht	570 kg
Flächenbelastung max.	31,39 kg/m²
Überziehgeschwindigkeit	60 km/h
Höchstgeschwindigkeit	215 km/h
Geringstes Sinken	0,7 m/s bei 75 km/h
Gleitzahl	30 bei 85 km/h

landungen in Feldern mit Getreidebewuchs meist unbeschadet überstehen.

Die Leistungen des Puchacz liegen zwischen ASK 13 und ASK 21, allerdings ist seine Gleitzahl für ein GFK-Flugzeug nicht besonders gut. Trudeln lässt sich seit Version 2 problemlos schulen. Ab 2000 vertrieb PZL Allstar das Segelflugzeug, 2014 wurde die Produktion zugunsten des SZD-54-2 Perkoz eingestellt. ◂

1976

Vom Twin Astir zum G 103 Twin III

Um in der Ausbildung den Umstieg vom Doppelsitzer auf den Einsitzer zu erleichtern, war es folgerichtig, den passenden GFK-Doppelsitzer zu entwickeln, der sich durch ähnliche Flugeigenschaften auszeichnet. Von diesen Gedanken ließ sich Burkhart Grob leiten, als er in seiner Astir-Familie auch an die Konstruktion eines Doppelsitzers ging.

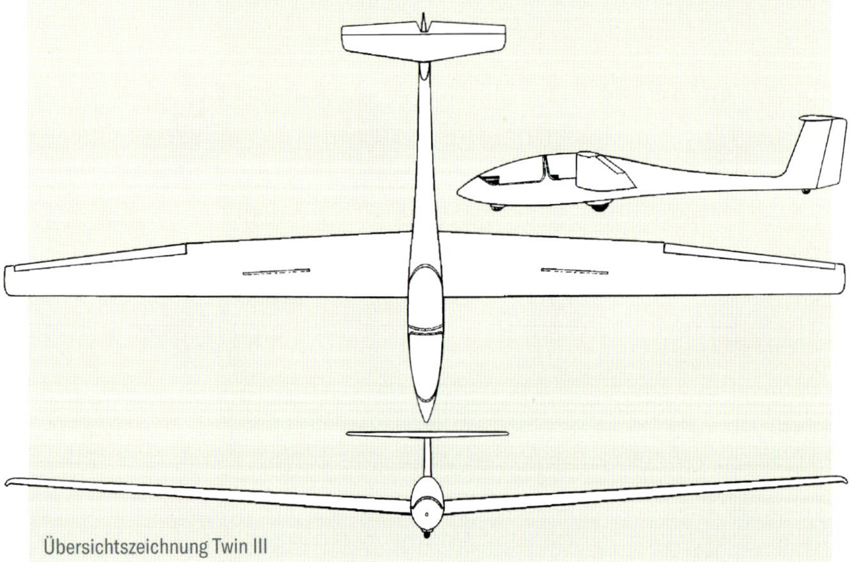

Übersichtszeichnung Twin III

Der erste Twin Astir wurde Silvester 1976 eingeflogen, die Serie begann Mitte 1977. Gleichzeitig entstand mit dem Twin Trainer eine vereinfachte Version mit starrem, gefedertem Fahrwerk. Die Serie wurde Anfang 1980 nach 291 Flugzeugen zugunsten der G 103 Twin II eingestellt. In dieser Neukonstruktion hat Grob alle Erfahrungen aus dieser Großserie und auch die Wünsche der Vereine und Fluglehrer berücksichtigt. Der Erstflug erfolgte im März 1980, die Serienfertigung lief im Juli an und zur Jahreswende hatten bereits 81 neue Doppelsitzer das Werk in Mindelheim verlassen.

Grundvoraussetzung für den neuen Doppelsitzer Grob G 103 Twin II war die aerodynamische und optische Überarbeitung des Rumpfes. Grob hat dabei den Schwerpunkt der neuen Entwicklung auf die gute Handhabung am Boden und die Neugestaltung des Cockpits gelegt. Durch die Einschnürung des Cockpits, den etwas schlankeren

Grob G 103 Twin III auf dem Sonderlandeplatz Schmallenberg-Rennefeld. (Wikipedia El Grafo 2009)

Rumpf und die damit erreichte geringere Rumpfoberfläche wollte Grob, den Nachteil des festen Fahrwerkes und des Bugrades ausgleichen.

Im Cockpit wurden die beiden Sitzplätze absolut gleich gestaltet. So bietet jetzt auch der hintere Sitz den gleichen Sitzkomfort und die Pedalverstellmöglichkeit wie der bisher anerkannt gute vordere Sitz des Twin Astir. Durch die vergrößerte Haube wurden die Sichtverhältnisse nochmals verbessert. Die Bedienelemente wurde konsequent überarbeitet. Beide Sitze haben eine verstellbare Kopfstütze. Das Fahrwerk besitzt ein großvolumiges Hauptrad mit hydraulischer Scheibenbremse und ist somit auch starken Unebenheiten gewachsen. Für das Bugrad wurde ein ebenfalls recht großes 260 mm-Durchmesser-Rad gewählt. Durch nochmalige Gewichtsoptimierung konnte ein Leergewicht von 370 kg erreicht werden.

Die Lagerung sämtlicher Schubstangen in Rollenbahnlagern haben die Knüppelkräfte auf ein Minimum reduziert. Die bereits vom Twin Astir bekannten großen Bremsklappen erleichtern selbst steile Anflüge auf kurzem Gelände.

Mit 900 ausgelieferten Einheiten bis zum Frühjahr 1986 war der Grob G 103 Twin II die erfolgreichste Kunststoff-Doppelsitzerkonstruktion. Die britische Luftwaffe kaufte 100 Stück und setzte sie mit der Bezeichnung Viking T Mk1 als Trainer ein.

Für die Acro-Version sind der Flügel und auch das Rumpfgestänge verstärkt. Das Seitenruder wurde vergrößert. Ferner ist ein Fünfpunktgurt für außergewöhnliche Fluglagen vorgesehen.

Der Twin III ist eine Weiterentwicklung des Twin II und wurde in 13 Exemplaren hergestellt. Der Flügel erhielt eine veränderte Trapezform, der Rumpf blieb weitgehend unverändert, erhielt jedoch ein lenkbares Bugrad und war aus Kohlefaser gefertigt. Auch hiervon entstand eine Acro Version. Sogar eine Version mit Rotax-Klapptriebwerk wurde als G 103 C Twin III SL angeboten. ◂

Baumuster	Twin Astir / Trainer	Twin II / -Acro	Twin III	Twin III 20 m
Spannweite	17,5 m	17,5 m	18,0 m	20 m
Flügelfläche	17,8 m²	17,8 m²	17,52 m²	18,5 m²
Flügelstreckung	17,1	17,1	18,5	22
Rumpflänge	8,1 m	8,18 m	8,18 m	8,18 m
Leermasse	400 kg	370 kg	370 kg	370 kg
Max. Abflugmasse	650 kg	580 kg	600 kg	600 kg
Flächenbelastung max.	36,5 kg/m²	32,6 kg/m²	34,25 kg/m²	32,43 kg/m²
Höchstgeschwindigkeit	250 km/h	250 km/h	280 km/h	250 km/h
Geringstes Sinken	0,73 m/s	0,64 m/s	0,64 m/s	0,6 m/s
Gleitzahl	38	38,5	38	41

ASW 20 im Flug. (Foto Jörg Arnold)

1977

ASW 20 – ASW 20 CL

1977 entstand bei der Schleicher in Poppenhausen die einsitzige ASW 20. Sie wurde speziell für die neue FAI „15 Meter Rennklasse“ entwickelt, der erste Wettbewerb folgte 1978. Gerhard Waibel konstruierte einen Mitteldecker mit Wölbklappen und nach oben ausfahrenden Störklappen. Die Wölbklappen sind im Bereich zwischen -11 Grad und +55 Grad in sechs Stellungen rastbar. Bei einem positiven Vollausschlag der Klappen fahren die Querruder negativ, so dass auch bei steilen Landeanflügen das Flugzeug um die Längsachse steuerbar blieb. Im Flügel waren Wasserballasttanks untergebracht. Die Faserverbundkonstruktion wurde aus Glas-, Kohle- und Aramidfasern hergestellt.

Die sehr stark nach unten ausfahrenden Wölbklappen ermöglichen, in Verbindung mit den Störklappen, sehr steile, relativ langsame Landeanflüge und machen insbesondere Außenlandungen auf kurzen Geländen möglich. Die Tragflügel sind extrem biegsam, abrupte Querruderausschlage führen zunächst zu einer Verwindung des Flügels, bevor eine Drehung um die Längsachse einsetzt.

Der von der ASW 19 übernommene Rumpf mit dem Sicherheitscockpit wurde leicht modifiziert, damit die Anschlüsse der Wölbklappen untergebracht werden konnten. Das gedämpfte T-Leitwerk mit automatischem Höhenruderanschluss erhielt eine Federtrimmung. Das einziehbare Rad kombinierte Waibel mit einer hydraulische Scheibenbremse, deren Bremswirkung im letzten Weg der Störklappen einsetzte. Angeboten wurde zunächst ein Schleifsporn, später dann ein festes Spornrad unter dem Seitenleitwerk.

Die ASW 20 war ein sehr erfolgreiches Flugzeug in dieser FAI Renklasse. Mit der ASW 20 B wurde die Struktur verstärkt. Im Zeitraum von 1977 bis 1990 wurden in den verschiedenen Baureihen insgesamt 805 Stück von Schleicher ausgeliefert. Weitere ca. 100 Stck. wurden von Centrair in Frankreich in Lizenz gebaut.

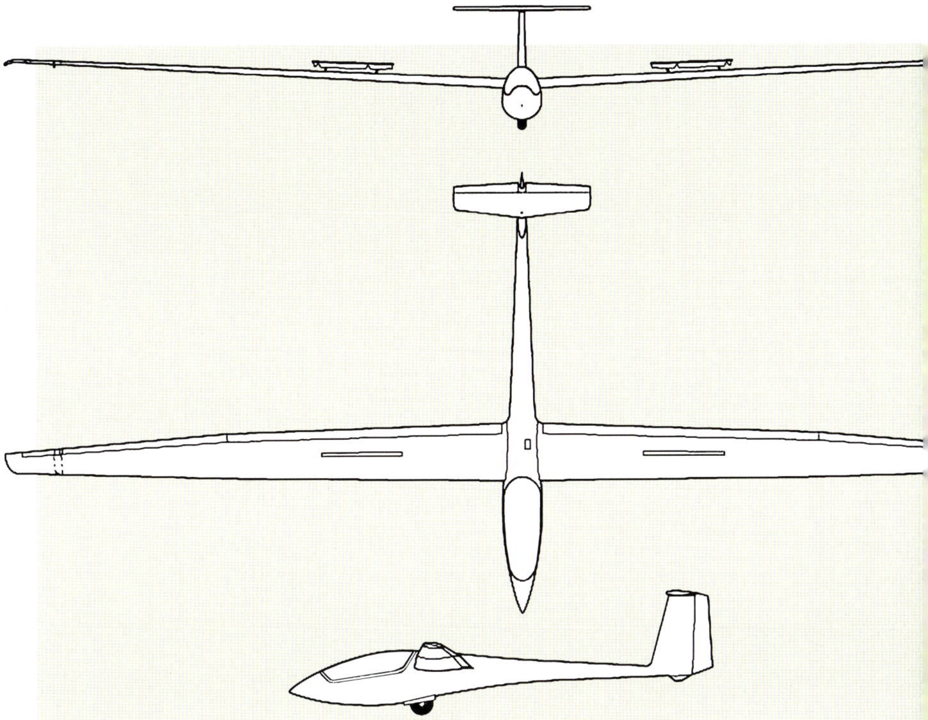

Übersichtszeichnung ASW 20

Die ASW 20 wurde weiterentwickelt zum eigenstarfähigen Motorsegler mit dem aufgesetzten Fischer Triebwerk zur ASW 20 TOP. Eine ASW 20 CL-J mit einem Jetantrieb startete zum ersten Mal im Mai 2006. Klaus Meitzner konzipierte sie, allerdings war diese Version nicht eigenstartfähig. ◂

Baumuster	ASW 20 / ASW 20L	ASW 20 B / ASW 20 BL	ASW 20C / ASW 20 CL
Spannweite	15 / 16,6 m	15 / 16,59 m	15 m
Flügelfläche	10,5 / 11,05 m^2	10,5 / 11,01 m^2	12,4 m^2
Flügelstreckung	21,43 / 24,9	21,43 / 25,02	21,43 / 24,9
Rumpflänge	6,82 m	6,82 m	
Leermasse	255 / 260 kg	270 / 275 kg	270 / 265 kg
Max. Abflugmasse	454 / 380 kg	525 / 430 kg	454 / 380 kg
Wasserballast	120 / 0 Liter	150 / 100 Liter	110 / 50 Liter
Flächenbelastung	43,2 / 34,4 kg/m^2	50 / 39 kg/m^2	43,2 / 34,4 kg/m^2
Mindestgeschwindigkeit	67 km/h	70 km/h	64 km/h
Höchstgeschwindigkeit	265 km/h	280 km/h	265 km/h
Geringstes Sinken	0,59 / 0,55 m/s	0,59 / 0,55 m/s	0,59 / 0,55 m/s
Gleitzahl	42 / 45,5	43 / 46	43 / 46
Stückzahl	Über alle Baureihen, incl. Lizenzbauten ca. 865 Stck.		
Profil	FX 63K131 außen FX 60-126		

Eine DG 200/17 kurz vor Sonnenuntergang Ende Mai 2014.
(Wikipedia Mj1107)

1978

DG-200 / DG-202

Am 22.04.1978 hob die als FAI Rennklassensegelflugzeug auf der Basis der DG-100 entwickelte DG-200 ab. Im Gegensatz zur LS 3 sind Wölbklappen und Querruder getrennt ausgeführt, die Querruder werden überlagert angesteuert. Wilhelm Dierks wollte erreichen, dass für den langsamen Kreisflug durch kleinere Kreise näher im Zentrum der Thermik geflogen werden konnte, während für den schnellen Vorflug der Höhenverlust begrenzt werden sollte. Das Segelflugzeug steht vor dem Hintergrund der sich zu dieser Zeit gerade entwickelnden Rennklasse in den Wettbewerben.

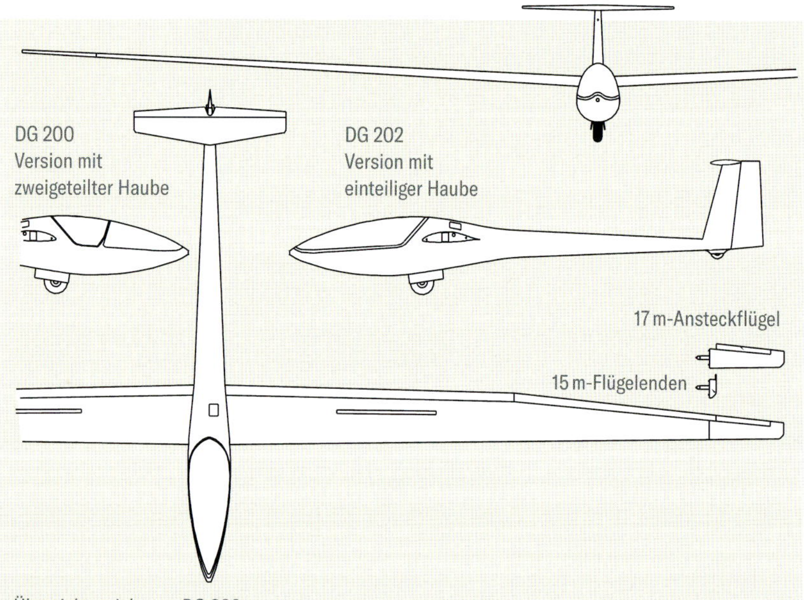

Übersichtszeichnung DG 202

Die DG-200 wurde sowohl in einer 15 Meter und (durch ansteckbare Außenflügel) einer erweiterten 17 Meter Version hergestellt. Auch hier wurde die bereits für die DG-100 beschriebene einteilige Haube ab 1980 angeboten. Die Versionsbezeichnungen sind in diesem Fall DG-202 und DG-202/17. Das Profil wurde leicht modifiziert, das Höhenruder erhielt einen automatischen Anschluss. Die DG-200/17C erhielt Holme und Schale aus Kohlefaser. Sie ist ca. 20 Kilo leichter als ihre Schwester und kann so mehr Wasserballast aufnehmen.

Fliegerisch muss die DG-200 gerade in der 15 Meter Version im Kreisflug öfter korrigiert werden, die Seitenruderwirkung war aber sehr gut. Die 17 Meter Version ist fliegerisch angenehmer, beiden gemeinsam und sind die hervorragenden Steigwerte bei positiver Wölbung der Klappen im geraden Vorflug (z. B. Welle oder Hangflug). Moderne Profile heute sind weniger verschmutzungsunempfindlich. Auch wenn sie heute nicht mehr mit den

Baumuster	DG-200	DG-200/17	DG-200/17C
Spannweite	15 m	15/17m	17m
Länge	7 m	7 m	7 m
Höhe	1,4 m	1,4 m	1,4 m
Flügelfläche	10 m^2	10/10,57 m^2	10,57 m^2
Streckung	22,5	22,5/27,34	27,34
Leergewicht	238 kg	242/246 kg	224 kg
Wasserballast	130 kg	130 kg	160 kg
Max. Fluggewicht	450 kg	450 kg	480/450 kg
Max. Flächenbelastung	45 kg/m^2	45/42,6 kg/m^2	48/42,6 kg/m^2
Beste Gleitzahl	ca. 42,5 bei 110 km/h	ca. 42,5/44,6 bei 110 km/h	ca. 42,5/44,6 bei 110 km/h
Min. Geschwindigkeit	62 km/h	62/60 km/h	59/57 km/h
Max. Geschwindigkeit	270 km/h	270 km/h	270 km/h
Geringstes Sinken	0,59 m/s bei 72 km/h	0,59/0,53 m/s	0,59/0,53 m/s
Für einfachen Kunstflug zugelassen	ja	ja	ja

Flugleistungen der Segelflugzeuge der neuen Generation ganz mithalten kann, haben die Besitzer einer DG-200/17 ein leicht zu fliegendes und schnell auf- und abzurüstendes Segelflugzeug.

Als Einzelstück baute man 1978 die voll kunstflugtaugliche Version DG-200 Acroracer, die 15m Flügel konnten auf 13 m Spannweite verkürzt werden. ◂

ASK 21 / Mi

1978 - 2023

Mit dem Doppelsitzer ASK 21 gelang Rudolf Kaiser wieder ein großer Wurf. Gedacht war das Segelflugzeug als Nachfolger für die bewährte ASK 13. Mit ihrer Entwicklung war die ASK 21 der erste GFK-Doppelsitzer der Fa. Alexander Schleicher. Nachdem der Prototyp zum ersten Mal im Dezember 1978 abgehoben hatte, begann im Folgejahr die Produktion.

Das Segelflugzeug ist ein Mitteldecker und verfügt über ein T-Leitwerk. Neben der besonders guten Eignung als Ausbildungsdoppelsitzer mit 2 hintereinander liegenden Pilotensitzen und Doppelsteuer, verstellbaren Pedalen und verstellbaren Rücken-Sitzschalen, ist der Einsatz für Kunstflug und Leistungssegelflug sowie Wolkenflug möglich. Ab 2018 folgte eine leicht überarbeitete B-Version, im Frühjahr 2022 wurde das 1000 Segelflugzeug dieses Musters ausgeliefert. Insbesondere erhielt sie gegenüber den bisherigen l'Hotellier-Gelenken automatische Ruderanschlüsse.

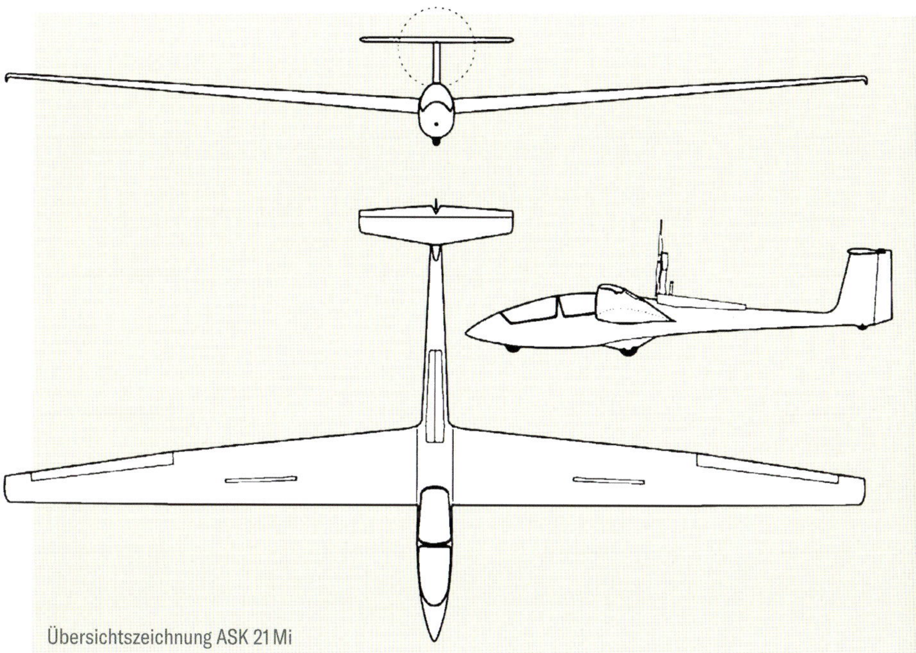

Übersichtszeichnung ASK 21 Mi

Das Schulflugzeug ASK-21 ist recht häufig auf Segelfluggeländen anzutreffen.

Das Sicherheitscockpit ist mit einer zweiteiligen Haube ausgestattet. Weil sie nach vorn bzw. nach hinten aufgeklappt, ist ein bequemes Ein- und Aussteigen möglicht. Der zweiteilige Flügel ist einholmig gebaut und verfügt über sehr wirksame, nach oben ausfahrende Bremsklappen. Das gedämpfte Höhenleitwerk mit fester Höhenflosse und Höhenruder (mit Federtrimmung) besitzt automatische Ruderanschlüsse.

Baumuster	ASK 21	ASK 21 Mi
Spannweite	17 m	17 m
Flügelfläche	17,95 m^2	17,95 m^2
Flügelstreckung	16,1	16,1
Rumpflänge	8,35 m	8,35 m
Profil	FX SO 2-196 u. FX60-126	
Leermasse	ca.360 kg	ca.475 kg
Max. Abflugmasse	600 kg	705 kg
Flächenbelastung max.	33 kg/m^2	39,3 kg/m^2
Mindestgeschwindigkeit	65 km/h	78 km/h
Höchstgeschwindigkeit	280 km/h	280 km/h
Geringstes Sinken	0,65 m/s	0,65 m/s
Gleitzahl (85 km/h)	34	34
Triebwerk	nein	IAE 50R-AA
Leistung	entfällt	41 kW bei 7700 U/min
Rumpftankvolumen	entfällt	23 l
Flugdauer (Motorbetrieb)	entfällt	ca. 1,5 Std.
Steigleistung	entfällt	ca. 2,7 m/s
Startrollstrecke	entfällt	250 m

Hinter einem vorne liegenden Bugrad liegt das gummigefederte Hauptrad mit Scheibenbremse, es ist aerodynamisch verkleidet. Am Heck sitzt je nach Ausführung entweder ein Gummisporn oder Spornrad.

Alle Steuerstangen sind wartungsfrei in entsprechenden Führungen gelagert. Die Anlenkung des Seitenruders erfolgt konventionell durch Steuerseile aus Stahl.

Eine gute und leichtgängige Ruderabstimmung lässt längere ermüdungsfreie Flüge zu. Die Wahl des Wortmann Profils unterstützt die guten Langsamflugeigenschaften, selbst schwache Thermik ist sehr gut nutzbar. Insgesamt ist die ASK 21 ein sehr gutmütiges Flugzeug und bei Flugschülern sehr geschätzt. Sie löste weitgehend die ASK 13 in den Vereinen als Schulungsdoppelsitzer ab. Trudeln ist nur bei deutlich rückwärtigen Schwerpunktlagen möglich, dann überlagert eine Nickschwingung die Drehbewegung.

Die ASK 21 zeichnet sich weiterhin dadurch aus, dass sie das erste Segelflugzeug mit einer möglichen Lebensdauer von 18 000 Std. ist. Mit einer optionalen Handsteuerung für das Seitenruder kann sie auch von gehbehinderten Piloten geflogen werden.

ASK 21 Mi

Die Nutzbarkeit der ASK 21 wurde durch den Einbau eines Klapptriebwerkes (Einscheiben-Wankelmotor) mit einer Leistung von 41 kW erweitert. Nunmehr eigenstartfähig, erhielt sie zum besseren Handling am Boden unter den Flügelenden kleine Hilfsräder. Durch Kopplung des Seitenruders mit dem lenkbaren Bugrad kann die ASK 21 Mi ohne Helfer starten.

Die ASK 21 Mi absolvierte den Erstflug im Dezember 2004.◂

DG 300

Direkter Nachfolger der DG-100 war im Jahr 1983 die DG-300. Auch sie wurde von Wilhelm Dirks entwickelt, doch bereits der Prototyp entstand bei ELAN in Slowenien. Pate stand die „Falcon", eine Kombination des Einzelstücks der Glasflügel 402 mit einem neuen Flügel. Wie schon bei den DG Flugzeugen zuvor gab es verschiedene Varianten: Neben der DG-300 mit Einziehfahrwerk und Ausblasung an der Tragflächenunterseite gab es die DG-300 Club, die wahlweise auch mit festem Fahrwerk geflogen werden konnte und die mit Turbulatorbändern anstelle der Ausblasung ausgerüstet wurde. Die DG-300 Acro wies eine verstärkte Struktur auf und war (ohne Wasserballast) für den Segelflugkunstflug geeignet. Mit leicht verändertem Tragflügelprofil und ansteckbaren Winglets (eine Nachrüstung ist ebenfalls bei älteren DG-300 Modellen möglich) wurde sie zur DG-303 weiterentwickelt. Im Cockpit wurde die Rückenlehne mit integrierter Kopfstütze umgestaltet, die Haube erhielt einen Ein-Hebel-Notabwurf und einem Rögerhaken (wie bei der DG-800). Nach Übernahme von ELAN durch AMS erfolgte auch von hier der Vertrieb. AMS gab die Produktion der DG-303 im Ende 2005 zugunsten der LS-4 auf, bis zu diesem Zeitpunkt wurden 511 Flugzeuge ausgeliefert.

Die gesamte Struktur des Flugzeugs besteht aus Glasfaser. In der Standardversion sorgt eine Ausblasung für einen gezielten Umschlag der Strömung und damit bessere Leistungen. Das Profil wurde regenunempfindlich angelegt. Im Inneren der Flügel liegt über zwei Drittel der Trag-

DG 300 und LS7.
(Foto DG Aviation)

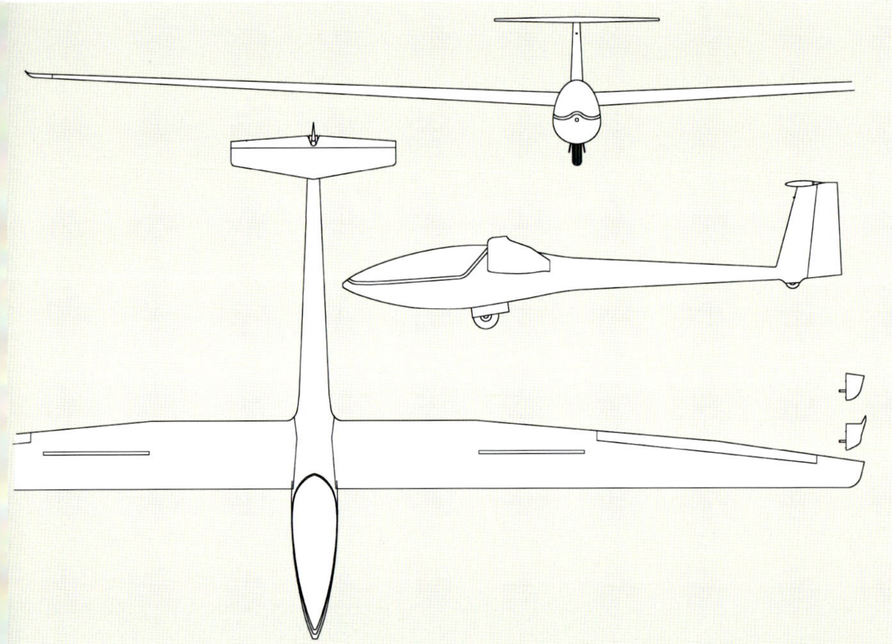

Übersichtszeichnung DG 300

fläche ein Ausblaskanal, welcher Luft (Einlass über je ein Staurohr auf der Flügelunterseite) über ca. 900 winzige Ausblaslöcher (Durchmesser 0,6 mm) ausbläst. Bis zu einer Geschwindigkeit von 150 km/h ergaben Vermessungen eine Reduzierung des Widerstands, erst bei höheren Geschwindigkeiten ergibt sich kein Nutzeffekt mehr. Die kleinen Löcher dürfen bei Oberflächenarbeiten (zum Beispiel mit Politur) nicht verschlossen werden. Die Wirksamkeit ginge verloren.

Nach Einstellung der Produktion wurde bei der großen Reparatur einer DG-300 im Bereich der Holmgurte festgestellt, dass die Rovings eines Holms wellig lagen. Dadurch war die Festigkeit reduziert, der gleiche Fehler wurde (allerdings in abgeschwächter Form) bei mehreren Stichproben gefunden. Er war durch eine eigenmächtige Änderung der Bauweise durch ELAN entstanden, man versäumte den Konstrukteur hiervon zu unterrichten. Um den Weiterbetrieb der Segelflugzeuge zu ermöglichen, kam es zu Einschränkungen für den Flugbetrieb. Die Höchstgeschwindigkeit wurde auf 250 km/h reduziert, das Gesamtgewicht auf 450 kg. Kunstflug war verboten (auch für die Acro Version). Trotz dieser Einschränkungen muss man sich verdeutlichen, dass die Festigkeit der DG-300 jederzeit bestand: Ein Bruchtest des beschädigten Holms ergab, dass ein Bruch erst bei 9-facher Erdbeschleunigung eintrat. Die Einschränkung erfolgte, weil die Bauvorschrift eine 11-fache Erdbeschleunigung fordert. ◂

Baumuster	DG-300/303 ELAN (ACRO)	DG-300/303 Club ELAN (ACRO)
Spannweite	15 m	15 m
Länge	6,80 m	6,80 m
Höhe	1.39 m	1.39 m
Flügelfläche	10,27 m^2	10,27 m^2
Streckung	21.91	21.91
Höchstgeschwindigkeit	270 km/h (250 km/h)	270 km/h (250 km/h)
Leergewicht	245 kg	238 kg
Wasserballast	130/190 kg	130 kg
Max. Flächenbelastung	51,1 kg/m^2	48,7 kg/m^2
Max. Gewicht	525 kg	500 kg
Überziehgeschwindigkeit bei 320 kg	65 km/h	65 km/h
Gleitzahl bei Maximalgewicht	41	39,5
bei Geschwindigkeit	122 km/h	118 km/h
Geringstes Sinken bei 320 kg	0,59	0,59
bei Geschwindigkeit	78 km/h	78 km/h
Kunstflug	einfach	einfach
Kunstflug ACRO Versionen	einfach / Voll Acro bis 370 kg	einfach / Voll Acro bis 370 kg

Ventus – Ein Renner in den besten Jahren

Der Ventus-3 FES mit laufendem Triebwerk. (Foto Schempp-Hirth)

Der 1980 von Schempp-Hirth als Nachfolger des Mini-Nimbus entwickelte Ventus (lat.: der Wind) entstand als das Rennklasse-Flugzeug der Fa. Schempp-Hirth. Die Evolution der Wettbewerbsklassen im Segelflug lassen sich am Beispiel des Ventus gut nachvollziehen.

Klaus Holighaus legte den Ventus kompromisslos auf die Kohlefaser-Flügel-Bauweise aus. Der Tragflügel wurde in Bezug auf die Profilauswahl, den Flügelgrundriss, die Streckung, die Ruderausschläge, die Ruderkinematik, in der nach damals neuesten aerodynamischen Erkenntnissen günstigsten Kombination verwirklicht. Die neuen Profile wurden in zweijähriger Entwicklungsarbeit unter maßgeblicher Mitarbeit von Dipl.-Ing. Klaus Holighaus bei Prof. Dr. F.X. Wortmann und Dipl.-Phys. Dieter Althaus entwickelt und vermessen. Sie sind dünner und haben längere laminare Laufstrecken als die bisher verwendeten Wortmann-Profile. Der Flügelgrundriss war eine dreifache Trapezform. Der Flügel war ganz aus CFK aufgebaut. Dies garantierte eine sehr hohe Verdrehsteifigkeit insbesondere im Schnellflug.

Die Querruder waren zweigeteilt und länger als die Halbspannweite. Extreme Ausschläge der Querruder wurden durch eine Steuerungskinematik immer dann begrenzt, sofern die Wölbklappen ihre maximale positive oder negative Stellungen erreichten.

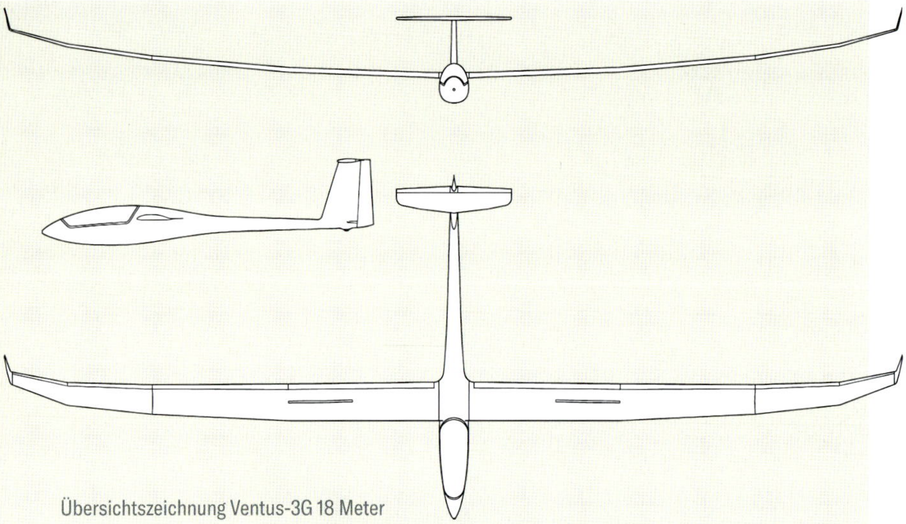

Übersichtszeichnung Ventus-3G 18 Meter

Für die Bremsklappen wurde das bewährte und wirkungsvolle System vom Mini-Nimbus einer Hinterkanten-Drehklappe übernommen, mit den außergewöhnlichen Kurz- und Langsamlandeeigenschaften.

Das gedämpfte T-Leitwerk verleiht dem Ventus ruhige und angenehme Flugeigenschaften und lässt ihn trotzdem schnell reagieren. Rumpflänge und Seitenruderfläche stehen im optimalen Verhältnis zueinander.

Der Ventus wird in zwei Rumpfgrößen geliefert: Die Normalversion ist für Piloten mit einer Körpergröße von 1,75 m und mehr ausgelegt. Für kleinere Piloten wurde erstmals eine kleine Rumpfversion zusätzlich entwickelt.

Der Ventus wurde im Laufe der Jahre permanent weiterentwickelt, so dass er in mehreren verschiedenen Variationen, unter anderem auch als Turbo und als Eigenstarter verkauft werden konnte. ◂

Baumuster	Ventus b	Ventus c	Ventus-2a	Ventus-2c	Ventus-2cM
Spannweite	15 m	17,6 m	15 m	18 m	18 m
Flügelfläche	9,51 m²	10,15 m²	9,67 m²	11,03 m²	11,03 m²
Flügelstreckung	23,7	30,51	23,3	29,5	29,5
Rumpflänge	6,58 m	6,58 m	6,35 m	6,81 m	6,81 m
Leermasse	250 kg	245 kg	240 kg	310 kg	400 kg
Max. Abflugmasse	525 kg	525 kg	525 kg	600 kg	565 kg
Flächenbelastung	55,1 kg/m²	49,0 kg/m²	54,0 kg/m²	51,2 kg/m²	51,2 kg/m²
Wasserballast	168 kg	168 kg	200 kg	200 kg	180 kg
Höchstgeschwindigkeit	250 km/h	270 km/h	270 km/h	285 km/h	285 km/h
Geringstes Sinken	0,58 m/s	0,51 m/s	0,51 m/s	0,55 m/s	0,55 m/s
Gleitzahl	ca. 43,5	ca. 48	ca. 48	ca. 52	ca. 52
Produktionszeit	1980 bis heute				

1981

ASW 22 – 22BL

Als Hochleistungs-Segelflugzeug der offenen Klasse entstand die von Gerhard Waibel entwickelte und 1981 von Schleicher-Segelflugzeugbau herausgebrachte ASW 22. Sie wurde eines der erfolgreichsten Segelflugzeuge bei Wettbewerben und Rekordflügen. Für Flugzeuge dieser Qualität wurde der Begriff der „Superorchideen" geprägt. Mit der ASW 22 wurde ein Gleitverhältnis von 1:50 übersprungen. Das bedeutet für die ASW 22, dass sie aus 1000 Meter Höhe ohne weiteren Aufwind mindestens 54 Kilometer weit fliegen kann. Das, was am Horizont aus dem Cockpit zu sehen ist, liegt innerhalb des Aktionsradius!

Obwohl die insgesamt gebaute Stückzahl der ASW 22 nicht sehr hoch war, wurde mit ihr doch – als ein „High-End-Segelflugzeug" oder umgangssprachlich „Superorchidee" – ein Serienbau möglich. Preislich allerdings nicht für jedermann.

Die Faserverbundkonstruktion als Mitteldecker mit gedämpftem T-Leitwerk besitzt einen vierteiligen Flügel mit Wölbklappen. Die doppelstöckigen Bremsklappen ermög-

Eine ASW 22 BLE.
(Foto Schleicher)

lichen einen relativ steilen Anflug. Das neu entwickelte Laminarprofil des Flügels aus Kohlefaser ist an der Unterseite mit Blasturbulatoren zur Grenzschichtbeeinflussung versehen.

Die Spannweite betrug anfangs wahlweise 22 oder 24 Meter. Im Flügel sind die ausbaubaren Wassersäcke für den Ballast untergebracht, deren Betankung durch vier elektrisch betätigte Ventile an der Flügelunterseite erfolgt. Der Anschluss erfolgte ebenso automatisch wie der Höhenruderanschluss. Auffällig ist das Einziehfahrwerk mit Zwillingsrädern.

Das Sicherheitscockpit ist sehr geräumig, es besitzt im Flug verstellbare Pedale sowie eine verstellbare Rückenlehne mit integrierter Kopfstütze. In der Lehne befindet eine Wanne für den Fallschirm. Die Ruder und Klappen werden mit Stoßstangen angelenkt, das Seitenruder in einer Stangen-Seilkombination.

Die einteilige Haube ist nach vorn aufklappbar, dabei fährt der Instrumentenpilz mit der Haube nach oben. Dieses Prinzip setzte sich zunehmend im Segelflugzeugbau durch.

ASW 22 B

Nach 39 gebauten Exemplaren wurde die ASW 22 im Jahr 1985/86 zur ASW 22B weiterentwickelt. Hierfür wurde der Flügel der neu entwickelte ASH 25 mit dem Rumpf der ASW 22 kombiniert. Die Abflugmasse konnte auf 750 kg erhöht werden. Trotz der größeren Spannweite von 25

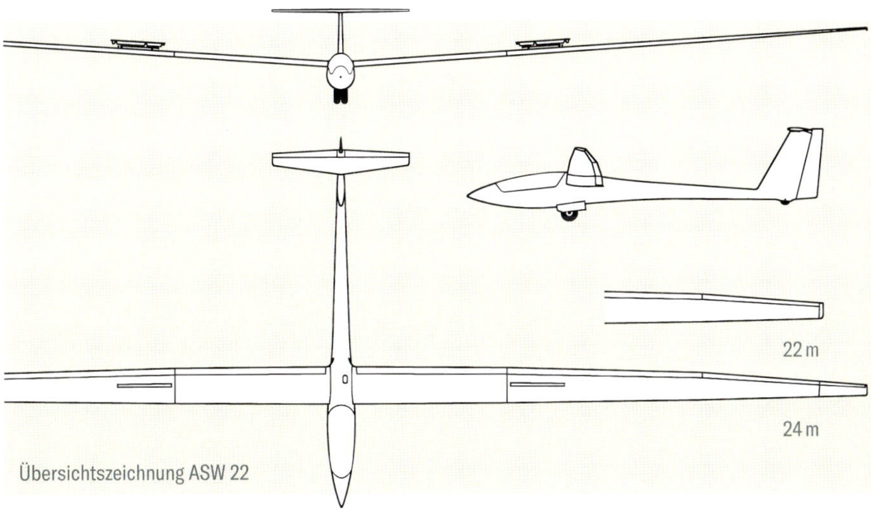

Übersichtszeichnung ASW 22

Baumuster	ASW 22	ASW 22 B	ASW 22 BL
Spannweite	22 m	25 m	26,4 m
Flügelfläche	14,9 m^2	16,3 m^2	16,67 m^2
Flügelstreckung	32,4	38,2	41,81
Rumpflänge	8,1 m		
Profil	HQ17 und DU 84-132 V3		
Leermasse	400 kg	455 kg	465 kg
Max. Abflugmasse	750 kg		
Flächenbelastung	50,3 kg/m^2	46,0 kg/m^2	45,0 kg/m^2
Mindestgeschwindigkeit	66 km/h	69 km/h	68 km/h
Höchstgeschwindigkeit	280 km/h		
Geringstes Sinken	0,44 m/s	0,41 m/s	0,41 m/s
Gleitzahl	54	60	62
Wasserballast	240 kg		
Stückzahl	39		

Meter verbesserte sich die Rollwendigkeit. Positiv beeinflusst wurde auch das Abkippverhalten im Langsamflug. Die verhältnismäßig geringen Ruderdrücke (alle Ruder wurden mit Kugellagern geführt) ermöglichten auch längere Flüge ohne wesentliche Ermüdung des Piloten. Drei ASW 22 wurden als eigenstartfähige Motorsegler mit einem 42 PS starken Rotax-Motor ausgerüstet. Ihre Bezeichnung war ASW 22 M.

ASW 22 BL

1992 wurde die Spannweite der ASW 22 B noch einmal auf 26,4 Meter verlängert. Die neue Bezeichnung lautete ASW 22 BL Diese Produktion wurde im September 2008 zugunsten der ASH 30 MI eingestellt. ◂

1981

DG 400

Eine weitere Konstruktion von Wilhelm Dirks war die DG-400. Sie hob 1981 zum Erstflug ab. Sie basiert auf der DG-202/17C (Kohlefaser-Tragfläche und Glasfaser-Rumpf) sowie ihrem Flügelprofil. Jedoch ist die DG 400 ein einsitziger eigenstartfähiger Motorsegler mit einem Klapptriebwerk im Rumpf. Als Wölbklappensegelflugzeug (ohne Ansteckflügel) gehört sie in die Rennklasse, mit eingeklappten Triebwerk entspricht sie der DG-202. Optional

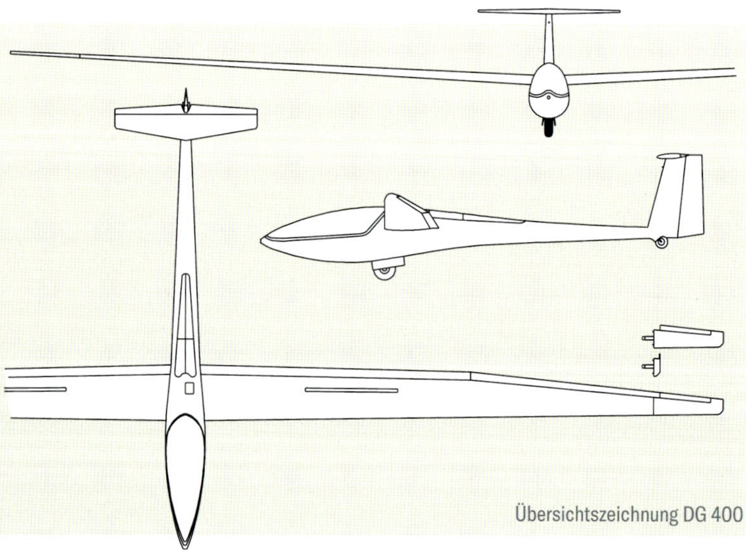

Übersichtszeichnung DG 400

lässt sich die Spannweite durch Ansteckflügel auf 17 Meter erweitert. Insgesamt wurden 290 Stück hergestellt

Einer besonderen Erwähnung bedarf das kompakte Triebwerkanzeige- und Steuergerät DEI. Die Bedienung des Treibwerks ist im Wesentlichen auf ein Instrument konzentriert und macht es dem Piloten (oder der Pilotin) einfach, sich auf die wichtigen Informationen zu konzentrieren. Sicherlich hat diese übersichtliche und einfache Triebwerksüberwachung mit zum Erfolg der DG-400 beigetragen. Leicht verändert findet sich das Steuergerät noch heute in allen DG-Motorseglern.

Es ist beeindruckend, wenn eine DG 400 im Eigenstart mit 3,5 m/sec (3,7 m/sec bei der 17 Meter Version) steigt. Ausgerüstet mit einem Rotax 505 als Triebwerk kann sie natürlich auch an der Winde oder im Flugzeugschlepp gestartet werden. Heute entspricht die DG-400 eher nicht mehr dem letzten Stand der Technik, allerdings ist sie noch immer ein sehr gutes Segelflugzeug für den Wandersegelflug. Denn mit einem ausklappbaren Triebwerk „im Rücken“ wagt man sich auch an thermische Wetterlagen, die mit einem Segelflugzeug für den Streckenflug bisher zu zweifelhaft erschienen. Man gewinnt Sicherheit für zukünftige Aufgaben. Im Unterschied zum Touringmotorsegler wird ein Segelflugzeug mit kraftstoffbetriebenem Hilfs-

Eine DG 400 im Flug. Foto DG Aviation

triebwerk nicht im reinen Reiseflug betrieben (Flug unter Beibehaltung der Höhe mit beständig laufendem Motor) sondern im „Sägezahnflug". Für die Steigphase wird bei schlechter Thermik der Motor ausgeklappt, angelassen und mit hoher Leistung betrieben. Nach der Steigphase wird er wieder eingefahren. Der restliche Flug erfolgt im reinen Segelflug, bis eine schwache oder fehlende Thermik ein erneutes Anlassen erfordert. Mit diesem Flugstil lässt sich mit relativ wenig Treibstoff eine größere Strecke zurückgelegen.

Was aber eine DG-400 leisten kann zeigte am 6. Januar 2006 in Argentinien Klaus Ohlmann über eine freie Strecke mit max. drei Wendepunkten. Er legte 2127,50 km zurück und hält damit den Rekord in der 15-Meter Klasse.

Wie bei DG-Segelflugzeugen üblich hat man eine ausgezeichnete Sicht, doch empfiehlt es sich dunkle Hosen und Schuhe zu tragen, um Spiegelungen in der Haube zu vermeiden. Für das insgesamt recht laute Triebwerk mit seinen hohen Tönen wird eine lärmdämmende Verkleidung angeboten. ◂

Baumuster	DG-400	DG-400
Spannweite	15 m	17 m
Länge	7 m	7 m
Höhe	1,39 m	1,39 m
Flügelfläche	10 m²	10,57 m²
Streckung	22,5	27,35
Höchstgeschwindigkeit	270 km/h	270 km/h
Leergewicht	306 kg	310 kg
Wasserballast	90 kg	90 kg
Max. Flächenbelastung	48 kg/m²	43,5 kg/m²
Max. Gewicht	480 kg	460 kg
Überziehgeschwindigkeit bei 320 kg	65 km/h	63 km/h
Gleitzahl bei 450 kg	42	45
bei Geschwindigkeit	122 km/h	120 km/h
Geringstes Sinken bei 320 kg	0,6 bei 80 km/h	0,54 bei 80 km/h
Kraftstoff	20 Liter plus optional 2 × 15 Liter	

Der Falcon im Flug. (Bild Wolfgang Binz)

1981

Falcon

Am 8. Januar 1981 begann Hansjörg Streifeneder in seiner Freizeit in den Räumlichkeiten der Firma Glasflügel mit dem Bau des Falcon, einem Standard-Klasse-Segelflugzeug. Die dafür notwendigen Berechnungen und Nachweise führte Martin Hansen durch, der ebenfalls zu jener Zeit bei Glasflügel tätig war. Bereits nach nur 7 Monaten Bauzeit absolvierte Hansjörg Streifeneder am 7. Juli 1981 in Braunschweig den Jungfernflug.

Um den Arbeitsaufwand weiterhin gering zu halten, griff er natürlich auf bereits erprobte und in der Produktion befindliche Bauteile zurück. Den Rumpf übernahm er von der Glasflügel 402 (sie war das letzte Flugzeug des Betriebs in Schlattstall). Das Cockpit blieb identisch zur 304, nur an der Rumpfform und dem Leitwerk (übernommen von der Hornet) wurden geringfügige Änderungen vorgenommen, die einem allerdings erst beim genauen Hinschauen auffallen.

Der ungeschränkte Rechteck-Doppeltrapez-Flügel mit gerader Vorderkante wurde mit einem Profil von Horstmann und Quast versehen. Auffällig sind die großen Quer-

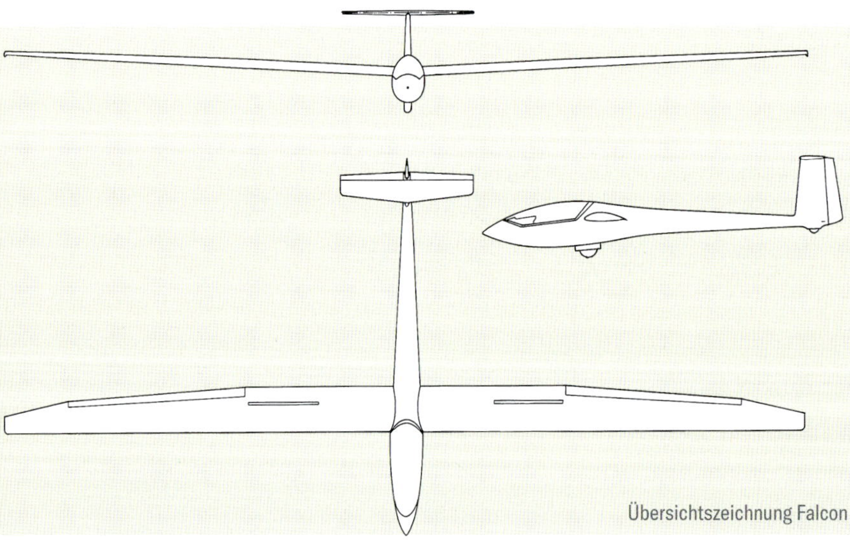

Übersichtszeichnung Falcon

Baumuster	Falcon
Spannweite	15 m
Flügelfläche	10,65 m^2
Flügelstreckung	21,11
Rumpflänge	6,40 m
Cockpit-Sitzhöhe	0,80 m
Flügelprofil	HQ 21
Leermasse mit Mindestausrüst.	242 kg
Max. Abflugmasse	450 kg
Max. Flächenbelastung	45,9 kg/m^2
Wasserballast, max.	110 l
Zuladung, max.	130 kg
Höchstgeschwindigkeit	250 km/h
Geringstes Sinken	0,58 m/s bei 80 km/h
Beste Gleitzahl (115 km/h)	42

ruder, die sich fast den ganzen Bereich des mittleren Tragflügels erstrecken. Die großen Querruder erlauben eine hohe Rollwendigkeit (Rollen von 45 Grad in 45 Grad Gegenkurve in nur 3,2 sec!). Sie erstrecken sich über mehr als die Hälfte der Spannweite. Übernommen wurde die Ausblasung (wie bei der SB 12 der Akaflieg Braunschweig) auf der Unterseite der Flügel über die gesamte Spannweite.

Die Flugeigenschaften sind gutmütig, selbst im Sackflug sind volle Querruderausschläge möglich. Insgesamt dreimal wurde das Segelflugzeug vermessen.

Bei der Landesmeisterschaft von Baden-Württemberg in Mengen belegte er mit seiner Konstruktion unter 34 Teilnehmern in der Standard-Klasse den vierten Gesamtplatz. Leider blieb es bei diesem Einzelstück, der Falcon selbst hatte allerdings großen Einfluss auf die Entwicklung weiterer Segelflugzeuge (so entstand die DG 300 aus dem Falcon). Leider war es damals nicht möglich aus dem Konkurs von Glasflügel heraus etwas zu retten, da es unüberbrückbare Schwierigkeiten mit dem Gesellschaftern und der Bank gab. Dabei wären mit der 304 und dem Falcon nachgefragte Modelle vorhanden gewesen. ◂

Glasflügel 304

Ab Juli 1981 wurde die 304 zu einem Preis von knapp 40 000 DM (exkl. Mehrwertsteuer) ausgeliefert. Im Jahr zuvor begannen die Entwicklungsarbeiten und der Erstflug fand am 10. Mai 1981 in Nabern statt. Doch weil die Firma 1982 in Konkurs ging, musste die Produktion nach nur 62 Flugzeugen eingestellt werden.

Um die Entwicklungskosten zu begrenzen, wurde das neu von Horstmann und Quast entwickelte Profil auf den Flügel eines Mosquito mit Microballon aufgespachtelt und in die vorgesehene Form gebracht. Eine praktische, aber unkonventionelle Lösung, die aber zum vorausberechneten Ergebnis führte.

Die 304 im F-Schlepp. (Bild Wolfgang Binz)

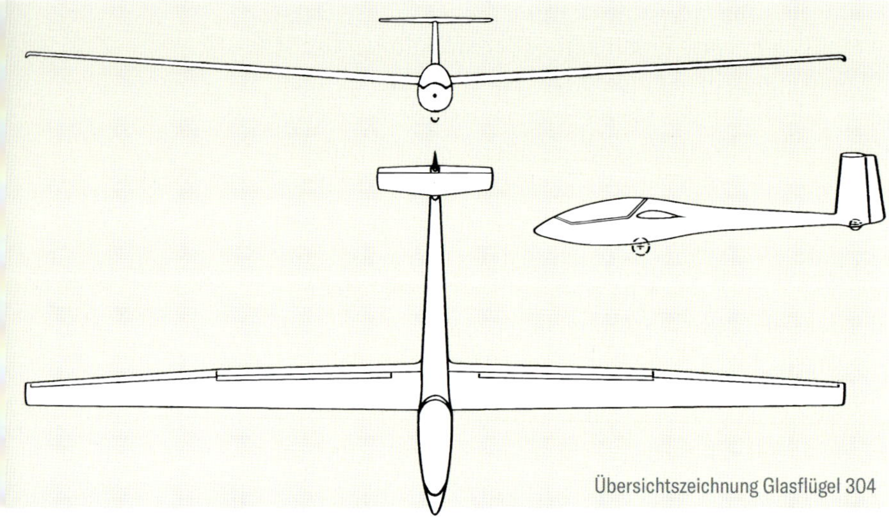

Übersichtszeichnung Glasflügel 304

Baumuster	Glasflügel 304
Spannweite	15 m
Flügelfläche	9,88 m^2
Streckung	22,78
Rumpflänge	6,45 m
Breite	0,62 m
Höhe	1,36 m
Leergewicht	235 kg
Max. Zuladung im Rumpf	135 kg
Max. Abfluggewicht	450 kg
Max. Flächenbelastung	45,55 kg/m^2
Höchstzulässige Geschwindigkeit	250 km/h
Mindestgeschwindigkeit bei 310 kg	60 km/h
Geringstes Sinken mit 310 kg	0,57 m/s bei 77 km/h
Gleitzahl mit 450 kg	43 bei 116 km/h

Die 304 ist ein einsitziges 15 Meter GFK-Rennklasseflugzeug mit Einziehfahrwerk und Wasserballast. Rumpf und Flügel bestehen komplett aus GFK. Obwohl das Cockpit im Vergleich zu anderen Segelflugzeugen etwas voluminös wirkt, erreichte die 304 eine Gleitzahl von mehr als 42, Glasflügel entschied sich bewusst für die größere Dicke im Vergleich zu anderen neuen Profilen. Außerdem ist das Leergewicht nicht hoch.

Das T-Leitwerk ist klassisch mit dem Rumpf verbunden, es gibt keine Seitenruderantriebsnasen links und rechts an der Rumpfröhre. Das Höhenleitwerk ist innerhalb von 20 Sekunden montiert bzw. demontiert: Höhenruderantrieb ist gleichzeitig der Befestigungsbeschlag. Das Höhenleitwerk wird von vorne in die zwei Antriebsbolzen eingeführt, danach wird es vorne nach unten geklappt und durch einen federbelasteten Bolzen gesichert. Die Tragflächen werden nach dem System Hänle zusammengesteckt, Anschluss der Querruder und Bremsklappen werden über „Hänle-Tüten" angeschlossen. Zwei Tanks in den Flügeln fassen maximal 115 Liter Wasser.

Zu damaliger Zeit war neu, dass das Instrumentenbrett mit der Öffnung der Haube nach oben klappt und ein Pilot sich beim Einstieg nicht „einfädeln" muss. Die Seitenruderpedale sind während des Fluges verstellbar. Die Höhenruder-Steuerung erfolgt über eine Parallelbewegung des Steuerknüppels, dies ist zunächst leicht ungewohnt, ermöglicht aber geringe Handkräfte. Ungewohnt ist lediglich, dass sich thermische Einflüsse stark vermindert im Höhenruder „erahnen" lassen.

Heute wird die Musterbetreuung bei der Firma Streifeneder durchgeführt, Ersatzteile sind problemlos erhältlich. Seit den 90iger Jahren wird die 304 bei Firma HPH in Tschechien in der gleichen Form mit leichten Veränderungen als 304CZ wieder gebaut. Die 304 ist der Klassiker unter den Rennklasseflugzeugen. ◂

1983

ASK 23

Die bei der Fa. Schleicher gebaute ASK 23 ist die letzte Konstruktion von Rudolf Kaiser. Sie sollte ähnlich wie das Flugzeugpaar ASK 13 (Doppelsitzer) und K 8 (Einsitzer) als Übungsflugzeug nach der Ausbildung auf der ASK 21 ihren Platz finden. Doch blieb sie mit insgesamt verkauften 153 Stück (ASK 23 und ASK 23B) weit hinter den gebauten K 8 Schuleinsitzern (875 bei Schleicher plus ca. 337 Lizenzbauten) zurück.

Cockpit und Sitzposition des GFK-Mitteldeckers ähneln mit Absicht der ASK 21 sehr stark. Rudolf Kaiser gelang es sehr gut, die Flugeigenschaften dem Doppelsitzer anzugleichen, denn so sollte die Umschulung recht leicht gelingen. Weil sie eine wesentlich geringere Masse (und kleinere Spannweite) besitzt, ist sie natürlich wendiger und lässt sich besser trudeln (natürlich nur gewollt und mit entsprechendem Auftrag durch einen Fluglehrer). Vom

Eine ASK 23B in Neuruppin.
(Foto Wikipedia LukiASK23)

Grundkonzept entspricht die ASK 23 den Segelflugzeugen der Clubklasse (15 Meter, keine Wölbklappen).

Das geräumige Sicherheitscockpit hat eine verstellbare Rückenlehne mit Fallschirmwanne. Die Pedale sind auch im Fluge verstellbar. Das gedämpfte T-Leitwerk besitzt eine Federtrimmung. Der zweiteilige Flügel ohne Wölbklappen ist mit nach oben ausfahrenden, sehr wirksamen Bremsklappen ausgestattet. Höhenruder, Querruder und Bremsklappen werden durch Stoßstangen, und das Seitenruder durch Steuerseile angelenkt. Die Stoßstangen von Klappen und Querruder müssen manuell angeschlossen werden.

Das im Schwerpunkt liegende feste Hauptrad ist mit einer hydraulischen Scheibenbremse versehen. Das feste Bugrad sowie ein unter der Seitenflosse eingebautes Spornrad machen das Flugzeug komplett. Die ASK 23 und die gewichtsreduzierte ASK 23 B wurden von 1983 bis 2001 gebaut.◂

Baumuster	ASK 23	ASK 23 B
Spannweite	15 m	
Flügelfläche	12,9 m^2	
Flügelstreckung	17,4	
Rumpflänge	7,05 m	
Profil	Wortmann FX61-168 und 60-126	
Leermasse	ca.240	
Max. Abflugmasse	380 kg	360 kg
Flächenbelastung (maximal)	29,46 kg/m^2	27,9 kg/m^2
Mindestgeschwindigkeit	64 km/h	
Höchstgeschwindigkeit	215 km/h	
Geringstes Sinken	0,66m/s bei 74 km/h	
Gleitzahl	34 bei 90 km/h	
Stückzahl	51	102

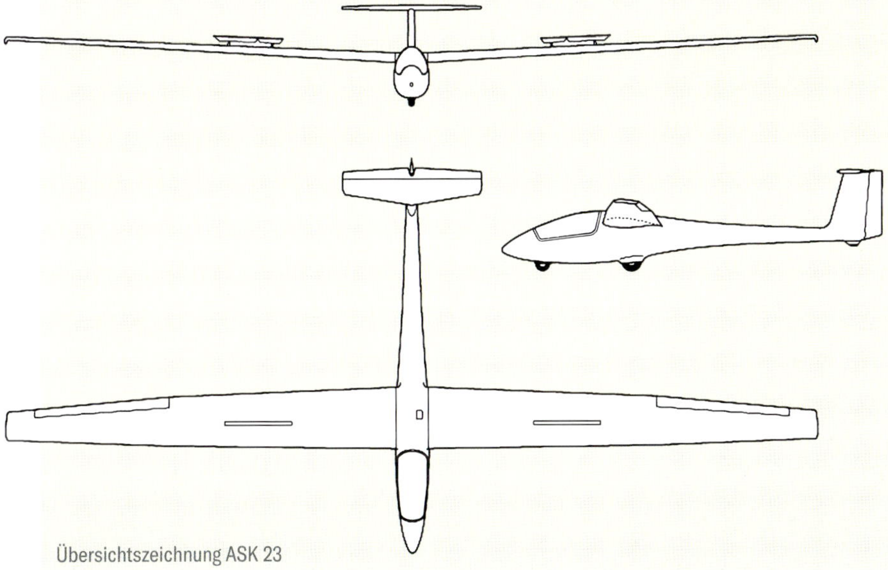

Übersichtszeichnung ASK 23

LS6 im Flug. (DG Aviation)

1983 LS6

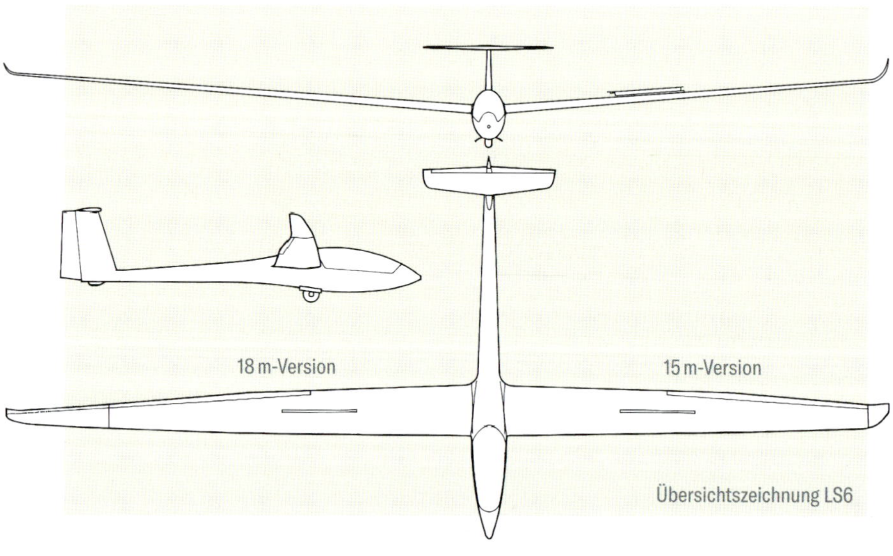

Übersichtszeichnung LS6

Die LS6 war eine komplette Neuentwicklung der Rolladen-Schneider Flugzeugbau GmbH und Nachfolger der LS3. Das veränderte Wortmann-Profil weist nur eine geringe Dicke von 13,2 % auf. Die breite Laminardelle macht das Profil relativ unempfindlich gegen Verschmutzung. Der Holm wurde komplett aus Kohlefaser hergestellt. Sie kam 1984 auf den Markt. Im gleichen und dem darauffolgenden Jahr war dieser Segelflugzeugtyp bei den Europameisterschaften und Weltmeisterschaften erfolgreich. So zum Beispiel mit dem ersten und zweiten Platz bei den Weltmeisterschaften 1985 in Rieti (Italien).

Die LS6 war nicht nur für Leistungsflüge geeignet, sondern auch für den Vereinsbetrieb. Gegenüber ihren Nachfolgern sind die Flugleistungen nur minimal schlechter, so dass im effektiven Vergleich die Leistungen der Piloten entscheidend sind. Besonders ist der Doppeltrapezflügel mit Wölbklappen, die Querruder sind als Flaperons (eine Wortschöpfung aus Flap=Klappe und Aileron=Querruder) überlagert. Das negative Wendemoment ist gering. Der Rumpf gestaltete sich etwas enger als bei der LS4, beim Öffnen der Haube klappt der Instrumentpilz mit nach oben. Ab der LS6c-18 wurde auch die Schale des Cockpits verstärkt, der grundlegende Aufbau sowie die Form wurden bis zur LS10 fortgeführt. Die Rückenlehne ist ebenso wie die Seitenruderpedale im Flug verstellbar. Ab der Version LS6c sind die Ruderanschlüsse automatisch, die Versionen zuvor besitzen Schnellanschlüsse.

Diese letzte Version der LS6c wurde sowohl mit einer Spannweite von 15 Metern und 18 Metern angeboten. Der Rumpf wurde auch bei der LS7 verwendet. Da die LS6 eine gewisse Neigung zum Aufbäumen besitzt, ist beim Windenschlepp darauf zu achten, dass das Windenseil nicht zu zügig bei der Anfangsbeschleunigung angezogen wird. Wegen der Position der Schwerpunktkupplung gilt dies grundsätzlich bei allen LS-Flugzeugen. ◂

Baumuster	LS6	LS6c
Spannweite	15 Meter	18 Meter
Länge	6,80 Meter	6,80 Meter
Flügelfläche	10,50 m^2	11,42 m^2
Sitzplätze	1	1
Streckung	21,43	28,38
Profil	Wortmann modifiziert	Wortmann modifiziert
Leergewicht	250 Kilo	280
Max. Abflugmasse	525 Kilo	525 Kilo
Wasserballast	Max. 145,5 kg	Max. 108 kg
Max. Flächenbelastung	31 bis 50 kg/m^2	46 kg/m^2
Min. Geschwindigkeit	62 km/h	67 km/h
Max. Geschwindigkeit	270 km/h	270 km/h
Min. Sinken	0,58 cm/sec bei 85 km/h	0,50 cm/sec bei 85 km/h
Gleitzahl	44 bei 105 km/h	50 bei 96 km/h
Acro	nein	nein

Junior SZD-51-1

1984

Der SZD-51-1 Junior (Hersteller Szybowcowy Zakład Doświadczalny/Polen) ist ein Einsitzer, der speziell für den frühen Alleinflug und entspannten Reiseflug entwickelt wurde. Er zeichnet sich durch einfache Handhabung und die direkte Befolgung der Steuerbefehle aus. Es handelt sich um ein klassisches Schul- und Übungsflugzeug, dass im Schulbetrieb Zuverlässigkeit beweist.

Der Junior wurde als Clubsegelflugzeug mit festem Fahrwerk und nicht für Wettbewerbe ausgelegt. Er verfügt über ein geräumiges, bequemes Cockpit mit einer auf-

Im Westen Deutschlands meist unbekannt, im Osten dagegen aus guten Grund ein häufig anzutreffender Flieger: Junior SZD 51-1. (Foto Rolf Beier)

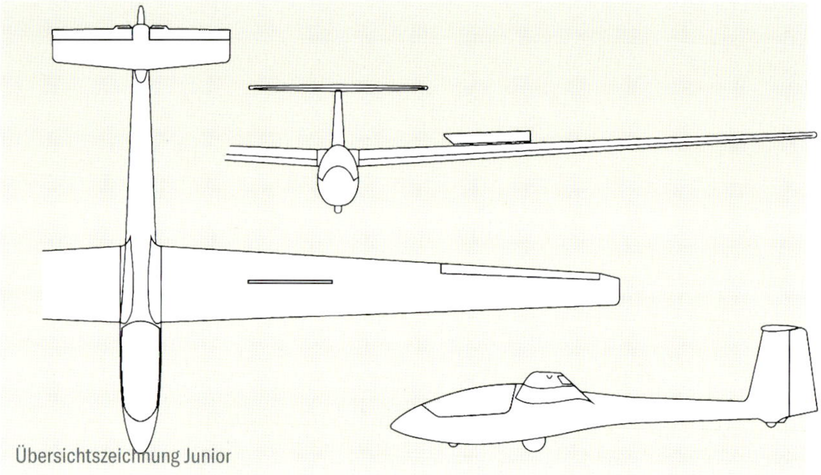

Baumuster	SZD-51 Junior
Spannweite	15,0 m
Rumpflänge	6,69 m
Rumpfhöhe	1,57 m
Flügelfläche	12,51 m^2
Streckung	18
Leergewicht	225 kg +/ – 5
Max. Fluggewicht	380 kg
Flächenbelastung	28,1 - 35,76 kg/m^2
Größtes Lastvielfaches	+ 5.3 / – 2,65
Beste Gleitzahl	35 bei 80 km/h
Überziehungsgeschwindigkeit	60 km/h
minimale Sinkrate bei Geschwindigkeit	0,58 m/s bei 70 km/h
Höchstgeschwindigkeit	220 km/h

rechteren Sitzposition, wie sie von Clubpiloten bevorzugt wird. Das feste Fahrwerk mit einem großzügig dimensionierten Rad für sanfte Landungen und eine außergewöhnlich feste Zelle überdauern auch 10.000 Stunden harten Clubbetriebs. Der Schlüssel für den Erfolg des Junior ist nicht zuletzt seine beträchtlich größere Flügelfläche im Vergleich zu Wettbewerbsflugzeugen und ein Tragflächenprofil, das für sichere Handhabung und sanfte „Stall“-Eigenschaften entwickelt wurde.

Im Laufe der Weiterentwicklung wurde der Junior durch verschiedene neue Eigenschaften aufgewertet. So gestalteten vollautomatische Ruderanschlüsse die Montage wesentlich einfacher. Der Cockpitkomfort und die Bequemlichkeit ließen sich durch eine voll einstellbare Rückenlehne deutlich verbessern. ◂

1984 - 2023

Discus / Discus-2

1984 brachte Schempp-Hirth in Kirchheim als Nachfolger des erfolgreichen Standard-Circus das Hochleistungssegelflugzeug Discus für die Standardklasse heraus. Eine der Intentionen von Klaus Holighaus war es, dass selbst Piloten mit leichten fliegerischen Defiziten mit der neuen Konstruktion diese Defizite „ausbügeln“ konnten. Also ein Segelflugzeug von der Schulung bis zum Leistungsflug, das durch seine konstruktiven Merkmale Pilotinnen und Piloten anspornt.

Der Discus erhielt einen völlig neu entwickelten Tragflügel. Die GFK-Sandwichschale mit Holmgurten aus Kohlefaser-Rovings erhielten eine am Außenflügel mehrfach nach hinten geknickte Vorderkante. Auf der Flügelunterseite wurde die Grenzschicht durch Turbolatoren beeinflusst. Die automatischen Anschlüsse für Querruder- und Bremsklappen, für Wasserballast und das gedämpfte Höhenleitwerk brachten ein Mehr an Sicherheit beim Aufrüsten.

Der Rumpf wurde vom Ventus übernommen. Das geräumige Cockpit mit Doppelwandung erhielt eine seitlich nach rechts klappbare Kabinenhaube. Querruder, Höhenruder und Bremsklappen wurden durch Stoßstangen angetrieben. Das Seitenruder war konventionell über Stahlseile angelenkt, die Pedale verstellbar. Ein Hebel am Steuerknüppel betätigte über einen Bowdenzug die Radbremse. Mit nach oben ausfahrenden doppelstöckigen Luftbremsen ließ sich der Gleitwinkel im Anflug sehr gut steuern.

Der Discus war ein sehr erfolgreiches Modell der Standardklasse, er belegte bei der Weltmeisterschaft 1985 gleich die ersten drei Plätze. Nach 12 Jahren Bauzeit wurde der Discus, in den Baureihen „a“, „b“, „bT“ und „bM“, bei Schempp-Hirth durch die Neuentwicklung „Discus-2“ abgelöst. Die mit dem Discus b identische Standardklasseversion Discus CS wurde lange weiterhin in Tschechien hergestellt.

Discus-2 a/b

Zehn Jahre nachdem Schempp-Hirth den Discus auf den Markt gebracht hatte, erschien eine vollkommen neu ent-

Discus 2 im Flug. (Foto Jörg Arnold)

wickelte Version. Trotz Einhaltung der Vorgaben für die Standardklasse kam am Ende ein Hochleistungssegelflugeug heraus. Der Discus-2 zeigte deutlich, dass das bisherige System der Klasseneinteilung (mit/ohne auftriebserhöhende Konstruktionen) an seine Grenzen kam.

Beibehalten wurde die Geometrie des Flügels, allerdings fand ein widerstandsärmeres Profil mit größerer Streckung Verwendung. Der neue, „große" Rumpf, bestehend aus einer Hybridfaser-Schale, verfügt über eine Seitenflosse mit größerer Tiefe und ein Cockpit mit sehr hoher Crash-Sicherheit. Höchst angenehm ist die größere Beinfreiheit. Auf Wunsch kann auch der kleinere Rumpf in der „a" Version geliefert werden. Wie gering der Gesamtwiderstand tatsächlich ist, lässt sich bei einem längeren Überlandschlepp (zum Beispiel Überführung im Flugzeugschlepp zu einem anderen Fluggelände) feststellen. Denn jede noch so kleine Geschwindigkeitsänderung des Motorflugzeugs führt zu einem mehr oder weniger großen Durchhang im Schleppseil.

Das Höhenleitwerk mit dünnerem Profil in Trapezform ist als GFK-Sandwich gefertigt. Der Discus-2 war auch als nicht eigenstartfähiger Motorsegler mit einem Zweitakt-Triebwerk, (SOLO Typ 2350, Leistung 15,3 kW/21 PS) als Discus-2T lieferbar.

Discus-2c

Doch die Entwicklung blieb nicht stehen. Denn mit dem Discus-2c (2005) wurde unter anderem die Abflugmasse erhöht. Mit nunmehr 18 Metern Spannweite beträgt die mögliche Flächenbelastung zwischen 31 und 50 kg/m2 und erlaubt ein weites Einsatzspektrum. Darüber hinaus sind veränderte Ansteckflügel als 15m-Version verfügbar.

Mit neu entwickelten Winglets (wie beim Ventus cx) und den sehr großen Querrudern lassen sich auch in enger Thermik niedrige Geschwindigkeiten fliegen. Dabei ist die Rollwendigkeit sehr gut. Grundsätzlich ist ein Gesamtrettungssystem (entwickelt von Streifly in Grabenstetten) zurüstbar, nach den Angaben von Streifly ist dieses aber nur bis zu einem Gewicht von 525 Kilogramm zugelassen.

Die beigeklappten Propellerblätter eines Discus-2c FES.

Discus-2c FES im Flug.

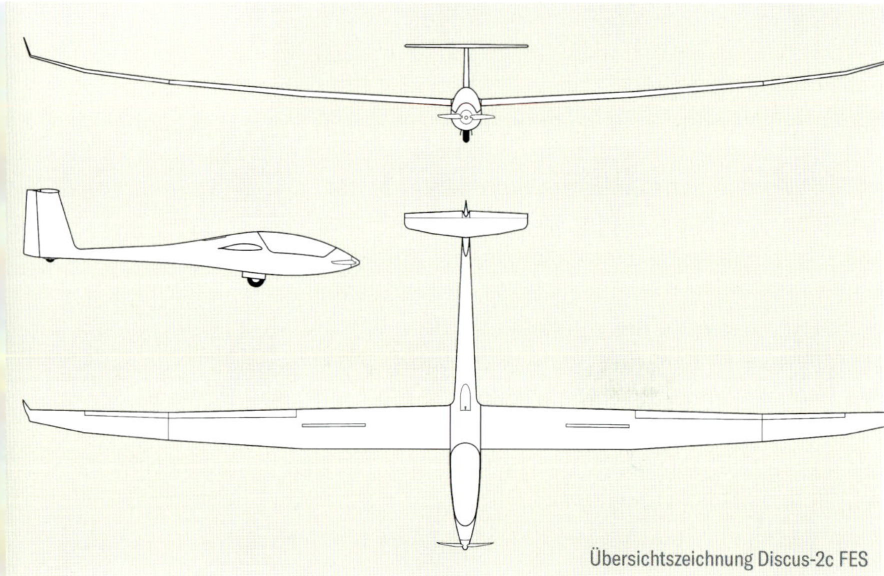

Übersichtszeichnung Discus-2c FES

Ein wirklich großer Sprung kam mit der Einführung eines elektrischen Frontantriebs (Front Electric Sustainer = FES). Der Discus-2cFES ist zwar nicht eigenstartfähig (wie zum Beispiel der Discus-2cT mit ausfahrbarem Verbrennermotor hinter dem Cockpit), jedoch ist das System sehr einfach zu bedienen (Sicherungsschalter einschalten, Drehzahl einstellen). Im Gegensatz zu den bekannten „Sägezahnflügen" der Klapptriebwerke mit Verbrennungsmotor (Steigflug mit 90 – 95 km/h, anschließend Gleitflug mit eingefahrenem Triebwerk) wird beim Elektroantrieb mit konstanter Leistung geflogen, so dass die Höhe etwa beibehalten wird. Auch wenn die Akkumulatoren (32 kg) zunehmend leistungsfähiger werden, kann bereits jetzt mit dem Discus-2cFES bis zu 45 Minuten im Elektroflug (bei 100 km/h) zurückgelegt werden. Dies reicht sicher, um thermisch ungünstigen Bedingungen zu entgehen. Wird der Motor stillgelegt, klappen die bei-

Baumuster	Discus	Discus-2b	Discus-2T	Discus-2c
Spannweite	15 m	15 m	15 m	18 m
Flügelfläche	10,58 m^2	10,16 m^2	10,58 m^2	11,36 m^2
Flügelstreckung	21,3	22,2	22,2	28,5
Rumpflänge	6,58 m	6,81 m	6,81 m	6,78 m
Leermasse	228 kg	270 kg	230 kg	340 kg
Max. Abflugmasse	525 kg	525 kg	525 kg	565 kg
Flächenbelastung	29,5 – 49,6 kg/m^2	33 – 51,7 kg/m^2	50 kg/m^2	36 – 49,6 kg/m^2
Mindestgeschwindigkeit	66 km/h	78 km/h	79 km/h	75 km/h
Höchstgeschwindigkeit	250 km/h	250 km/h	250 km/h	280 km/h
Geringstes Sinken	0,59 m/s	0,58 m/s	0,58 m/s	0,52 m/s
Gleitzahl	ca. 43	ca. 45	ca. 45	45,9

den Propellerblätter an die Rumpfspitze in die festgelegte Endposition. So wird der Discus-2cFES wieder zum reinen Segelflugzeug, die von den (anliegenden) Blättern erzeugten Wirbel kosten etwas mehr als einen Gleitpunkt.

Während mit ausgefahrenem Klapptriebwerk (stehender Motor) die Gleitzahl nur noch ca. 18 – 19 beträgt, ändert sich beim FES-Antrieb nichts.

Die DLR in Braunschweig betreibt einen Discus-2c nicht nur als Flugzeug zur Vergleichs- und Referenzmessung von Segelflugzeugen (in Zusammenarbeit mit der Idaflieg), vielmehr ist das Segelflugzeug mit einer umfangreichen Messelektronik ausgestattet. Dieser Discus-2c DLR dient zugleich als Prototyp bei der Entwicklung eines „digitalen Zwillings“. ◂

ASH 25/ASH 25 MI

1986

In Anlehnung an den widerstandsoptimierten Rumpf der fs-31 der Akaflieg Stuttgart entwickelte Martin Heide bei der Fa. Schleicher der Rumpf eines neuen Doppelsitzers der Offenen Klasse. Versehen mit dem Flügel der ASW 22 konstruierte Martin Heide 1986 ein doppelsitziges Hochleistungsflugzeug, dessen Vorserienbezeichnung AS 22-2 mit 24 Metern Spannweite war (deren Erstflug war bereits am 20.9.1984). Die Kunden verlangten nach einer Serienversion dieses Einzelstücks und so entstand die ASH 25. Allerdings entwickelte Martin Heide den Flügel weiter und vergrößerte die Spannweite. Der vierteilige Flügel hat je nach Ausführung des Außenflügels (mit Winglets oder ohne) 25 Meter bis 26 Meter Spannweite. Die Flügel sind vorrangig in Kohlefaser ausgelegt, während der Rumpf mit dem Sicherheitscockpit in CFK-SFK (Kevlar-) Bauweise ausgeführt ist. An der Unterseite des Flügels sind, wie bei der ASW 22, Grenzschicht beeinflussende Blasturbulatoren angebracht. Die Bremsklappen werden nach oben ausgefahren.

Die ASH 25M (Motorsegler) im Flug. (Foto Schleicher)

Das gedämpfte Höhenleitwerk sowie die Seitenflosse sind als GFK- bzw. CFK-Sandwich hergestellt. Der Höhenruderanschluss ist als Zwangsanschluss ausgeführt. Das Seitenruder wird wie bei der ASW 22 aus einer Kombination aus Stangen und Seilen angetrieben. Alle Steuerstangen sind wartungsfrei in Kugellagern und dadurch sehr leichtgängig geführt und durch Schnellverschlüsse verbunden Aus Gewichts- und Festigkeitsgründen sind die Ruder und Klappen in einem aufwändigen Aramidfaser-Kunststoff-Hartschaum Sandwich ausgeführt.

Die Flügel sind mit ausbaubaren Wasserballast-Säcken versehen. Dies gestaltet die Wartung deutlich einfacher. Die Tanks werden durch zwei an der Unterseite befindlichen Ventile gefüllt.

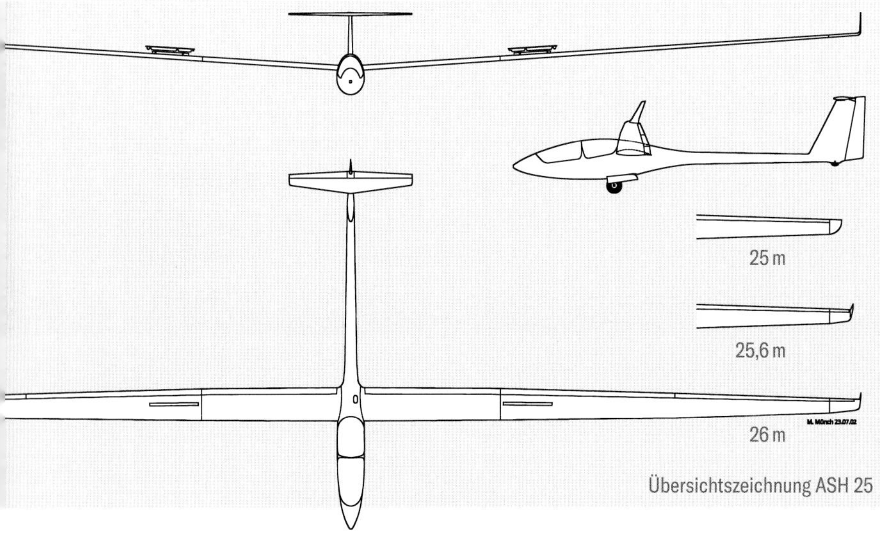

Übersichtszeichnung ASH 25

Das gefederte Hauptrad mit hydraulischer Scheibenbremse kann durch Federentlastung leicht eingefahren werden. Die zweiteilige Haube wird, wie bei der ASK 21, nach vorne bzw. nach hinten oben aufgeklappt. Die gute Ruderabstimmung sowie die leichtgängige Steuerung ermöglichen auch längeres ermüdungsarmes Fliegen.

Ein Erfolg der Konstruktion war, dass die Qualität der ASH 25 sich für ein breites Einsatzspektrum eignete. So wurde die ASH 25 mit verschiedenen Triebwerkskombinationen als ASH 25 E, M, Mi angeboten. Die Versionen M und Mi ermöglichten auch den Eigenstart und machte den Piloten unabhängiger. Von diesem Flugzeug wurden im Zeitraum zwischen 1986 bis 2004 insgesamt 260 Stück (über alle Variationen) hergestellt. Im September 2004 endete die Produktion, Kapazitäten für neue Muster in der Fertigung wurden erforderlich.

Über lange Zeit war die ASH 25 im Leistungsflug kaum zu überbieten. Bis heute werden auf ihr die Geschwindigkeitsrekorde über eine 1000 Kilometer Dreiecksstrecke von Hans-Werner Grosse (zusammen mit seiner Frau) und über ein 1250 Kilometer Dreieck gehalten. Mit einer Gleitzahl um 60 ist sie an der Grenze der Segelflugleistungen angesiedelt und nicht gerade ganz „billig“.

Nachfolger der ASH 25 war die eigenstartfähige ASH 30 Mi. Martin Heide führte im April 2009 auf der Wasserkuppe den Erstflug durch. ◂

Baumuster	ASH 25			ASH 25 Mi		
		mit Winglets			mit Winglets	
Spannweite	25 m	25,6 m	26 m	25 m	25,6 m	26 m
Flügelfläche	16,31 m²	16,46 m²	16,62 m²	16,31 m²	16,46 m²	16,62 m²
Flügelstreckung	38,32	39,82	40,67	38,32	39,82	40,67
Rumpflänge	9 m					
Profil	HQ 17 und DU 84-132/V3 an der Flügelspitze					
Leermasse	ca. 470 kg	ca. 478 kg	ca. 484 kg	ca. 580 kg	ca. 588 kg	ca. 594 kg
Max. Abflugmasse	750 kg			790 kg		
Flächenbelastung	46 kg/m²	45,6 kg/m²	45,1 kg/m²	48,4 kg/m²	48 kg/m²	47,5 kg/m²
Mindestgeschwindigkeit	ca. 75 km/h			ca. 81 km/h		
Höchstgeschwindigkeit	280 km/h			285 km/h		
Geringstes Sinken	0,42 m/s			0,49 m/s		
Gleitzahl	> 57	~ 60	~ 60	> 57	~ 60	~ 60
Stückzahl	266					

Die EB28 edition mit den schmaleren Außenflügeln und veränderten Winglets. (Bild Binder Motorenbau)

EB28

Hervorgegangen aus der ASH 25EB28 hob die nunmehr komplette Eigenkonstruktion von Binder Motorenbau GmbH in Ostheim / Rhön 1986 ab. Das ursprüngliche Konzept war, die ASH 25 für die offene Klasse mit einem größeren Flügel (28 m) zu bauen und den Eigenstart zu ermöglichen. Zehn Rohbauflugzeuge der ASH 25 kaufte Walter Binder bei Schleicher und konstruierte sie um. Mit Beratung von Wolf Lemke wurde das Flügelprofil für den Schnellflug bei der EB28 optimiert.

Die Wölbklappen reichen über die gesamte Spannweite und wirken im Querruderbereich als Flaperons. Positiv gewölbt ist ein Kreisflug noch mit 85 km/h möglich. Die Winglets tragen wesentlich zur Verbesserung der Langsamflugeigenschaften bei. Trotz der enormen Spannweite wird Thermik und deren Lage unmittelbar erfahrbar. Befinden sich die Wölbklappen in der Nullstellung, beträgt die Rollrate (45 Grad nach 45 Grad) weniger als fünf Sekunden. Die Tragflächen fassen je zwei 60 Liter Wassertanks, ein Ausgleich des Schwerpunkts ist durch Befüllung eines Tanks in der Seitenruderflosse möglich.

Der Flügel ist sechsteilig aufgebaut. Die noch oben ausfahrenden Schempp-Hirth-Klappen befinden sich jeweils an den Innenflügeln. Der Eigenstart ist problemlos möglich, unterhalb der Flügelspitzen sind kleine Rädern angebracht.

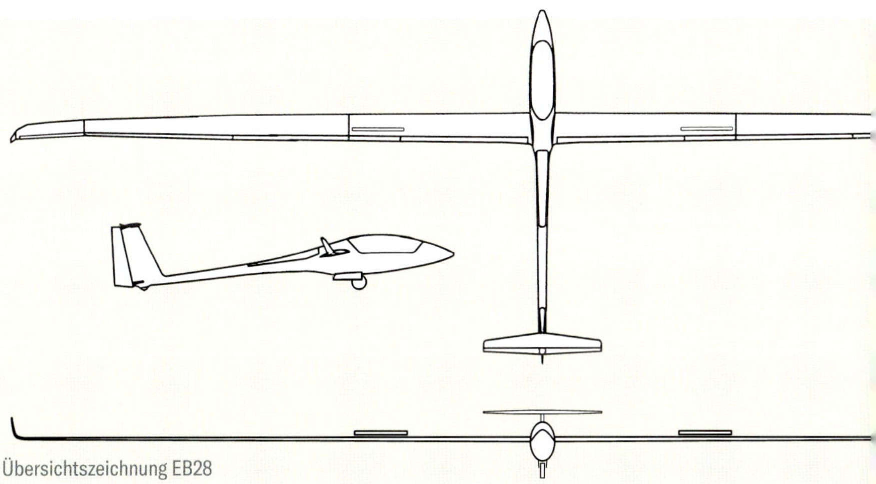

Übersichtszeichnung EB28

Baumuster	EB28	EB28 edition
Spannweite	28 m	25,3 m / 28,3 m
Flügelfläche	16,8 m^2	5,4 m^2 / 16,5 m^2
Streckung	46,7	41,6 / 48,4
Rumpflänge	9,10 m	
Rumpfhöhe	1,7 m	
Leergewicht mit Mindestausrüstung	ca. 570 kg	ca. 560 kg
Max. Abfluggewicht	850 kg	
Wasserballast	100 l	
Tank	36 Liter	36 Liter
Min. Flächenbelastung	40 kg/m^2	ca. 42,0 kg/m^2 / 40,0 kg/m^2
Max. Flächenbelastung	50,6 kg/m^2	ca. 55,2 kg/m^2 / 51,4 kg/m^2
Min. Sinken	0,40 m/s	ca. 0,4 m/s
Mindestgeschwindigkeit	78 km/h	
Höchstgeschwindigkeit	275 km/h	
Gleitzahl	ca. 65	
Motor	Solo Motor 2625/2 mit 625 ccm, ca.60 PS	

2009 überarbeitete Binder Motorenbau die EB28 als „Edition" weitgehend. Das Flugzeug erhielt neue Außenflügelmit Winglets, so ließ sich die Flügelfläche verkleinern und zugleich die Flächenbelastung erhöhen. Wichtig war, dass es im Hochgeschwindigkeitsbereich keine Verdrehung der Flügel gibt. Der Holmgurt besteht aus Glasfaser, die Schale ist komplett mit Kohlefasern gebaut. Verwendet wurden Hochmodulfasern (HM 40) für eine hohe Steifigkeit, eine Absaugung spart erhebliches Gewicht bei den Faserverbundbauteilen ein. Mit den unterschiedlich langen und ansteckbaren Außenflügeln kann die Spannweite zwischen 25,3 m und 28,3 m gewählt werden. Das T-Leitwerk ist gedämpft

Die einteilige Haube klappt nach rechts auf und lässt den Doppelsitzer wie einen Einsitzer erscheinen. Die Sicht ist ausgezeichnet, auf Wunsch kann die Haube getönt geliefert werden. Optional wäre auch ein elektrisch bedienbares Hauptfahrwerk erhältlich.

Seit ihrer Einführung nahmen zahlreiche Piloten und Pilotinnen an Wettbewerben teil. Bei den Europameisterschaften 2007 in Issoudin (Frankreich) erzielte Uli Schwenk mit ihr den dritten Platz. ◂

1987

DG-500 / DG-505

Mit der DG-500 stellte die Firma Glaser-Dirks ihren ersten Doppelsitzer her. Erstflug war am 8. Juni 1989. Insgesamt sechs Versionen dieses Flugzeuges gibt es, die letzten Typen wurden unter Leitung der Firma DG Flugzeugbau entwickelt, nachdem die Glaser-Dirks Flugzeugbau GmbH im Frühjahr 1996 in Konkurs gegangen war. (Siehe DG-800) Sie tragen seit 1994 die Bezeichnung DG-505, die Musterbezeichnung lautet aber weiterhin DG-500. Wesentlicher Unterschied der DG-505 ist dabei die Umgestaltung des Seitenruders, die Unterseite wurde höher gelegt, um eine größere Bodenfreiheit zu gewinnen. Im Cockpit wurde die passive Sicherheit erhöht und der Komfort verbessert.

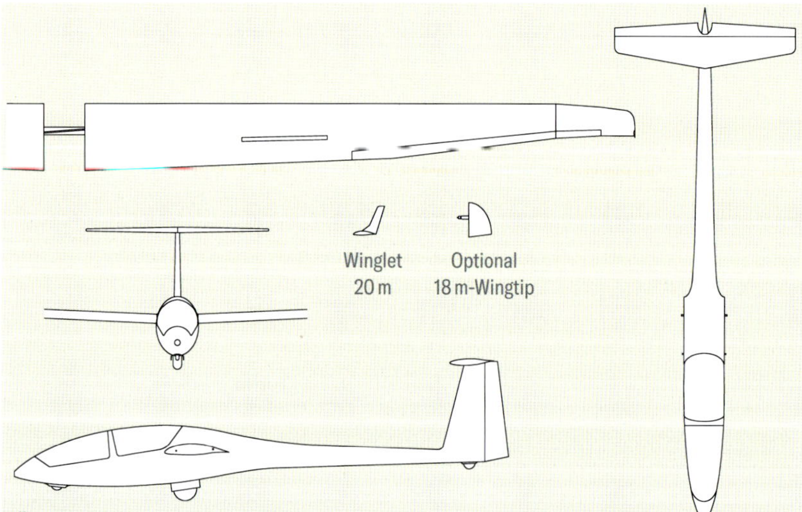

Übersichtszeichnung DG 500 Orion

Es ist schon bemerkenswert, wie viele verschiedene Flügelvarianten DG für den im Prinzip gleich gebliebenen Rumpf entwickelte. Immerhin gibt es Spannweiten von 17,2 bis 22 Meter und motorisierte eigenstartfähige Varianten. Die DG-500 bedient damit einen breiten Markt der Doppelsitzer und reicht von der Anfängerschulung bis hin zum Hochleistungssegler mit Wölbklappen wie die 22 Meter Version.

Es war nach dieser Logik richtig, dass die DG-500/505 als Multitalent angeboten wurde. Das Hauptrad ist einziehbar und reduziert den Widerstand. Die Sicht ist –wie bei DG Flugzeugen typisch– ausgesprochen gut, dies auch vom hinteren Sitz. Das Flugzeug verfügt über eine gute Rollwen-

DG-500 im Windenstart. (Foto DG Flugzeugbau)

Baumuster	DG-500M	DG-500 / 22 ELAN	DG 500 ELAN Trainer	DG-500/20 ELAN Winglets	DG-505 ELAN ORION	DG-505MB
Spannweite	22 m	22 m	18 m	20 m	17,2 / 18 / 20 m	20 / 22 m
Länge	8,66 m	8,66 m	8,66 m	8,66 m	8,66 m	8,66 m
Rumpfhöhe	1 m	1 m	1 m	1 m	1 m	1 m
Flügelfläche	18,29 m²	18,29 m²	16,65 m²	17,59 m²	16,2 / 16,65 / 17,6 m²	17,59 / 18,29 m²
Streckung	26,5	26,5	19,5	22,7	18,3 / 19,5 22,7	22,7 / 26,5
Höchstgeschwindigkeit	270 km/h	270 km/h	270 km/h	270 km/h	270 km/h	270 km/h
Leergewicht	560 kg	445 kg	390 kg	440 kg	400 / 400 / 410 kg	565 / 570 kg
Wasserballast	100 kg	160 kg	160 kg	160 kg	160 kg	100 kg
Max. Flächenbelastung	45,1 kg/m²	41 Kg/m²	37 kg/m²	42,6 kg/m²	46,3 / 45,2 / 42,6 kg/m²	46,3 / 45,1 kg/m²
Max. Gewicht	825 kg	750 kg	615 kg	750 kg	750 kg	815 / 825 kg
Überziehgeschwindigkeit	65 km/h	58 km/h	65 km/h	58 km/h	66 km/h	65 km/h
Max. Gleitzahl	47	47	40	44	39 / 40 / 44	44 / 47
bei Geschwindigkeit	120 km/h	106 km/h	103 km/h	110 km/h	110 / 110 / 110 km/h	120 km/h
Geringstes Sinken	0,51	0,51	0,58	0,49	0,69 / 0,65 / 0,51	0,53 / 0,51
bei Geschwindigkeit	78 km/h	73 km/h	73 km/h	74 km/h	74 / 74 / 74 km/h	80 / 80 km/h
Erstflug	Feb. 1987	Juni 1989	Dez. 1989	August 1993	Dezember 1994	Mai 1997
Besonderheit	MoSe		Voll Acro		Voll Acro 17,2 und 18 m, 625 kg	MoSe
Motor	Rotax 535					Solo 2625-2
Kraftstoff	38 Liter + optional 2 × 20 Liter					38 Liter + optional 2 × 20 Liter

digkeit um die Längsachse und steht der Standardklasse (15 Meter) um nichts nach, bzw. übertrifft sie sogar.

Es handelt sich nicht einfach um einen Doppelsitzer mit unterschiedlichen Flügellängen, sondern mit sehr komplex unterschiedlich konstruierten Flügeln und Flügelgeometrien. Markant ist der an der Flügelhinterkante vorgepfeilte Flügel. Keine Regel ohne Ausnahme: gerade die Version DG-505 ORION weicht hier besonders ab, da die Vorpfeilung im Außenflügelbereich durch eine zurückspringende Vorderkante aufgehoben wird. Hintergrund war die Optimierung des Außenflügels bei geringen Geschwindigkeiten (Kurvenflug in der Thermik), ohne dass dabei die Reynoldszahl (Verhältnis Luftträgheit zu ihrer Viskosität) in einem kritischen Bereich liegen.

Trotz der hohen Variabilität konnte die DG-500 nicht mit den Stückzahlen der vergleichbaren ASK 21 mithalten. Es wurden insgesamt ca. 250 Stück gebaut

Der Geschwindigkeitsrekord über eine 100 Kilometer-Dreiecks-Strecke in der offen Klasse für Frauen wurde am 21.12.1996 auf einer DG-500M erflogen. ◂

1987 DG-600

Eine DG 600 im Landeanflug. (Foto DG Flugzeugbau)

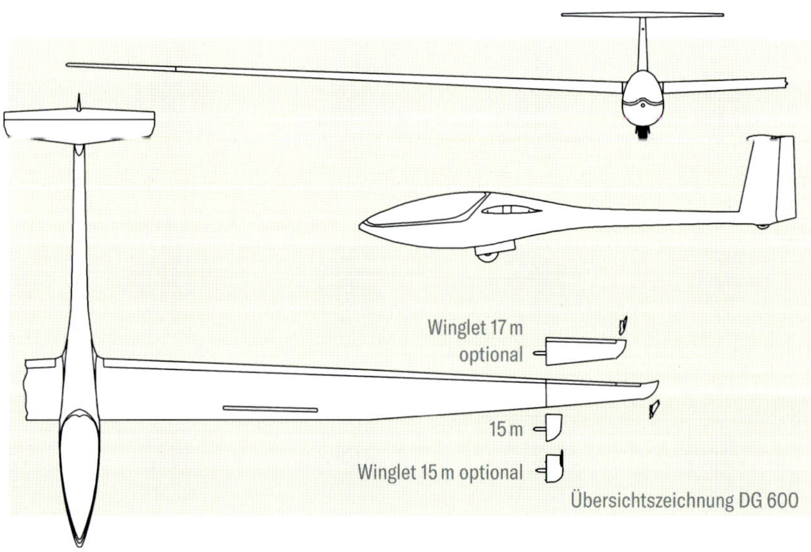

Übersichtszeichnung DG 600

Mitte April 1987 war der Erstflug der als Nachfolger für die DG-200 gebauten DG-600. Der Einsitzer wurde ein Jahr später zugelassen, angeboten wurde zunächst eine 15-Meter Version mit 17-Meter- Ansteckflügeln. Ab 1991 kam mit 18-Metern-Ansteckflügeln die DG-600/18 (M) Evolution hinzu. Alle Versionen der DG-600 sind mit Wölbklappen über die gesamte Spannweite ausgerüstet. Sie bilden gleichzeitig die Querruder (sog. Flaperons). Für den 15-Meter-Flügel sind ansteckbare Winglets anstelle der normalen Randbögen verfügbar. Die Flügel sind komplett aus CFK-Schaum-Sandwich-Schalen hergestellt. Gegenüber der DG-200 ist der Rumpf knapp 20 cm kürzer und stärker eingeschnürt. Die DG-600 ist von ihrer Leistungsfähigkeit im Vergleichindex der Segelflugflugzeuge sehr hoch eingestuft (18-Meter-Version Index 118). Das Segelflugzeug verfügt über ein stabiles Sicherheitscockpit. Die Rückenlehne lässt sich durch ein Luftkissen verstellen.

Das sehr schlanke Profil (Horstmann und Quast) überzeugt gerade bei mittleren Schwerpunktlagen durch seine Wendigkeit und gute Schnellflugleistungen. Die Profilauswahl erweist sich aber besonders bei der 15-Meter-Version im langsamen Kurvenflug etwas kritisch, weshalb das Luftfahrtbundesamt bei den motorisierten Versionen eine Überziehwarnung verlangte. Leider hat darunter der Ruf dieses hervorragenden Flugzeuges gelitten, dies schlug sich in eher geringen Verkaufszahlen nieder. Nur bei hinteren Schwerpunktlagen kann die Strömung am kurveninneren Flügel abreißen. Vergleichsflüge zeigten, dass optimale Flugleistungen für bestes Steigen im Kreisflug bei 10 % über Mindestfahrt mit auf 5 Grad positiv gewölbten Klappen erreicht wird.

Tanks für Wasserballast befinden sich in den Flügeln und in der Seitenflosse und lassen eine Steuerung der Schwerpunktlage zu. Die 1989 herausgekommene Motorseglerversion verfügt aufgrund des knappen Rumpfquerschnitts über einen Rotax 275 mit 24 PS. Bei ausreichend langer Startstrecke ist ein Eigenstart ohne Wasserballast möglich.

Nach einem Brand bei Glaser-Dirks waren die Flügelformen der DG-600 im Jahr 1992 stark beschädigt worden, so dass nach nur 112 Flugzeugen die Produktion der DG-600 eingestellt wurde. ◂

Baumuster	DG-600	DG-600 M
Spannweite	15 / 17 /18 m	15 / 17 / 18 m
Länge	6,83 m	6,83 m
Rumpfhöhe	0,81 m	0,81 m
Flügelfläche	10,95 / 11,59 /11,81 m²	10,95 / 11,59 /11,81 m²
Sitzplätze	1	1
Streckung	20,55 / 24,95 /27,42	20,55 / 24,95 /27,42
Leergewicht	257 / 260 / 262 kg	305 / 310 / 312 kg
Wasserballast	180 kg	120 kg
Max. Fluggewicht	525 / 525 / 480 kg	525 / 525 / 480 kg
Max. Fluggewicht für Eigenstart	entfällt	440 kg
Max. Flächenbelastung	47,9 / 45,3 / 43,8 kg/m²	47,9 / 45,3 / 43,8 kg/m²
Beste Gleitzahl	45 / 49 / 50	45 / 49 / 50
bei	120 / 115 / 112km/h	120 / 115 / 112km/h
Min. Geschwindigkeit	64 / 62 / 62 km/h	64 / 62 / 62 km/h
Max. Geschwindigkeit	270 km/h	270 km/h
Geringstes Sinken	0,56 / 0,5 / 0,49	0,58 / 0,53 / 0,51
bei	80 / 78 / 77 km/h	86 / 84 / 83 km/h
Für einfachen Kunstflug zugelassen	ja	ja

LS7

1987

Wolf Lemke entwarf die LS7 als Nachfolger der äußerst erfolgreichen LS4. 1988 ging sie ein Jahr nach ihrer Entwicklung in Produktion. Leider hatte der 15-Meter Vogel gerade am Anfang einen nicht so glücklichen Ruf. Verglichen mit den anderen Segelflugzeugen der Standardklasse neigt die LS7 im langsamen Kreisflug am Innenflügel zu turbulenten Strömungsverhältnissen. Zu Unrecht erhielt sie daraus den Ruf, in der Thermik schlechter zu steigen. Fliegt man mit leicht erhöhter Geschwindigkeit verbessern sich die Thermikeigenschaften deutlich. Tatsächlich sind die Steigleistungen bei einer Kreisfluggeschwindigkeit von ca. 110 km/h gut.

In erster Linie wurde die LS7 für den Vereinsbetrieb entwickelt. Einer der Vorteile ist, dass die Flügel mit nur je 60 Kilogramm zu Buche schlagen. Der Doppeltrapezflügel in CFK-Sandwich-Bauweise hat bei vergleichswei-

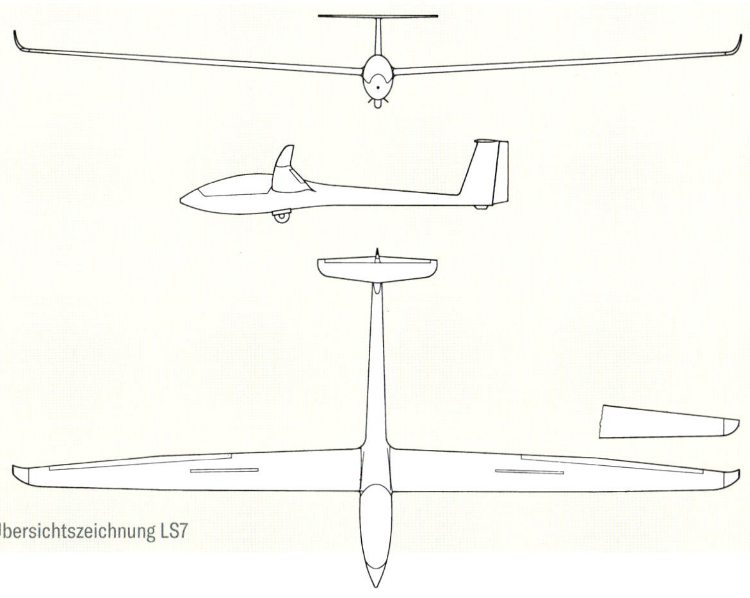

Übersichtszeichnung LS7

Baumuster	LS7
Spannweite	15 m
Länge	6,66 m
Flügelfläche	9,73 m²
Sitzplätze	1
Streckung	23,1
Profil	Wortmann modifiziert
Leergewicht	250 kg
Max. Abflugmasse	486 kg
Wasserballast	Max. 176 kg
Max. Flächenbelastung	50 kg/m²
Min. Geschwindigkeit	64 km/h
Max. Geschwindigkeit	270 km/h
Min. Sinken	0,58 cm/sec bei 85 km/h
Gleitzahl	43 bei 105 km/h
Acro	nein

Eine LS7 mit Winglets in der Schweiz. (Foto DG Flugzeugbau)

se geringer Flügelfläche eine höhere Flächenbelastung. Klappen und Querruder werden zwangsweise angeschlossen. Der Sitz ist sehr bequem und die Federung des Fahrwerks ausgezeichnet.

Nach nur 164 gebauten Einheiten wurde bereits 1993 die Produktion eingestellt. Denn zu spät entschied man sich auch Winglets für die LS7 anzubieten. Weil sie die Strömung im Außenflügelbereich erhöhen, verbesserten sich so die Kreisflugeigenschaften deutlich. Die Verkaufszahlen sprachen dennoch gegen die Weiterführung der Produktion. ◂

1988

SB 13

Viele Jahre nach den Konstruktionen konventioneller Nurflügelflugzeuge unternahm die Akaflieg Braunschweig den Versuch, mit der SB 13 ein Nurflügelflugzeug – diesmal mit modernen Materialien – in Angriff zu nehmen. Durch Verwendung von CFK und GFK ließen sich momentarme Profile mit langer laminarer Laufstrecke entwickeln. Mit einer sehr steifen Tragflächenstruktur sollte das nur geringe Nickmomente aufweisen. Da ein Nurflügelflugzeug nur einen sehr kurzen Hebelarm für die Steuerung um die Querachse (Höhenruder) besitzt, sind Nickschwingungen problematisch. Über einen Zeitraum von 6 Jahren wurde die SB 13 entwickelt.

Während auf der einen Seite der Fortfall des Leitwerks eine erhebliche Widerstandreduzierung versprach, galt es die Drehmomente um die Querachse beherrschbar zu konstruieren. Im Gegensatz zu den Segelflugzeugen von Horten war bei der SB 13 die Flügeltiefe geringer, das gleiche Drehmoment um die Querachse bedurfte demnach einer größeren Korrektur. Zur Reduzierung der Schwingungen wurde in den Flächen ein „Schrägholm“ eingebaut, er besaß nicht die gleiche Pfeilung wie der Flügel.

Eine der Ideen war, den Nachweis zu führen, dass ein Nurflügelflugzeug wegen des geringeren schädlichen Widerstandes bessere Flugleistungen erbringt. Dieser Nachweis gelang bei der Horten IV nicht, durchaus aber bei der SB 13. Andererseits brachte die außergewöhnliche Konfiguration viele schwer in den Griff zu bekommende Probleme mit sich. Schon bei einem Modell im Maßstab 1:3 zeigte sich eine schwache Dämpfung der Nickschwingungen sowie die Flatteranfälligkeit des hochgestreckten, gepfeilten Flügels bei erhöhten Geschwindigkeiten.

SB 13 in einem Erprobungsflug mit montiertem Nachlaufrechen. (Foto Akaflieg Braunschweig)

Eine ähnliche Schwingungsproblematik war von anderen, konventionellen Nurflügelflugzeugen bekannt.

Die für die Konstruktion erforderliche komplexe Steuerung ließ sich nur durch neue Lösungsansätze in dem knappen Rumpf unterbringen. Nicht nur die Konstruktion war an sich richtungweisend, sondern auch die Entwicklung eines Gesamtrettungssystems mit drei Fallschirmen und 300 m² Fläche. Selbst aus einer Höhe von 100 Metern blieb eine Auslösung möglich, die Forschung fand Einfluss in die Entwicklung von Gesamtrettungssystemen, wie sie heute bei Ultraleichtflugzeugen üblich ist.

Erstflug war am 18. März 1988. Allerdings verlangte die SB 13 erfahrene Piloten, für den Vereinsbetrieb war sie nicht geeignet. Starts waren nur im Flugzeugschlepp möglich. Der Nurflügler war recht trudelfreudig, erst Grenzschichtzäune und eine Änderung der Höhensteuerwege brachten etwas Verbesserung.

Obwohl der Tragflügel recht steif war, gelang es nicht ausreichend Torsionskräfte aufzufangen. Dies führte zu Nickschwingungen. So gab es unter anderem bei den Landungen häufiger Beschädigungen des Fahrwerks. Letztlich wurden die Reparaturarbeiten zu aufwändig. In den Segelflugleistungen entsprach die SB 13 hingegen den

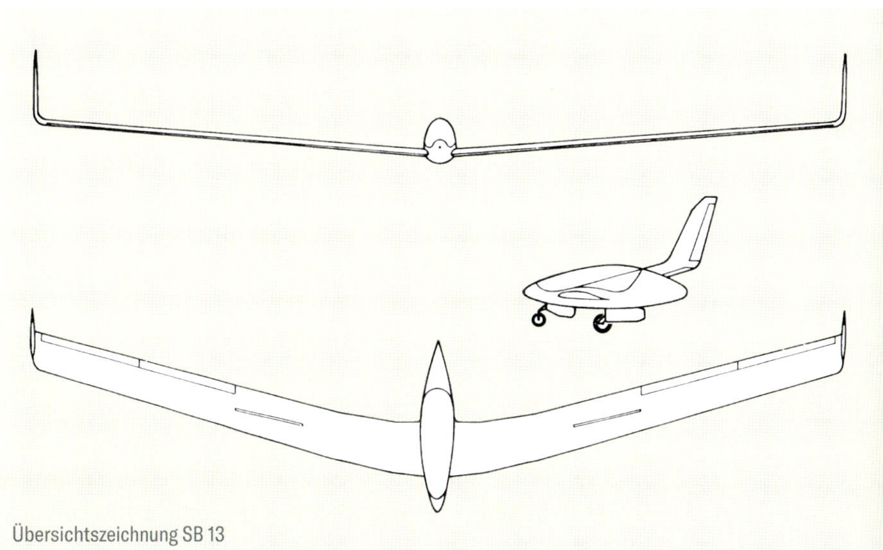

Übersichtszeichnung SB 13

Flugzeugschlepp mit der SB 13 am Abend. (Foto Akaflieg Braunschweig)

Flugzeugen der Standardklasse, sie war mehrfach auf Wettbewerben vertreten und durchaus erfolgreich. Besonders im Kurvenflug konnte die SB 13 ihre Stärken zeigen und gewann wertvolle Zeit während des thermischen Aufstiegs.

Baumuster	SB 13
Spannweite	15 m
Flügelfläche	11,60 m^2
Streckung	19,4
Pfeilung	15° (Nase)
Rumpflänge	3,02 m
Höhe	0,84 m
Fahrwerk einziehbar, gefedert	2-Rad-Fahrwerk
Flugmasse	427kg
Rüstmasse(ohne Rettungssystem)	282 kg
Zuladung	110 kg
Flächenbelastung	34 kg/m^2
Mindestgeschwindigkeit	ca. 70 km/h
Beste Gleitzahl	42 bei 107 km/h
Geringstes Sinken	0,57 m/s bei 85 km/h
Höchstgeschwindigkeit	190 km/h
Profil	HQ 34N/14,83 HQ 34N/15,12

2003 nahm die Akaflieg Braunschweig die SB 13 aus dem Flugbetrieb, seit 2007 ist sie in der Flugwerft des Deutschen Museums in Oberschleißheim zu besichtigen. ◂

1991

DG-800/808

Von der DG-800 wurden zwei Versionen zur gleichen Zeit entwickelt, die DG-800S als reines Segelflugzeug mit dem schlanken Rumpf der DG-600 und die DG-800A als eigenstartfähiger Motorsegler mit Klapptriebwerk mit einem Rumpf, der auf dem Rumpf der DG-400 basiert, ebenso wurde das Triebwerk der DG-400 (Rotax 505) übernommen. Erstflug beider Versionen war im Mai 1993. Ihre Entwicklung ist auch eine Konsequenz aus der Einstellung der Produktion der DG-600 nach einem Brand in der Produktionshalle.

Die gesteigerte Sensibilität gegenüber Fluglärm führte dazu, dass Glaser-Dirks 1994 eine neue Version die DG-800B mit innen liegendem wassergekühltem Motor entwickelte. Die ersten 5 Exemplare wurden mit einem englischen Zweitakt Motor gebaut, leider stellte der Hersteller die Produktion von 2-Takt Motoren ein, so dass man auf den zu diesem Zeitpunkt erst im Prototypenstand befindlichen Solo 2625 wechseln musste.

Gleichzeitig war das das Ende für Glaser-Dirks, da die Firma wegen Lieferschwierigkeiten mit dem Solo-Motor in Insolvenz geriet. Aber Glaser-Dirks fiel weich. Denn der segelflugbegeisterte Friedel Weber hatte kurz zuvor eine DG-808B als Ersatz für seine DG-400 bestellt und sah nun durch die Insolvenz nicht nur seine Bestellung, sondern auch das im guten Ruf stehende Unternehmen extrem gefährdet. Letztlich konnte er Investoren für einen Kauf interessieren und so entstand die DG Flugzeugbau GmbH. Die Weiterentwicklung der DG-800 ist somit eng mit dem persönlichen Engagement von Friedel Weber verknüpft.

Bei der DG-800B ist der Propeller nunmehr aus Kunststoff. Der neue 2-Takter ist nicht nur deutlich leiser, sondern bescherte der DG-800 eine deutlich kürzere Startstrecke und ein verbessertes Steigen. Das Motorsteuergerät DEI ist leicht modifiziert und erleichtert dem Piloten die Arbeit.

Eine DG 800 im tiefen Überflug der Ziellinie, der Wasserballast wird abgelassen. (Bild DG Flugzeugbau)

Baumuster	DG-800S	DG-808S Competition	DG-800A	DG-800B (DG-808B)	DG-808C Competition
Spannweite	15 / 18 m	15 / 18 m	15 / 18 m	15 / 18 m	18 m
Länge	6,86 m	6,86 m	7,025 m	7,025 (7,055) m	7,055 m
Rumpfhöhe	0,81 m	0,81 m	0,81 m	0,81 m	0,81 m
Flügelfläche	10,68 / 11,81 m^2	10,68 / 11,81 m^2	10,68 / 11,81 m^2	10,68 / 11,81 m^2	10,68 / 11,81 m^2
Sitzplätze	1	1	1	1	1
Streckung	21,07 / 27,42	21,07 / 27,42	21,07 / 27,42	21,07 / 27,42	21,07 / 27,42
Leergewicht	260 / 264 kg	272 / 276 kg	323 / 327 kg	340 / 344 kg	346 / 350 kg
Wasserballast	180 kg	237 kg (inkl. Rumpftanks)	100 kg	100 kg	150 kg
Max. Fluggewicht	525 kg	570 / 600 kg	525 kg	525 kg	540 / 600 kg
Max. Flächenbelastg.	49,2 / 44,5 kg/m^2	53,4 / 50 kg/m^2	49,2 / 44,5 kg/m^2	49,2 / 44,5 kg/m^2	50,6 / 50,8 kg/m^2
Beste Gleitzahl	45 / 50	46,5 / 52	45 / 50	45 / 50	46 / 51
Min. Geschwindigkeit	66 / 63 km/h	67 / 64 km/h	72 / 68 km/h	72 / 68 km/h	73 / 69 km/h
Max. Geschwindigkeit	270 km/h	270 km/h	270 km/h	270 km/h	270 km/h
Geringstes Sinken	0,55 / 0,47 m/s	0,55 / 0,48 m/s	0,59 / 0,5 m/s	0,59 / 0,5 m/s	0,61 / 0,53 m/s
Einfacher Kunstflug	ja	ja	ja	ja	ja

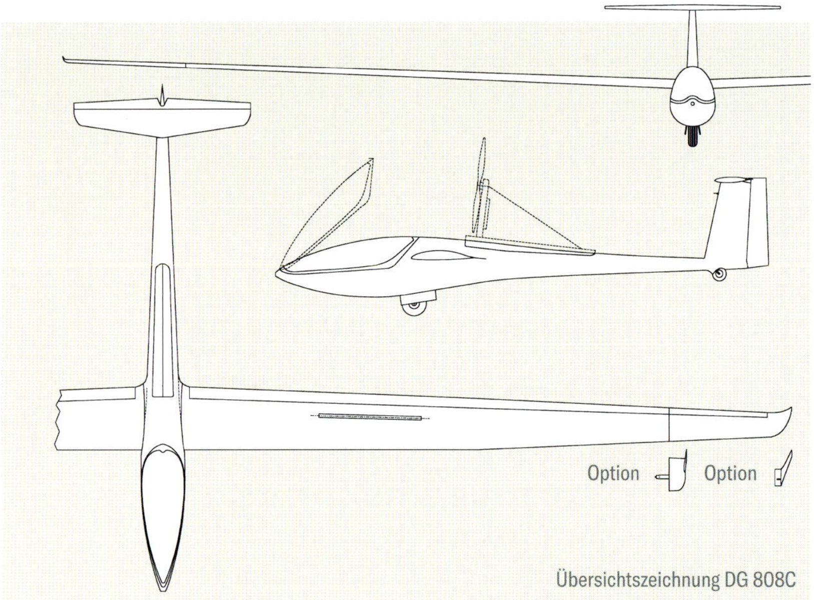

Übersichtszeichnung DG 808C

Seit 1996 ist die Notausstiegshilfe NOAH (auch für andere Segelflugzeuge) verfügbar, sie steht allen DG Segelflugzeugen mit einteiliger Haube zur Verfügung. NOAH ist ein aufblasbares Kissen unter der Sitzschale und hebt den Piloten aus seiner liegenden Position so weit hoch, dass er (oder sie) problemlos seitlich hinausrollen kann.

Die DG-800 verfügt wie schon die DG-600 über Wölbklappen, sie umfassen die gesamte Spannweite und überlagern die Querruder (Flaperons). Sie kann mit oder ohne Winglets geflogen werden. Letztlich ist sie die konsequente Weiterentwicklung aus DG-400 und DG-600, deren leicht kritischen Langsamflugeigenschaften durch Verwendung eines anderen Profils ausgeglichen werden konnten. In der 18-Meter-Klasse gehört sie derzeit zum Spitzenfeld der mit 120 Indexpunkten bewerteten Segelflugzeugen.

Mit der Bezeichnung DG-808 (ab 2001) erhielt die Motorseglerversion ein größeres Seitenleitwerk, was sich in reduzierten Seitensteuerbetätigungskräften und verbesserter Ruderabstimmung auswirkt.

Im März 2003 wurde aus der DG-800 die DG-808S Competition mit erhöhter Abflugmasse von 600 kg entwickelt. Ab Dezember 2004 folgte die DG-808C Competition als Motorseglerversion, ebenfalls mit 600 kg Höchstmasse. ◂

1991

Swift S-1

Ein Swift S-1 bei der Kunstflugvorführung in Gloucestershire. (Foto Adrian Pingstone)

Der Prototyp der GFK-Version (SP-P601) flog erstmals am 06. August 1991, nur wenige Tage vor Beginn der Weltmeisterschaft in Zielona Góra. Der damalige Weltmeister Jerzy Makula gab den Anstoß zum Bau, da der Kobuz 3 nach einem Flügelbruch für den Segelkunstflug gesperrt worden war. Beide Prototypen gaben bei der WM ein glänzendes Debut. Der Swift (Turmschwalbe) war allen anderen Konstruktionen haushoch überlegen und bereits bei der nächsten Weltmeisterschaft 1993 in Venlo (Niederlande) flog der Großteil der Teilnehmer mit einem Swift. Bis zum heutigen Tag ist der Swift das Maß aller Dinge im Segelkunstflug, obwohl nach nur 33 Flugzeugen 1997 die Produktion des Swift eingestellt wurde. Da auch keine Formen mehr vorhanden sind, ist eine Neuauflage ausgeschlossen.

Der Flügel ist zweiteilig. Wegen der auftretenden hohen Belastungen war es konstruktiv nötig, die Tragflächenverbindungen möglichst weit auseinander zu legen. So liegen die Bolzen außerhalb der Rumpfkontur in den Flügel-Rumpf-Übergängen. Da das Flugzeug für die WM rechtzeitig fertig werden sollte, entschied man sich die Flügelform von den Tragflächen des Kobuz zu nehmen. Da aber der rechte Flügel eine leichte Verwindung besaß, benötigten bis zur Behebung des Fehlers die Flugzeuge bis Nummer 16 eine Bügelkante am linken Querruder.

Der Swift ist extrem wendig. Die Rollrate ist sehr hoch, ohne dass besondere Handkräfte auftreten. Die Querruder erstrecken sich über 2/3 der Spannweite und sind statisch und dynamisch ausgeglichen. Weil der Pilot bei einem Blick über die Flügelvorderkante (sie ist genau senkrecht zur Flugzeuglängssache) die Fluglagelage überprüfen kann, lassen sich mit dem Swift besonders exakte Kunstflugfiguren erfliegen. Einziger Nachteil des Segelflugzeuges ist, dass im Rückenflug der Auftrieb gering ist und die Nase weit über den Horizont gedrückt werden muss.

Nachfolger des Swift ist der Kunstflugtrainer MDM-1 Fox. ◂

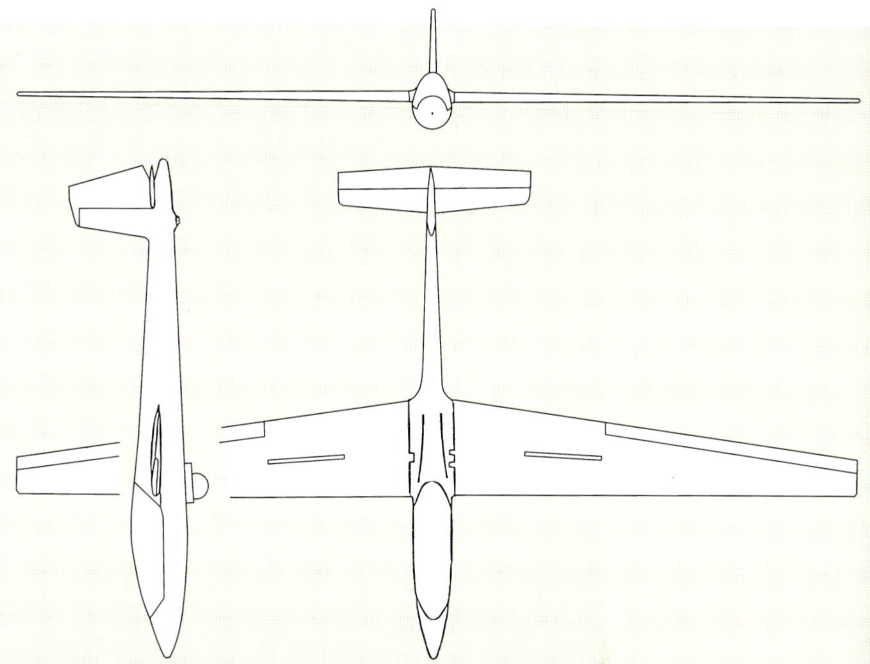

Übersichtszeichnung des Swift

Baumuster	Swift S-1
Spannweite	12,68 m
Länge	6,91 m
Flügelfläche	11,69m^2
Leergewicht	260 kg
Max. Flugmasse	400 kg
Höchstgeschwindigkeit	287 km/h
Manövergeschwindigkeit	212 km/h
sichere Lastvielfache	+ 10,0 / - 7,5
Gleitzahl	30 bei 127 km/h
Geringstes Sinken bei 86km/h	0,95 m/s
Profil	NACA 641-412

SZD-59-1 Acro

1991

In den Jahren 1990-91 entstand bei SZD unter der Leitung von Jan Knapik der ACRO als Ableitung des SZD-48-3 Jantar Standard 3. Weitgehend wurde dessen Rumpf übernommen. Allerdings erhielt der Acro an Stelle des T-Leitwerks ein Kreuzleitwerk mit größerem Seitenruder. Das Höhenleitwerk entsprach der SZD-42-2. Die Außenflügel waren abnehmbar, womit die Spannweite der Kunstflugversion 13,2 m betrug. In dieser Konfiguration war der ACRO für +7/−5g und somit für sämtliche Kunstflugfiguren zugelassen

Dieser Prototyp war bei der Segelkunstflug-Weltmeisterschaft 1991 in Zielona Góra kurz zu sehen. Bis Mitte 1996 wurden 12 Exemplare ausgeliefert. Mit der Insolvenz von SZD endete die Produktion 1996 zunächst. Nachfol-

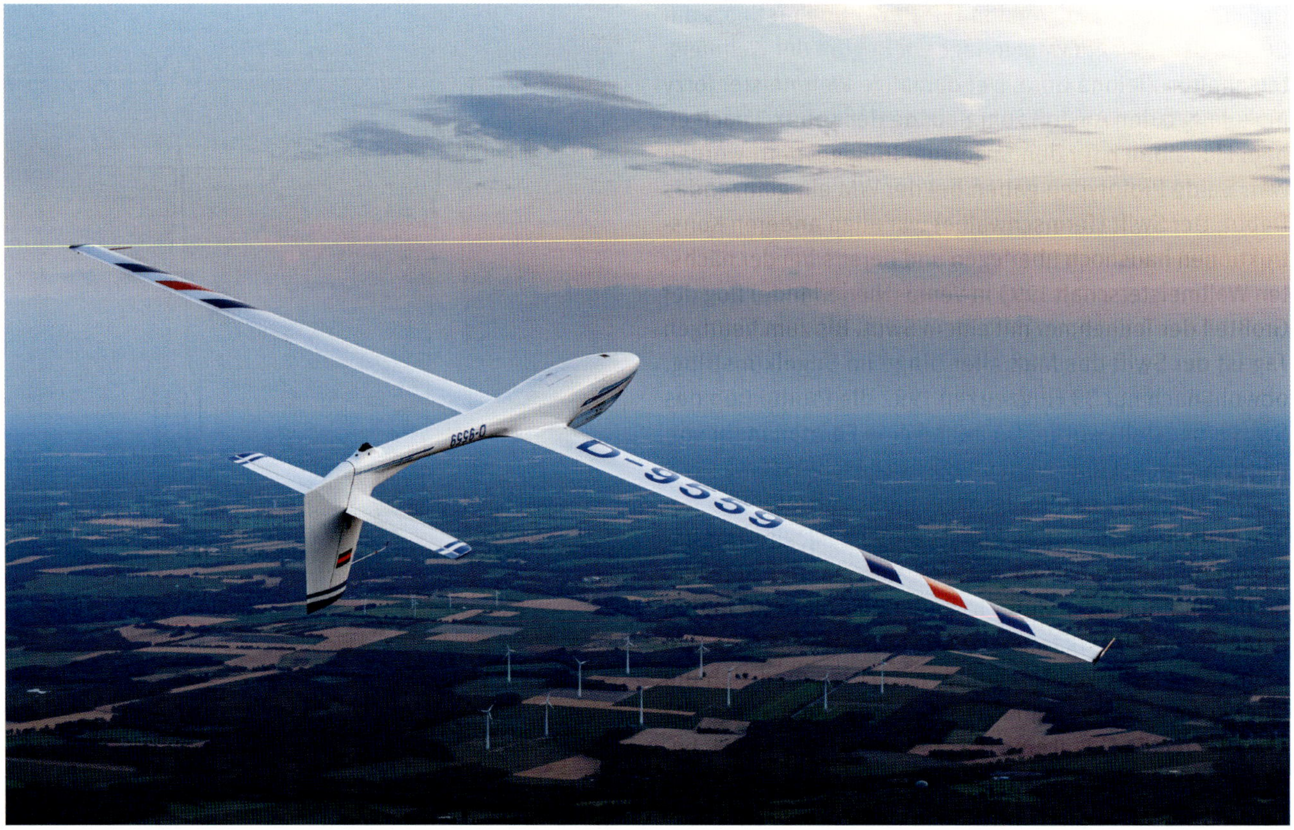

SZD-59-1 Acro in seinem Element. (Bild Allstar SZD / Tobias Barth)

ger Allstar PZL Glider übernahm die Musterzulassungen für die meisten GFK-Flugzeuge von PZL, darunter auch für die SZD-59. 2004 wurde die Produktion des Typs am gleichen Standort in Bielsko-Biała wiederaufgenommen. Die geforderten Standards der EASA CS-22 wurden erfüllt.

Baumuster	SZD-59 Acro, Streckenflugversion	SZD-59 Acro, Kunstflugversion
Spannweite	15 m	13,20 m
Länge	6,85 m	6,85 m
Flügelfläche	10,66 m^2	9,8 m^2
Flügelstreckung	21,01	17,8
Max. Startmasse	540 kg	380 kg
Flächenbelastung	31 – 50,7 kg/m^2	38,7 kg/m^2
Mindestgeschwindigkeit VS	67 km/h (ohne Wasserballast)	69 km/h
Höchstgeschwindigkeit	265 km/h	285 km/h
Geringstes Sinken	0,62 m/s bei 77 km/h (ohne Wasserballast)	0,7 m/s bei 79 km/h
Gleitzahl	40 bei 124 km/h (mit Wasserballast)	36 bei 115 km/h
Lastvielfache	+ 5,3 / – 2,65 g	+7,0 / – 5,0 g

2016 änderte sich die Bezeichnung aufgrund geringfügiger Modifikationen von SZD-59 auf SZD-59-1. Die Änderungen umfassen unter anderem die nunmehr doppelstöckig und nur noch auf der Oberseite ausfahrenden Bremsklappen und den Verzicht auf geteilte Querruder. In der Ursprungsversion wurde bemängelt, dass die Querruder insbesondere bei hohen Lastvielfachen sehr schwergängig waren. So erhielt die SZD-59-1 neue außenliegende Querruderanlenkungen, die unter einer Hutze verborgen sind. Überdies wurden im gleichen Jahr Außenflügel mit Winglets für eine Spannweite von 16,5 Meter entwickelt. 2017 erhielt die SZD-59/SZD-59-1 die EASA-Zulassung, die bis heute allerdings nur für die 15-Meter-Varianten gilt. Die 16,5-Meter-Version befindet sich noch immer im Zulassungsverfahren.

Aktuell ist die SZD-59 Acro der einzige, voll kunstflugtaugliche Einsitzer, der noch produziert wird.

Die Flugeigenschaften der SZD-59-1 sind in der Konfiguration mit 15 Metern Spannweite ähnlich denen des Jantar Standard 3, allerdings ist die Rollwendigkeit um die Längsachse aufgrund der deutlich größer ausgeführten Querruder erheblich besser. In vier Sekunden ist eine gesteuerte Rolle vollendet, damit liegt der Acro auf gleichem Niveau wie reinrassige Kunstflugzeuge wie Swift S-1 oder MDM-Fox. Weil der Acro allerdings aerodynamisch weitaus besser ist, verbraucht er auf der einen Seite weniger Höhe im Kunstflug, nimmt aber auch sehr viel schneller Fahrt auf. Gestoßene und gerissene Figuren bedürfen der exakten Steuerung, da die Festigkeitsreserven nicht an die von reinen Kunstflugzeugen heranreichen.

Auch wenn in Wettbewerben reinrassige Kunstflugsegler auf die vorderen Plätze abonniert scheinen, gilt auch hier. „keine Regel ohne Ausnahme“! SZD-59-1 Acro ist genau diese Ausnahme, 2023 erzielte Richard Münzberger in der Kategorie „Unknown“ bei den Weltmeisterschaften in Polen die Goldmedaille. Zuvor hatte er in der Kategorie Advanced die deutschen Meisterschaften in Oschatz gewonnen.◂

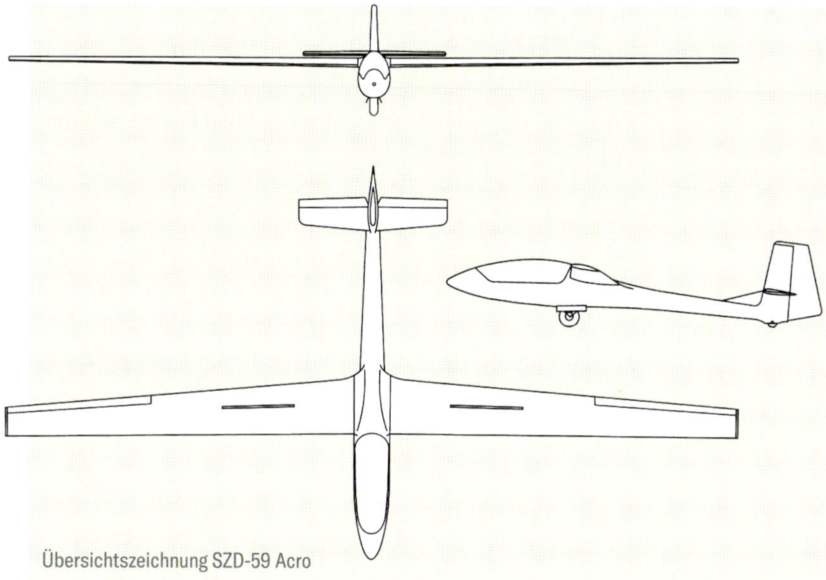

Übersichtszeichnung SZD-59 Acro

LAK-17

1992

Eine LAK-17B FES bereitet sich auf einen Flugzeugschlepp vor.

Bereits 1969 wurde UAB Sportinė Aviacija (heute JSC „Sportinė Aviacija ir Ko“) in Litauen gegründet. Die 1972 entwickelte LAK-9 Lietuva war das erste in der damaligen Sowjetunion gebaute Segelflugzeug in GFK-Bauweise. Nach der Nutzung anderer Segelflugzeuge (wie zum Beispiel Blanik) entstand 1980 das offene Klasse Segelflugzeug LAK-12 (im Rumpf wurde bereits auch Kohlefaser verwendet). Hergestellt wurde auch das für die amerikanische Group-Genesis (Konstrukteure Jim Marske und John Roncz) mit stark verkürztem Rumpf entwickelte Segelflugzeug Genesis 1 und 2.

Am 9. Juli 1992 war der Erstflug des Hochleistungsseglers LAK-17. Von Beginn an wurde die LAK-17 als 15 Meter oder 18 Meter Version angeboten. Für einen bequemen Einstieg klappen Haube und Instrumentenpilz nach oben, der Sitz ist am Boden verstellbar. Das Wölbklappenflugzeug verfügt über ein einziehbares Fahrwerk und Tanks für Wasserballast. Mit einer Heimkehrhilfe (Motor Solo 2350) gab es die LAK-17A mit Klapptriebwerk.

Im Jahr 2013 überraschte UAB mit der MiniLAK, sie verfügt über eine Spannweite von nur 13,5 Metern bei einem Leergewicht von 163 Kilogramm. Jeder aus Kohlefaser gebaute Flügel wiegt nur 40 Kilogramm. Die Luftbremsen befinden sich lediglich auf der Flügeloberseite.

Die überarbeitete Version LAK-17B Version erhielt ein neues Flügelprofil sowie eine neue Geometrie, dies erlaubte eine höhere Zuladung. Rumpf und Leitwerk wurden hingegen nicht verändert. Diese Version erhielt optional ein Klapptriebwerk. Eine besonders interessante Konstruktion war die bereits 2014 angebotene elektrische Version mit einem Faltpropeller an der Frontspitze (FES = Front Electric Sustainer). Im gleichen Jahr erschien eine weitere Spannweitenmodifikation mit nunmehr 21 Metern. Somit dürfte die LAK-17 das einzige Segelflugzeug sein, welchen mit vier verschiedenen Spannweiten verfügbar ist.

Eine erneute Überarbeitung im Jahr 2020 führte zu einem erhöhten Fahrwerk sowie verbesserten Akkus für den FES-Antrieb (LAK-17C FES). Eine Version in der Standardklasse (nicht veränderbares Flügelprofil) wird als LAK-19 vertrieben.

Grundsätzlich zeigt die LAK-17B ein gutmütiges und unkritisches Flugverhalten, wie nicht anders zu erwarten steigen aber die erforderlichen Ruderausschläge mit zunehmender Spannweite. ◂

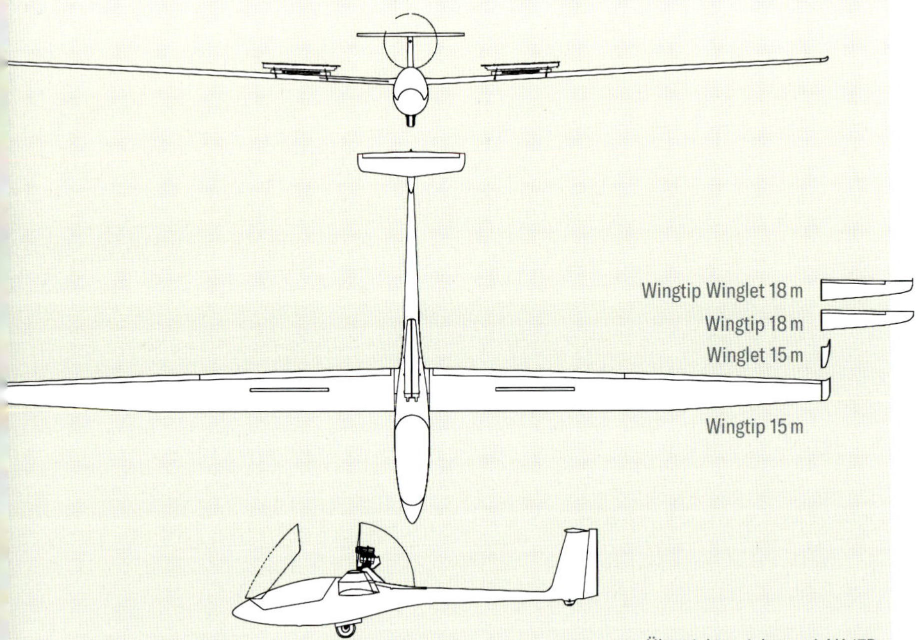

Übersichtszeichnung LAK-17B

Baumuster	LAK-17A / LAK-17AT	LAK-17B	LAK-17BT	LAK-17B FES
Spannweite	15 / 18 m	15 / 18 m	15 / 18 / 21 m	15 / 18 / 21 m
Flügelfläche	9,06 m² / 9,8 m²	9,18 m² / 10,32 m²	9,18 m² / 10,32 m² / 11,58 m²	9,18 m² / 10,32 m²/ 11,58 m²
Flügelstreckung	24,63 / 33	24,51 / 31,39	24,51 / 31,39/38,08	24,51 / 31,39 / 38,08
Rumpflänge	6,53 m			
Leermasse	220 kg/226 kg	250 kg/260 kg	296,4 kg / 306,4 kg/ 332 kg	305 kg / 320 kg / 332 kg
Max. Abflugmasse	453 kg / 500 kg AT	500 kg / 600 kg	500 kg / 600 kg	500 kg / 600 kg
Höchstgeschwindigkeit	275 km/h	270 km/h	275 km/h	275 km/h
Wasserballast max.	190 kg / 180 kg AT	160 kg / 200 kg	180 kg/200 kg	150 kg/190 kg
Geringstes Sinken	0,53 m/s / 0,48 m/s			
Gleitzahl	45/50 bei 110 km/h			

MDM-1 Fox

Nach dem sehr beliebten Kunstflugzeug Swift-S1 entschied sich der Hersteller Edward Marganski zusammen mit Leszek Dunowski und Jerzy Makula (daher der Name MDM) für die Entwicklung eines Doppelsitzers. Jerzy Makula war selbst neunmaliger Weltmeister im Segelkunstflug.

Das Segelflugzeug besitzt einen einholmigen Flügel in GFK-Sandwichbauweise, das Profil ist symmetrisch und ohne Auftrieb. Das Segelflugzeug besitzt keine V-Form, die Flügel sind ungepfeilt. Die Querruder sind masseausgeglichen. Der Drehpunkt ist nach oben verschoben, so dass bei einem Ausschlag nach oben die Vorderkante des Querruders unter dem Flügel herausragt und einen Widerstand erzeugt (Frise-Querruder). Die Luftbremsen sind einstöckig und fahren nur nach oben aus. Bei der Landung wird der Fox leicht kopflastig, das Höhenruder muss etwas gezogen werden. Damit beim Ausrollen das Flugzeug nicht auf die Nase geht, muss der Knüppel voll gezogen bleiben.

Der Rumpf ist ebenfalls als GFK-Halbschalen hergestellt, das Seitenleitwerk ist integriert. Es wird konventionell über Seile angesteuert (andere Ruder über Schubstangen) und ist ebenfalls masseausgeglichen. Die Seitenruder pedale sind vorne verstellbar.

Erstflug war am 7. Juli 1993. Drei Jahre später erschien der MDM-1P „Fox P“. Mit austauschbaren Spitzen ließ sich die Spannweite auf 16 Meter vergrößern.

Der Doppelsitzer überzeugt durch seine extreme Wendigkeit und hohe Rollrate (für einen Doppelsitzer eher ungewöhnlich). Das Segelflugzeug muss aber „geflogen“ werden und verlangt von Piloten eine durchgehende Aufmerksamkeit. Es eignet sich sehr gut dafür, Anfänger und Fortgeschrittene im Segelkunstflug auszubilden. Das Profil weist sowohl im Normal- wie im Rückenflug beinahe identische Werte auf. Einsitzig liegen die Lastgrenzen deutlich höher und der Fox kann bei Wettbewerben durchaus in den höchsten Kategorien antreten.

Unter der Bezeichnung „Solo-Fox“ gibt in wenigen Exemplaren zusätzlich eine einsitzige Variante. ◂

MDM-1 Fox in seinem Element: Dem Kunstflug. (Foto Tony Hisgett)

Baumuster	MDM-1 Fox
Länge	7,38 m
Breite	0,658 m
Spannweite	14 m /16 m
Flügelfläche	12,33 m^2
Streckung	15,88
Rüstgewicht	340,0 kg
Höchstzul. Abflugmasse	530,0 kg
Max. Zuladung	190,0 kg
bei einer Zuladung bis 100 kg	+ 9/ – 6 g
bei einer Zuladung über 100 kg	+ 7/ – 5 g
Geschwindigkeit min. (1 / 2 sitzig)	78 km/h / 84 km/h
Geschwindigkeit max.	282 km/h
Profil	NACA 64,412

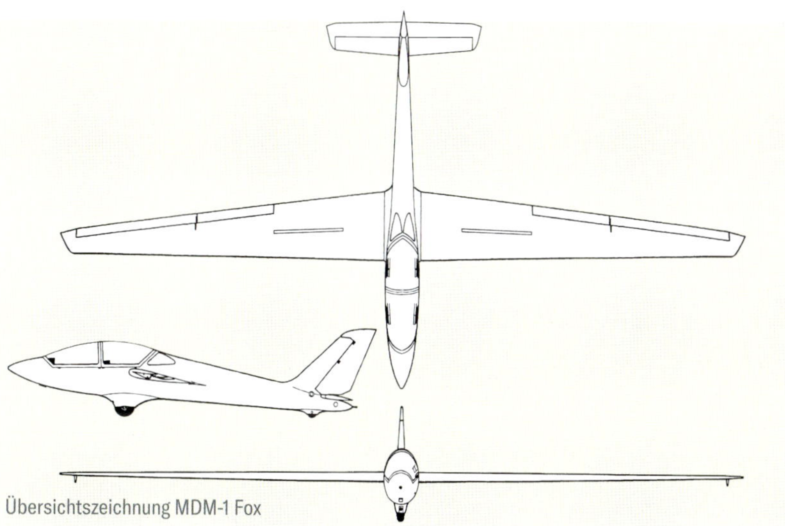

Übersichtszeichnung MDM-1 Fox

Duo Discus des Aeroclub Lübeck.

1993 - 2023

Duo Discus

Der als Nachfolger des Janus von Schempp-Hirth entwickelte Hochleistungsdoppelsitzer Duo Discus absolvierte seinen Erstflug im Jahre 1993. Führte der Janus noch ein gewisses Schattendasein, änderte sich dies mit dem Duo Discus vollkommen (bei Schempp-Hirth wählt Brigitte Holighaus die Namen der Flugzeuge aus). Um diese Konstruktion herum entwickelte sich Mitte der 90iger Jahre die Doppelsitzerklasse neu.

Der Duo Discus ist eine GFK-CFK Konstruktion mit einer Spannweite von 20 m. Er besitzt ein gedämpftes T-Leitwerk, einziehbares Fahrwerk, Schempp-Hirth Bremsklappen und Wasserballasttanks in den Flügeln für maximal 200 Liter Wasser.

Der Duo Discus hat sich sowohl im Vereins- als auch im Wettbewerbsbetrieb bewährt. Die Grundidee war, dass man mindestens mit der modernen Standardklasse mithalten kann. Tatsächlich wurden die Flugleistungen des Duo Discus etwas besser als die des Einsitzers.

Im Jahr 2005 kam die Version Duo Discus X, das Fahrwerk wurde nunmehr gefedert ausgelegt. Durch den Einsatz von Maughmer-Winglets wurden insbesondere die Kreisflug-Eigenschaften verbessert. Die Luftbremsen wurden um 4 cm nach vorne gelegt, die Stabilität der Flügel ist jetzt soweit erhöht, so dass auch einfacher Kunstflug und Trudeln möglich sind.

2007 kam der Duo Discus xl mit vergrößertem Platzangebot und technischen Verbesserungen sowie einem völlig neu konzipiertem Cockpit auf den Markt. Besonderheit sind die auftriebs- und widerstandserhöhenden Klappen, die gleichzeitig mit den Luftbremsen am Flügelende nach unten ausschlagen. Diese Kombination ermöglicht steile Landeanflüge, ohne dass ein starker Auftriebsverlust bei der Betätigung der Bremsklappen entsteht.

Der Rumpf ist im Cockpitbereich um 10 cm verlängert, der vordere Instrumentenpilz hochklappbar gestaltet, um so das Ein- und Aussteigen und einen eventuellen Notausstieg zu erleichtern.

Das gesteckte Ziel, bei dem überarbeiteten Entwurf den Komfort, die Bedienbarkeit sowie die Crash-Sicherheit zu erhöhen, wurde sehr gut erreicht. Mit der Verlagerung der 15 mm höheren Bremsklappen und ihrer damit einhergehenden höheren Wirksamkeit wurde die Zulassung für einfachen Kunstflug einschließlich Trudeln möglich.

Über alle Versionen blieb das Flügelprofil immer gleich.

Eine Version mit Klapptriebwerk als Heimkehrhilfe angeboten, der Duo Discus XLT. Angetrieben mit einem SOLO Zweitakter und 22 KW/30PS Leistung (Spritverbrauch 16 Liter/Stunde) ist das Handling des Triebwerks mit dem ILEC Bedienteil recht einfach.

Vom Duo Discus wurden bisher mehr als 700 Stück (alle Versionen) gebaut. Für Vereine ist der Doppelsitzer recht gut geeignet, da er beispielsweise bei schwacher Thermik zur Schulung eingesetzt werden kann, bei entsprechendem Wetter für den Streckensegelflug. Sofern Vereine einen Duo Discus besitzen, gehört er morgens zu den ersten, die aus der Halle geschoben werden und abends als das letzte wieder hineinkommen. ◂

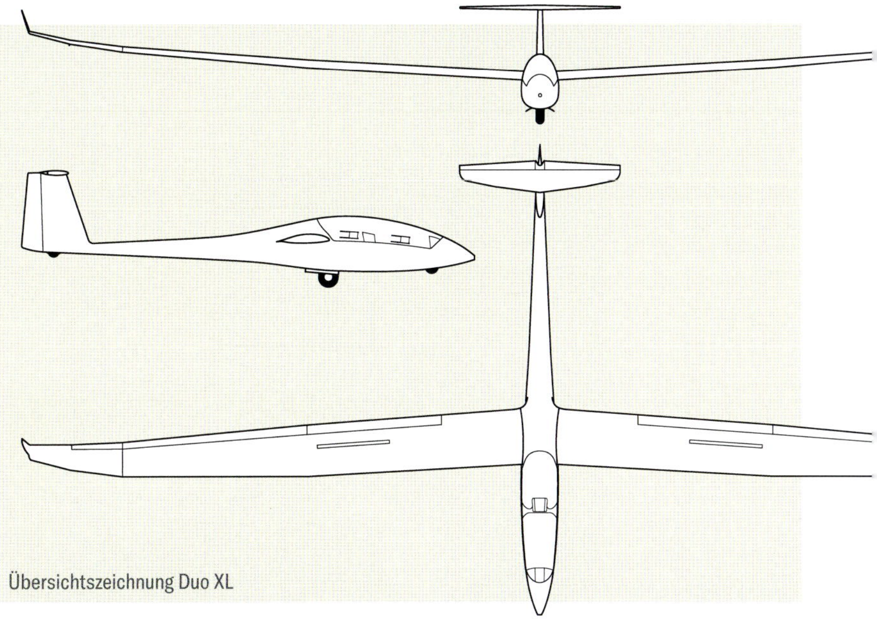

Übersichtszeichnung Duo XL

Baumuster	Duo Discus X	Duo Discus XL	Duo Discus XLT
Spannweite	20 m		
Flügelfläche	16,4 m^2		
Flügelstreckung	24,4		
Rumpflänge	8,62 m	8,73 m	8,73 m
Leermasse	420 kg	440 kg	490 kg
Max. Abflugmasse	750 kg		
Wasserballast	200 kg		
Flächenbelastung max.	42,7 kg/m^2	45,7 kg/m^2	45,7 kg/m^2
Flächenbelastung min.	29,3 kg/m^2	31,0 kg/m^2	34,1 kg/m^2
Höchstgeschwindigkeit	250 km/h	262 km/h	262 km/h
Geringstes Sinken	0,58 m/s	0,58 m/s	0,58 m/s
Gleitzahl	44	46 – 47	46 – 47

LS8 bis zur LS8 neo

1994 – 2023

Es ließ Wolf Lemke nicht los, auf Basis der Erfahrungen von LS6 und LS7 den Entwurf zehn Jahre später noch mal zu verbessern. Wie beschrieben waren deren Langsamflugeigenschaften bei nicht ausreichend vielen Piloten beliebt. Grundlegend an der LS8 ist der veränderte Einstellwinkel der Flügel der LS6c, allerdings ohne Wölbklappen. Das neue Segelflugzeug zeigte ein gegenüber seinen Vorläufern deutlich verbessertes Flugverhalten.

Insgesamt 4 Varianten der LS8 sind verfügbar. Letzte Entwicklung ist die Ausrüstung mit einer Heimweghilfe als Motorsegler (siehe unten). Während auf der einen Seite die LS8 auch in der Stückzahl an die Erfolge ihrer Vorgänger anknüpfte, ist sie auf der anderen Seite das letzte bei Rolladen-Schneider in Egelsbach gefertigte Segelflugzeug. Im Jahr 2003 übernahm DG Flugzeugbau die Fertigung der insolventen Firma und die Produktion ging nach Bruchsal über. DG Flugzeugbau integrierte die LS8 (wie ihren Nachfolger) nicht in die Produktlinie der DG Flugzeuge, sondern führt LS bis heute als eigene Marke fort.

Eine LS8-s oberhalb von Saint Crépin im Winter 2005. (Foto DG Flugzeugbau)

In der Standardklasse ist die LS8 überaus erfolgreich. Sie wird bei Piloten wegen ihres Handling – gerade auch im Langsamflugbereich – sehr geschätzt. In zahlreichen Wettbewerben war und ist sie bestimmend. Sie besitzt den charakteristischen Doppeltrapezflügel mit modifiziertem Wortmannprofil bei geknickter Vorder- und Hinterkante. Die Ruder besitzen automatische Anschlüsse und die doppelstöckigen Luftbremsen fahren auf der Oberseite der Karbon-Sandwich-Flächen aus. Der Gleitwinkel lässt sich im Landeanflug sehr gut steuern. Wird die Spannweite auf 18-Meter durch Anstecken der Flügelspitzen (kleinere Winglets) erhöht, erlebt man eine deutliche Anhebung der Flugleistungen. Der Wasserballast von maximal 190 Kilogramm in den Tragflächen benötigt einen Ausgleich im Ballasttank der Seitenflosse.

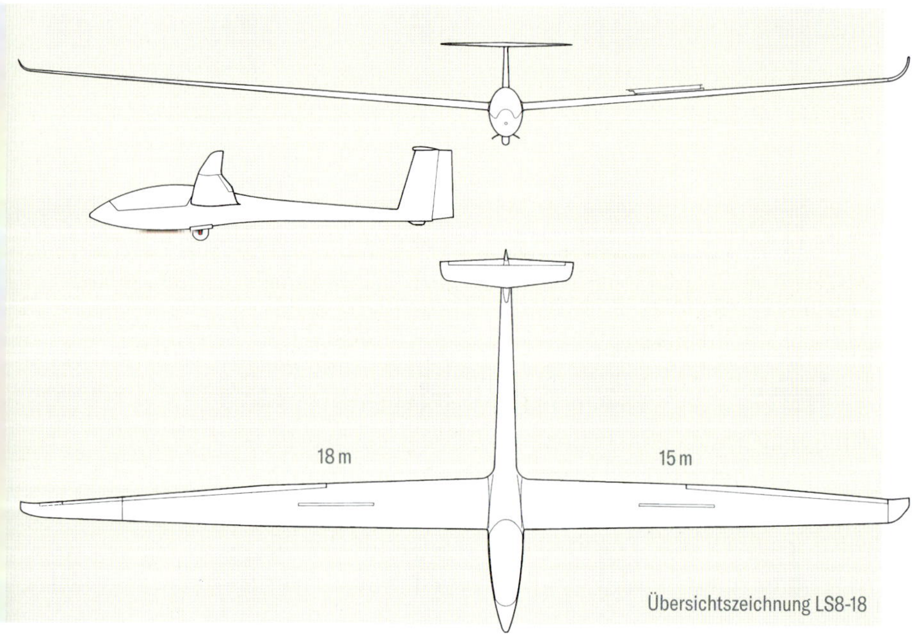

Übersichtszeichnung LS8-18

Mit der Übernahme von LS durch DG Flugzeugbau verbesserte sich das Finish der Flugzeuge. Es erfolgte eine konsequente Weiterentwicklung der LS8 zur LS8-s. Durch den verstärkten Flügel erhöhte sich die maximale Abflugmasse. Motorisiert (nicht eigenstartfähig) ist sie als LS8-st verfügbar, hier nahm DG einige Detailverbesserungen vor (z. B. größeres Rad). Der Motor wird nun mit bewährtem Spindelantrieb aus- und eingefahren, zur Motorsteuerung kommt das DEI zum Einsatz.

LS8 neo

2017 unternahm DG Flugzeugbau (heute DG Aviation) eine vollständige Revision der LS8. Der Anlass war der Wunsch von Holger Back und seiner Frau (er ist Geschäftsführer

Eine LS8-neo (15 Meter) mit den typischen neo-Winglets. (Foto DG Aviation)

der DG Aviation), selbst wieder privat eine LS8 zu kaufen. Zu dieser Zeit hatte er aber die LAK-17 mit dem FES System gesehen und dieser Wunsch trug so zum Entstehen der LS8-e wesentlich bei.

Gleich mehrere Änderungen fanden statt. So fand (in der Serie) das Sicherheitscockpit der LS10 Verwendung, der Sporn erhielt ein kleines Rad, von der LS8-s wurde das 15 Zoll Hauptrad übernommen. Alle technischen Änderungen früherer Serien flossen mit ein. Die neo-Winglets (es gibt sie mittlerweile für verschiedene Typen) sind in Größe und Profil dem jeweiligen speziellen Flugzeugtyp angepasst. Der Rumpf erhielt eine Mandl-Absaugung (sie erzeugt einen minimalen Unterdruck im Cockpit, die laminaren Störungen am Haubenspalt werden geringer) und das Instrumentenbrett wurde etwas größer gestaltet (z. B. für einen zweiten Rechner). Wesentlich ist jedoch der FES Antrieb in der Rumpfspitze. Andere motorisierte Versionen werden nicht mehr angeboten. Die beiden Akkus sind im Rumpf hinter der Holmverbindung untergebracht.

Der Antrieb ist im Flug sofort einsatzbereit und wird mit einer (meist nur geringen) Dauerleistung betrieben. Sobald die thermischen Verhältnisse wieder besser sind, wird er einfach ausgeschaltet und die beiden Propellerblätter legen sich am Bug an. ◂

Baumuster	LS8	LS8-s	LS8-e neo	LS8-neo
Spannweite	15 m	18 m	15 m	18 m
Länge	6,72 m	6,74 m	6,72 m	6,72 m
Flügelfläche	10,5 m^2	11,4 m^2	10,5 m^2	11,4 m^2
Höhe	1,33 m	1,33 m	0,8 m	0,8 m
Sitzplätze	1			
Streckung	21,4	28,38	21,4	28,38
Profil	Wortmann modifiziert			
Leergewicht	245 kg	285 kg	330 kg	340 kg
Max. Abflugmasse	525 kg	575 kg	525 kg	575 kg
Wasserballast	Max. 190 kg Flügel plus 7,5 kg Seitenleitwerk			
Max. Flächenbelastung	50 kg/m^2	50,4 kg/m^2	50 kg/m^2	50,4 kg/m^2
Min. Geschwindigkeit	69 km/h	70 km/h	69 km/h	70 km/h
Max. Geschwindigkeit	280 km/h			
Min. Sinken	0,59 cm/sec bei 73 km/h	0,51 cm/sec bei 85 km/h	0,59 cm/sec bei 73 km/h	0,51 cm/sec bei 85 km/h
Gleitzahl	43 b. 120 km/h	48 b. 100 km/h	43 b. 120 km/h	48 b. 100 km/h
Acro	nein			

Eine britische ASW 27b. (Wikipedia Jmcc150)

1995

ASW 27 B

Am 3 April 1995 startete ein neues Rennklasseflugzeug (FAI 15 m Klasse) zum Erstflug, die von der Fa. Schleicher nach den Plänen von Gerd Waibel gebaute ASW 27 B. Das Flugzeug ist der Nachfolger der ASW 20 in neuester Technologie, auf höchste Leistung ausgelegt.

Basierend auf dem Rumpf der ASW 24, jedoch mit einem verlängerten Cockpit und nur 9 m² Flügelfläche, wurde die ASW 27 kompromisslos für die damalige 15 m Rennklasse entworfen. Es wurde bewusst auf die Möglichkeit eines Triebwerkeinbaus verzichtet.

Durch den Einsatz neuester Fasertechnologie (Poly ethylenfaser, Aramid, Kohlefaser und GFK) entstand ein Rumpf mit einem Cockpit von sehr hoher Unfallsicherheit, obwohl das Gewicht zugleich deutlich reduziert werden konnte. Das Einziehfahrwerk mit hydraulischer Bremse ist in einem zum Rumpf hin luftdicht abgeschlossenen Kasten untergebracht und besitzt in der Knickstrebe eine Stauchzone für den Fall einer Überlastung.

Der Instrumentenpilz klappt zusammen mit der nach oben öffnenden Haube auf und erleichtert somit Aus- und Einstieg. Die Flüge sind zweiteilig und mit einem speziell für die ASH 26 E und die ASW 27B entwickelten Profil. Sie besitzen Wölbklappen sowie nach oben ausfahrbare dreiteilige Bremsklappen. An der Unterseite, im Bereich der Wölbklappen und der Querruder, befinden sich Blasturbulatoren.

Baumuster	ASW 27B
Spannweite	15 m
Flügelfläche	9 m^2
Flügelstreckung	25
Rumpflänge	6,55 m
Profil	DU 89-134 / 14
Leermasse	245 kg
Max. Abflugmasse	500 kg
Flächenbelastung max.	55,54 kg/m^2
Flächenbelastung min.	34 kg/m^2
Mindestgeschwindigkeit	70 km/h
Höchstgeschwindigkeit	285 km/h
Geringstes Sinken	0,52 m/s
Gleitzahl	48

Die im Flügel integrierten Wassertanks (2×77,5 kg) werden durch entsprechende Einfüllöffnungen auf der Flügeloberseite betankt. An den Flügelenden lassen sich Winglets von 0,45 m Höhe anbringen.

Sowohl das Querruder, das Höhenruder und die Brems- und Wölbklappen werden durch extrem leichtgängig gelagerte Stoßstangen angetrieben, was auch nach längeren Flügen keine Ermüdungserscheinungen beim Piloten auftreten lässt. Lediglich das Seitenruder wird konventionell durch Steuerseile betätigt. Die Ruder und Klappen sind in CFK Schalenbauweise gefertigt. Sie werden bei der Montage automatisch angeschlossen.

Mit einer ASW 27 gelang im Jahr 2003 dem Neuseeländer John Coutts der Sieg bei den Segelflugweltmeisterschaften in Leszno (Polen). ◂

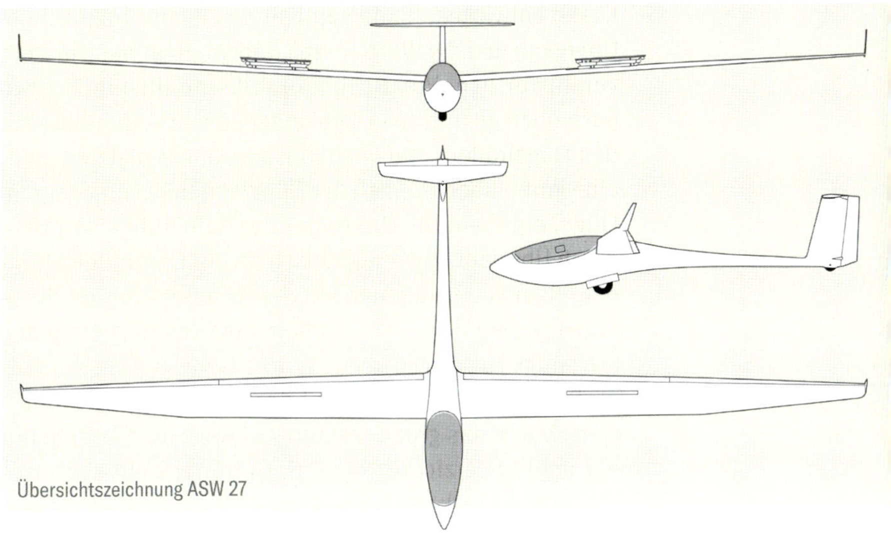

Übersichtszeichnung ASW 27

Natürlich kann man auch im Winter fliegen! Hier kommt eine DG 1000 S zur Landung. (Foto DG Flugzeugbau)

DG-1000 / DG-1001

2000

Erstflug der DG-1000 war am 27.7.2000. Als Nachfolger der DG-500 (DG-505) ist sie ein weiterer Doppelsitzer der DG Flugzeugbau und ihrem Chefkonstrukteur Wilhelm Dirks. Mit 20 Metern Spannweite ist sie ein in der Doppelsitzerklasse wettbewerbsfähiges Segelflugzeug. Daneben deckt sie mit der 18-Meter Version die Bereiche Schulung und Kunstflug ab. Wie bei DG üblich besitzt die Ursprungsversion eine ganzzahlige Typennummer, mit einer Revision wird diese dann um die erste Zahl erhöht. Im Flug- und Betriebshandbuch wird allerdings die originale Bezeichnung verwendet.

Mit der DG-1000 sollte ein deutlicher Leistungssprung erreicht werden. Das Profil der Tragflächen wurde in Braunschweig von Dr. Karl-Heinz Horstmann und Dipl. Ing. Hans

Köster entwickelt, für den optimierten Rumpf-Tragflächen-Übergang und die Winglets zeichnet M. Boermans in Delft verantwortlich. Von Besonderheit sind die um 15 Grad nach oben geknickten Flügelenden, die in Verbindung mit den Flügelrädern, die unterhalb des Knicks platziert sind, eine große Bodenfreiheit der Flügelenden bei abgelegtem Flügel ergeben. Die Querruder der Außenflügel kuppeln durch Überlappung automatisch an die Querruder der Innenflügel an. Zusammen mit den Winglets kommt diese Konstruktion dem Langsamflugverhalten innerhalb des Kreisflugs zugute.

Der ursprüngliche Rumpf der DG-505 wurde modifiziert. Durch das große einfahrbare Zentralrad konnte auf ein Bugrad verzichtet werden. Optional kann auch das Einziehfahrwerk mit Bugrad der DG-500 oder ein festes Fahrwerk mit Bugrad geliefert werden. Seit 2008 ist das große einfahrbare Zentralrad wahlweise mit elektrischer Betätigung lieferbar.

DG Flugzeugbau legt einen großen Wert auf die Sicherheitsausstattung der Segelflugzeuge und gutes Handling. So ist die DG-1000 mit dem sogenannten Piggott-Haken ausgerüstet, der ein unbeabsichtigtes Ausfahren der der Luftbremsen im Start verhindert. In der Seitenflosse befindet sich eine Trimmbox, dies ermöglicht eine exakte Abstimmung der Schwerpunktlage.

Trotz ihres recht hohen Gewichts ist die DG-1000 in der Luft handlich. Die Rollwendigkeit ist gut. Der hintere Sitz wurde etwas höher gelegt, so erhält der hintere Pilot eine sehr gute Sicht.

2004 kam die motorisierte Variante DG-1001T zu ihrem Erstflug. Ausgestattet mit einem ausfahrbaren luftgekühlten Zweizylinder-Zweitakt-Motor Solo 2350C (30 PS) ergibt sich eine praktische Heimkehrhilfe. Eine weitere Besonderheit ist, dass das Triebwerk zur Unterstützung des Flugzeugschlepps bei schwach motorisierten Schleppflugzeugen zusätzlich mit eingesetzt werden kann. Bereits zur Aero 2009 wurde in Friedrichshafen die DG-1001M mit einem leistungsstarken Motor Solo 2605-03 und elektronisch geregelter Kraftstoffeinspritzung vorgestellt.

Wie bei vielen Herstellern setzte sich auch bei DG Aviation der Trend zur Konsolidierung bestehender Konstruktionen verbunden mit einer konsequenteren Hervorhebung ihrer Potentiale durch. Die Flugzeuge werden „vereinstauglicher“, zeigen ein insgesamt gutmütigeres Flugverhalten und werden nicht mehr auf eine bestimmte

Baumuster	DG-1000	DG-1001Club neo	DG-1001s neo DG-1001e neo
Spannweite	18 m / 20 m	18 m	17,2 / 18 / 20 m
Länge	8,57 m	8,57 m	8,57 m
Rumpfhöhe	1 m	1,8 m	1,8 m
Flügelfläche	16,72 / 17,53 m²	16,72 m²	16,3 / 16,72 / 17,53 m²
Sitzplätze	2	2	2
Streckung	19,38 / 22,82	19,38	18,15 / 19,38 / 22,82
Leergewicht	411 / 415 kg	400 kg	400 / 410 / 415 kg
Wasserballast (plus 6,2 kg Seitenflossentank + 12 kg Trimmbox)	160 kg	160 kg	160 kg optional
Max. Fluggewicht	750 kg	750 kg / 650 kg Acro	750 / 750 / 790 kg
Max. Flächenbelastung	44,9 / 42,8 kg/m²	44,9 kg/m²	44,5 kg/m²
Beste Gleitzahl	42 bei 120 km/h 47 bei 123 km/h	42 bei 120 km/h	42 bei 120 km/h 47 bei 125 km/h
Min. Geschwindigkeit	66 / 64 km/h	67 km/h	66 / 67 / 68 km/h
Max. Geschwindigkeit	270 km/h	270 km/h	270 km/h
Geringstes Sinken	0,60 / 0,51 m/s	0,62 m/s	0,56 m/s
bei	84 / 79 km/h	86 km/h	88 km/h
Für Kunstflug zugelassen	Einfach	Einfach	Einfach / nein / nein

Geschwindigkeit und eng beschriebenen Rahmenbedingungen zugeschnitten. So kam 2009 eine überarbeitete Version als DG1001 in unterschiedlichen Variationen auf dem Markt. Alle Segelflugzeuge erhielten eine neue Version der Winglets (neo). Sie sind speziell auf das Profil und die Gesamtkonstruktion angepasst. Eine Clubversion besitzt eine Spannweite von 18 Metern, ein festes Rad sowie ein Bugrad. Sie ist in erster Linie für die Schulung im Vereinsbetrieb vorgesehen.

Die eigenstartfähige DG-1001M wurde dann ab April 2010 ausgeliefert. Auch von Grasgeländen ist ein Eigenstart sicher möglich. Praktisch sind das lenkbare Spornrad sowie die kleinen Räder an den Knickstellen der Außenflügeln, sie erleichtern das eigenständige Handling am Boden. Mit eingefahrenem Triebwerk ist sie ein echtes Segelflugzeug, die größere Flächenbelastung fordert etwas höhere Geschwindigkeiten.

Neben der Segelflugversion 1001s neo ist die 1001e neo verfügbar. Gleich drei unterschiedliche Spannweiten (17,2 m, 18,0 m und 20 m) werden angeboten. Für die 17,2 m Ausführung sind die Flügelenden in Acro-Ausführung. Die Spannweite kann mit veränderten Ansteckflächen (und neo-Winglets) angepasst werden. Ziel war ein Doppelsitzer, der so ziemlich alle Anforderungen im Segelflug abdecken kann und so das gesamte Spektrum abdeckt. Die Segelflugversion kann nachträglich mit einem FES-Antrieb nachgerüstet werden. Mit Einführung des elektrischen Antriebs stellte DG sämtliche verbrennerbetriebenen anderen Variationen ein. Der Motor selbst ist nahezu wartungsfrei und besitzt keine Lebensdauerbeschränkung.

Der FES-Antrieb ist von jedem der hintereinanderliegenden Sitzen voll bedienbar. Im Gegensatz zu einem Klapptriebwerk ist die Bedienung recht einfach. Obwohl wenn ein Eigenstart nicht möglich ist, können Flüge bei unzureichender Thermik ohne komplizierte Verfahren ausgedehnt werden. ◂

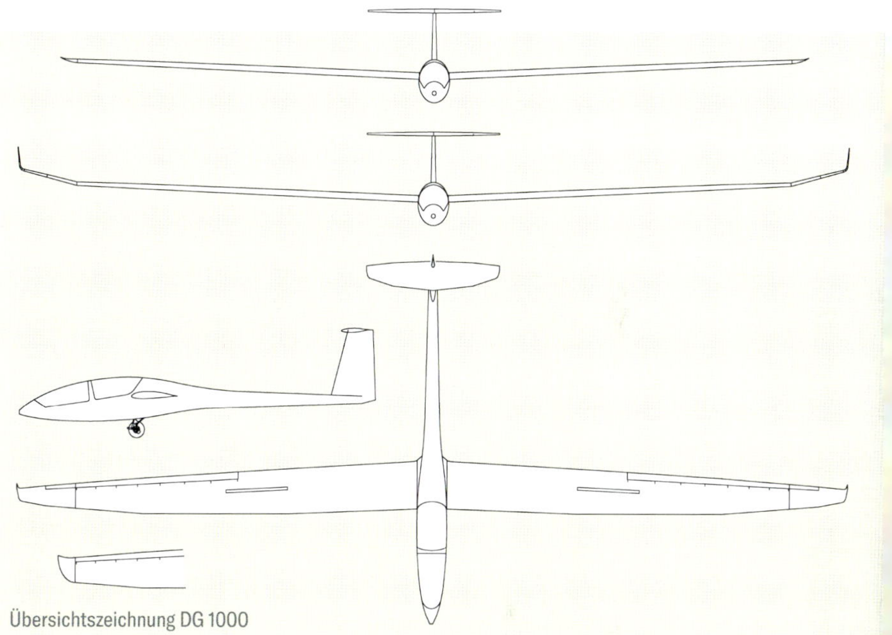

Übersichtszeichnung DG 1000

Eta Aircraft / Flugtechnik Leichtbau

2000

Die Eta war und ist ein anspruchsvolles Projekt. Ihre Geburtsstunde schlug, als Bruno Gantenbrink, Hans-Werner Grosse, Dr. Jan Krüger, Hartmut Lodes, Umberto Mantica und Erwin Müller aufgrund ihrer Vielzahl von Rekordflügen ein Segelflugzeug in Auftrag gaben, welches die Leistungsgrenzen neu stecken sollte. Der griechische Buchstabe eta (n) steht für die physikalische Bezeichnung des Wirkungsgrades. Einen besonders hohen sollte die Eta besitzen.

Unter Leitung von Dr. Reiner Kickert konstruierte das Ingenieurbüro Flugtechnik & Leichtbau in Braunschweig das bisher größte Segelflugzeug der Welt. Der Doppelsitzer ist eigenstartfähig und beeindruckt in seiner Eleganz und Ästhetik im Grenzbereich technischer Möglichkeiten.

Im Gegensatz zu den „klassischen“ Produzenten fand sich ein Entwickler- und Fertigungsteam zusammen: Für Rumpfbau, Holmgurte, Flügel und Endmontage war die Walter Binder Flugmotorenbau zuständig, der Bau der Flügel erfolgte durch Schmidt & Schatz in Roßwälden und die Steuerung lieferte Wolf-Hirth GmbH.

Der Erstflug erfolgte am 31.7.2000 in Cochstedt bei Magdeburg. Hans-Werner Grosse erhielt die Eta im September und flog noch im gleichen Jahr über 3000 Kilometer. Sechs Flugzeuge wurden gebaut, das Projekt war nicht für die Massenfertigung gedacht. Ein siebtes (Reserve-) Flügelpaar fand später in der Nimeta Verwendung. Bei der Konstruktion mussten vollkommen neue Wege erprobt werden, da die Eta die Grenzen bisheriger erzielbarer Festigkeiten damals überschritt. Spezielle Profile für Flügel und Leitwerk erforderten einen hochfesten Gurtbau durch Prepegs (Ausrichtung von Kohlefasern bereits bei

Die Eta von Hans-Werner Große auf dem Lübecker Flugplatz. (Wikipedia Britta Pulz 2007)

der Herstellung mittels Vortränkung in einem Harz-Härter-System) sowie eine besondere Torsionsfestigkeit für die Flügelschale. Es galt den Kreisflug in der Thermik zu optimieren. Bei einer so großen Spannweite macht sich die Geschwindigkeitsdifferenz zwischen kurvenäußerer und kurveninnerer Tragfläche besonders bemerkbar, wird doch in der Thermik mit geringeren Geschwindigkeiten geflogen.

Während auf der einen Seite durch die Verschlankung des Außenflügels der induzierte Widerstand verringert werden soll, führt dies genau im Kreisflug bei großen Spannweiten zu unangenehmen Flugeigenschaften, da der kurveninnere Flügel bei langsamen (beabsichtigten) Geschwindigkeiten) in den überzogenen Flugzustand geraten kann. Durch Erhöhung der Flügeltiefe im Außenbereich könnte dies ausgeglichen werden. Dies besondere Element wurde als Tiefensprung bei der Eta umgesetzt und bedingte unter anderem die zuvor geschilderten neu definierten Festigkeiten.

Extreme Ausmaße verursachen eine kritische Massenverteilung, bei jeder Bewegung um den Schwerpunkt treten unter Drehbeschleunigung erhebliche Kräfte auf. Bei der Trudelerprobung am 30. September 2003 ging die Eta nach etwas mehr als einer Umdrehung in eine Steilspirale, beim Ausleiten mit Gegenseitenruder brach der Rumpf kurz hinter dem Motorraum. Beide Piloten retteten sich mit dem Fallschirm. Der Bericht der Flugunfalluntersuchung kam zu dem Ergebnis, dass der Lastfall Gegenseitenruder im Schiebeflug bislang nicht in den Bauvorschriften enthalten war. In der Folge wurde der Rumpf verstärkt.

Die Flugleistungen sind oberhalb bisheriger vergleichbarer Segelflugzeuge. Nicht ganz erfüllt wurden die Erwartungen der Leistungen im Langsamflug. Es gelang aber, den Gesamtauftrieb zu verdoppeln, während der Widerstand darunterblieb. Die Flugerprobungen ergaben auch im Schnellflug Vorteile. So zeigt die Eta bei hoher Flächen-

Baumuster	Eta
Spannweite	30,90 m
Länge	9,84 m
Streckung	51,33
Rüstgewicht	650 kg
Maximale Abflugmasse (Zulassung)	850 kg
Flügelfläche	18,6 m^2
Max. Flächenbelastung	45,7 kg/m^2
Min. Geschwindigkeit	85 km/h (Wölbklappenstellung + 2)
Max. Geschwindigkeit	280 km/h
Gleitzahl	70 (unbestätigt)
Antrieb	Solo 2625 mit 47 kW / 64 PS

belastung gegenüber Rennklassenflugzeugen (die solche Flächenbelastung allerdings nie erreichen werden) deutliche Vorteile. So liegt das Eigensinken bei einer Fluggeschwindigkeit von 160 km/h bei 1m/sec.

Die Eta kam bei den Segelflugweltmeisterschaften 2003 in Leszno (Polen) zum Einsatz. Janusz Centka erzielte den zweiten Platz.◂

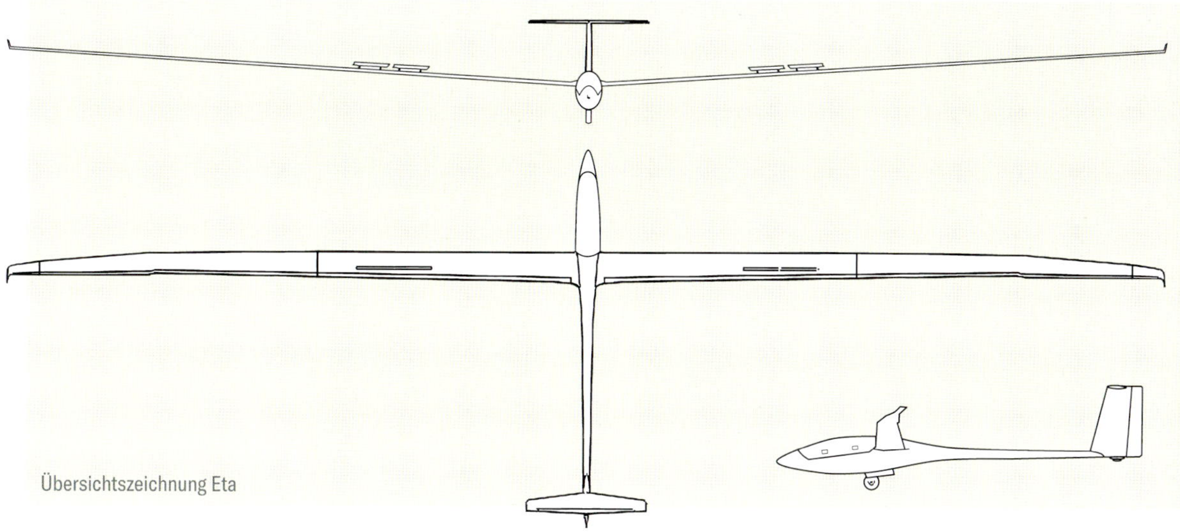

Übersichtszeichnung Eta

Antares 20E und Antares 21E

2003

Im Jahr 1999 baute Axel Lange zum ersten Mal in eine DG 800 einen elektrischen Antrieb ein. Damals musste der Antrieb dem Segelflugzeug angepasst werden. Mit der Antares 20E kam 2003 in Zweibrücken dann ein Flugzeug heraus, welches, bezogen auf den elektrischen Antrieb, optimiert, konstruiert und gebaut wurde. Bereits damals

Eine Antares 20E über der Steppe. (Foto Malte Bernhardt / Lange Aviation)

Die Antares 21E vor der Montagehalle in Zweibrücken.

Baumuster	Antares 20E	Antares 21E
Spannweite	20 m	21,5 m
Flügelfläche	12,6 m^2	12,9 m^2
Streckung	31,7	35,8
Rumpflänge	7,40	
Rumpfhöhe	1,61	
Leergewicht	475 kg	490 kg
Max. Abfluggewicht	660 kg	710 kg
Wasserballast	100 l	126 l
Min. Flächenbelastung	43,3 kg/m^2	43,4 kg/m^2
Max. Flächenbelastung	52,4 kg/m^2	55,0 kg/m^2
Min. Sinken	0,49 m/s	0,45 m/s
Höchstgeschwindigkeit	280 km/h	280 km/h
Gleitzahl	56	58
Motor	EM 42 DC bürstenlos 42 kW	

waren die Akkus so gut, dass die Antares 20E damit bis auf 3000 Meter steigen konnte. Die Produktion der Vorserien begann dann 2004.

Von Beginn an legte Lange Aviation einen großen Wert auf die funktionale Sicherheit der elektrischen Anlage einschließlich der Batterien (ED-79A/ARP4754A). Immerhin sind Akkus erheblich empfindlicher, als dies allgemein vermutet wird. Bereits Temperaturen außerhalb der zulässigen Toleranzen oder Überladungen (oder zu hohen Ladespannungen) können schnell zu nicht mehr zu stoppenden Kettenreaktionen führen.

Die Bedienung der Motorsteuerung ist bewusst einfach gehalten, so dass selbst bei großen Stress Fehlbedienungen ausgeschlossen sind. So wird eine zu Motortemperatur sowohl als Klartext im Bediendisplay („Motortemperatur zu hoch") und zugleich akustisch angesagt.

Lange Aviation setzt nicht auf FES Antriebe. Einen der Nachteile sieht man in der hohen Lautstärke (immerhin drehen sich die Blattspitzen bei 1 Meter Propellerdurchmesser mit mehr als 800 km/h). Die Lautstärke des Elektroantrieb bei Antares beträgt hingegen nur 48 dB(A). Der Durchmesser des Propellers beträgt 2 Meter. Hierbei bewegen sich die Blattspitzen etwa 400 km/h. Das Ergebnis ist ein sehr hoher Wirkungsgrad, der sich in einer effizienten Dauer- oder Steigleistung niederschlägt. Innerhalb von neun Sekunden fährt das Triebwerk aus und läuft. Seine Bedienung erfolgt mit nur einem Drehknopf. Die Drehzahl lässt sich sehr dosiert einstellen.

Es wäre aber falsch, die Innovation der Antares Flugzeuge auf den Antrieb zu reduzieren. Wichtig war die Optimierung der Profildicke nahe bei 12 %. Diese schlanken Flügel verfügen über einen hohen Auftriebsbeiwert, stellen aber zugleich hohe Anforderungen an die Bauweise. Das von Loek Boermans für die Antares 20E und 18S/T konstruierte aerodynamische Design führt im Bau zu verdrehsteifen Flügeln. Obwohl in der Flugerprobung bis 340 km/h erprobt, wurde die Höchstgeschwindigkeit auf 280 km/h begrenzt, weil die Konstruktion sehr schnell Fahrt aufnimmt.

Die Tragflächen weisen eine elliptische Auftriebsverteilung auf. Dabei reichen die Wölbklappen über die gesamte Spannweite. Mit einem zweiten Mischer werden die Querruder überlagert gesteuert. Lag die Gleitzahl bei der Antares 20E noch bei 56, ließ sie sich durch die zurückgepfeilten Außenflügel mit verändertem Profil bei der Antares 21E auf 57,5 steigern. Anders als viele andere Konstruktionen schlägt das Seitenruder nur bis 18 Grad aus, weil dies zu deutlich weniger Störungen beim Ein-

und Ausleiten zum Kreisflug führt. Trotzdem – oder genau deshalb – ist die Wenigkeit sehr gut. Verbunden mit der exzellenten Lüftung (Auslass am Heck) sind ermüdungsfreie, lange Flüge möglich. Die Haube ermöglicht eine sehr gute Sicht.

Der Motorsegler Antares 21E ist das erste EASA-zertifizierte Flugzeug mit Elektroantrieb und baut auf der 20E auf. Mit den neuen Batteriezellen RED.3 konnte die Leistung einer Akkuladung auf eine Steighöhe von 5600 Metern oder 380 km Reichweite gesteigert werden. Das Ladegerät ist bereits fest im Flugzeug verbaut. Mit der Antares 23E kam 2012 ein Segelflugzeug mit 23 Metern Spannweite und einer Gleitzahl von 60 auf den Markt.

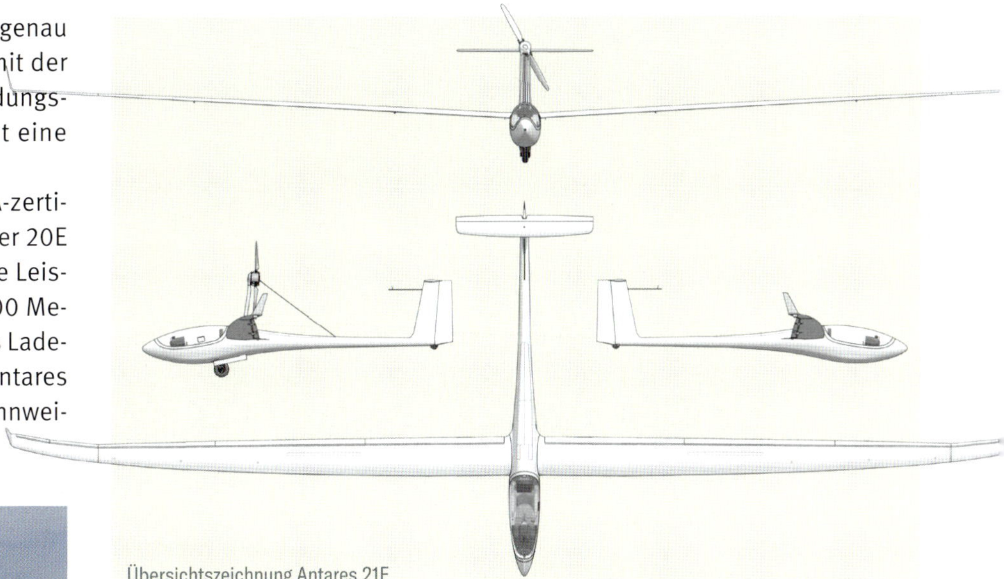

Übersichtszeichnung Antares 21E

Antares 23E mit ausgefahrenem Triebwerk auf dem schlanken aerodynamisch geformten Träger. (Foto Lange Aviation)

Bisher hat Lange Aviation etwa 100 Antares unterschiedlicher Baureihen ausgeliefert. Zurzeit werden pro Jahr drei neue Segelflugzeuge produziert. Axel Lange als Chefkonstrukteur entwickelte auf Basis der Antares 20E gemeinsam mit dem DLR die Antares DLR-H2 als wasserstoffbetriebenes Elektroflugzeug. Mit der E2 steht eine besondere Innovation vielleicht noch im Jahr 2023 an.

Der vielfache Weltrekordinhaber Klaus Ohlmann fliegt seit einiger Zeit eine Antares 20E. 2023 legte er über den Pyrenäen eine Strecke von 2000 Kilometer zurück. Am Heiligabend 2019 flog er mit einer Antares 23E über den Anden in Argentinien 2700 Kilometer. Spektakulär war sein Auftritt Ende 2016 in einem Werbevideo für VW mit einer Antares 23E. ◂

LS10

2003

Aus den Erfahrungen mit der LS6 entwickelten Wolf Lemke und „Micro" Scholz die LS10. Mit Übernahme von LS erhielt DG Flugzeugbau den Prototyp der LS10. Holger Back (heute Geschäftsführer bei DG) errang auf diesem Prototyp 2005 die Deutsche Meisterschaft in der 18 Meter Klasse. Am 19.5.2006 flog die bei DG hergestellte Werknummer 2. Alle LS10 sind bereits für den Einbau eines Triebwerks vorgesehen. Einige Verbesserungen wie die Umstellung der LS-typischen Fußbremse zur „klassischen" über den Bremsklappenhebel gesteuerten Trommelbremse wurden vorgenommen, die Montage der Außenflügel wurde erleichtert sowie der Rumpf-Flügel-Übergang verbessert. Übernommen wurde auch der „Piggott-Haken", der ein versehentliches Ausfahren nicht verriegelter Luftbremsen verhindert (eine große Gefahr beim Start).

Das Wölbklappenflugzeug LS10 ist als Hochleistungs- und Wettbewerbssegelflugzeug entwickelt. Mit Index 118 liegt sie in der hohen Klassifizierung der 18-Meter Klasse. Flügel und Holme sind aus CFK, der Rumpf aus CFK-GFK

Die LS 10 lässt den Wasserballast ab. (Foto DG Flugzeugbau)

Schalen. Die Haube ist einteilig. Eine Besonderheit ist das Wasserballastsystem, das mit einem zweigeteilten Hecktank eine Anpassung während des Fluges unter Beibehaltung des Schwerpunkts ermöglicht. Die Flügeltanks haben jeweils drei getrennte Kammern. ◂

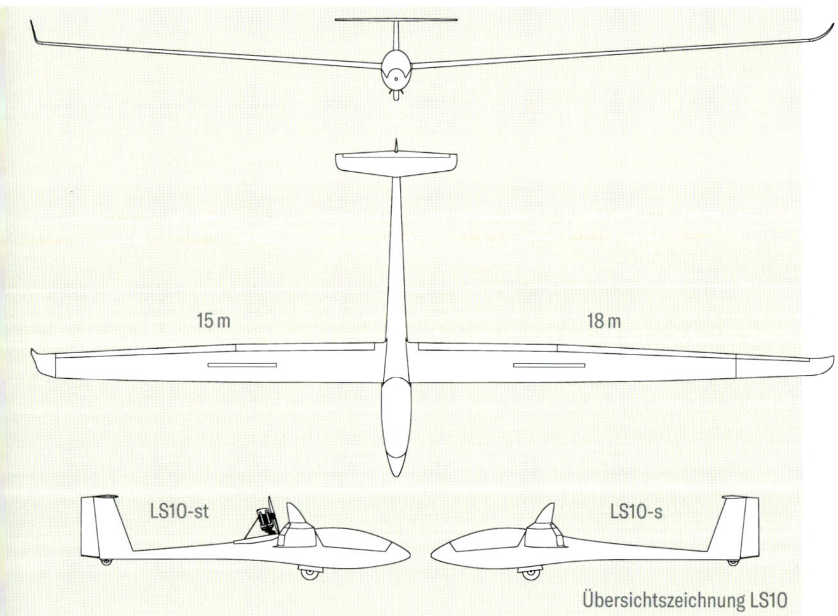

Übersichtszeichnung LS10

Baumuster	LS10-s	LS10-st
Spannweite	15 m	18 m
Länge	6,76 m	6,76 m
Flügelfläche	10,272 m^2	11,454 m^2
Höhe	0,81 m	0,81 m
Sitzplätze	1	1
Streckung	21,9	28,3
Profil	Wortmann modifiziert	Wortmann modifiziert
Leergewicht	282 kg	333 kg
Max. Abflugmasse	540 kg	600 kg
Wasserballast	Max. 197 kg	Max. 197 kg
Max. Flächenbelastung	52,6 kg/m^2	52,4 kg/m^2
Min. Geschwindigkeit	66 km/h	74 km/h
Max. Geschwindigkeit	280 km/h	280 km/h
Min. Sinken	0,58 cm/sec bei 90 km/h	0,49 cm/sec bei 85 km/h
Gleitzahl	45 bei 110 km/h	50 bei 100 km/h
Motor	–	Solo 2350
Kraftstoff	–	12 Liter
Acro	Einfacher Kunstflug	Einfacher Kunstflug

ASG 29

Von der Akaflieg Stuttgart kam Michael Greiner zu Alexander Schleicher Flugzeugbau. Auch wenn seine erste Eigenkonstruktion laut EASA Musterzulassung auf dem Kennblatt als ASW 27-18 geführt wird, war die Konstruktion weitaus mehr als die Erhöhung der Spannweite auf 18 Meter. Als Greiner zu Schleicher kam, hatten die Planungen für eine 18 Meter Version der ASW 28 bereits begonnen. Er griff dann auch nicht die Anregung von Gerhard Waibel (kurz vor dessen Ruhestand) auf, sondern sah eher die Möglichkeiten bei einem Rennklasseflugzeug wie der ASW 27. Genau so sahen es auch die Geschäftsführer des Unternehmens. Dies war der Startschuss für die ASG 29, ein Segelflugzeug, welches kompromisslos auf Wettbewerbe ausgelegt war.

Ihren Erstflug absolvierte das neue Segelflugzeug am 9. November 2005. Die Spannweite wurde nicht einfach verlängert, sondern es wurde ein komplett neues Profil der TU Delft verwendet. Wegen der grösseren Spannweite musste der Rumpf verstärkt werden, damit er die Kräfte des Leitwerks aufnehmen konnte. Das Seitenruder wurde etwas vergrößert. Die Steuerung der Wölbklappen wurde überarbeitet, schließlich sollte optimiert im Kreisflug mit maximalem Anstellwinkel geflogen werden. Die Ansteuerung der Luftbremsen, sie fahren nur nach oben aus, der Querruder und der Wölbklappen ist recht komplex, denn alles musste in dem dünnen Flügel (CFK und Kevlar) untergebracht werden. Zudem sind die Tragflächen vierteilig.

Obwohl die ASG 29 für FAI 18m Klasse konstruiert wurde, lässt sie sich dank des vierteiligen Flügels durch ein verkürztes Paar Außenflügel auf die 15m Klasse umrüsten. Beide Flügelversionen werden mit denselben, serienmäßig gelieferten, abnehmbaren 0,5 m hohen Winglets komplettiert.

Die Querruder reichen auch in der 18m Version bis fast an die Flügelspitzen. Querruder und Wölbklappen sind

Baumuster	ASG29-15	ASG 29-18
Spannweite	15 m	18 m
Flügelfläche	9,2 m^2	10,5 m^2
Flügelstreckung	24,4	30,4
Rumpflänge	6,585 m	
Leermasse	ca. 270 kg	ca. 280 kg
Max. Abflugmasse	550 kg	600 kg
Flächenbelastung max.	59,8 kg/m^2	57,1 kg/m^2
Flächenbelastung min.	37 kg/m^2	33 kg/m^2
Wasserbalast Flügel	170 l	170 l
Wasserbalast Rumpf	32 l	32 l
Höchstgeschwindigkeit	270 km/h	270 km/h
Gleitzahl	50	52

Eine ASG 29 auf dem Flugplatz Hahnweide. (Foto Dieter F. Heinlin Wikipedia)

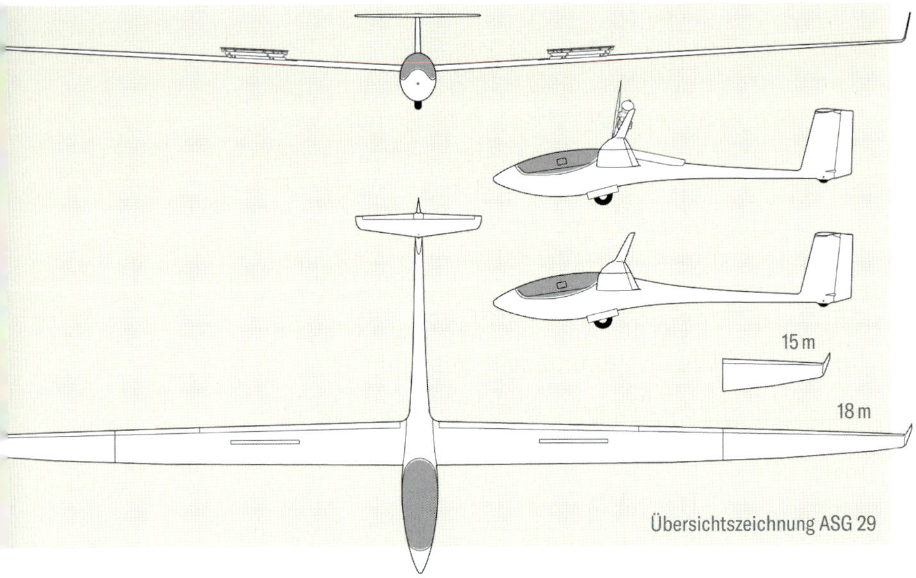

Übersichtszeichnung ASG 29

mit Blasturbulatoren und alle Schlitzabdeckungen mit „Mylarbändern“ versehen. Der Wasserballast wird über die Flügeloberseite eingefüllt. Optional kann ein Rumpfwassertank mit 32 l Inhalt geliefert werden. Ebenso kann die Seitenflosse des gedämpften T-Leitwerkes zur Schwerpunktoptimierung mit einem 5 l -Wassertank ausgestattet werden.

Die durch leichtgängig gelagerte Stoßstangen angetriebenen Ruder und Klappen werden bei der Montage zwangsweise angeschlossen. Das bei Schleicher übliche hochentwickelte Sicherheitscockpit hat eine nach oben aufklappbare Vollsichthaube, die beim Öffnen den Instrumentenpilz mit anhebt. Das einziehbare, gummigefederte Hauptrad ist mit einer hydraulischen Scheibenbremse ausgestattet.

Die ASG 29 erzielte bereits in ihrer ersten Saison bemerkenswerte Erfolge, sowohl in der 15 m– als auch in der 18 m – Klasse. Mehrfach belegten Piloten mit ihr bei Weltmeisterschaften die Siegerplätze, 2012 in Uvalde (USA) sogar die ersten drei Ränge in der 18 Meter Klasse.

Sie wird auch als ASG 29 E mit einem Klapptriebwerk als Heimkehrhilfe angeboten. Die Version ASG 29 Es verfügt zusätzlich über einen elektrischen Anlasser. ◂

2006 Von der JS1 Revelation zur JS3 Rapture

Der gemeinsame Traum „vom Fliegen“ der Brüder Uys und Attie Jonker führte sie nicht nur zur Teilnahme an Wettbewerben, sondern auch zur Konstruktion eines eigenen Entwurfs. Schon früh hatten sie ihren Vater zum Segelflugplatz begleitet und lernten noch das Fliegen auf K 7 und Kranich III. Der Prototyp der Jonker Sailplanes JS1 Revelation (= Offenbarung) startete am 12. Dezember 2006 zu seinen Jungfernflug mit Uys als Piloten. Das Datum hat-

Die schlanke JS1 Revelation ist im Endanflug und lässt das Wasser ab (Foto Jonker Sailplanes / Katrin Senne)

ten die Brüder bereits sechs Monate zuvor festgelegt. Uys sagte dazu: „Es war in den letzten Wochen sehr hektisch, das Segelflugzeug rechtzeitig fertigzustellen. Selbst am Tag des Erstfluges wurden noch an der Oberflächen geschliffen, Instrumente montiert und Mylar-Bänder angebracht. Aber es hat sich gelohnt – man kann das Gefühl des ersten Fluges nach so vielen Jahren der harten Arbeit nicht beschreiben!".

Verantwortlich für die Konstruktion des Einsitzers war Attie Jonker. In Zusammenarbeit mit Loek Boermans und seinem damaligen Aufbaustudenten Johan Bosman entstand ein Flügelprofil mit einer relativen Dicke von 12,7 Prozent. An der Wurzel beträgt diese Dicke nur 10 cm.

Das Segelflugzeug ist unter Verwendung von Kohlefaser-, Kevlar- und Glasfasergeweben gebaut. Der Flügel ist zweiteilig, alle Anschlüsse erfolgen automatisch. Die Winglets werden angesteckt. In der Version mit 21 Metern werden die Tragflächen mit je 1,5 m langen Außenstücken verlängert.

Vierzehn Jahre später hat Jonker Sailplanes weltweit mehr als 200 Segelflugzeuge ausgeliefert und ist damit weltweit drittgrößter Segelflugzeughersteller. Die südafrikanische Firma Jonker Sailplanes, mit ihrem Firmensitz auf dem Flugplatz in Potchefstroom, hat eine dynamische „Ideenwerkstadt", die mit Hilfe von 130 Mitarbeitern, fortlaufend Neuentwicklungen in den unterschiedlichen Wertungsklassen auf den Segelflugzeugmarkt bringen.

In der 18-Meter-Klasse erwies sich die JS 1 sofort als äußerst wettbewerbsfähiges Segelflugzeug. Im Jahr 2010 schaffte Uys Jonker mit der JS1 in der 18-Meter-Klasse den zweiten Platz, sein Bruder Attie den fünften.

Baumuster	JS1	JS1-C
Spannweite	18 m	21 m
Flügelfläche	11,1 m^2	12,25 m^2
Flügelstreckung	28,8	35,9
Rumpflänge	7,165 m	
Höhe	1,32 m	
Rüstgewicht	325 kg	340 kg
Wasserballast maximal	200 kg	
Höchstgewicht	600 kg	720 kg
Max. Flächenbelastung	53,6 kg/m^2	58,7 kg/m^2
Min. Flächenbelastung	34,1 kg/m^2	32,6 kg/m^2
Höchstgeschwindigkeit	290 km/h	270 km/h
Mindestgeschwindigkeit	75 km/h	
Geringstes Sinken	0,5 m/s	0,48 m/s
Gleitzahl	53	60

JS hat seitdem ständig kleine Produktverbesserungen vorgenommen und seit dem im Jahre 2014 vorgenommenen Umbau (neuer Außenflügel und Winglets) haben die JS1-Piloten ihre Überlegenheit in der Klasse gespürt. Aber die JS1 wird wahrscheinlich am ehesten als Segelflugzeug in Erinnerung bleiben, dass die Offene Klasse wiederbelebt hat – seit 2016 flogen mehr als die Hälfte der WGC Offene Klasse Piloten mit dieser „kleinen, agilen" JS1-C 21 m. Seit 2019 wird die JS1 nicht mehr gebaut.

Der Markt ist ständig in Bewegung und jeder wettbewerbsfähige Hersteller strebt an „der Beste" zu sein. Es war klar, dass die JS1, obwohl sie ein fantastisches Segelflugzeug ist, sowohl in der 18-Meter- als auch in der Offenen-Klasse entthront werden würde. Weitere kleine Anpassungen waren nicht mehr ausreichend, um mit der Konkurrenz mithalten zu können und es war klar ein komplett neues Produkt entwickeln zu müssen. Auf die JS1, die die Offene Klasse auf den Kopf gestellt hat, folgten zwei Geschwister: die JS2 Eigenstarter (ihr Erstflug geschah erst am 26. März 2021) und die agile JS3 15 m/18 m „Rapture".

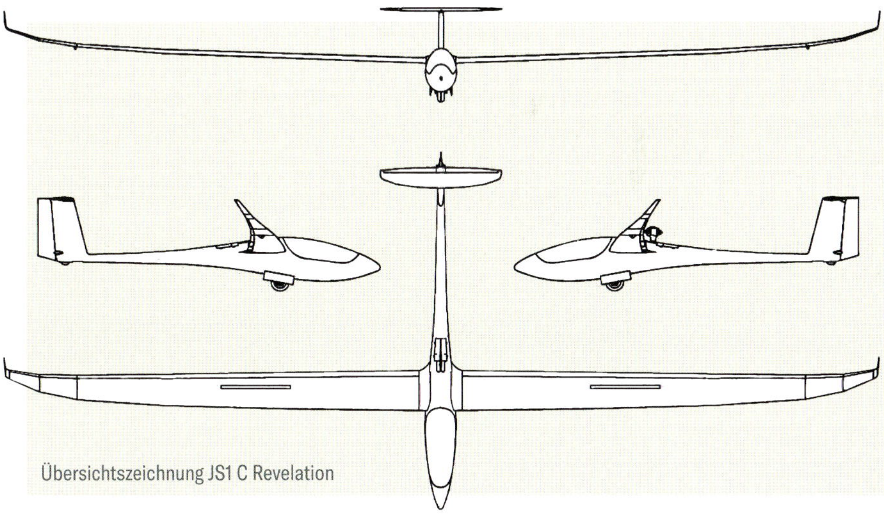

Übersichtszeichnung JS1 C Revelation

Nur neun Monate nach Fertigstellung des aerodynamischen Designs flogen die Brüder ersten beiden Prototypen mit 15 Meter Spannweite bereits bei der Segelflugweltmeisterschaft in Australien. Wenige Tage zuvor, am 12. Dezember 2016 hatte eine JS3 zum ersten Mal abgeboben.

Während die Brüder mit dem neuen Flugzeug noch im Mittelfeld des Wettbewerbs landeten, gewann in der offenen Klasse Russel Cheetham aus Großbritannien

Die JS2 Revenant beim Roll-Out. Das Spornrad ist angelenkt. Von Hartbelag kann dank der Flächenräder ohne Helfer gestartet werden. Triebwerk ist ein Solo 2625 02i Neo (Foto Jonker Sailplanes / Katrin Senne)

mit einer JS1-C (21 Meter). Die JS3 war aber von Beginn an darauf ausgelegt, die Messlatte insbesondere in der 18-Meter-Klasse neu zu setzen. Mit dieser Version trat die JS3 erstmals 2018 in Hosin, Tschechische Republik, bei einer Weltmeisterschaft auf. Schaffte sie es damals nur bis zum dritten Platz, kehrte sich dies 2022 vollkommen um. Gleich die ersten sechs Plätze nahmen Piloten mit ihrer JS3 ein. Von 42 Startern flogen 21 mit Versionen der JS3.! Bei der Weltmeisterschaft der Frauen im Januar 2020 (Lake Keepit / Australien) belegten die JS3-Pilotinnen alle drei 18-Meter-Podiumsplätze. Der aktuelle Geschwindigkeitsrekord über ein FAI-Dreieck von 1250 Kilometern liegt bei 166 km/h, gehalten von einer JS3 Rapture.

Baumuster	JS3	JS3
Spannweite	15 m	18 m
Flügelfläche	8,75 m^2	9,95 m^2
Flügelstreckung	25,4	32,8
Rumpflänge	6,86 m	
Höhe	1,22 m	
Rüstgewicht	284 kg	296 kg
Wasserballast maximal	150 kg	184
Höchstgewicht	525 kg	600 kg
Max. Flächenbelastung	60 kg/m^2	60,3 kg/m^2
Min. Flächenbelastung	40 kg/m^2	37 kg/m^2
Höchstgeschwindigkeit	280 km/h	280 km/h
Mindestgeschwindigkeit	75 km/h	
Geringstes Sinken	0,54 m/s	0,49 m/s
Gleitzahl	50	57

Die JS3 Rapture mit Jettriebwerk begleitet von zwei AT-6. (Foto Jonker Sailplanes / Katrin Senne)

Die ersichtlichste und auch ausschlaggebendste Verbesserung bei der JS3 ist die hohe Flügelposition der JS3. Diese Geometrie hat einen positiven Einfluss auf das laminare Strömungsprofil nahe am Rumpf mit weniger allgemeinen Störeinflüssen. Das Ergebnis ist eine verminderte Strömungstrennung auf der Flügeloberseite. Die hohe Flächenbelastung (wenn mit Wasser geladen) in Kombination mit einem auf Hochleistung getrimmten Rumpf, verleiht der JS3 ihre Dominanz im hohen Geschwindigkeitsbereich. Die signifikante Reduzierung des Widerstandes und die effektiv größere Flügelfläche des hohen Flügelansatzes verbesserten auch deutlich die Langsamflugeigenschaften. Somit liefert die JS3 auch noch hervorragenden Steigeigenschaften bei sehr schwacher Thermik und hoher Flächenbelastung.

In Deutschland werden die Flugzeuge über M&D Flugzeugbau für die EASA zugelassen. Sowohl für die JS2 sowie die JS3 wird ein ausfahrbares Jettriebwerk (Jet TJ-42) als Heimkehrhilfe angeboten. Sie steht neben einer eigenstartfähige elektrisch angetriebenen Variante mit Klapptriebwerk und der reinen Segelflugversionen. ◂

Gleich drei Stück auf einmal: Allstar SZD-54-2 in der Abendsonne. (Bild SZD, Pitor Kostur)

SZD-54-2 Perkoz

2007

Die Allstar SZD-54-2 Perkoz (= Haubentaucher) ist ein zweisitziges GFK Segelflugzeug für Schulung, Kunstflug, Leistungsflug und Wolkenflug des polnischen Herstellers Allstar PZL Glider (ehem. PZL Bielsko). Die Spannweite kann zwischen 17,5 Meter oder 20 Meter variiert werden. Das Segelflugzeug ist in der kurzen Spannweite mit Randbögen uneingeschränkt kunstflugtauglich und für Figuren der Advanced-Klasse als auch der Unlimited-Klasse zugelassen. Für die Segelflugschulung wird der kurze Flügel (17,5 Meter) mit Winglets ergänzt. Die SZD-54-2 Perkoz will seine Verwandtschaft mit der SZD-50-3 Puchacz nicht leugnen und ist auch das Nachfolgemodell des weit verbreiteten Schulungsdoppelsitzers.

Die Planungen begannen schon in den achtziger Jahren, federführend war wie schon beim Puchacz Adam Meus. Ziel war ein universell einsetzbares Segelflugzeug zu entwickeln, welches sowohl Schulung, Strecken- und Kunstflug abdeckt. Der Prototyp flog am 8. Mai 1999. Als aber bei SZD das Konkursverfahren eröffnet wurde, zog sich die Zulassung in die Länge. Auf Initiative von Bernd Hager wurde 2002 Allstar PZL Glider Ltd. gegründet. Ihm war wichtig, sowohl Know-how als auch die Produkti-

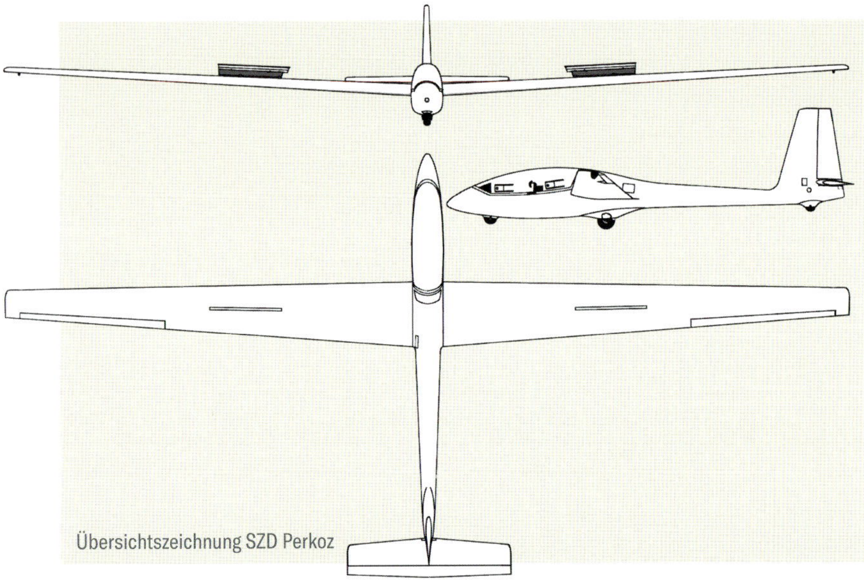

Übersichtszeichnung SZD Perkoz

Baumuster	SZD-54-2, Kunstflugversion	SZD-54-2, Streckenflugversion
Spannweite	17,5 m	20,0 m
Länge	8,44 m	8,44 m
Höhe	2,05	2,05
Flügelfläche	16,36 m^2	17,30 m^2
Streckung	18,7	23,13
Leermasse	375 kg	380 kg
Max. Startmasse	590 kg	615 kg
Flächenbelastung	36,1 kg/m^2	35,5 kg/m^2
Geringstes Sinken	0,80 m/s bei 90 km/h	0,68 m/s bei 88 km/h
Mindestgeschwindigkeit VS	69 km/h	67 km/h
Höchstgeschwindigkeit VNE	269 km/h	244 km/h
Lastvielfache	+ 7,0/– 5,0g*	+ 5,3/– 2,65g
Gleitzahl	38 bei 110 km/h	42 bei 105 km/h

onsstätten von SZD zu erhalten. Der Beitritt Polens zur EU stand für 2004 bevor und so wurden die EASA Bauvorschriften übernommen und die Entwicklungsarbeiten konnten fortgesetzt werden. Somit entstand ein vollkommen neues Segelflugzeug. Als einziger Doppelsitzer erfüllte der Perkoz eine nachgewiesene Crashsicherheit von 16 g.

Erstflug war am 2. April 2007. Bis auf wenige Teile ist das Segelflugzeug vollkommen mit glasfaserverstärktem Kunststoff (GFK) gebaut. Die Flügel sind zweiteilig, vom Jantar Standard wurde das laminare Profil N-88 verwendet. Im Gegensatz zum vorgepfeilten Puchacz sind die Flügel um 0,7 Grad nach hinten gepfeilt. Das große, gut gefederte Hauptrad ist gebremst und verfügt daneben über ein Bug- und ein Spornrad. Die gutmütigen Flugeigenschaften bleiben über den gesamten Geschwindigkeitsbereich erhalten. Die Handkräfte sind selbst im Flugzeugschlepp nicht groß und die Rollwendigkeit ist für einen Doppelsitzer (selbst mit 20 Meter Spannweite) gut. Einsitzig geflogen liegt die Mindestgeschwindigkeit bei 62 km/h, im Sackflug lässt sich das Flugzeug gut halten. Mit dem Perkoz lässt sich sehr gut in der Gefahreneinweisung trudeln üben, er dreht nicht nach und verhält sich lehrbuchmäßig.

Der große einteilige Haube öffnet nach rechts. Die Sicht ist auf dem vorderen Sitz gut, der Haubenrahmen schränkt auf dem hinteren Sitz die Sicht auf die Flügel ein (ungünstig für den Kunstflug). Die Instrumentenbretter vorne und hinten sind fest verbaut. Selbst große Piloten finden ausreichend Platz. In der Acro-Version sind mit dem Perkoz sogar gerissene und gestoßene Figuren möglich.

Die Allstar SZD-54-2 Perkoz ist ein vereinstaugliches Flugzeug, es deckt das komplette Spektrum des Segelflugs ab. ◂

2009 Arcus

Als der Schempp-Hirth Arcus als Doppelsitzer in der offenen Klasse mit seinen 20 Meter Spannweite debütierte, war er so etwas wie ein Wendepunkt im Segelflug. Die neuesten aerodynamischen Forschungen wurden in ein Flugzeug integriert, welches in der Gleitleistung, insbesondere bei höheren Geschwindigkeiten, gleichwertig oder besser war als ältere Flugzeuge der offenen Klasse, wie zum Beispiel Nimbus 4 oder ASH 25. Seine Agilität in der Luft war herausragend und auf dem Flugplatz war der Arcus weitaus handlicher war als die „alten" Riesen.

Grundüberlegung war der Wunsch vieler zahlungskräftiger Kunden, einen Doppelsitzer zu erhalten, der auf der einen Seite mit den Qualitäten eines Duo Discus aufwartet, zugleich aber Leistungen der offenen Klasse aufweist. Auch sollte ein motorisierter Doppelsitzer eigenstartfähig sein. Diese Anforderungen ließen sich aber

Der Doppelsitzer Arcus M. (Foto Schempp-Hirth)

nicht auf den Duo Discus übertragen, denn für ein so großes und schweres Segelflugzeug wären Wölbklappen erforderlich gewesen. Der Erstflug des Arcus fand am 7. April 2009 statt.

Der Doppelsitzer verfügt über einen vierteiligen Tragflügel mit Winglets. Der Grundriss ist ein vierfaches Trapez, die Schempp-Hirth- Bremsklappen fahren dreistöckig auf der Oberseite aus. Während das erste Trapez noch leicht nach vorne gepfeilt ist, geht die Form ab dem zweiten Stück in eine rückgepfeilte Flügelvorderkante über. Mit einem solchen Flügel-Bogen macht der Arcus (lat. Bogen) seinem Namen alle Ehre. Über die komplette Spannweite wirken die Wölbklappen (sieben Stellungen) als Querruder. Die im Flug gezeigte Wendigkeit erwartet man eher von einem Einsitzer. Der Arcus lässt sich auch in schmalen Thermikbärten gut zentrieren und eng kurven.

Sogar Kunstflug wie Looping, Turn, Lazy Eight sind zugelassen, Trudeln ebenfalls, allerdings nur ohne Wasserballast und bei Wölbklappenstellung null.

Der Rumpf wird wie beim Nimbus-4DM oder Duo-Discus-xl, ganz als L-Cockpit gestaltet und damit auf hohe Sicherheit und optimale Ergonomie ausgelegt. Das große Platzangebot und das vom Duo Discus-xl übernommene gefederte Fahrwerk bieten die Gewähr für einen hohen Komfort. Weil das Spornrad mit dem Seitenruder angelenkt wird, ist der Arcus M am Boden gut zu handhaben.

Die Eckdaten für die Flugleistungen waren von Beginn an vielversprechend. Gleich im Juni 2009 gewannen in Aalen Christoph Geissler und Christoph Wannenmacher die Deutsche Meisterschaft in der Doppelsitzerklasse. Neben der Segelflugversion gibt es einen nicht eigenstartfähigen Turbo, den eigenstartfähigen Arcus M sowie einen eigenstartfähigen Elektroantrieb (Arcus E). Dieser ist derzeit nicht mehr im Angebot.

2019 präsentierte Schempp-Hirth auf der AERO in Friedrichshafen eine überarbeitete Version. In Zusammenarbeit mit Dr. Mark Maughmer (Pennsylvania State Univer-

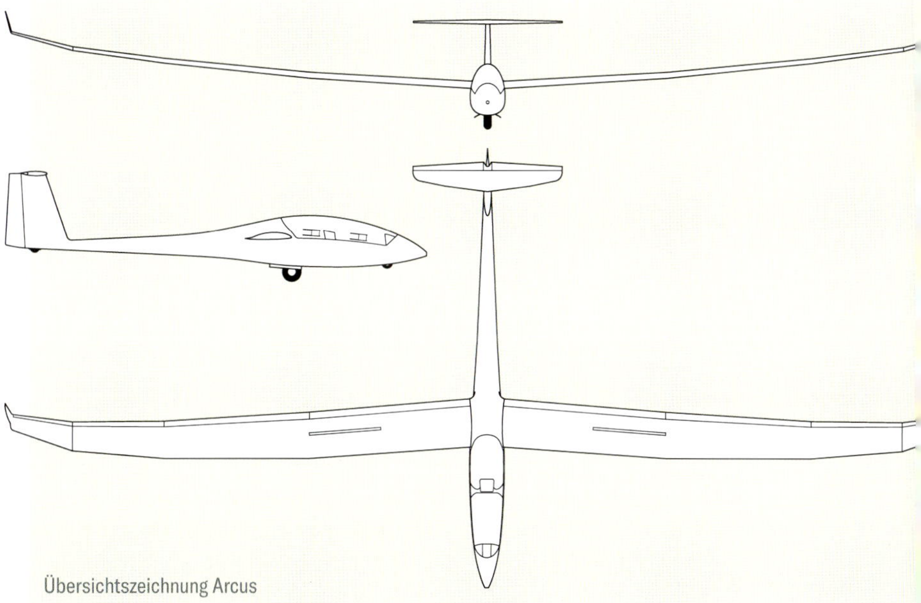

Übersichtszeichnung Arcus

Baumuster	Arcus	Arcus T	Arcus M	Arcus E
Spannweite	20 m	20 m	20 m	20 m
Flügelfläche	15,6 m^2	15,6 m^2	15,6 m^2	15,6 m^2
Flügelstreckung	25,64	25,64	25,64	25,64
Rumpflänge	8,73 m	8,73 m	8,73 m	8,73 m
Leermasse	420 (450) kg	485 (510) kg	550 (560) kg	610 kg
Max. Abflugmasse	750 (850) kg	800 (850) kg	800 (850) kg	810 kg
Flächenbelastung minimal	31,4 (33,3) kg/m^2	35,6 (37,2) kg/m^2	39,7 (40,4)kg/m^2	43,6 kg/m^2
Flächenbelastung maximal	48,1 (54,5) kg/m^2	51,3 (54,5) kg/m^2	51,3 (54,5) kg/m^2	51,9 kg/m^2
Mindestfahrt (Klappen + 2 ohne Triebwerk, 800 kg)	82 km/h	82 km/h	82 km/h	82 km/h
Höchstgeschwindigkeit	280 km/h	280 km/h	280 km/h	280 km/h
Leistung Triebwerk		22 kW	52 KW	42 kW
Gleitzahl	ca. 50	ca. 50	ca. 50	ca. 50
(Werte in Klammern seit 2019)				

sity) entstanden neue Winglets, die unter anderem zu einer Leistungsverbesserung beitragen. Das Leitwerk wurde komplett überarbeitet, die veränderte Version ist nun kleiner, dünner und besitzt so weniger Widerstand. Das Fahrwerk wird nunmehr elektrisch bedient.

Am 16. Juni 2023 führten Gorden Boettger und sein Co-Pilot Bruce Campbell einen Streckenflug entlang den Höhenzügen der Sierra Nevada (allerdings mit Nachsichtbrillen während der Dunkelheit) über 3058 Kilometer mit einem Arcus J (Jettriebwerk) in den USA durch. ◂

2009

EB29

Nachdem der Familienbetrieb Binder Motorenbau so erfolgreich mit der EB28 und der EB28 edition gewesen war, entwickelte man in Ostheim vor der Rhön einen eigenstartfähigen Einsitzer mit einem neuen Rumpf. Verwendet wurde der Flügel der EB28 edition. Mit nunmehr drei austauschbaren Außenflügeln sind Spannweiten zwischen 25,3 Metern und 29,3 Metern möglich. Die Streckung (Verhältnis Flügelfläche zu Spannweite) stieg bis auf 51,1.

Das Fahrwerk ist elektrisch einfahrbar, der Instrumentenpilz klappt mit der nach vorne öffnenden Haube nach oben. Der in Halbschalen hergestellte Rumpf besteht aus wie bei der EB28 hochdichten Kohlefasern und Kevlargeweben.

Am 10. September 2009 hob der Prototyp von Flugfeld in Büchig ab. Die Entwicklung ging aber weiter, denn selbst mit Maximalmasse steigt die EB29 sehr gut in der Thermik. Man verlängerte den Rumpf im Bereich des Cockpits um 25 cm und schuf so Platz für einen zweiten Sitz. Dieser liegt aber zum Teil im Rumpf, die Sicht nach oben ist etwas eingeschränkt. Ein wenig eng geht es im Cockpit zu, so liegen die Beine des Copiloten eben dem Sitz für Piloten. Walter Binder bezeichnete diese Konstruktion als 1,5 Sitzer. Die Triebwerksbedienung ist nur vom vorderen Sitz möglich. Interessant ist das Grundkonzept deshalb, weil identische Tragflächen sowohl für einen Einsitzer wie auch einen Doppelsitzer verwendet werden können. Dies stellt natürlich besondere Anforderungen an die Entwicklung, reduziert jedoch den Aufwand (z. B. müssen weniger Formen verwendet werden).

Walter Binder pflegt aber seine Modelle laufend weiter. So wurde der komplette Flügel 2016 überarbeitet. Das Profil wurde auf eine vollkommen neue Flügelgeometrie angewendet. Nochmals gelang es die Flügelfläche zu verkleinern sowie die Bauhöhe des Flügels zu verringern. Obwohl die guten Kreisflugeigenschaften beibehalten werden konnten, ergab sich eine Leistungssteigerung im hohen Geschwindigkeitsbereich. Über die gesamte Spannweite verringert eine Ausblasung an Wölbklappen und Querru-

Baumuster	EB29	EB29D	EB29DE	EB29R / EB29DR
Erstflug	10. September 2009	28. Mai 2013	12. November 2012	
Besatzung	1	2		1 / 2
Rumpflänge	8 m	8,25 m		8 m / 8,32 m
Spannweite	25,3 m / 28,3 m / 29,3 m	25,3 m / 28,3 m	25,3 m / 28,3 m	28,0 m
Höhe	1,80 m	1,76 m	1,80 m	1,80 m / 1,76 m
Flügelfläche	15,4 m^2 / 16,5 m^2 / 16,8 m^2	15,4 m^2 / 16,5 m^2	15,4 m^2 / 16,5 m^2	14,9 m^2
Flügelstreckung	41,6 / 48,5 / 51	41,6 / 48,5	41,6 / 48,5	52,62
Beste Gleitzahl	ca. 63 / ca. 66 / ca. 68	ca. 63 / ca. 66	ca. 63 / ca. 66	ca. 63 / ca. 66
Leermasse plus Mindestausrüstung	ca. 580 kg / ca. 580 kg / ca. 580 kg	ca. 570 kg / ca. 580 kg	ca. 690 kg / ca. 700 kg	ca. 610 kg / ca. 615 kg
Max. Startmasse	900 kg	850 kg	900 kg	850 kg
Max. Flächenbelastung	58,5 kg/m^2 / 54,5 kg/m^2 / 53,6 kg/m^2	55,2 kg/m^2 / 51,5 kg/m^2	55,2 kg/m^2 / 51,5 kg/m^2	57,5 kg/m^2
Höchstgeschwindigkeit	270 km/h	280 km/h	280 km/h	270 km/h
Triebwerk	Solo 2625 02, 47 kW (64 PS)		Emrax UHP LC, max. 52 kW (70 PS)	Solo 2625 02, 47 kW (64 PS)

Die EB29DR gleich mehrfach auf dem Flugfeld. (Bild Binder Flugmotoren- und Flugzeugbau)

dern die turbulente Strömung. Hinter einem Zackenband auf der Unterseite befinden sich NACA-Einlässe für die einströmende Luft. Diese Luft strömt dann durch kleinste Löcher in den Rudern beschleunigt wieder aus.

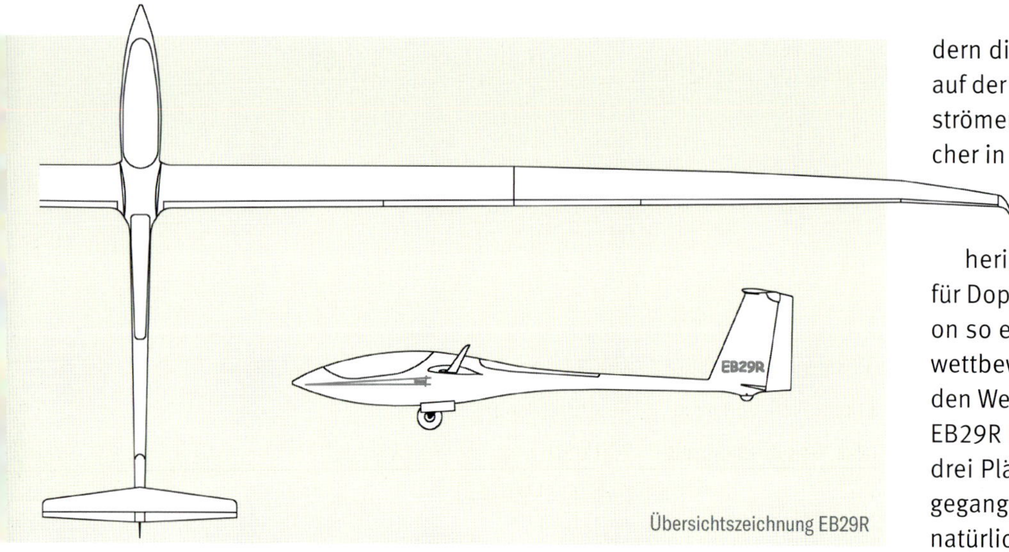

Übersichtszeichnung EB29R

Mit diesem leistungsoptimierten R-Flügel (das R steht für „Racing“) wird aus den bisherigen EB29 Flugzeugen eine EB29R (entsprechend für Doppelsitzer). Tatsächlich hat Binder mit dieser Version so etwas wie ein Formel-1 Flugzeug für die Segelflugwettbewerbe geschaffen. Die Dominanz zum Beispiel bei den Weltmeisterschaften ist überzeugend. So belegte die EB29R bei der WM 2018 in Hosin (Tschechien) die ersten drei Plätze, bei der kurz vor Redaktionsschluss zu Ende gegangenen EM in Leszno (Polen) gewann Markus Frank – natürlich mit einer EB29R. ◂

2009 Nimeta

Dass er eine Eta besaß, war Bruno Gantenbrink nicht genug. Der erfolgreiche Geschäftsmann aus Menden im Sauerland gewann 1989 die Segelflugweltmeisterschaft in der Wiener Neustadt mit einem Ventus c. Drei Jahre zuvor wurde er bereits Europameister in der Standardklasse und 1994 in der offenen Klasse mit einem Nimbus 4.

Die Nimeta verwendet die Tragflächen der Eta in Verbindung mit dem Rumpf des Nimbus 4. Das Seitenleit-

Die modifizierte Nimeta mit den schlankeren Außenflügeln. (Wikipedia Juergen Lehle)

werk wurde um etwa 20 % vergrößert, denn die Spannweite ist mit 30,90 Meter gewaltig und entspricht einer B 737-100. Für die Nimeta fand das als siebtes zusätzlich produzierte Flügelpaar der Eta Verwendung. Hergestellt wurde das Segelflugzeug in zweijähriger Bauzeit bei Glasfaser Flugzeug Service GmbH Hansjörg Streifeneder. Am 21. Juli 2009 hob Bruno Gantenbrink zum zweistündigen Erstflug mit der Nimeta ab.

Das Flug- und Betriebshandbuch enthält die folgenden Angaben:
„Die eta N4 ist ein Schulterdecker mit gedämpftem T-Leitwerk und gefedertem Einziehfahrwerk mit hydraulischer Scheibenbremse. Die Haube ist einteilig und nach vorn aufstellbar. Der CFK-Rumpf ist im Cockpitbereich mit Aramid- und Glasfaser für eine hohe Arbeitsaufnahme verstärkt. Der Flügel verfügt über Hinterkantenklappen, die über die ganze Spannweite reichen und eine Profiloptimierung bezüglich des Widerstandes über der Fluggeschwindigkeit erlauben. In der Landestellung schlagen diese Klappen so aus, dass bei guter Steuerbarkeit ein hoher Widerstand entsteht, der zusammen mit den Bremsklappen auf der Flügeloberseite kurze Landeanflüge ermöglicht. Der Motor dieses selbststartenden Motorseglers ist im Rumpf hinter dem Flügel eingebaut und wird durch einen elektrischen Spindelantrieb nach vorne oben ausgefahren. Zusammen mit dem starren Zweiblatt-Propeller erreicht der Antrieb einen guten Wirkungsgrad und erlaubt auch mit Höchstmasse noch gute Starteigenschaften.“

Baumuster	2009 Nimeta
Spannweite	30,90 Meter
Flügelfläche	18,55 m^2
Länge	7,82 m
Streckung	51,33
Mittlere Flügeltiefe	0,63 cm
Max. Gewicht	850 kg
Max. Flächenbelastung	45,8 kg/m^2
Min. Geschwindigkeit	85 km/h (Wölbklappen + 1)
Max. Geschwindigkeit	280 km/h
Motor	Solo 2625 02 mit 2 Membranvergasern

Die Tragflächen machten zunächst im Außenbereich einen deutlichen Tiefensprung. Nachdem bei einem Erprobungsflug am 17. Mai 2012 ein Außenflügel bei ca. 7 Meter gebrochen war und der Pilot mit dem Fallschirm aussteigen musste, wurde die Nimeta wieder instandgesetzt. Hansjörg Streifeneder konstruierte 2017 einen schlankeren Außenflügel ohne Tiefensprung. Nun bezeichnet als NimEta X wird sie in der EASA-Zulassung als Eta N4 geführt. ◂

Concordia

2012

Kurz bevor Gerhard Waibel bei Schleicher in den Ruhestand verabschiedet wurde, vereinbarten Dick Butler (vielfacher Sieger der US-Segelflugmeisterschaften) und er ein Wettbewerbssegelflugzeug der offenen Klasse zu entwickeln, welches das Maximum an Leistung mitbringen sollte. Für dieses Projekt konnten zwei wichtige Partner in Loek Boermans (TU Delft) und Hansjörg (Hanko) Streifeneder gewonnen werden. Der junge Doktorand der Uni Delft, Johannes Dillinger, konnte für die Aerodynamik gewonnen werden.

Gerhard Waibel schlug für das Projekt den Namen Concordia vor und fand sofort die Zustimmung aller. Eines der Entwicklungsziele war eine große Flächenbelastung für hohe Geschwindigkeiten. Weil die offene Klasse auf 850 Kilo limitiert ist, bedeutete dies eine möglichst kleine Flügelfläche bei zugleich großer Spannweite (= große Streckung) zu entwickeln. Zugleich mussten die notwendigen Festigkeiten erfüllt werden.

Die von Dillinger entwickelten schlanken Profile stellten Gerhard Waibel aber auch vor andere Herausforderungen: Wo lassen sich (Wasser-) Gewichte unterbringen, die ein Gesamtgewicht von 850 Kilo ergeben?

Das Segelflugzeug wurde fast vollständig aus Kohlefasern gebaut. Für die Holme wurden hochdichte Kohlefasern verwendet, deren Lieferung sich fast über zwei Jahre hinzog.

Christian Streifeneder reiste im Herbst 2007 in die USA und beaufsichtigte die Harzinfusion in das Glasgewebe für die Holmverbindungen des Flügelanschlusses, Streifeneder hatte dieses Verfahren bereits bei der Eta angewendet.

Bei der Ansteuerung der Klappen und Ruder in den Tragflächen lehnte sich Gerhard Waibel eng an seine Konstruktion der ASW 20 an. Die Mischer kamen immer in die Nähe der Drehpunkte für die bewegten Teile. Zu-

Die Concordia weist bereits bei 1 g eine deutliche Durchbiegung der Tragflächen auf. (Foto Dick Butler / Christian Streifeneder)

gleich mussten die Schubstangen mit geringstmöglichem Widerstand durch die dünnen (und biegsamen) Tragflächen geführt und gelagert werden. 2010 wurde begonnen die Flügel zu schließen und diese Arbeiten bis zum Frühjahr 2011 zu beenden. Der Rumpf mit der nach vorne öffnenden Haube (inkl. Instrumentenpilz) war bereits fertig. Das Cockpit entspricht weitgehend der ASG 29.

Dick Butler war der eigentliche Arbeiter im gesamten Projekt. Fast alle Arbeiten fuhrte er selbst durch. Ohne sein Engagement wäre dieses Projekt nicht umsetzbar gewesen. Seine Frau Sarah unterstützte ihn zu jederzeit. Am 25. Mai 2012 hob er mit dem Supersegler zum ersten Mal vom William Northern Field in Tullahoma (Tennessee) ab. Natürlich klinkte Sarah das Seil selbst ein und lief an der Fläche mit, als die Concordia zum F-Schlepp losrollte. Nach den ersten Flügen meinte Dick Butler, dass das Handling so gut sei wie seine frühere Glasflügel 604 und besser als das seiner ASW 22.

Noch im gleichen Jahr startete er bei sein Segelflugweltmeisterschaften in Uvalde und erreichte trotz zwei Tagessiegen nur den siebten Rang. Bei den USA-Meisterschaften 2013 und 2016 wurde er Zweiter, 2015 gewann er mit der Concordia überlegen. Die Concordia verfügt über eine Gleitzahl besser als 70, selbst bei 210 km/h liegt diese noch bei 50. Weitere Unterlagen (wie eine Übersichtszeichnung mit Bemaßung) liegen leider nicht vor. ◂

Baumuster	Concordia
Spannweite	28 m
Flügelfläche	13,70 m^2
Streckung	57,22
Leergewicht	548 kg
Max. Abfluggewicht	850 kg
Max. Flächenbelastung	62 kg/m^2
Höchstzulässige Geschwindigkeit	unbekannt
Mindestgeschwindigkeit	unbekannt
Geringstes Sinken mit 310 kg	0,57 m/s bei 77 km/h
Gleitzahl mit 850 kg	> 70

ASG 32

Basierend auf dem Rumpf der ASH 30 schuf Konstrukteur Michael Greiner einen komplett neu entwickelten Flügel. Dabei griff er auf seine Erfahrungen mit der ASG 29 zurück. Das Wölbklappenflugzeug mit 20 Meter Spannweite besitzt einen vierteiligen Flügel. Haupt- und Spornrad sind einfahrbar, das Spornrad selbst ist zusammen mit dem Seitenruder lenkbar. Erstflug war am 31. Mai 2014. Bereits im Jahr zuvor hatte Schleicher den Rumpf auf der AERO in Friedrichshafen vorgestellt.

Eine pfiffige Konstruktion ist die Steuerung der Flaperons, wie sie auch bei der AS 33 übernommen wurde. Die Wölbklappen gehen über die gesamte Spannweite. Im Kurvenflug legt der äußere Flügel eines Flugzeugs immer eine deutlich größere Strecke als der kurveninnere Flügel zurück. Diese zusätzliche Geschwindigkeit bedingt mehr Auftrieb, daher müssen die Querruder etwas gegen die Kreisrichtung ausgeschlagen werden. Bei der ASG 32 macht hingegen das kurvenäußere Flaperon hingegen einen etwas größeren Ausschlag nach unten statt nach oben. Es wird also umgekehrt differenziert und es liefert Auftrieb (man möchte ja im Kreisflug ohnehin mit großem Aufrieb fliegen). Lediglich das Querruder dient dem Geschwindigkeits-/Auftriebsausgleich. An der Kante zwischen dem kurvenäußeren Querruder und Wölbklappe entsteht ein etwas größerer Wirbel mit zusätzlichem Widerstand. Dieser fällt kaum ins Gewicht, reduziert allenfalls das negative Wendemoment.

In der Landestellung lassen sich die Wölbklappen bis +50 Grad fahren. Zusammen mit den doppelstöckig nach oben ausfahrenden Luftbremsen sind steile Anflüge möglich. Alle Ruderanschlüsse sind automatisch. Mit der zweigeteilten vorderen Haube klappt der Instrumentenpilz nach oben. Das Segelflugzeug verfügt über ein Sicherheitscockpit. Sowohl vorne wie hinten sind die Seitenruderpedale verstellbar.

Das Segelflugzeug kann in unterschiedlichen Farben lackiert werden (bisher sind RAL 2004, 2009 und 3020) zertifiziert. Alle Versionen der ASG 32 sind für einen Mo-

Die ASG 32 El im Flug. (Foto Alexander Schleicher Flugzeugbau)

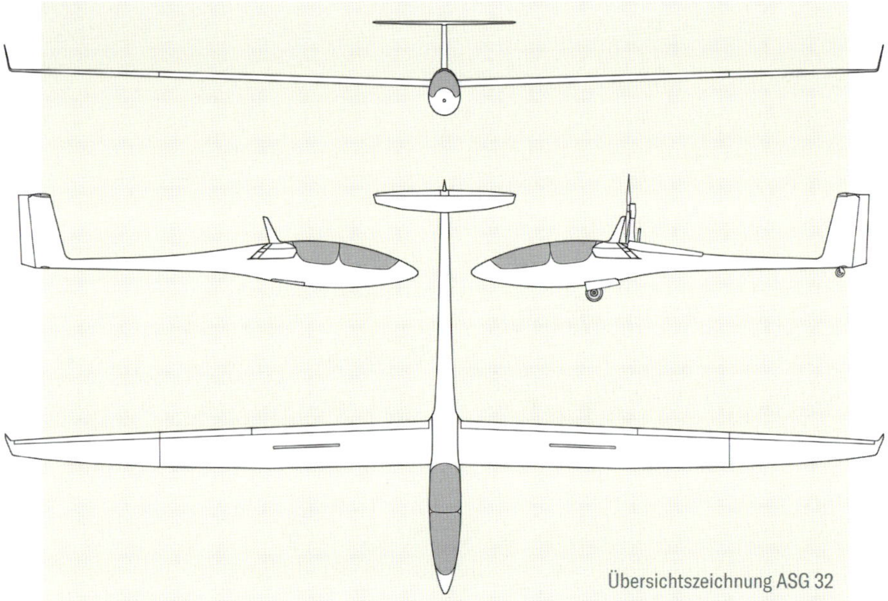

Übersichtszeichnung ASG 32

Baumuster	ASG 32	ASG 32 El
Besatzung	2	
Länge	9,07 m	
Spannweite	20 m	
Höhe (Leitwerk)	1,70 m	
Flügelfläche	15,7 m^2	
Flügelstreckung	25,47	
Gleitzahl	52	
Geringstes Sinken	0,6 m/s	
Leermasse	465 kg	585 kg
Wasserballast maximal	125 Liter	
Max. Startmasse	850 kg	
Flächenbelastung	33,8 - 54,1 kg/m^2	41,7 - 54,1 kg/m^2
Höchstgeschwindigkeit	270 km/h	

toreinbau vorbereitet und können nachgerüstet werden. Als ASG 32 Mi ist mit dem Drehkolbenmotor IAE 50R-AA. Die Version ASG 32 El ist das erste vom Schleicher mit elektrischem Hilfsantrieb ausgerüstete Segelflugzeug. 2014 gewann Sebastian Kawa (Polen) in der Doppelsitzerklasse die Weltmeisterschaft in Hosin (Tschechien). ◂

2015 Perlan II

Perlan II ist speziell entwickelt worden, um in einer Welle bis in Höhen von ca. FL 900 (etwa 27 500 m) vorzudringen. Das Segelflugzeug bietet Platz für zwei Piloten in Tandemanordnung und verfügt, wie eine Raumstation, über eine Druckkabine. Aufgrund des geringen Luftdrucks in der großen Höhe von gerade einmal 2 % in Vergleich zur Meereshöhe, können nur kleine Bullaugen als Fenster dienen. Der Ein-/Ausstieg wird über zwei auf der Rumpfoberseite vorhandenen Bullaugen gewährleistet. Da die Sicht vom hinteren Piloten sehr eingeschränkt ist, behilft sich dieser, das Flugzeug mit der Hilfe einer außen angebrachten Kamera zu steuern. Ansonsten wird das Flugzeug wie ein herkömmliches Segelflugzeug gesteuert. Erstflug war am 23. September 2015 in Oregon auf dem Flughafen Redmond.

Das Perlan Projekt wurde von Einar Enevoldson gegründet. Der Name des Projekts begründet sich in der perlmuttartigen Farbe von sogenannten Polar-stratosphä-

Blick aus großer Höhe von der Heckkamera auf Perlan II.
(Foto Perlan II Project / Airbus)

So sieht das vordere Cockpit im Flug aus. Die Flughöhe beträgt bereits 20 Kilometer. (Foto Perlan II Project / Airbus)

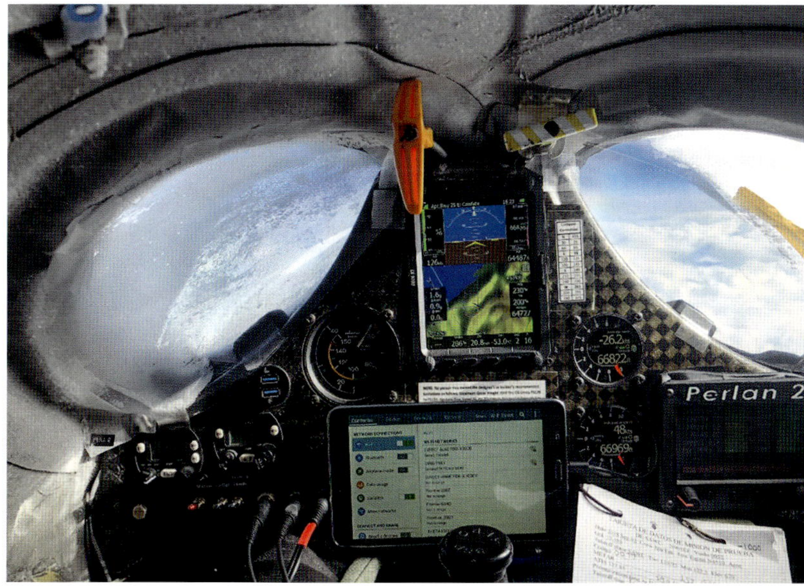

rischen-Wolken (PSC: Polar-Stratospheric-Clouds). In den 80er war Einar Testpilot bei der NASA und wurde nach Deutschland geschickt, um dort als Chefpilot der G-520 Egrett und der G-850 Stratus 2C die Firma Grob zu unterstützen. Bei einem Treffen mit dem DLR lernte er Dr. Wolfgang Ranger kennen. Dieser hatte in Schweden ein LIDAR Bild aufgenommen, was eine Wellenbildung bis in eine Höhe von ca. 23 km zeigte.

Solche Wellen auszunützen war der Start für das Projekt. Im Jahr 2006 gelang es Einar, zusammen mit Steve Fossett als Copilot und Sponsor, einen neuen Weltrekord mit Perlan I aufzustellen. Mit einer umgebauten DG 505M erzielten sie in der Nähe von El Calafate (Argentinien) eine Höhe von 50 601 ft (15 445 m). Beide Piloten trugen dabei Druckanzüge, wie sie auch bei Flügen mit der U2 oder SR71 zur Anwendung kamen. Nachteil dieser Druckanzüge war jedoch, dass sie im druckbeaufschlagtem Zustand sehr sperrig sind. Ein neues Segelflugzeug sollte mit Perlan II entwickelt werden. Besonders Merkmal sollte eine Druckkabine werden. Ursprünglich war Greg Cole an der Entwicklung beteiligt, bevor Morgan Sandercock 2008 das Projekt übernahm und mit Hilfe von Dennis Dito 2010 als Sponsor die Druckkabine vervollständigte. 2014 wurde AIRBUS dann auf das Projekt aufmerksam und Teil des Sponsorenteams.

Ähnlich anderen Segelflugzeugen bestehen Rumpf und Flügel aus Kohlefaser- und Glasfasergeweben. Die Tragflächenprofile wurden für eine Flughöhe von 60 000 Fuß (= Flugfläche 600 oder 18 288 Meter) ausgelegt, weil das geringste Sinken für die Höhe optimiert werden sollte. Die Fluginstrumente müssen in einer so großen Höhe noch korrekt auswerten und anzeigen können.

Eine besondere Herausforderung war die Durchführung der Steuerantriebe und Kabel aus der Druckkabine in die Bauteile ohne Druck.

Die Rettungssysteme sind anspruchsvoll. Ein kleiner Bremsschirm ist für den schnellen Abstieg aus großer Höhe vorgesehen, ein weiterer großer dient als Gesamtrettungssystem. Die Druckkabine wird ab einer Flughöhe von 15 000 ft mit einer Druckluftflasche auf einen Innendruck von 590 hPa (≈ 4300 Meter) befüllt. Weiterhin atmen die Piloten über eine Maske 100 % Sauerstoff, beim Ausatmen wird das Kohlendioxyd herausgefiltert.

Wie Perlan I wurde Perlan II bis 2017 mit einem herkömmlichen Schleppflugzeug auf eine Höhe von ca. 15 000 ft geschleppt. Im Jahr 2018 kam dann zu ersten Mal die Egrett zum Einsatz. Damit war es möglich, das Segelflugzeug bis an das untere Ende der Stratosphäre zu schleppen, wodurch der Einstieg in die Stratosphärenwelle deutlich effizienter gestaltet wurde. Am 2. September

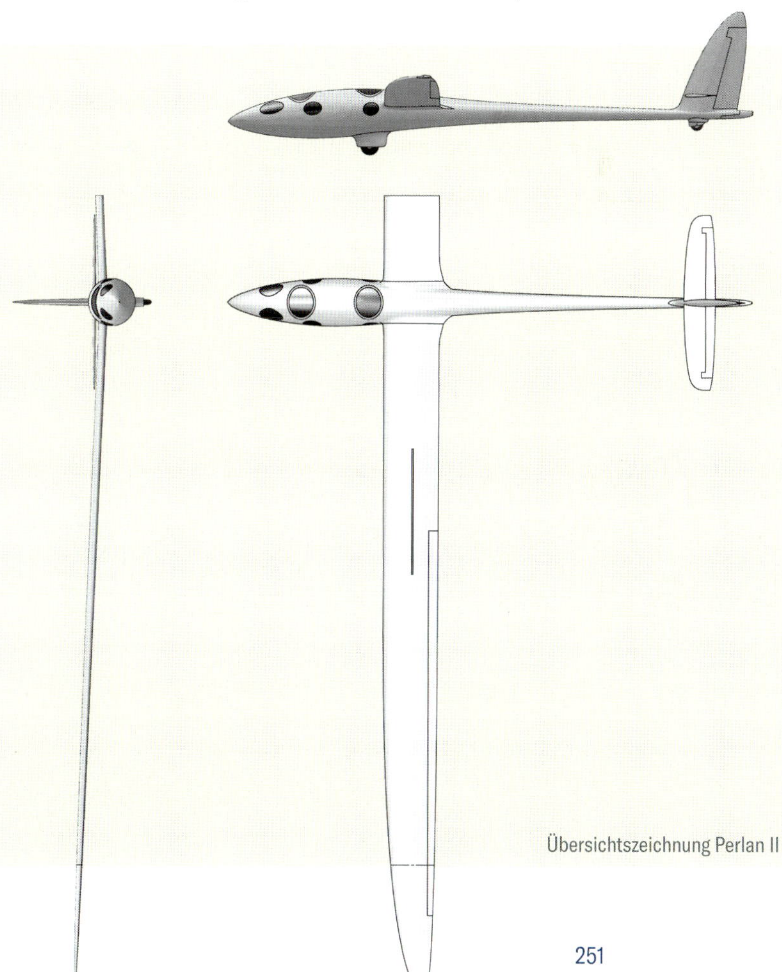

Übersichtszeichnung Perlan II

Baumuster	Perlan II	
Besatzung	2	
Kabinendruck	8.5 PSID	590 mbar
Leergewicht	1400 lbs	635 kg
Maximalgewicht	1900 lbs	860 kg
Spannweite	84 ft	25,6 m
Flügelfläche	263 sq ft	24,43 m²
Streckung	26,82	
Einstellwinkel Flügel	1.5 °	
Einstellwinkel Höhenleitwerk	- 0.5	
Gleitzahl	44	
Opt. Auslegungshöhe	60 000 ft	

2018 stellten dann Jim Payne und Tim Gardner den aktuellen Weltrekord mit einer Druckhöhe von ca. 23 200 m auf.

Die Motivation für das Projekt ist vielseitig. Zunächst lag der Fokus auf den Höhenweltrekord. Als Airbus 2014 zum Projekt hinzukam wurde der Fokus ausgeweitet und beinhaltet u. a.:

- Forschung über die Auswirkungen von stratosphärischen Wellen auf das Klima
- Effizienzsteigerung in der kommerziellen Luftfahrt durch die Ausnutzung von Wellenbewegungen
- Motivation der jungen Generationen für den Bereich Forschung und Wissenschaft. Hierzu können Studenten und Schüler ihr eigenes Experiment im Rumpf des Perlan mitfliegen lassen und während des Fluges ihre Experimente durchführen. ◂

2020

AS 33

Mitten im Winter, am 23. Januar 2020 führte Ulrich Kremer den Erstflug der AS 33 auf dem Werksflugplatz bei Poppenhausen durch. Konzipiert als Nachfolger der ASG 29 in der 18 Meter-Klasse waren von Beginn an zwei Versionen mit unterschiedlichen Spannweiten geplant. An den Innenflügel lassen sich bei einer Halbspannweite von 5,10 m entweder Außenflügel auf 15 Meter oder 18 Meter ansetzen. Das Wölbklappenflugzeug kann daher sowohl in der 15 Meter FAI Rennklasse oder in der 18 Meter Variante geflogen werden. Bei dem modernen Profil der AS 33 wurden alle Analysen, Rechnungen und Simulation erstmalig werksintern durchgeführt. Natürlich bezog man die

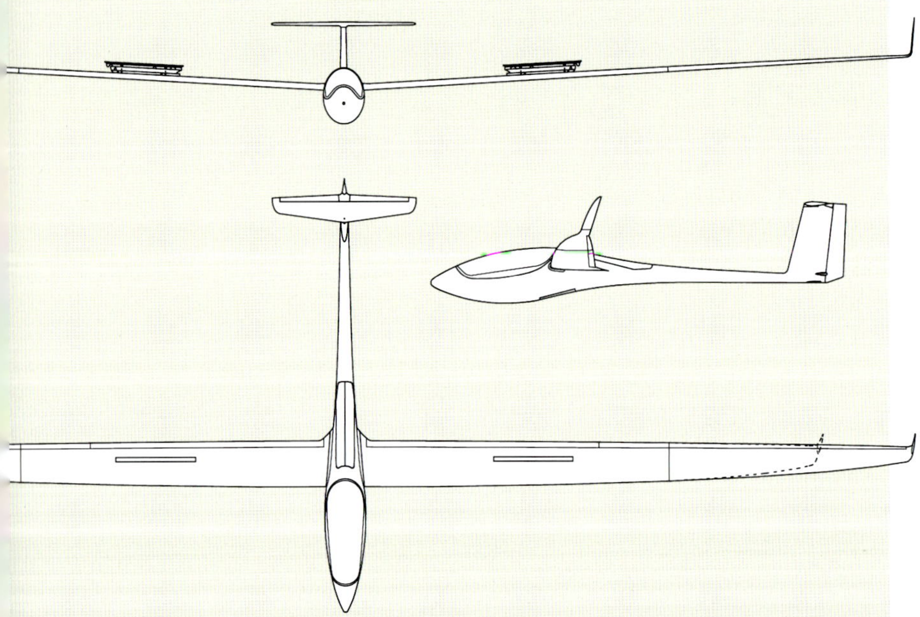

Übersichtszeichnung AS 33

Baumuster	AS 33-15m	AS 33-18m
Besatzung	1	1
Spannweite	15 m	18 m
Länge	6,5 m	
Höhe	1,20 m	
Flügelfläche	8,8 m²	10 m²
Flügelstreckung	25,6	32,4
Leermasse (Segelflugzeug)	275 kg	285 kg
Leermasse (mit Triebwerk)	320 kg	330 kg
Wasserballast		
Max. Startmasse	550 kg	600 kg
Min. Flächenbelastung	40 kg/m²	36 kg/m²
Max. Flächenbelastung	62,5 kg/m²	60 kg/m²
Geringstes Sinken	0,50 m/s ?	0,48 m/s bei 85 km/h
Höchstgeschwindigkeit	270 km/h	
Gleitzahl	50 (62,5 kg/m²)	56 (60 kg/m²)

Die AS 33 Es über Fulda. (Foto Alexander Schleicher Flugzeugbau)

Ergebnisse und Erkenntnisse vorheriger Muster mit ein. Basierend darauf wurden allerdings alle Rechnungen und sogar ein Windkanaltest von werksinternen Ingenieuren durchgeführt. Dies war bisher in der Segelflugentwicklung nicht der Standard.

Querruder und Wölbklappen werden überlagert angesteuert. Bei einem Querruderausschlag nach oben ist der Ausschlag der jeweiligen Wölbklappe aber immer noch positiv, so dass besonders im langsamen Kurvenflug noch mit großen Auftrieb geflogen werden kann. Wassertanks befinden sich in den Tragflächen und in der Seitenflosse. Optional kann ein Anti-Collision-Light in die Seitenruderflosse integriert werden, sowohl eine FLARM- als auch eine Transponderantenne sind bereits eingebaut.

Besonderer Wert wurde auf einen optimierten Rumpf-Flügel-Übergang gelegt. Die schlanken, hohen Winglets erlauben ohne Wasserballast einen engen Kreisflug bei gleichzeitig hohem Auftrieb. Die Ruder sind gut abgestimmt. Das gefederte Hauptfahrwerk ist einziehbar, optional ist dies auch für das Spornrad möglich. In dem Sicherheitscockpit öffnet die Haube nach vorne und nimmt den Instrumentenpilz mit.

Die Luft im Cockpit wird oberhalb des Fahrwerksschachts abgesaugt, damit wird eine schädliche Strömung durch austretende Luft am Haubenrahmen vermieden. Die Seitenruderpedale erlauben veränderte Fußstellungen und unterstützen so ermüdungsfreie, lange Flüge.

Für das Segelflugzeug bietet Schleicher mit der AS 33 Es eine Variante mit Verbrennungsmotor und elektrischem Anlasser als Heimkehrhilfe an. Das ILEC Triebwerksinstrument erlaubt zusammen mit dem Bedienteil des Motors eine einfach und fehlerfreie Bedienung.

Unter der Bezeichnung AS 33 Me wird aus dem 18-Meter-Segelflugzeug ein elektrischer Eigenstarter. Die Kapazität soll für einen Start auf 500 Meter Höhe sowie 130 Kilometer Strecke ausreichen. ◂

AS 35

2023

Zum Zeitpunkt der Veröffentlichung dieses Buchs ist die AS 35 noch ein Projekt. Der Erstflug fand noch nicht statt. Doch bereits bei der AS 33 brach Schleicher mit der jahrzehntelangen Tradition, den Namen des Konstrukteurs in der Flugzeugbezeichnung mit aufzunehmen. Begonnen hatte dies mit Rudolf Kaiser (von der Ka-1 bis zur ASK 23) und Gerhard Waibel (von der ASW 12 bis zur ASW 28). Es folgten Martin Heide (von der ASH 22-2 bis zur ASH 31) und Michael Greiner (ASW 28-18 bis zur ASG 32). Letztlich ist es aber auch ein Trend, dass die Komplexität heutiger Konstruktionen kaum noch eine überwiegende Einzelleistung darstellt. Ähnliches lässt sich bei den akademischen Flie-

Das Modell der AS 35.
(Foto Alexander Schleicher Flugzeugbau)

gergruppen (Akafliegs) beobachten, Entwicklungsprozesse dauern viel länger. Durch die Einsetzung eines Entwicklerteams wird die notwendige Kontinuität gewährleistet.

So wurde bei der AS 35 eine andere Denkweise eingeschlagen. Das Flugzeug soll nicht nur in der Offenen Klasse um Siege kämpfen, sondern der perfekte Allrounder für die tägliche Benutzung sein. Wie bereits bei seinem Vorgänger ASH 31 Mi wird hierbei auf eine kleinere Spannweite und damit besseres Handling am Boden sowie in der Luft gesetzt. In Kombination mit der neuen Profilfamilie der AS 33 wird das Flugzeug also nicht nur im täglichen Betrieb eine große Freude sein, sondern auch auf Wettbewerben. Hierbei hilft ihre enorme Flächenbelastungsvariabilität. 44 – 62,5 kg/m² Flächenbelastung ermöglichen es, jede Vorliebe des Piloten zu unterstützen.

Die 20m Spannweite wurden aber dabei nicht zufällig gewählt. Neben den großen Vorteilen für das Handling wurden die Offene-Klasse-Wettbewerbe der letzten 7 Jahre ausgewertet. Hierbei fiel eins auf: Die Aufgaben werden immer kürzer und liegen dabei immer mehr im besten Wetter des Tages. Dies resultiert in immer schnelleren Schnitten der Offenen Klasse. Nach Ansicht von Schleicher bedeuten diese Statistiken, dass sich die Zeit der großen Spannweiten dem Ende nähert. Bei schnellem Wetter helfen kurze Flüge und hohe Flächenbelastungen dem Piloten und im Alltag sind diese kleineren Flugzeuge das Nonplusultra. ◂

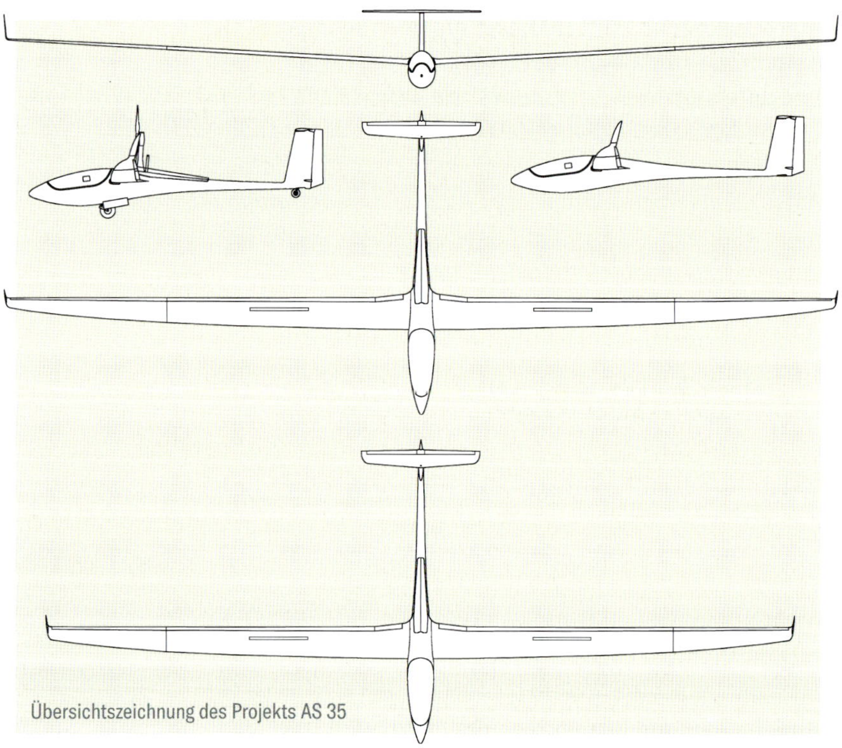

Übersichtszeichnung des Projekts AS 35

Baumuster	AS 35	AS 35
Spannweite	20 m	18 m
Flügelfläche	11,75 m²	11 m²
Flügelstreckung	34	29,45
Leermasse	448 kg	438 kg
Max. Abflugmasse	730 kg	685 kg
Min. Flächenbel.	44 kg/m²	47 kg/m²
Max. Flächenbel.	62,1 kg/m²	62,2 kg/m²